Prof. Dr. Dieter Georg Herbst hat viele Jahre in der Unternehmenskommunikation eines globalen Konzerns gearbeitet, davon einige Jahre in der internen Kommunikation. Heute ist er Geschäftsführender Gesellschafter der source 1 networks und berät Unternehmen und Organisationen international. Parallel zur Praxis beschäftigt er sich seit vielen Jahren mit den Erkenntnissen der Wissenschaft, wie Kommunikation wirkt, zum Beispiel als Professor für Betriebswirtschaft an der Hochschule für Oekonomie und Management (FOM), als Honorarprofessor an der Universität der Künste Berlin und der Lettischen Kulturakademie in Riga. Er hat 14 Bücher über Marketing und Kommunikation geschrieben.
Seine Homepage: www.dieter-herbst.de

Dieter Georg Herbst

Rede mit mir

Warum interne Kommunikation für Mitarbeitende so wichtig ist und wie sie funktionieren könnte

Das Werk, einschließlich aller seiner Teile, ist urheberrechtlich geschützt. Jede Verwertung außerhalb der engen Grenzen des Urheberrechtsgesetzes ist ohne Zustimmung der scm c/o primus communications GmbH unzulässig und strafbar. Das gilt insbesondere für Vervielfältigungen, Übersetzungen, Mikroverfilmungen und die Einspeicherung und Verarbeitung in elektronische(n) Systeme(n).

Weichselstraße 6
10247 Berlin
Tel. 030 47989789
Fax 030 47989800
www.scmonline.de

Redaktion: Carola Weicksel
Lektorat: Jakob Hasselgruber
Satz und Layout: Corinna Brosig, Madlen Jähnig
Druck: Schaltungsdienst Lange oHG, 12277 Berlin

Alle Rechte vorbehalten.
© scm c/o prismus communications GmbH, Berlin 2011

1. Auflage Februar 2011
ISBN 978-3-940543-08-0

Inhaltsverzeichnis

Vorwort   13

KAPITEL 1 | Warum interne Kommunikation für Mitarbeitende bedeutend ist   17

1.1 Aktuelle Entwicklungen   18
1.2 Gründe für interne Kommunikation   20
1.3 Wandel der internen Kommunikation bis heute   28

KAPITEL 2 | Was interne Kommunikation ist   33

KAPITEL 3 | Welche Aufgaben die interne Kommunikation hat   39

3.1 Kontakt aufnehmen   40
3.2 Informieren   41
3.3 Argumentieren   41

KAPITEL 4 | Welche Ziele die interne Kommunikation hat   43

4.1 Bekanntheit   45
4.2 Wissen   46
4.3 Meinungen und Überzeugungen   50
4.4 Handeln   53

KAPITEL 5 | Wer an der internen Kommunikation beteiligt ist   55

5.1 Führungskräfte   56
4.2 Kommunikationsmanager   59
4.3 Mitarbeitende   60

KAPITEL 6 | Wie interne Kommunikation wirkt   65

6.1 Interne Kommunikation wirkt stark unbewusst   66
6.2 Interne Kommunikation kann Gefühle auslösen   74
6.3 Interne Kommunikation greift Erfahrungen auf   80
6.4 Interne Kommunikation erzeugt Erwartungen   83
6.5 Interne Kommunikation verspricht Belohnungen   84

KAPITEL 7 | Wie Kommunikation gelungene Beziehungen ermöglicht   93

7.1 Bedeutung von Beziehungen zwischen Menschen   94
7.2 Modell zur Beschreibung von Beziehungen   97
7.3 Nervenzellen fühlen andere Menschen   102

KAPITEL 8 | Wie Kommunikation ohne Sprache erfolgt   **109**

8.1 Bedeutung   110
8.2 Superdimension Attraktivität   112
8.3 Das Gesicht als Spiegel der Seele   116
8.4 Haut und Haar: Hinweise auf Jugend und Gesundheit   120
8.5 Geruch als Torwächter   121
8.6 Bewegung als Superzeichen   122
8.7 Stimmungen in der Körperhaltung   124
8.8 Status   125
8.9 Codes der Stimme   126
8.10 Kleidung und Symbole als Codes   127

KAPITEL 9 | Menschen als Gesamtbild   **129**

KAPITEL 10 | Interne Kommunikation als Lernprozess   **133**

10.1 Kommunikation schafft Verbindungen   134
10.2 Hinweisreize für das Gehirn   137
10.3 Lernen durch Wiederholung   140
10.4 Gefühle als Lernturbo   141
10.5 Ergebnisse des Lernens   142

KAPITEL 11 | Interne Kommunikation ist eine Managementaufgabe   **145**

11.1 Kommunikation ist Selbstverständnis   147
11.2 Interne Kommunikation ist Kultur   148
11.3 Das Belohnungsversprechen   152
11.4 Die Erfolgsfaktoren   153

KAPITEL 12 | Interne Kommunikation ist systematisch geplant   **155**

12.1 Analyse   158
12.2 Planung   159
12.3 Kreation   161
12.4 Steuerung und Kontrolle   161

KAPITEL 13 | Interne Kommunikation ist professionell organisiert   **163**

13.1 Koordinierte interne Kommunikation   164
13.2 Beteiligte   165
13.3 Rollen und Verantwortlichkeiten   166
13.4 Strukturen   167
13.5 Prozesse   168
13.6 Informationstechnologie   169
13.7 Kultur   170

KAPITEL 14 | Interne und externe Kommunikation sind abgestimmt — 171

14.1 Kommunikation wirkt von innen nach außen — 172
14.2 Kommunikation wirkt von außen nach innen — 173
14.3 Kommunikation ist eng abgestimmt — 174

KAPITEL 15 | Instrumente sind wirkungsvoll abgestimmt — 175

15.1 Persönliche Kommunikation — 176
    15.1.1 Mitarbeitergespräch — 176
    15.1.2 Besprechungen — 178
    15.1.3 Veranstaltungen — 179
    15.1.4 Offen-gesagt-Programme — 179
    15.1.5 Events — 181

15.2 Schriftliche Kommunikation — 183
    15.2.1 Kurzinformationen — 183
    15.2.2 Mitarbeiterzeitung — 184
    15.2.3 Magazine und mehr — 186
    15.2.4 Mitarbeiterhandbuch — 187

15.3 Elektronische Kommunikation — 187
    15.3.1 Mitarbeiter-TV — 188
    15.3.2 Video- und Telefonkonferenzen — 189
    15.3.3 Intranet — 190
        15.3.3.1 Besonderheiten — 190
        15.3.3.2 Optimierung der Wertkette — 196
        15.3.3.3 Probleme beim Einsatz — 199

KAPITEL 16 | Potenziale der Social Media werden genutzt — 201

16.1 Wikis — 203
16.2 Weblogs — 204
16.3 Newsfeeds und Newsaggregatoren — 206
16.4 Podcasting — 207
16.5 Social Bookmarking — 207
16.6 Social Tagging — 207
16.7 Soziale Netzwerke — 208

KAPITEL 17 | Interne Kommunikation erzählt Geschichten — 211

17.1 Bedeutung — 212
17.2 Begriff — 213
17.3 Nutzen von Geschichten in der internen Kommunikation — 215

17.4 Kernelemente von Geschichten	218
17.4.1 Handelnde	218
17.4.2 Handlungen	221
17.4.3 Bühne und Requisiten	227
17.4.4 Zeit in Geschichten	229
17.5 Beispiele	230
17.5.1 Porsche	230
17.5.2 „My BASF Story"	231
17.5.3 Unternehmenstheater	234
KAPITEL 18 | Interne Kommunikation zeigt Bilder	**237**
18.1 Bedeutung	238
18.2 Eigenschaften von Bildern	238
18.3 Bedeutung innerer Bilder	239
18.4 Bilder von Menschen im Unternehmen	240
18.5 Wichtige Wirkmechanismen	241
18.6 Wirkungsvolle Bildgestaltung	242
18.7 Doppelkodierung von Bild und Text	244
18.8 Einsatz in der internen Kommunikation	245
KAPITEL 19 | Interne Kommunikation achtet auf die Anforderungen im Wandel	**247**
19.1 Herausforderungen für die interne Kommunikation	249
19.2 Storytelling im Wandel	252
19.3 Bilder im Wandel	253
KAPITEL 20 | Interne Kommunikation achtet Kulturen weltweit	**255**
20.1 Probleme mit Mitarbeitern im Heimatland	256
20.2 Probleme mit Mitarbeitern im gesamten Unternehmen	256
20.3 Internationale Mitarbeiterzeitung	257
20.4 Intranet	258
KAPITEL 21 | Der Erfolg der internen Kommunikation wird systematisch kontrolliert	**261**
21.1 Bedeutung	262
21.2 Fragebogen	263
21.3 Leitfadeninterviews	272
21.4 Mitarbeiterbefragung	275
21.5 Implizite Wirkungsmessung	278
21.6 Das Beispiel der HEBA AG	280

KAPITEL 22 | Interne Kommunikation hält Gesetze ein   291

Gastbeitrag von Norbert Deutschmann

KAPITEL 23 | Wie interne Kommunikation in der Praxis gelingen kann   297

Gastbeitrag von Manuela Stier, Stier Communications AG, Zürich

Anhang 305

A. Erfolgsfaktoren für gelungene interne Kommunikation	306
B. Studien	307
C. Literatur	307
D. Register	314

Vorwort

Eigentlich ist zur internen Kommunikation schon (fast) alles gesagt: Es gibt dutzende Bücher, hunderte Fachartikel und Forschungsstudien. Sie alle kommen zum Fazit: Interne Kommunikation ist wichtig. Hierin scheinen sich Firmenleitungen, Führungskräfte, Mitarbeiter und Interessenvertretungen einig. Überraschend erscheint der Blick in die ernüchternde Praxis: Mitarbeitende sind nur wenig mit der gelebten internen Kommunikation zufrieden. Sie fühlen sich von Informationslawinen überrollt, doch sie vermissen jene Informationen, die sie sich wünschen und brauchen, um ihre Arbeitstätigkeit so auszuführen, dass sie die Unternehmensziele unterstützen und sie selbst sich wohlfühlen. Offensichtlich führen mehr Informationen, Kanäle, Mittel und Maßnahmen nicht zu mehr, sondern zu weniger Wissen, das die Mitarbeiter für ihre Tätigkeit einsetzen können.

Oft fühlen sie sich bevormundet, weil sie nicht mitentscheiden, über was in ihrem Unternehmen gesprochen wird, wann und wie dies geschieht, und über welche Wege. Sie fühlen sich nicht ernst genommen und beklagen, dass die interne Kommunikation ihre Wünsche und Bedürfnisse nicht berücksichtigt, sondern häufig ausschließlich so verläuft, wie es die Vertreter der Kommunikationsabteilung, die Manager und nicht zuletzt die Firmenleitung für richtig halten.

Die Frage lautet, wie es zu dieser Kluft zwischen der allenorten beteuerten Bedeutung der internen Kommunikation und der gelebten Wirklichkeit kommt. Dieses Buch will dieser Frage nachgehen und einige Antworten liefern. Auf den folgenden Seiten wird erläutert, warum interne Kommunikation wichtig ist, was sie ist und kann, wie sie wirkt und wie sie professionell gestaltet werden kann.

Das Augenmerk liegt darauf, die wirtschaftlichen Interessen des Unternehmens und die persönlichen Interessen der Mitarbeiter stärker in Einklang zu bringen. Jeder Handwerksmeister, jeder Anwalt und jeder mittelständische Unternehmer sollte mit seinen Mitarbeitern reden und ihnen erklären, welche Bedeutung sie und ihre Arbeit für das Unternehmen haben und wie sie zum Unternehmenserfolg beitragen können. Sie sollten aber auch schon deshalb mit den Mitarbeitern reden, weil dies das Betriebsklima und das Wohlfühlen im Unternehmen steigert. Wohlgemerkt: Ich verstehe interne Kommunikation nicht als soziales Lagerfeuer. Stattdessen dient sie grundlegenden Bedürfnissen von Menschen nach Beziehungen und Austausch mit anderen. Sie dient dazu, die eigene Arbeit als sinnvoll zu erleben. Sie sollte ebenso ermöglichen, die Zusammenarbeit im Unternehmen zu fördern, Konflikte zu beseitigen und Prozesse schneller und günstiger zu machen, um damit die Leistung des Unternehmens zu erhöhen. Gesunde Kommunikation ermöglicht gesunde Unternehmen. Krank machende Kommunikation wird auf Dauer dem Unternehmen schaden.

Interne Kommunikation muss nicht teuer sein: Oder was kostet ein Gespräch? Wichtig ist, dass die Beteiligten überzeugt sind, dass interne Kommunikation wichtig ist und so funktionieren sollte, dass alle Beteiligten mit ihr zufrieden sind.

Kleinere Unternehmen können hierbei den größeren leicht eine Nasenlänge voraus sein, denn sie können schneller entscheiden und leichter neue Wege in der Kommunikation gehen. Nur: Tun sollten sie es in jedem Fall. Auch die Menschen in Parteien, Behörden, Vereinen und Verbänden sollten miteinander sprechen und die Potenziale nutzen, die gelungene interne Kommunikation bietet.

Persönliche Anmerkung
Ich habe lange gezweifelt, ob ich dieses Buch schreiben und damit mein 10 Jahre altes Buch aktualisieren soll. Warum? Seit vielen Jahren berate ich Unternehmen in Marketing und Kommunikation. Die vielen Gespräche, die ich mit Mitarbeitern und Führungskräften führe, zeigen mir enorme Unzufriedenheit bis hin zu tiefem Frust mit der internen Kommunikation in Unternehmen und Organisationen – auch international.

Zwar ist von Unternehmen viel darüber zu lesen, wie sie lernen und sich entwickeln: Sie bauen sich um, sie professionalisieren sich und steigern die Leistung; doch eines haben sie weit weniger gelernt: die gelungene Kommunikation der Belegschaft untereinander zu ermöglichen. Eine Folge: In vielen Unternehmen ist es stumm. Eine andere Folge: Unternehmen bleiben trotz ihrer vielen Experten dumm.

Die Bekenntnisse der Unternehmensleitungen zu einer funktionierenden internen Kommunikation erscheinen angesichts der gelebten internen Kommunikation mitunter als Phrasen, die keiner ernst nimmt – nicht einmal die Unternehmensleitungen selbst leben ihre Bekenntnisse. Andere Unternehmen verfügen nicht über das Wissen, ihre interne Kommunikation so zu gestalten, dass alle mit ihr zufrieden sind. Ignoranz hier, fehlendes Wissen dort: So bleiben viele Unternehmen weit hinter ihren Möglichkeiten zurück, auch den wirtschaftlichen, weil die Menschen im Unternehmen nicht miteinander reden.

Aus folgendem Grund habe ich das Buch trotzdem geschrieben: Wenn ich schon enorme Defizite und Potenziale sehe, dann möchte ich durch mein gesammeltes Wissen aus Forschung und Praxis beitragen, die Defizite im Wissen zumindest ein wenig zu beseitigen und die enormen Potenziale der internen Kommunikation zu nutzen. Wichtige Entwicklungen zeige ich auf, damit sich die Verantwortlichen in Unternehmen heute schon darauf einstellen und sie in ihrer internen Kommunikation berücksichtigen können.

Hinweise
Interne Kommunikation steht in diesem Buch für die gesamte Kommunikation zwischen Menschen in Unternehmen: jene von Mitarbeitern, Vorgesetzten und der Firmenleitung zueinander, die öffentliche und nicht-öffentliche Kommunikation, persönliche Kommunikation und jene über Mittel und Maßnahmen, Individualkommunikation und Massenkommunikation. Um die für die Kommunikation der Firmenleitung verantwortliche Unternehmensfunktion zu kennzeichnen, verwende ich für sie den Begriff „Interne Kommunikation" mit einem groß geschriebenen I.

Das Thema ist sehr breit, sodass ich mich auf wichtige Aspekte konzentriere: So oft wie möglich verweise ich auf die vorhandenen wertvollen Grundlagenwerke, um unnötige Wiederholungen durch Bekanntes und an anderen Stellen Nachlesbares zu vermeiden. Stattdessen möchte ich Aspekte herausgreifen, die in diesen Grundlagenwerken noch nicht oder nicht ausreichend behandelt scheinen, wie das Storytelling, den Einsatz von Bildern und die Rolle von Social Media in der internen Kommunikation. Ich hoffe, dass es mir gelungen ist, eine Balance zwischen jenen Inhalten herzustellen, die bekannt sind und aufgefrischt werden und jenen, die neu sind. Der ausführliche Serviceteil bietet weiterführende Adressen, Tipps und Hinweise.

Das Buch greift auf aktuelle wissenschaftliche Erkenntnisse zurück und stellt diese anwendungsnah vor. Aufgrund der besseren, flüssigen Lesbarkeit habe ich auf das Zitieren der wissenschaftlichen Quellen verzichtet. Sie finden die zitierte Literatur in den Buchtipps im Serviceteil.

Aus Gründen der besseren Lesbarkeit verwende ich in diesem Buch den Begriff „Mitarbeitende", mit dem Frauen und Männer gleichermaßen gemeint sind, und ansonsten die männliche Sprachform.

Danksagung und Widmung
Ich danke Manuela Stier für ihren Beitrag mit einem Praxisbeispiel für gelungene interne Kommunikation. Ich danke Norbert Deutschmann für seinen Beitrag zu den Rechtsapekten der internen Kommunikation. Ich danke Iris und Ralf-Rüdiger Fassbender für ihre Unterstützung beim Kapitel über die Transaktionanalyse.
Ich widme dieses Buch Christian Adlmaier.

Kapitel 1

Warum interne Kommunikation für Mitarbeitende bedeutend ist

Die Bedeutung der internen Kommunikation in Unternehmen ist besser zu verstehen, wenn wir einen Blick auf die Situation in den Märkten und in den Unternehmen werfen.

1.1 Aktuelle Entwicklungen

Gelungene interne Kommunikation für Mitarbeiter und Unternehmen ist heute so wichtig wie noch nie. Hier nur einige aktuelle Entwicklungen:

→ **Zunehmender Wettbewerb:** Der Wettbewerb nimmt auf allen Märkten zu, auf jenen für klassische Konsumgüter wie auch auf jenen für Dienstleistungen und Investitionsgüter. Viele Märkte sind weitgehend gesättigt. Vielen Anbietern stehen weniger Nachfrager gegenüber. Diese können Unternehmen und Produkte auswählen, die am besten zu ihnen passen. Die eigene Position kann oft nur der verbessern, derjenige seinen Konkurrenten Marktanteile abringt.

→ **Austauschbare Produkte und Leistungen:** Den Wettbewerb verschärft, dass die meisten Produkte austauschbar sind: Nicht einmal Kenner schmecken Unterschiede zwischen den vielen Biersorten und Zigarettenmarken. In vielen Autos und Elektrogeräten befinden sich gleiche Bauteile, weil die Unternehmen beim gleichen Hersteller einkaufen. Qualität ist selbstverständlich geworden und ermöglicht kaum noch, sich im Wettbewerb zu unterscheiden. Stiftung Warentest bescheinigt etwa 90 Prozent der Testprodukte gute Qualität. Wichtig für Mitarbeitende ist, zu wissen, was die Produkte des eigenen Unternehmens einzigartig macht.

→ **Firmenfusionen und Akquisitionen:** Unternehmen reagieren auf den zunehmenden Wettbewerb, indem sie komplexer, schneller und internationaler werden. Nie hat es so viele Firmenzusammenschlüsse und Kooperationen gegeben wie in den vergangenen Jahren. Ein Beispiel: 1989 verschmelzen SmithKline Beckman und die Beecham-Gruppe zu SmithKline Beecham. 1995 fusionieren Glaxo und Wellcome zu Glaxo Wellcome. 2000 gehen Glaxo Wellcome und SmithKline Beecham zusammen zu GlaxoSmithKline. Welche Herausforderung allein für die internationale interne Kommunikation, die Mitarbeiter für diese Veränderungen zu gewinnen! Mit jeder Erweiterung, die es in manchen Firmen sogar jährlich gibt, wird es für die Mitarbeiter schwieriger, das Unternehmen zu überblicken und den Unternehmenssinn zu erkennen. Siemens ist mittlerweile auf so vielen Gebieten tätig, dass die Firmenleitung kaum noch verständlich und anschaulich erklären kann, wofür das Unternehmen steht und was die Klammer um alle Konzernbereiche bildet.

→ **Internationalisierung:** Eine weitere Entwicklung ist die zunehmende Internationalisierung von Unternehmen, vor allem im Mittelstand: In einer Studie der Technischen Universität München und der Freien Universität Berlin im Jahr 2004 gab ein Viertel von 255 antwortenden PR-Profis an, für die weltweite Kommunikation ihres Unternehmens zuständig zu sein. Weitere 20 Prozent waren europaweit zuständig, davon 70 Prozent in westeuropäischen Staaten. Fast die Hälfte der international tätigen PR-Profis war für Unternehmen mit weniger als 200 Mitarbeitern tätig, bei den Europaverantwortlichen waren es sogar mehr als zwei Drittel. Probleme mit den Mitarbeitern im Heimatland entstehen dadurch, dass sich über lange Zeit das Selbstverständnis als deutsches Unternehmen gefestigt hatte („Made in Germany"), das nun um die internationale Perspektive erweitert werden muss. Die Internationalisierung verängstigt die Mitarbeiter tief, weil sie ein wichtiges Element ihres gemeinsamen Selbstverständnisses (Corporate Identity) verlieren. Sie wollen und brauchen eine klare, lebendige Vorstellung davon, wohin das Unternehmen steuert und was dies für sie selbst bedeutet. In einem (räumlich) überschaubaren Unternehmen ist ihnen dies noch gelungen, aber welche Bedeutung sie im internationalen Unternehmen haben, wissen sie meist nicht (siehe ausführlich Kapitel 20).

→ **Viele interne Programme:** Diese Entwicklungen sind verbunden mit vielen, oft gleichzeitig ablaufenden Programme, Projekten und Prozessen, um das Unternehmen noch besser, schneller, günstiger zu machen: Gemeinkosten senken, Fertigung rationalisieren, Investitionen zurückfahren, Einkaufspreise senken und den Personalbestand anpassen. Überall werden Unternehmen umgekrempelt, jahrzehntealte Strukturen glatt geschleift und Hierarchien abgebaut. Die vielfach in Bürokratie erstarrten Firmen wollen beweglicher werden, flexibel am Markt operieren, Kundenwünsche schnellstens und einzigartig bedienen und alles abschaffen, was dies verhindert. Kundenorientierung, Lean Management, Cost Cutting, Reengineering, Umstrukturierung, Konzernfusionen, TQM – die Welt der Unternehmen ändert sich schneller und tief greifender denn je. Ständig ändert sich etwas, dauernd gibt es etwas Neues – diese Dynamik wird nie mehr nachlassen. Wirtschaftsexperten gehen davon aus, dass sich Unternehmen in Zyklen von nur drei Jahren immer neu bestimmen müssen. Selbst vor drastischen Einschnitten machen sie nicht mehr Halt: Sie stellen Privilegien in Frage, spüren sorgsam geschützte Schwachstellen auf und leiten sogar Radikalkuren ein wie den Umbau ganzer Konzerne.

Vieles wird komplizierter: Vernetzte Kommunikation, vernetzte Arbeitsformen und vernetzte Organisationen; mehr Daten, mehr Informationen, mehr Projekte und Prozesse müssen bewältigt werden. Alles wird schneller: Schneller kommen Innovationen auf den Markt; schneller verschwinden Produkte aus den Regalen, schneller finden Aktionen und Transaktionen statt. Anfragen müssen schleunigst beantwortet werden, Entscheidungen zügiger fallen. Der Druck auf die Unternehmen steigt, sich diesen Bedingungen anzupassen.

Mitarbeitende als Ressource

In dieser Situation richtet sich die Aufmerksamkeit immer stärker auf die Mitarbeitenden. Sie gelten als größte Produktivitätsreserve von Unternehmen – nachdem alle Prozesse gestrafft, Strukturen abgeflacht und andere Potenziale ausgeschöpft sind. Hinweise auf die Bedeutung der Mitarbeitenden für den Unternehmenserfolg lieferten zum Beispiel Untersuchungen in den 70er und 80er Jahren, die herausfanden, warum japanische Unternehmen erfolgreicher waren als amerikanische und europäische, obwohl sie keinen technologischen Vorsprung hatten. Ergebnis: Die Zusammenarbeit im Unternehmen war es, die den Erfolg japanischer Firmen beflügelte.

Seither gilt es auch hierzulande als notwendig, die Belegschaft zu pflegen, Gruppenarbeit auszuweiten, stärker auf kooperative Führung zu setzen und die Mitarbeiter stärker einzubeziehen. Die größte Produktivitätsreserve steckt nicht in neuen Maschinen, sondern in der Motivation der Menschen, so die Erkenntnis.

Solche viel beschworenen Leistungsreserven sind in schwierigen Zeiten fast ein Zauberwort. Der Griff ans Eingemachte soll helfen, die Wettbewerbsfähigkeit wieder herzustellen und aus roten Zahlen schwarze zu machen. In diesem Umfeld wird auch die gelungene interne Kommunikation im Unternehmen immer wichtiger. Die Manager richten ihre Augen auf die Abteilung für interne Kommunikation und fordern, durch sie die neue Unternehmenswelt mit neuen Techniken und veränderten Arbeitsstrukturen den Mitarbeitern nahe zu bringen, sie aktiv an den Entwicklungen und Veränderungen zu beteiligen und zum Mitmachen zu motivieren. Ziel ist, das Handeln der Mitarbeiter an die Unternehmensziele anzugleichen – also weit mehr als reine Information.

1.2 Gründe für interne Kommunikation

Es gibt viele Gründe, die für eine funktionierende interne Kommunikation sprechen:

→ **Kommunikation gibt Halt und Orientierung:** Je dynamischer, komplexer und undurchsichtiger das Umfeld wird und je schneller Entscheidungen fallen, desto stärker wünschen und brauchen die Mitarbeiter, dass sie sich schnell und ausreichend darüber informieren können, wie sich das Unternehmen entwickelt und welche Rolle sie selbst dabei spielen. Sie wollen, sollen und müssen die Unternehmensziele kennen und verstehen, und darüber hinaus, wie sie zu deren Erreichen beitragen können. Die Kommunikation der Menschen im Unternehmen wird Grundlage für das Zusammenwirken und damit zum Erfolgsfaktor im härter werdenden Wettbewerb. Mehr noch: Nur der informierte Mitarbeiter identifiziert sich mit seinem Unternehmen, setzt sich für dessen Ziele ein. Interne Kommunikation beinhaltet, dass die Mitarbeiter alle für sie wichtigen Informationen über ihre Tätigkeit, ihren Arbeitsplatz und das Unternehmen kennen, über Veränderungen informiert sind und diese verstehen. Durch interne Kommunikation nehmen sie teil am formalen und informellen Leben und identifizieren sich im Idealfall sowohl mit ihren Aufgaben als auch mit ihrem Unternehmen.

→ **Tätigkeiten korrekt ausführen:** Information ist die Grundlage dafür, dass Mitarbeiter wissen, wie sie ihre Aufgaben korrekt ausführen können. Dies können sie sogar einklagen: Das Betriebsverfassungsgesetz sichert den Mitarbeitern zu, dass sie über ihre Aufgaben, deren Erledigung und wichtige betriebliche Belange ausreichend informiert werden müssen (siehe Kapitel 22). Kommunikation ist die Voraussetzung, dass Prozesse und Strukturen deutlich werden. Die Beteiligten wissen, was von ihnen erwartet wird und können ihr Verhalten anpassen. Der Mitarbeiter erkennt, dass seine Arbeit für das Unternehmen wichtig ist, warum er sie erfüllen soll und wie sie zum Gesamtergebnis beiträgt. Dies fördert Zugehörigkeitsgefühl, stärkt Mitverantwortung und verbessert merklich die Beziehung zu seiner Aufgabe. Je besser jemand informiert ist, desto besser kann er entscheiden – Planungen und Entscheidungen sind nur auf der Basis von Informationen möglich. Der Mitarbeiter, der seine Aufgaben versteht, muss nicht dauern fragen, sondern kann selbständig arbeiten. Interne Kommunikation zeigt darüber hinaus dem Mitarbeiter, ob und wie er weiter nach oben kommt.

→ **Koordination fördern:** Fast kein Mitarbeiter in einem Unternehmen kann eine Gesamtaufgabe alleine bewältigen. Fast immer ist die Zusammenarbeit mit Kollegen nötig. Die Grundlage für die Zusammenarbeit ist Kommunikation. Aufgaben und Verantwortlichkeiten müssen daher koordiniert auf ein gemeinsames Ziel gerichtet sein. Funktioniert die Kommunikation nicht, weiß eine Hand nicht, was die andere tut - Doppelarbeit entsteht. Genau so kann es sein, dass sich niemand zuständig fühlt. Kennen Mitarbeiter die Probleme des eigenen sowie der anderen Arbeitsplätze, entsteht Verständnis füreinander, der Zusammenhalt wird gefördert und die Unternehmensführung verbessert. Kommunikation ist das Schmieröl im Getriebe eines Unternehmens.

→ **Soziale Unterstützung:** Soziale Unterstützung beeinflusst die Einstellung zur Arbeit und verringert Stress: Personen, die sich von anderen unterstützt fühlen, fühlen sich weniger belastet. Schon das Angebot reicht für das Puffern von Belastungen aus, ohne dass es genutzt werden müsste. Einem Kollegen kann also schon dadurch geholfen werden, dass man ihm soziale Unterstützung signalisiert (siehe Kapitel 7.1).

→ **Wohlbefinden steigern:** Von der Güte der Mitarbeiterkommunikation hängt das persönliche Wohlbefinden ab. Wissenschaftler haben herausgefunden, dass Mitarbeiter, die mit der Kommunikation unzufrieden sind, auch unzufriedener mit dem Arbeitsplatz und sogar mit dem Unternehmen sind.

→ **Zufriedenheit und Motivation erhöhen:** Durch funktionierende interne Kommunikation soll eine allgemeine positive Einstellung zum Unternehmen und zur eigenen Arbeit entstehen – und damit Zufriedenheit, Motivation und Leistungsbereitschaft. Das Betriebsklima ist der Zustand von Zufriedenheit oder Unzufriedenheit der Mitarbeiter, der durch die betriebliche Situation verursacht wird und nicht durch zufällige außerbetriebliche Ereignisse, so der Psychologieprofessor Lutz von Rosenstiel. Betriebsklima steht in der Rangfolge der Entscheidungskriterien für eine Arbeitstätigkeit ganz oben. Studien zeigen: Je stärker in einer Abteilung kommuniziert wird, desto höher ist die Zufriedenheit der Mitarbeiter mit ihrer Führungskraft, ihrem Gehalt, ihrer Arbeit und mit dem Unternehmen insgesamt. Die Arbeit wird angenehmer erlebt, wenn man mit Kollegen sprechen kann.

→ **Konflikte regeln:** In jedem Unternehmen gibt es Konflikte – offene und verdeckte. Sie entstehen, wenn Menschen ihre unterschiedlichen Interessen nicht offen legen oder versuchen, diese anzunähern. Ein Grundkonflikt in Unternehmen ist, dass die Beschäftigten eine interessante und befriedigende Tätigkeit wollen, die in angenehmer Atmosphäre eine leistungsgerechte Bezahlung bietet; die Unternehmensleitung indes ist an einem angemessenen Gewinn im Sinn der Aktionäre interessiert und damit an einer möglichst intensiven Ausschöpfung der Leistung der Mitarbeiter. Die viel beschworene „Partnerschaft" im Betrieb und das Bild vom Mitarbeiter als „Unternehmer im Unternehmen" sind daher sicher zukunftsweisend, aber aus heutiger Sicht verleugnen sie die unterschiedlichen Interessen. Eine Partnerschaft zwischen Unternehmensleitung und Mitarbeitern gibt es (noch) nicht. Kommunikation ist eine Voraussetzung dafür, dass Konflikte angesprochen und gelöst werden. Wer nicht kommuniziert, löst keine Konflikte; sie werden auf anderem Weg ausgetragen – auf welchem, hängt von der Konfliktkultur des Unternehmens ab. Ein Weg zur Konfliktlösung ist der systematische, persönliche Austausch von Argumenten. Das Ziel ist Verständigung durch Informieren, Diskussion, kritische Auseinandersetzung und Lösen von Konflikten. Überredung und Manipulation sind das Lösen von Konflikten nicht geeignet.

Meinungen, Erwartungen und Ansichten gelangen von der Firmenspitze zu den Mitarbeitern – und umgekehrt. Ein echter Austausch – und nicht das bloße einseitige Weitergeben von Informationen – soll und kann Spannungen begrenzen, Konflikte mindern oder vermeiden. Die Beteiligten reden miteinander statt gegeneinander. Dies setzt allerdings eine gewisse Grundhaltung voraus, die alle Beteiligten erlernen müssen. Doch Lernen zahlt sich aus, und das Polster von Vertrauen und Akzeptanz wächst, von dem das Unternehmen profitieren kann.

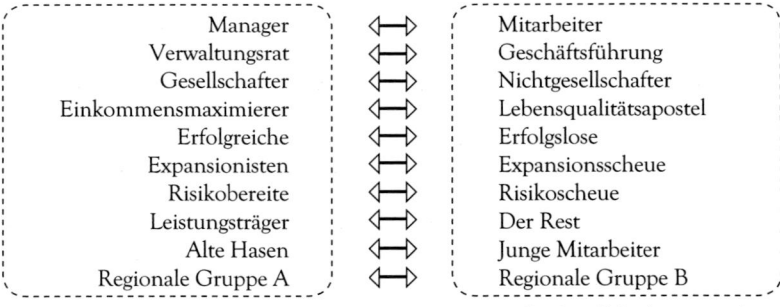

Abb. 1 | Konfliktherde im Unternehmen.

→ **Kommunikation ist essenziell für die Weitergabe von Wissen:** Unternehmen verfügen über Wissen. Träger sind die Mitarbeiter: Mit ihren Einsichten, Erfahrungen und ihrem bewährtem Handeln erkennen sie auftauchende Probleme und entwickeln gezielt Lösungen. Wissen ist eine faszinierende Quelle für den Erfolg eines Unternehmens: Mitarbeiter können Aufgaben besser bearbeiten, Entscheidungen gezielter treffen und neue Ideen schneller in die Tat umsetzen. Mit Wissen können sie Prozesse beschleunigen, Leistungen optimieren und Kosten senken. Wissen ermöglicht es ihnen, Angebotslücken im Markt wahrzunehmen und damit neue Märkte zu erschließen. Das Unternehmenswissen ist dabei mehr als die Summe des Einzelwissens: Indem die Mitarbeiter ihr Wissen zusammenbringen, neu vernetzen, ungewöhnliche Entscheidungen ableiten, kann völlig neues, zusätzliches Wissen entstehen. Dies kann ein Unternehmen als einzigartigen Vorteil nutzen und ausbauen. Jedes Unternehmen hat also sein eigenes Wissen. Wissen erhält Wert, indem es zweckorientiert eingesetzt wird. Diese Handlungsorientierung ist es, die Wissen so wertvoll macht: Wissen besteht aus Informationen mit Wert; es führt zu Entscheidungen und Handlungen. Unternehmenswissen ist gesammeltes Wissen mit Wert für das Unternehmen, indem es zu Unternehmensentscheidungen und -handlungen führt. Diese Transformation von Wissen in Handlungen vollzieht sich in Schritten: Als Ergebnis von Wissen entsteht Können. Wird Können tatsächlich angewendet, entsteht Kompetenz. Klaus North: „Die Kompetenz, Wissen zweckorientiert in Handlungen umzusetzen, unterscheidet Lehrling vom Meister, den Geigenschüler vom Virtuosen, die erfolgreiche Sportmannschaft vom brillanten Einzelspieler." Man könnte auch sagen: Wenn jemand weiß, wie man ein Fahrrad fährt, heißt das noch nicht, dass er das auch kann und wie gut er es kann.

Wissen, Probleme und Lösungen hängen eng zusammen: Will ein Mitarbeiter ein Ziel erreichen, kann ein Problem dadurch entstehen, dass ihm erforderliches Wissen fehlt. Kann er sich dieses fehlende Wissen aneignen, kann er sein Problem lösen. Das Aneignen von Wissen heißt Lernen, das Abbauen heißt Verlernen.

Lernen kann Einzelne, Gruppen und sogar das gesamte Unternehmen betreffen:

→ Ein Mitarbeiter schließt seine Wissenslücken durch das Sammeln von Erfahrung im Arbeitsalltag, durch interne Kommunikation und durch Weiterbildung. Er kann einen Kollegen fragen und von dessen Wissen profitieren. Er vernetzt Informationen neu, trifft andere Entscheidungen und prüft sie in der Praxis.

→ Sein Wissen kann er weitergeben, damit auch andere die beabsichtigten Handlungen ausführen können – seine Kollegen müssen lernen. Beide können ihr Wissen kombinieren, um zu einer völlig neuen Lösung zu gelangen.

→ Es gibt Wissen, das die gesamte Organisation benötigt, wie zum Beispiel gemeinsame Verhaltensregeln, die jeder anwenden muss. Deshalb muss auch die gesamte Organisation lernen.

Durch das Lösen von Problemen steigt der Wissensstand – ein Problem dürfte nicht ein weiteres Mal auftreten, außer, die Lösung wurde verlernt oder vergessen. Im Lauf der Jahre findet ein Mitarbeiter an seiner Maschine die beste Lösung und kann deutlich mehr Teile herstellen als früher – aus Erfahrung weiß er, wie dies funktioniert; ein Unternehmen hat Prozesse perfektioniert, sie funktionieren besser als in jedem anderen Unternehmen.

Mitunter kann es sein, dass eine Aktion nicht wie erwartet eintritt oder eine Aufgabe nicht länger wie bisher gelöst werden kann. Gerade durch die gravierenden und dynamischen Veränderungen der Märkte und des Umfeldes können die meisten Firmen durch ihr gewohntes bisheriges Verhalten nicht mehr am Markt erfolgreich sein; sie müssen ihr Wissen prüfen, ändern und neue Entscheidungen ableiten. Lernen wird zur Daueraufgabe eines Unternehmens und seiner Mitarbeiter. Dass es sich um einen lebendigen Prozess handelt und nicht um einen Zustand, zeigt der Lebenslauf von Wissen: Neues Wissen entsteht, es wächst, reift, verliert an Wert, zerfällt und stirbt ab, weil Entwicklungen voranschreiten und altes Wissen ablösen. Ein Unternehmen muss altes Wissen loslassen können, denn sonst hortet es nutzloses Wissen, das die Entwicklung des Unternehmens bremst. Je besser es Mitarbeitern und Unternehmen gelingt, sich durch schnelles Lernen an neue Situationen anzupassen, desto schneller können sie neue Aufgaben lösen und neue Herausforderungen meistern.

→ **Wandel unterstützen:** Die Mitarbeiter spielen für den Unternehmenswandel die zentrale Rolle. Niko Mohr hat sich in seiner Doktorarbeit über die Bedeutung von Kommunikation bei organisatorischem Wandel viele Studien zu diesem Thema angesehen: Alle kommen zu dem Ergebnis, dass Kommunikation mit den Mitarbeitern ein Erfolgsfaktor ist und als wirksamstes Mittel gegen das Scheitern von Veränderungen gesehen wird. Henry Mintzberg schreibt: „Schlanke Organisationen setzen auf die Kompetenz und Wachsamkeit aller Mitarbeiter, die strategische Chancen und Bedrohungen im täglichen Handlungsvollzug erkennen und bearbeiten müssen." Und Doppler schreibt: „Es gibt keine erfolgreiche Veränderung in der Unternehmung, es sei denn, begleitet durch eine offene und lebendige Kommunikationspolitik." (siehe ausführlich Kapitel 19).

→ **Nach außen wirken:** Die Mitarbeiter tragen ihre Meinung über das Unternehmen nach außen. Sie werden sich aber nur dann positiv bei Freunden und Bekannten äußern, wenn sie ernst genommen werden und in die Kommunikation eingebunden sind. Erfahren sie vom guten Ruf ihres Unternehmens nur aus der Presse, merken aber selbst nichts davon, kann die Firmenspitze ihre Glaubwürdigkeit verspielen – Mitarbeiter sind dann unzufriedener, sie wechseln häufiger den Arbeitsplatz, Ausschuss nimmt zu und die Krankheitsquote steigt (siehe auch Kapitel 14).

→ **Kunden zufrieden stellen:** Der amerikanische Handelsriese Sears hat – ausgehend von der Unternehmensvision – konkrete Kommunikationsziele für Kunden, Mitarbeiter und die Finanzwelt entwickelt. Mehrjährige interne Messungen bei Sears zeigten, dass eine 5 Prozent höhere Mitarbeiterzufriedenheit zu einer 1.5 Prozent höheren Kundenzufriedenheit führt, was wiederum eine 0.5-prozentige Steigerung der Finanzleistung des Unternehmens nach sich zieht.

Mitarbeiterkommunikation dient dem Austausch über:
▷ die Unternehmensziele
▷ ein Ereignis (wie z.B. eine Umstrukturierung)
▷ eine Idee, den Arbeitsplatz zu verbessern
▷ eine Abteilung (wie z.B. das neue Rechenzentrum)
▷ ein Projekt (wie z.B. wie eine anstehende Rationalisierung)
▷ eine neue Aufgabe
▷ Fehlentwicklungen am Markt und im Unternehmen
▷ Pläne der Geschäftsleitung
▷ neue Anforderungen am Markt
▷ die Entwicklung der Arbeitsplätze

Abb. 2 | Mögliche Kommunikationsthemen

Gute Kommunikation zahlt sich aus

Viele gute Gründe sprechen für eine funktionierende interne Kommunikation. Dies lässt sich sogar in Heller und Pfennig ausdrücken: Höhere Zufriedenheit bringt mehr Engagement, und damit auch besseres, schnelleres und günstigeres Arbeiten; Mitarbeiter arbeiten besser zusammen, Reibungsverluste, Missverständnisse, Leerlauf und Doppelarbeit nehmen ab.

In Ergebnissen von Untersuchungen hängen das Informationsniveau der Mitarbeiter und das Betriebsklima augenscheinlich zusammen: Mitarbeiter, die sich gut oder sehr gut informiert fühlen, bescheinigen fast immer ein sehr gutes oder gutes Betriebsklima in ihrem Arbeitsbereich – und umgekehrt. Fazit: Das Betriebsklima ist so gut oder so schlecht wie die Kommunikation.

Schlechte Kommunikation macht krank: In den Betrieben mit gutem und sehr gutem Informationsniveau der Mitarbeiter liegt die Krankheitsquote durchschnittlich bei 3,6 Prozent. In den Betrieben mit unzureichendem Informationsniveau ist der Krankenstand mit 11,1 Prozent im Schnitt dreimal so hoch. Bei den gewerblichen Mitarbeitern haben die allgemeinen schlechten Arbeitsbedingungen zur Folge, dass sie das Betriebsklima deutlich schlechter bewerten und der Krankenstand deutlich über dem Durchschnitt liegt. Ein erheblicher Teil lässt sich vermeiden, wenn die Manager der Betriebe für ein erträgliches Sozialklima sorgen.

Die Studie des Marktforschungsunternehmens Gallup zeigt für 2004, dass lediglich 13 Prozent der Mitarbeiter sich eng an das Unternehmen gebunden fühlen, 69 Prozent nur gering und 18 Prozent überhaupt nicht. Welche Konsequenzen aus diesen Zahlen vermutet werden könnten, zeigt der Zusammenhang mit den Fehlzeiten:

Hohe Bindung	▷	9 Fehltage
Geringe Bindung	▷	11 Fehltage
Keine Bindung	▷	13 Fehltage

Abb. 3 | Zusammenhang zwischen Bindung an das Unternehmen und Fehltagen | Quelle: Gallup

Gallup untersucht viele weitere Zusammenhänge, zum Beispiel die Bereitschaft, in diesem Unternehmen auch in einem und in drei Jahren beschäftigt zu sein und zur Bereitschaft, das Unternehmen Dritten zu empfehlen. Es überrascht nicht, dass bei fehlender Bindung der Mitarbeitenden an das Unternehmen die Bereitschaften, sich positiv zu verhalten, schwach sind.

Der Deutschen Wirtschaft entsteht so jedes Jahr ein Schaden von bis zu 230 Milliarden Euro, schätzen Experten. Der Grund: Mitarbeiter, die vor ihrem Vorgesetzten zittern und ständig um ihren Arbeitsplatz bangen, würden zwar kurzfristig mit mehr Einsatz arbeiten, langfristig führten die physischen und psychischen Auswirkungen der Angst aber zu Fehlzeiten, innerer Kündigung, Drogenmissbrauch und hoher Fluktuation. All dies sei mit erheblichen Folgekosten verbunden.

Ist der Mitarbeiter von Information und Kommunikation abgeschnitten, können Unlust, Gefühle von sozialer Isolation und Motivationslosigkeit entstehen. Der Mitarbeiter „funktioniert" zwar formal, ist aber weder motiviert noch kreativ. Dagegen bringt eine funktionierende interne Kommunikation eine geringere Fluktuation, sinkenden Ausschuss sowie die Senkung der Krankheitsquote, die wegen geringer Arbeitslust oder geringer Identifikation mit dem Betrieb überhöht ist.

Solche Argumente lassen Unternehmer aufhorchen, die in der Regel Krankenstände zwischen 5 und 11 Prozent zu beklagen haben. Gründe wie das Verringern des Krankenstandes und der Fehlzeiten, eine Erhöhung der Produktqualität und das Verringern des Ausschusses sind es, die der internen Kommunikation erhebliche Aufmerksamkeit zukommen lassen. So kommt es, dass Engpässe am Arbeitsmarkt immer wieder dazu führen, dass Mitarbeiter krank arbeiten gehen und eher mit Kritik hinter dem Berg halten – auf lange Sicht jedoch schadet die Unzufriedenheit der Mitarbeiter dem Unternehmen.

Stand in der Praxis: Manager fürchten dieses Parkett
So sehr sich das Potenzial des Personals herumgesprochen hat: Noch machen viele Manager einen großen Bogen um das Thema Kommunikation – zu glatt ist ihnen dieses Parkett. Hinter der fehlenden Umsetzung stehen häufig Vorurteile, Ängste vor Kritik durch die Mitarbeiter und deren Forderung nach mehr Mitsprache, Rechten und Entgelt. Die Folge: Fast alle Unternehmen fallen weit hinter ihren eigentlichen Möglichkeiten zurück.

Interessant ist, dass Kommunikation als kein Wert an sich gilt. Diese Behauptung möchte ich damit begründen, dass die Vertreter der Unternehmensfunktion Interne Kommunikation – wie jeder anderen Unternehmensfunktion auch – ihren Beitrag zur Wertschöpfung des Unternehmens nachweisen müssen. Interne Kommunikation wird lediglich als betriebswirtschaftlicher Faktor gesehen. Gelingt es nicht, die betriebswirtschaftliche Bedeutung aufzuzeigen, steht kein Budget bereit oder nur ein sehr kleines. Aber wann hätten Menschen jemals gefragt, welche Wertschöpfung ihre Gespräche haben?

Solange das Betriebsergebnis einigermaßen stimmte, ging es meist irgendwie auch ohne eine Funktion Interne Kommunikation. Doch seit Sprachlosigkeit die Substanz der Unternehmen bedroht und der Leidensdruck groß genug geworden ist, geraten Führungskräfte in Bewegung: Sie richten Kommunikationsabteilungen ein, suchen den Rat von Kommunikationsexperten und schulen sich in Weiterbildungskursen. Zu hoffen bleibt, dass dies ernsthaft und nachhaltig geschieht. Die Erfahrung zeigt nämlich: In guten Zeiten geht die Sensibilität für die Notwendigkeit von offensiver Kommunikationspolitik zurück, um in schlechten Zeiten, wenn sich Krisen, Probleme und Misserfolge ankündigen, in Form von überhöhten Erwartungen zurückzukehren.

Ist interne Kommunikation bedrohlich?
Überzeugen heißt Gegenargumente aufnehmen. Und da dieses Buch von der Bedeutung der internen Kommunikation überzeugen will, sollen Gegenmeinungen und Vorbehalte von Firmenchefs und Führungskräften einfließen:

Gründe gegen....!	Gründe gegen....?
„Die Mitarbeiter sind an Informationen nicht interessiert."	Alle aktuellen Untersuchungen und Gespräche mit Mitarbeitern in Firmen zeigen, dass sie grundsätzlich einen Bedarf an Informationen haben. Sie interessieren sich für ihren Arbeitsplatz und das Unternehmen.
„Die Mitarbeiter können die angebotenen Informationen nicht verstehen und verarbeiten."	Wenn Mitarbeiter Informationen nicht verstehen, wie können sie überhaupt ihre Arbeit gezielt erledigen? Und: Informationen den Führungskräften und Mitarbeitern so darzubieten, dass diese sie verstehen und verarbeiten können, ist Aufgabe von geschulten Führungskräften und von Fachleuten.
„Informationen sind aus Konkurrenzgründen geheim."	Das ist okay und jeder versteht das: Ein Unternehmen muss nicht alles preisgeben – schon gar keine Rezepte und geheimen Produktionsverfahren. Darum geht es in der internen Kommunikation auch nicht, sondern um grundlegende

Gründe gegen….!	Gründe gegen….?
	Informationen über den eigenen Arbeitsplatz und das Unternehmen – und die sind grundsätzlich nicht geheim, oder?
„Die Informationen können die vorgefasste Meinung ohnehin nicht ändern."	Informationen können sehr wohl Meinungen ändern. Voraussetzung hierfür sind glaubwürdige, überzeugende Argumente und ein faires Gespräch.
„Wenn die Mitarbeiter zu viel wissen, verlieren sie das Vertrauen in das Unternehmen."	Wenn es solche Informationen sind, die tatsächlich dazu Anlass geben, werden sie ohnehin früher oder später bekannt. Lieber frühzeitig Farbe bekennen und erklären, wie die Lage verbessert werden soll.
„Mir fehlt einfach der Mut."	Wem der Mut zur internen Kommunikation fehlt, der kann klein anfangen und erst einmal in regelmäßigen Abständen einen kleinen Rundbrief herausgeben. Gewinnt er Sicherheit, kann der Infodienst in regelmäßiger Weise erscheinen oder er kann durch weiteren Medien ergänzt werden (siehe hierzu das Kapitel 15). Sucht er einen Austausch mit seinen Mitarbeitern, kann ein erfahrener Fachmann (zum Beispiel ein Trainer) Tipps geben.
„In meiner Branche sind alle informationsscheu."	Um so besser: Hier kann sich das Unternehmen einen entscheidenden Wettbewerbsvorsprung sichern. Wer will schon genauso schlecht sein wie seine Konkurrenten? Außerdem wird es sich kaum noch eine Branche in der Zukunft erlauben können, die interne Kommunikation nicht zu verbessern.

Abb. 4 | Gründe für und gegen Kommunikation

1.3 Wandel der internen Kommunikation bis heute

Die Interne Kommunikation als Funktion im Unternehmen hat sich in den vergangenen Jahren erheblich gewandelt. Diese Veränderungen haben zu einer riesigen Kluft zwischen jenen Unternehmen geführt, die sich in den vergangenen

Jahren entwickelt und diesen Bereich deutlich professionalisiert haben. Vor allem sind dies Großunternehmen. Zum anderen gibt es viele klein- und mittelständische Betriebe, an denen diese Entwicklungen bisher vorbei gegangen sind und in denen noch Zustände wie im Mittelalter herrschen.

Klassisches Verständnis

Wie sieht das klassische Verständnis aus, das in den Unternehmen vor allem in den 80er und 90er Jahren zu finden war und es teilweise bis heute ist – vor allem in klein- und mittelständischen Unternehmen?

- → Die interne Kommunikation erfolgt als Information über Entscheidungen. Nur wenn eine Entscheidung getroffen ist und umfangreiche Informationen hierüber feststehen, erfolgt die Weitergabe an die Mitarbeiter.
- → Sie war – und ist es in vielen Firmen noch heute – stark auf die Mittel und Maßnahmen konzentriert: Mitarbeiterzeitung, Intranet, Infodienste etc.
- → Die Mitarbeiter sind kaum einbezogen: Die Firmenleitung und die Verantwortlichen in der Abteilung für Interne Kommunikation bestimmen, über was gesprochen wird, in welchen Kanälen, in welchem Umfang, wann und mit welchen Argumenten.
- → Die interne Kommunikation erfolgte weitgehend durch Funktion beziehungsweise durch die Abteilung für Interne Kommunikation.

Durch den Wandel von Märkten und Unternehmen (siehe Kapitel 1) hat sich dieses Verständnis tiefgreifend geändert.

Modernes Verständnis

Das zeitgemäße Verständnis von Interner Kommunikation lässt sich so charakterisieren:

- → Die Interne Kommunikation entwickelt sich von einem einzig instrumentell und operativ geprägten Verständnis hin zum Verständnis einer Managementaufgabe (siehe ausführlich Kapitel 12).
- → Die Interne Kommunikation kann als Managementaufgabe ihren Beitrag zur Erreichung der Unternehmensziele sowie zur Wertschöpfung des Unternehmens aufzeigen, um die erforderlichen Ressourcen (Personal, Geld etc.) zu erhalten (siehe ausführlich Kapitel 21).
- → Ergebniskommunikation entwickelt sich zur Prozesskommunikation: Bislang haben Unternehmen vor allem Entscheidungen und andere Ergebnisse kommuniziert (Ergebniskommunikation); doch diese Form der Kommunikation ist aufgrund der schnellen Entwicklungen nicht mehr zeitgemäß. Stattdessen wünschen sich die Mitarbeiter, auf dem Laufenden gehalten zu werden, um sich ein lebendiges Vorstellungsbild vom Unternehmen und seiner Entwicklung zu machen . Dies bedeutet für die Interne Kommunikation, schon sehr früh die Mitarbeiter zu informieren und sich zu erklären, selbst wenn erst wenige Informationen vorliegen. Die Interne Kommunikation sollte darüber informieren, was ein Unternehmen zu diesem Zeitpunkt weiß, aber auch, was es noch nicht weiß (Prozess-

kommunikation); und es sollte sagen, wann es das weiß, was es heute noch nicht weiß. Eine solche Kommunikation setzt einen Kulturwandel voraus, denn die Verantwortlichen müssen lernen, Unsicherheit zuzulassen.
→ Neue interne Bezugsgruppen sind für die Funktion Interne Kommunikation hinzugekommen, vor allem die Führungskräfte des Unternehmens.
→ Neue Rollen: Die Experten für interne Kommunikation entwickeln sich zu Beratern für Führungskräfte.
→ Neue Themen sind hinzugekommen, wie zum Beispiel die internationale interne Kommunikation (siehe ausführlich Kapitel 20) und der Einsatz im Wissensmanagement.
→ Die interne Kommunikation ändert sich durch neue Mittel und Maßnahmen, vor allem durch Social Media (siehe ausführlich Kapitel 16).
→ Die interne Kommunikation ändert sich durch neue Techniken wie das Storytelling (siehe ausführlich Kapitel 16).
→ Neue Erkenntnisse der Psychologie, der Neurowissenschaften und der Kulturwissenschaften ermöglichen die weitere Professionalisierung (siehe Kapitel 8).

Wichtig zu betonen: Die interne Kommunikation verfügt über erhebliche Potenziale, die bislang noch nicht erkannt oder nicht ausgeschöpft sind. Zu diesen Potenzialen gehören der wirkungsvolle Einsatz von Bildern (Kapitel 18) und das Storytelling (Kapitel 16).

Zukunft der internen Kommunikation

Die Zukunft hat viele Namen: Für die Schwachen ist sie das Unerreichbare. Für die Furchtsamen ist sie das Unbekannte. Für die Tapferen ist sie die Chance (Victor Hugo). Welche wichtigen Trends wird es in der internen Kommunikation geben?

→ **Zunehmender Wettbewerb:** Der Wettbewerb wird auf allen Märkten zunehmen. Für die interne Kommunikation wird dies bedeuten, dass sie den Mitarbeitern noch besser erklären muss, wofür das Unternehmen steht und welche einzigartige Belohnung es seinen Mitarbeitern, seinen Kunden und anderen wichtigen Bezugsgruppen bietet.

→ **Professionalisierung:** Interne Kommunikation wird aufgrund dieser Rahmenbedingungen professioneller werden müssen, um die eingesetzten Mittel zu rechtfertigen und ihren Beitrag für den Unternehmenserfolg bestmöglich zu leisten. Es gibt noch viele unausgeschöpfte Potenziale, wie die bisher unzureichende Nutzung unterschiedlicher Wissenschaftsdisziplinen für die Gestaltung von Kommunikation.

→ **Eine integrierte Gestaltung der internen und externen Kommunikation:** Künftig werden interne und externe Kommunikation wesentlich stärker in ihrem Zusammenspiel gestaltet werden, um Synergien zu nutzen und Widersprüche zu vermeiden.

→ **Vertrauen entwickeln:** Vertrauen wird zum zentralen Konstrukt, um die langfristige Beziehung der Mitarbeitenden zu erklären. Wichtiger wird daher werden zu verstehen, was Vertrauen ist, wie es entsteht und wie es systematisch gestaltet werden kann. Leider gibt es hierzu erst wenige Erkenntnisse.

→ **Emotionale Ansprache:** Hat sich die interne Kommunikation in den vergangenen Jahren vor allem auf das Vermitteln von Informationen konzentriert, zeigen neuere wissenschaftliche Erkenntnisse, welche wichtige Rolle die Gefühlswelt der Mitarbeiter spielt (siehe Kapitel 6.2). Daher wird es erforderlich sein, jene Gefühle zu bestimmen, die mit einem Unternehmen verbunden sein sollen – auch in Abgrenzung vom Wettbewerb. Zum anderen müssen hieraus operative Entscheidungen abgeleitet werden wie der gezielte Einsatz von Events (siehe Kapitel 15.1.5) und der Einsatz von Bildern und Geschichten (siehe Kapitel 17).

→ **Systematische Weitsicht:** Zu wenige Unternehmen planen ihre interne Kommunikation systematisch und langfristig. Kommunikationskonzepte sind jedoch essenziell für erfolgreiche und professionelle Kommunikation, denn sie verringern das Risiko von Fehlentscheidungen, regeln das Zusammenspiel aller Beteiligten im Unternehmen und ermöglichen größtmögliche Eigenständigkeit aller Beteiligter unter Beibehaltung gemeinsamer Ziele (siehe Kapitel 12).

→ **Konzepte:** Um ein festgelegtes Vorstellungsbild bei den Mitarbeitenden aufzubauen und langfristig zu entwickeln, ist ein Kommunikationskonzept unerlässlich, also ein schriftlich fixierter Verhaltensplan (siehe Kapitel 12).

Kapitel 2

Was interne Kommunikation ist

Wer beschreibt, wie die interne Kommunikation in Unternehmen besser funktionieren könnte, sollte zunächst grundlegende Begriffe klären. In der Praxis zeigt sich nämlich, dass Begriffe unterschiedlich verwendet werden oder unklar ist, was sich dahinter verbirgt.

Information
Informationen sind Daten, die in einem Kontext stehen. Wird die Zahl 90 in den Kontext des Umsatzes gestellt, entsteht zum Beispiel die Information von 90 Millionen Euro Umsatz.

Der Begriff Information beinhaltet nicht, ob Mitarbeitenden diese Information auffällt, ob sie diese aufnehmen, wie sie diese verarbeiten, deuten, interpretieren, bewerten und speichern. Dieser Prozess der Aufmerksamkeit, der Aufnahme, der Verarbeitung und der Speicherung wird als Wahrnehmung bezeichnet. Informieren ignoriert also die Wahrnehmung der Mitarbeitenden.

Besonders wichtig für die Wirkung der internen Kommunikation ist die Bewertung des Mitarbeitenden, ob eine Information für ihn wichtig ist oder nicht und welche emotionale Bedeutung sie für ihn hat, also ob sie schadet oder nutzt (siehe Kapitel 6).

Austausch
Kommunikation ist mehr als das bloße technische Hin- und Her von Informationen zwischen Sender und Empfänger, oft als Austausch bezeichnet; denn Kommunikation wäre sonst auch, wenn zwei Mitarbeiter aneinander vorbeireden: Ein deutscher Mitarbeiter telefoniert mit seinem japanischen Kollegen, beide tauschen Informationen aus, die sie aber durch die unterschiedliche Sprachen nicht verstehen und bewerten können. Kommunikation beinhaltet, dass die Beteiligten die Aussagen des Gegenübers aufnehmen und verarbeiten, damit Verständigung entsteht.

Dieses Aufeinander beziehen und die Verarbeitung der Botschaften ist essenziell für Kommunikation. Es kommt nicht nur darauf an, welche Informationen gegeben werden und wie: Entscheidend für den Kommunikationserfolg ist, wie das Gegenüber diese Informationen aufnimmt und bewertet. Wer sicher gehen will, dass seine Botschaften akzeptiert werden, sollte dies berücksichtigen.

Dialog
Manager reden gern vom Dialog. Mitarbeiter verwenden in ihrer Sprache diesen Begriffe nicht. Oder hätten Sie einen Kollegen gehört, der zu Ihnen sagt: „Wir hatten gerade in der Kantine einen guten Dialog"? Der Begriff gehört also nicht zur Umgangssprache der meisten Mitarbeiter und sollte daher – wenn überhaupt – selten eingesetzt werden.

Der Begriff Dialog meint eigentlich den gleichberechtigten Austausch zwischen Menschen mit offenem Ausgang. Jeder Mitarbeitende weiß, dass dies in einem Unternehmen zwischen Mitarbeitenden und Führungskräften kaum möglich ist:

→ Der Mitarbeiter verfügt nicht über die gleichen Informationen wie sein Vorgesetzter und die Firmenleitung, er kennt weniger Argumente und Gegenargumente.
→ Er hat nicht die gleiche Macht, denn er steht in einem Abhängigkeits- (und Arbeits-) verhältnis zu seinem Gesprächspartner.
→ Das Ende des Gesprächs ist nicht offen, denn in der Regel geht die Unternehmensleitung mit einem vorgefassten Ergebnis in ein Gespräch und will nur von ihrem Standpunkt überzeugen.

Meist verwenden Führungskräfte den Begriff Dialog lediglich für Austausch oder einfach nur das Gespräch. Ich rate also weitgehend davon ab, diesen Begriff in der internen Kommunikation zwischen Führungskräften und Mitarbeitenden weiter zu verwenden: Er ist abgenutzt, nichtssagend, er wird falsch eingesetzt und er ist uns nicht vertraut, weil er nicht zu unserer Alltagssprache gehört.

Kommunikation
Der Begriff Kommunikation stammt aus der lateinischen Sprache (communis) und bedeutet Mitteilung, Verbindung, Verkehr. Angemessen für die interne Kommunikation scheint mir das Verständnis von Kommunikation als Austausch und Verständigung zwischen Menschen im Unternehmen: Sie teilen sich mit und versuchen, den Anderen zu verstehen, aber auch dessen Wahrnehmungen, Meinungen und Absichten zu gestalten. Kommunikation ist zweiseitig und damit interaktiv: Mitteilen und Verstehen müssen zusammentreffen und und die Beteiligten müssen sich aneinander orientieren.

Diese Orientierung verläuft in den Stufen der Wahrnehmung:

→ Ist mein Gegenüber auf die Information aufmerksam geworden?
→ Hat er sie aufgenommen? Konnte er sie aufnehmen, weil die Information wichtig für ihn ist?
→ Konnte er sie verarbeiten? Hat er sie in meinem Sinn verstanden und bewertet?
→ Hat er sie gespeichert?

Dieser für die interne Kommunikation essenzielle Unterschied hält Praktiker in den Unternehmen nicht davon ab, von „Interner Kommunikation" zu sprechen, wogegen sie doch eigentlich die „Interne Information" meinen und praktizieren. Interne Kommunikation ist daher meist nur interne Information, denn sonst würden sich die Beteiligten aufeinander beziehen, sie würden verstehen und sich kontinuierlich austauschen.

▷ Aufmerksamkeit
▷ Aufnahme
▷ Verarbeitung
▷ Speicherung

Abb. 5: Wahrnehmung des Menschen

Gegenseitigkeit bedeutet auch, dass alle Beteiligten darüber entscheiden, ob Kommunikation zustande kommt oder nicht. Wenn ein Beteiligter nicht kann, darf oder will, kann keine Kommunikation entstehen: Der Mitarbeiter liest die Mitarbeiterzeitung nicht mehr, die Mitarbeiter nutzen das Intranet nicht mehr. Will ein Mitarbeiter keine Kommunikation mit der Firmenleitung, kann keine noch so künstlerisch gestalteten Broschüre oder ein perfektes Event Kommunikation herstellen.

Kommunikation bedeutet nicht, dass jeder alles kennt und alles weiß. Mitarbeitende wollen und können nicht alles wissen. Sie möchten und müssen aber das wissen, was für sie wichtig ist – entweder weil sie es für die Arbeitstätigkeit oder das Miteinander im Unternehmen brauchen. Dies ist nur ein geringer Teil dessen, was im Unternehmen täglich an Informationen verfügbar wäre. Mitarbeitende wollen nicht ständig über alles reden, sondern nur über das, was sie betrifft und interessiert. Hierin unterscheiden sich die Mitarbeitenden erheblich: Bildung, Wissen, Arbeitstätigkeit, Perspektiven und auch nationale Unterschiede driften erheblich auseinander. Dies führt zu unterschiedlichen Wünschen und Erwartungen an die interne Kommunikation, an deren Medien, Inhalte und Form: Gewerbliche Mitarbeiter haben andere als Angestellte, Führungskräfte andere als Auszubildende und Pensionäre andere als Vorstand und Betriebsrat.

Die Herausforderung einer alle zufrieden stellenden internen Kommunikation liegt darin, genau jene Kommunikation zu ermöglichen, die aus Sicht der Beteiligten sinnvoll und möglich ist. Informationen breit und massenhaft zu streuen, erzeugt Informationsmüll und erzeugt Überlastung – abgesehen davon, dass dies extrem ineffizient und teuer ist. Es ist daher sinnvoll, Gruppen zu bilden, die sich im Hinblick auf ihre Wünsche und Erwartungen an die interne Kommunikation unterscheiden. Ich bezeichne diese als Bezugsgruppen der internen Kommunikation. Der Begriff „Zielgruppen" scheint mir nicht mehr zeitgemäß, weil er von Kommunikation als Technik ausgeht, die einseitig Informationen an ein Publikum richtet. Zeitgemäß ist es, Kommunikation als Gestaltung von Beziehungen zwischen Menschen zu verstehen.

Die Mitarbeitenden unterscheiden sich hinsichtlich ihrer Wünsche und Erwartungen an die Form oder den Inhalt der Kommunikation: Form bedeutet zum Beispiel die Zeit, in der die Kommunikation stattfindet (zum Beispiel rund um die Uhr im Intranet) oder die eingesetzten Medien (Schwarzes Brett, Mitarbeiterzeitung, Intranet, persönliches Gespräch). Inhalt umfasst jene Themen und konkreten Informationen, die sich die Mitarbeiter wünschen.

Dies klingt plausibel, doch die Praxis ist anders: Unternehmen geben Broschüren für alle Mitarbeitenden heraus. Die Empfänger sollen sich dann aus den angebotenen Informationen jene heraussuchen, die für sie wichtig sind. Ob die internen Bezugsgruppen diese Informationen aufnehmen wollen und können, ob sie diese verstehen und akzeptieren, prüfen sie kaum. Dieses Vorgehen funktioniert jedoch aufgrund von Informationsüberflutung und Reizüberlastung nicht mehr. Die geringe oder ausbleibende Wirkung der Maßnahmen wird irrtümlich als Beweis dafür interpretiert, dass die interne Kommunikation nichts oder viel zu wenig bewirken könne. Folge: Die Investitionen werden zurückgeschraubt. Eine Spirale setzt sich in Gang, an deren Ende das Aus für die interne Kommunikation stehen kann.

Vertrauen
Vertrauen ist ein grundlegender Begriff, der Bindungen in Beziehungen von Mitarbeitenden im Unternehmen beschreiben kann. Vertrauen steht für die Erwartung, sich auf das Wort, die Aussagen, die Versprechen Anderer im Unternehmen verlassen zu können. Das Entstehen von Vertrauen setzt voraus, dass sich diese Menschen kennen und möglichst auch, dass sie Erfahrungen miteinander gemacht haben (siehe ausführlich Kapitel 6.3). Nur solche Menschen schenken sich Vertrauen: Man vertraut nur dem, den man kennt. Ob wir jemandem vertrauen, ist also unsere eigene persönliche Bewertung. Ein Mitarbeitender vertraut der Firmenleitung, der andere nicht. Vertrauen lässt sich also nicht kommunizieren, wie viele Führungskräfte glauben, sondern die Beteiligten müssen sich die Bewertung erarbeiten, vertrauenswürdig zu sein. Und: Das Vertrauen des Gegenüber müssen sie sich immer neu verdienen.

Vertrauen ist die Grundlage von dauerhaften Beziehungen. Vertrauen zum Unternehmen ist für die Mitarbeiter deshalb so wichtig, weil dessen Zuverlässigkeit das von ihnen wahrgenommene Risiko verringert, vom Unternehmen enttäuscht zu werden. Haben wir Vertrauen in andere Mitarbeiter und in Führungskräfte, erleben wir dieses als zuverlässig. Wir erwarten, dass wir uns auf deren Aussagen und Versprechungen verlassen können. Zuverlässig und berechenbar sind sie für uns dann, wenn wir sie als stabil und kontinuierlich erleben. Wir nehmen das Risiko als gering wahr, dass sie uns enttäuschen. Kann ich mich auf meinen Vorgesetzten verlassen, fühle ich mich sicher, meine Unsicherheit und meine Angst nehmen ab. Das Vertrauen, das wir in den Firmenchef haben, können wir auf dessen Leistung oder das Unternehmen übertragen, das dieser Mensch führt.

Des Vertrauens der anderen Mitarbeitenden würdig kann aber nur jener sein, der konstant ein klares, widerspruchsfreies Bild von sich abgibt. Der bekannte Soziologe Niklas Luhmann spricht von „Sicherheit der sozialen Selbstdarstellung" und meint damit, wie gut es Personen oder Unternehmen gelingt, „ein konsistentes Bild von sich selbst zu entwerfen und zu sozialer Geltung zu bringen". Vertrauen kann nur entstehen, wenn Worte und Taten übereinstimmen: Fordert die Firmenleitung mehr Offenheit, lebt dies aber selbst nicht, wird sie unglaubwürdig. Wenn die Verantwortlichen in der Mitarbeiterzeitung das Unternehmen und seine Arbeit schönreden, der Mitarbeiter in seiner täglichen Arbeit aber etwas ganz anderes erlebt, wird er sich in ihr nicht wieder finden.

Vertrauen hat auch eine ökonomische Seite: Durch Vertrauen sparen wir jene Kosten, die wir für das Verringern des Risikos ausgegeben hätten, zum Beispiel Aufwand für Informationssuche oder das Abschließen einer Versicherung. Haben wir ein lebendiges Vorstellungsbild vom Unternehmen und ist es würdig, dass wir ihm glauben („unseres Glaubens würdig") und vertrauen („unseres Vertrauens würdig"), können wir entscheiden, ohne lange zu überlegen und vergleichen zu müssen.

Zuverlässige Unternehmen sind für uns wie Versicherungen: Sie nehmen uns Risiko ab. Wolf Lotter schreibt in der brand eins vom Februar 2005: „Vertrauen ist eine Methode, die unser Leben leichter macht, weil das Unbekannte nicht für immer gefährlich bleibt, sondern mit der Zeit zu einer vertrauten Sache wird. Das ist die Grundlage einer guten Beziehung oder für das, was in der Wirtschaft ein gutes Geschäft genannt wird." Wir vertrauen aber nur jenem Unternehmen, das wir kennen. Das Vertrauen in das Unternehmen soll den Grundstein für eine langfristige Beziehung legen, denn wir bleiben nur dem treu, dem wir vertrauen.

Authentische Kommunikation
Authentische Kommunikation wird als eine der wichtigsten Voraussetzungen für das Entstehen von Vertrauen und das Funktionieren von Beziehungen angesehen. Ich stimme hier grundsätzlich zu, möchte aber dennoch einen etwas differenzierteren Blick auf diesen Begriff werfen.

Authentischer Kommunikation wird meist als Echtheit verstanden. Ich stelle mir jedoch folgende Situation vor: Ein Firmenchef wird seit Wochen zerfressen von Sorgen um sein Unternehmen. Nachts kann er nicht mehr schlafen, weil er weiß, dass er eventuell Insolvenz anmelden und hierbei vielen Mitarbeitern betriebsbedingt kündigen muss. Wäre authentisch, wenn er sich vor seine Mitarbeiter stellt und diesen seine inneren Kämpfe, seine Zweifel und seine Verzweifelung darstellt. Dies würde ja immerhin seinem inneren Gefühlszustand entsprechen. Erwarten die Mitarbeiter nicht aber eine Führungskraft, die bis zur letzten Minute zuversichtlich ist und aus Gründen der Fürsorge zumindest begrenzte Hoffnung verbreitet? Wie immer Sie zur Antwort auf diese Fragen stehen – ich hoffe, dass deutlich wird, dass ein solcher Begriff nicht ohne Weiteres auf alle Situationen anzuwenden ist.

Kapitel 3

Welche Aufgaben die interne Kommunikation hat

Interne Kommunikation kann drei Aufgaben erfüllen. Sie kann:

1. **Kontaktieren**, zum Beispiel Mitarbeitende und Führungskräfte
2. **Informieren**, zum Beispiel über das Geschehen im Unternehmen
3. **Argumentieren**, um die Mitarbeiter zu überzeugen.

3.1 Kontakt aufnehmen

Damit interne Kommunikation wirken kann, muss zunächst einmal der Kontakt zwischen Menschen entstehen. Wer keinen Kontakt zu Mails und zur Mitarbeiterzeitung hat, kann die darin enthaltenen Informationen nicht aufnehmen, verarbeiten und speichern:

→ **Kontakt aufbauen:** Gibt es ein neues Projekt im Unternehmen, wird der Kontakt zu den Mitarbeitern hergestellt und danach Wissen aufgebaut.

→ **Kontakt ausbauen:** Der Kontakt hat nicht bei der gewünschten Menge der Mitarbeiter stattgefunden, zum Beispiel, weil diese im Urlaub waren oder in Nachtschicht arbeiten, oder aber der Kontakt erfolgte nicht häufig genug, um Gedächtnisspuren zu hinterlassen.

→ **Kontakt halten:** Das Gedächtnis über das Unternehmen muss immer wieder aktiv sein. Geschieht dies nicht, kann es verschwinden. Umgangssprachlich würden wir sagen, dass wir nicht spontan an etwas gedacht oder etwas vergessen haben. Dinge müssen sich also in lebendiger Erinnerung halten, um im Gehirn zu wirken. Wer also einmal darauf hinweist, dass Qualität im Unternehmen wichtig ist, verankert sich nicht stark genug im Gedächtnis der Mitarbeiter.

→ **Kontakt abbauen:** Mitarbeiter sollen etwas vergessen, indem die Kontakte verringert werden. Ein Produkt soll nicht weiter verkauft werden, die Mitarbeiter sollen es nach und nach vergessen.

Für die Gestaltung von Kontakten sind zwei Begriffe wichtig:

1. **Reichweite:** Sie bezeichnet, wie viele Mitarbeiter durch Mittel und Maßnahmen der internen Kommunikation erreicht werden sollen und erreicht wurden. Die Mitarbeiterzeitung erreicht 80 Prozent der Belegschaft, der Rest liest sie nicht. Sollen 100 Prozent der Mitarbeiter erreicht werden, also alle, dann sind weitere Mittel und Maßnahmen erforderlich, um dies zu erreichen. Die Bruttoreichweite gibt an, wie viele Kontakte zu den Mitarbeitern insgesamt entstanden sind, auch Mehrfachkontakte werden gezählt. Die Nettoreichweite gibt an, wie viele Mitarbeiter mindestens ein Mal erreicht wurden. Die Bruttoreichweite kann also hoch sein, die Nettoreichweite dagegen gering, weil wenige Mitarbeiter sehr oft erreicht wurden.

2. **Kontakte:** Kontakt meint, wie oft ein Mitarbeiter Kontakt mit einer Information hatte. Beispiel: Jemand hat etwas dreimal gehört – von seinem Kollegen, seinem Vorgesetzten und vom Schwarzen Brett. Es sind also drei Kontakte mit der Information zustande gekommen. Sollen Informationen bei den Mitarbeitern nachhaltig verankert werden, sind mitunter 30-50 Kontakte erforderlich.

Wichtig ist also zum einen, alle Mitarbeiter zu erreichen, die beabsichtigt sind; zum anderen sollte eine Information oft genug wiederholt werden, damit sie sich festigt und gedanklich präsent bleibt (siehe auch Kapitel 8).

3.2 Informieren

Interne Kommunikation beinhaltet, dass die Mitarbeiter alle für sie wichtigen Informationen über ihre Tätigkeit, ihren Arbeitsplatz und das Unternehmen kennen und über Veränderungen informiert sind. Durch interne Information nehmen sie teil am formalen und informellen Leben und identifizieren sich im Idealfall sowohl mit ihren Aufgaben als auch mit den Unternehmenszielen. Unterschiedliche Standpunkte und Meinungen zu einem Thema können offen gelegt und ausgetauscht werden.

In der Kommunikation werden Informationen vermittelt über:
- ▷ Unternehmensziele
- ▷ Markt und die Positionierung des Unternehmens im Markt
- ▷ Konkurrenz
- ▷ Ereignisse (wie z.B. eine Umstrukturierung)
- ▷ Ideen, die den Arbeitsplatz verbessern helfen
- ▷ Abteilungen (wie z.B. das neue Rechenzentrum)
- ▷ Projekte (wie z.B. eine anstehende Rationalisierung)

- ▶ Neue Aufgaben
- ▶ Fehlentwicklungen am Markt und im Unternehmen
- ▶ Pläne der Geschäftsleitung
- ▶ Neue Anforderungen am Markt
- ▶ Entwicklung der Arbeitsplätze

Abb. 6: Beispiele für wichtige Informationen in der internen Kommunikation

3.3 Argumentieren

Mitarbeiter bewerten die Informationen nach der Bedeutung, die diese für sie haben. Es entstehen Meinungen und – in verfestigter Form – Einstellungen. Es reicht daher meist nicht aus, nur zu informieren, sondern die Mitarbeiter sollten mit Argumenten von einer Idee oder einem Anliegen überzeugt werden.

Was ist das Ziel dieser Aufgaben, oder anders ausgedrückt: Welche Wirkung haben sie? Immerhin könnte der Firmenchef fragen, was denn die Mitarbeiterzeitung und das Intranet gebracht haben. Wichtig für die interne Kommunikation ist daher nicht nur, eine Aufgabe zu erfüllen, also eine Leistung zu erbringen, sondern auch das gewünschte Ergebnis zu formulieren, das bei den Mitarbeitern als Wirkung entstehen soll.

Kapitel 4

Welche Ziele die interne Kommunikation hat

Die drei Aufgaben der internen Kommunikation, Kontakt aufnehmen, informieren und argumentieren, können zu vier Zielen führen:

1. Bekanntheit
2. Wissen
3. Meinen
4. Bereitschaft und Handeln

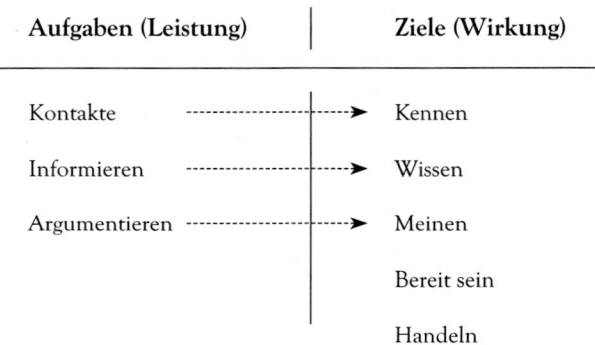

Abb. 7: Zusammenhang von Aufgaben und Zielen

Wie Sie sehen können, schreibe ich bewusst „können ...führen". Das bedeutet, dass aus einer erfüllten Aufgabe nicht zwangsläufig die gewünschte Wirkung erfolgt. Beispiel: Der Firmenchef kann informieren, doch vielleicht verstehen ihn die Mitarbeiter nicht oder sie wissen nicht, wie sie die Informationen auf die eigene Arbeitstätigkeit anwenden sollen. Noch ein Beispiel: Der Firmenchef nennt viele Argumente für einen tief greifenden Wandel des Unternehmens, doch diese Argumente überzeugen die Mitarbeiter nicht (für weitere Beispiele siehe unten).

Ebenfalls wichtig zu beachten: Warum ist das Handeln oft kein direktes Ziel der internen Kommunikation? Gewiss, kennen, wissen, meinen und bereit sein kann zum Handeln führen – muss es aber nicht: Diese Ziele können alle erfüllt sein, doch wenn der Mitarbeiter nicht handeln kann, weil ihm Voraussetzungen fehlen, oder er nicht handeln darf, weil dies sein Vorgesetzter verhindert, dann kann die interne Kommunikation erfolgreich gewesen sein, aber doch nicht zu handeln führen. Ich empfehle daher, Handlungsziele nur dann zu formulieren, wenn Handeln ein Kommunikationsproblem zugrunde liegt, dass die interne Kommunikation lösen kann. Führungsprobleme kann sie nicht lösen. Zumindest nicht allein.

Ich betone das an dieser Stelle deshalb so stark, weil ich oft Konzepte lese, in denen Handlungsziele wie „Leistung steigern" formuliert sind, aber die Probleme, die dies verhindern, nicht durch interne Kommunikation lösbar sind.

4.1 Bekanntheit

Wenn Menschen miteinander reden, geben sie sich Dinge bekannt – zum Beispiel ist ihnen bekannt, dass es eine Firmenstrategie gibt, sie haben davon gehört, dass eine neue Qualitätsoffensive gestartet wird. Sie WISSEN VON Ereignissen, die am Arbeitsplatz geschehen sind – im Gegensatz zum WISSEN ÜBER, das durch Informieren entstehen.

Bekannt sein bedeutet, in den Köpfen der Mitarbeiter präsent zu sein. Bekanntheit bedeutet nicht, dass sie etwas wissen und meinen. Beispiel: Den Mitarbeitern ist bekannt, dass es eine Unternehmensstrategie gibt. Dies bedeutet nicht gleichzeitig, dass sie etwas darüber wissen. Sie würden sagen: „Ich habe davon gehört, aber ich weiß nichts darüber". Warum diese Unterscheidung? Es ist sinnvoll, um jede der Aufgaben zu planen und zu kontrollieren: Bekanntheit wird anders gesteuert und kontrolliert als das Entstehen von Wissen.

Stufen der Bekanntheit
Die gedankliche Präsenz lässt sich in Stufen unterscheiden:

- → *Keine Bekanntheit*: Die Person kennt Dinge nicht, sie hat noch nie von ihnen gehört.
- → *Passive Bekanntheit*: Die Person kennt etwas, nachdem es ein Stichwort dazu gehört hat, wie zum Beispiel den Namen eines neuen Projektes. Diese Form wird auch als „gestützte Bekanntheit" bezeichnet.
- → *Aktive Bekanntheit*: Eine Person kann etwas aktiv aus dem Gedächtnis abrufen, sie benötigt dafür keine Gedächtnisstütze wie im Fall der gestützten Bekanntheit. Diese Form wird als „ungestützte Bekanntheit" bezeichnet.
- → *Intensive aktive Bekanntheit*: Etwas ist einer Person spontan als erstes gedanklich präsent, wie zum Beispiel ein Projekt, das ihm aus allen Projekten des Unternehmens als erstes einfällt. Diese Form wird auch als „top of mind" bezeichnet.
- → *Exklusive Bekanntheit*: Den Mitarbeitern wäre zum Beispiel nur ein einziges Projekt im Unternehmen zur Umsetzung der Firmenstrategie bekannt.

Sämtliche Formen der Bekanntheit lassen sich systematisch und sorgfältig planen, steuern und kontrollieren. Grundlage hierfür ist das Konzept für die interne Kommunikation, das Sie in Kapitel 12 kennen lernen werden.

Wichtig zu wissen ist: Es gibt einen Zusammenhang zwischen Bekanntheit und Sympathie. Tendenziell gilt: Je bekannter etwas ist, desto sympathischer ist es uns. Wissenschaftler sprechen vom Mere-Exposure-Effekt. Dinge, die uns bekannt und vertraut sind, weil sie uns ständig umgeben, sind uns sympathischer.

Kontaktaufnahme muss nicht zu Bekanntheit führen
Hier einige Beispiele, wie die Kontaktaufnahme nicht zur Bekanntheit bei den Mitarbeitern führen muss:

1. Das Unternehmen versucht, über unterschiedliche Mittel und Maßnahmen Kontakt zu den Mitarbeitern aufzunehmen, zum Beispiel über das Intranet und die Mitarbeiterzeitung. Diese nutzen jedoch vielleicht jene Medien nicht oder sie lesen gerade den Beitrag nicht, in dem wichtige Informationen vermittelt werden sollten.

2. Das Unternehmen nimmt einmal Kontakt auf, aber die Mitarbeiter vergessen schnell wieder, wenn sie nicht immer wieder daran erinnert werden (siehe ausführlich Kapitel 8).

4.2 Wissen

Als Ergebnis von Kommunikation entstehen Vorstellungsbilder von einem Meinungsgegenstand. Solche Vorstellungsbilder heißen in der Fachsprache „Images". Interne Kommunikation kann also solche Vorstellungsbilder aufbauen.

Vorstellungsbilder sind demnach das Ergebnis von allem, was Mitarbeiter von etwas wissen. Diese Vorstellungsbilder werden jedoch immer auch bewertet. Eine solche Bewertung kann eine Meinung sein (eher gestaltbar), eine Überzeugung oder eine Einstellung (schwerer gestaltbar, weil gefestigter). Siehe hierzu ausführlich den nächsten Punkt.

Die Mitarbeiter wollen und müssen sich ein lebendiges Vorstellungsbild von Unternehmen und von den Vorgänge in ihm machen, damit sie entscheiden können, ob sie bereit sind (motiviert), sich dem Unternehmen gegenüber positiv zu verhalten, und ob sie dies auch letztlich tun. Niemand kann von etwas ergriffen werden, ohne zugleich eine Vorstellung davon in sich zu tragen, schreiben die beiden Autoren Geißlinger und Raab (2007) in ihrem Buch „Strategische Inszenierung: Story-Dealing für Marketing und Management".

In ihrer Internen Kommunikation nutzen Unternehmen viele abstrakte Begriffe wie zum Beispiel innovativ, kompetent, kundenfreundlich. Das Problem mit solchen Begriffen ist, dass die Mitarbeiter nicht wissen, was diese Begriffe bedeuten und demzufolge auch nicht, wie sie diese für sich und ihr Handeln bewerten sollen. Jedoch sind Entscheidungen und Handlungen der Mitarbeiter daran gebunden, welche Bedeutung Dinge für sie haben und was sie erwarten können, wenn sie sich im gewünschten Sinn verhalten: „Da die Seele nur ihre eigene Sprache versteht, gibt es für sie ohne Imagination auch kein Erkennen", schreiben Geißlinger und Raab. Handeln heißt auch immer voraussehen.

Die interne Kommunikation sollte dies berücksichtigen, und ein Vorstellungsbild davon ermöglichen, was die Mitarbeitenden zum Beispiel von einer strategischen Entscheidung zu erwarten haben. Dies wird maßgeblich entscheiden, ob Mitarbeiter ein Anliegen unterstützen – oder eben nicht.

Wissen bedeutet lernen

Genau genommen ist Kommunikation ein Lernprozess, also die Gestaltung von Wissen: Die Mitarbeiter sollten lernen, was das Unternehmen kennzeichnet, was es kann und worin es sich von anderen Unternehmen unterscheidet. Die Mitarbeiter sollen frühere, negative Erfahrungen verlernen, wenn sich das Unternehmen ändert.

Wissen soll hier als Netz aus Kenntnissen, Fähigkeiten und Fertigkeiten verstanden werden, das jemand zum Lösen einer Aufgabe einsetzt. Fehlt einer Person das Wissen, um seine Aufgabe zu lösen, muss er sich Informationen beschaffen. Diese sucht er gezielt, zum Beispiel im Intranet. Die gefundenen Informationen bewertet die Person danach, ob diese sein Problem lösen oder zumindest dazu beitragen können.

Hierbei kann es zum Beispiel vorkommen, dass die Informationen zwar vorhanden sind, die Person diese Informationen aber nicht findet, deren Bedeutung nicht erkennt oder die Informationen nicht versteht. Wer hat nicht schon gehört: „Aber das stand doch schon alles in meinem Brief!" Informationen müssen also bemerkt, aufgenommen, verarbeitet und gespeichert werden, damit sie langfristig als handlungsorientiertes Wissen abrufbar sind.

Diese Erkenntnisse sind sehr wichtig für die Gestaltung der internen Kommunikation:

Erkenntnis	Konsequenz für die interne Kommunikation
Wissen ist individuell: Eine Information kann bei zwei Mitarbeitern unterschiedliches Wissen erzeugen und damit unterschiedliche Problemlösungen.	Berücksichtigen Sie die unterschiedlichen Kommunikationsinteressen Ihrer internen Bezugsgruppen. Prüfen Sie, über welchen Hintergrund und welches bisherige Wissen sie verfügen. Prüfen Sie, ob und wie diese Ihr Kommunikationspartner aufnimmt, bewertet und interpretiert.
Wissen ist selektiv: Ein Mensch benötigt eine konkrete Information, um sie vernetzen und ein Problem lösen zu können.	Ermöglichen Sie den Mitarbeitern Zugang zu den benötigten Informationen. Hierzu ist es erforderlich, die Wünsche und Erwartungen der unterschiedlichen internen Bezugsgruppen genau zu kennen.

Erkenntnis	Konsequenz für die interne Kommunikation
Wissen muss Probleme lösen.	Ein Mensch ist nur dann bereit zu lernen, wenn ihm dieses Wissen nutzt. Erklären Sie daher, welchen Nutzen und welche Konsequenzen die Informationen für ihn haben.
Wissen entsteht langsam.	Kommunikation muss langfristig angelegt sein, denn Ihre internen Bezugsgruppen müssen Lernen – und das dauert. Das Gelernte vertiefen Sie durch Wiederholung und Erfahrungen, die die Mitarbeiter mit Ihrem Unternehmen sammeln.

Abb. 8 | Wissen und interne Kommunikation

Informieren muss nicht zu Wissen führen
Zur Wirkung der internen Kommunikation ist die Beachtung von Verständigungsprozessen essenziell. Meist steht sie nur für Information und Austausch. Doch Austausch wäre auch, wenn der deutsche Kollege mit seinem asiatischen Kollegen telefoniert, aber keiner den anderen versteht, weil jeder in seiner Sprache redet.

Wichtig für die Kommunikation ist daher der Prozess der Verständigung, was meint, dass alle Beteiligten das gleiche Verständnis der Begriffe haben. Gleiches Verständnis könnte man auch so beschreiben, dass sie Begriffe gleichartig dekodieren und ihnen die gleiche Bedeutung zuweisen.

Zwei Beispiele sollen zeigen, wie wichtig Verständigung ist:

1. Der Vorgesetzte nutzt einen der vielen aus der englischen Sprache stammenden Managementbegriffe. Sein Mitarbeiter kennt die Bedeutung dieses Begriffes nicht. Um dies nicht zu offenbaren, antwortet er seinem Vorgesetzten, als ob er ihn verstehen würde.
2. Der Vorgesetzte verwendet einen Begriff, aber der Mitarbeiter legt eine andere Bedeutung in diesen. Ein typisches Beispiel ist die Bedeutung des Begriffes „kundenfreundlich": Der eine meint damit 24-Stunden-Service, der andere meint damit die intensive Beratung vor dem Kauf.

Dieses Prinzip des Bewertens und Vernetzens beantwortet viele Fragen: Es erklärt,

→ warum sich zwei Mitarbeiter unterschiedlich entscheiden, obwohl sie über die gleichen Informationen verfügen: Sie bewerten und kombinieren die Informationen unterschiedlich;

- → warum trotz gleicher Informationen bei einem Mitarbeiter neues Wissen entsteht, bei einem anderen nicht: Die Informationen werden anders vernetzt;
- → warum das Weitergeben von Wissen häufig persönlich erfolgen muss: Jemand muss erklären, durch welche spezielle Bewertung und Vernetzung jemand zu Wissen gelangt ist;
- → warum jemand bestimmtes Wissen nicht hat: Er verfügt nicht über die geeigneten Informationen, die er vernetzen kann;
- → warum jemand keine Informationen aufnimmt: Er bewertet sie als nutzlos, weil er weiß, dass er sie nicht auf seine Aufgaben beziehen kann;
- → warum es einem Unternehmen immer wieder gelingen kann, besser und schneller zu sein als die Konkurrenz, obwohl es über die gleichen Rahmenbedingungen verfügt (Maschinen, Computer etc.): Es gelingt dem Unternehmen, den Prozess der Wissensentstehung erfolgreich zu gestalten;
- → warum eine Firma trotz hervorragend qualifizierter Mitarbeiter nicht schlauer ist als andere Unternehmen: Sie wissen dieses Potential nicht zu nutzen.

Grund für das Scheitern der internen Kommunikation: Mitarbeiter verstehen ihre Chefs nicht
Kommunikation bedeutet Verständigung: Die Begriffe, die ein Mensch verwendet, bezeichnen etwas, was dieser Mensch bedeutet. Sie sind also nicht die Sache selbst, sondern sie stehen stellvertretend für sie. Will ein Mitarbeiter seinen Vorgesetzten verstehen, ist es also erforderlich, dass dieser Begriffe verwendet, deren Bedeutung der Mitarbeiter kennt. Wie sieht die Realität aus?

Wenn Mitarbeiter ihre Chefs nicht verstehen, hat dies gravierende Auswirkungen auf deren Handeln: Unser Gehirn kann dann besonders schnell und gezielt Entscheidungen treffen, wenn wir ein lebendiges Vorstellungsbild von dem haben, um das es geht: Eine Entscheidung setzt voraus, eine Wahl zwischen unterschiedlichen Alternative zu haben. Sind alle Alternativen gleich (oder unser Bild von ihnen) ist es entweder egal, für was wir uns entscheiden, oder wir brauchen länger für die Entscheidung. Haben wir ein lebendiges Vorstellungsbild von jeder Alternativen und unterscheiden sich diese, dann können wir schnell und gezielt entscheiden. Dieses Vorstellungsbild ist auch damit verbunden, ob wir es positiv und angenehm oder negativ und unangenehm empfinden.

Die Mitarbeitenden sollten also ein lebendiges Vorstellungsbild haben, damit sie entscheiden können, wie sie sich dem Unternehmen, einem Pojekt oder anderen Mitarbeitenden gegenüber verhalten. Stellen Sie sich vor diesem Hintergrund die Situation in einem typischen Unternehmen vor, das Ziele und Strategien als Vorgaben an seine Beschäftigten herausgibt wie „Deckungsbeitrag erhöhen", „Rentabilität steigern", „Marktführerschaft halten" und „Internationale Märkte erobern". Diese Begriffe allein sind nicht geeignet, Vorstellungsbilder entstehen zu lassen, anhand derer die Beschäftigten entscheiden und handeln können. In den Unternehmen kursieren viele Begriffe, von denen meist noch nicht einmal die Manager, die sie verwenden, wissen, was sie bedeuten. Nehmen wir das Beispiel „Innovation". Fragen Sie 10 Manager in Unternehmen, erhalten Sie oft 10 Antworten. Sie reichen von „vorhandene Produkte weiter entwickeln" bis hin zu „völlig neuartigen Produkten". Meist ist nur von Produkten die Rede, manchmal auch von sozialen Innovationen wie seinerzeit die Gruppenarbeit.

4.3 Meinungen und Überzeugungen

Wissen entsteht durch Bewertung von Informationen. Es kommt also nicht nur darauf an, welche Informationen gegeben werden, sondern auch, wie sie gegeben und von den Adressaten bewertet werden. Dies klingt plausibel – doch die tägliche Praxis ist, dass die Vorgesetzten ihre Mitarbeiter einseitig „unterrichten" über Dinge, die sie für richtig und wichtig halten, weil sie es so aus verstaubten Personalbüchern gelernt haben. Ob die Mitarbeiter die Nachricht aufnehmen wollen und können, ob sie diese verstehen, prüfen sie kaum. Auch nicht, ob sie akzeptiert wird. Viele Konzepte wie Corporate Identity, Business Reengineering oder Change Management bleiben deshalb in ihren Ergebnissen weit hinter den Erwartungen zurück.

Wissen muss nicht zu Meinen führen
Der Grund ist meist, dass sich die Mitarbeiter nicht mit den Zielen – Rationalisierung und Erhöhung der Geschwindigkeit von Abläufen – identifizieren können, sie im Gegenteil sogar ablehnen und sich weigern, diese Projekte und Prozesse zu unterstützen. Das ist nicht verwunderlich, denn solche tief greifenden Veränderungen lösen Ängste aus: Verlustängste, die Furcht zu versagen, neue Aufgaben nicht bewältigen zu können, überfordert zu sein, oder Angst, dass Fehler und Versäumnisse aus der Vergangenheit sichtbar werden.

Der Umgang mit diesen Ängsten verlangt von den Führungskräften ein sensibles Eingehen auf die Betroffenen. Behauptet ein Firmensprecher platt: „Rationalisierung ist für uns alle wichtig!", dann entsteht Widerstand, denn er ignoriert die Gefühle und Interessen der Mitarbeiter.

Sicht der Unternehmensleitung	Sicht der Mitarbeiter
Veränderungen sind gut. Sie ermöglichen die Anpassung an Veränderungen aus Markt und Gesellschaft.	Veränderungen sind schlecht. Sie bringen Unruhe. Orientierung und Halt gehen verloren.
Sparen erhöht die Gewinne.	Sparen kürzt das Einkommen.
Rationalisierung ist langfristig gut für sichere Arbeitsplätze.	Rationalisierung bringt den schnellen Verlust von Arbeitsplätzen.
Durch Einsparungen steigt die Rentabilität.	Durch Einsparungen sinkt die Qualität.
Optimierung erhöht die Produktivität.	Optimierung erhöht den Arbeitsdruck.
Stillstand bedeutet Bedrohung	Stillstand bedeutet Schutz und Sicherheit

Abb. 9 | Unterschiedliche Bewertung durch Firmenleitung und Mitarbeiter

Dennoch können nur durch Informieren, Diskutieren und kritische Auseinandersetzung unterschiedliche Positionen zumindest angenähert, Gemeinsamkeiten erreicht und Konflikte gelöst werden. Wer also sichergehen will, dass seine Botschaft akzeptiert wird, muss bei der Rückmeldung Meinungen und Interessen seines Gegenübers berücksichtigen. Einzig angemessen ist hier der aktive Austausch. Kommunikationsexperte Hill bringt es auf den Punkt: „Es sind nicht die Modelle wie Lean Management oder Total Quality Management, die die Welt verändern, es sind auch bei aller Notwendigkeit zum Reengineering nicht die Prozesse, die die Arbeit machen, sondern es sind die Menschen, die den Erfolg einer Organisation garantieren. In allen Organisationen arbeiten Menschen – mit und für Menschen... Deshalb ist Kommunikation so wichtig."

> **Befürchtungen und Ängste bei Veränderungen**
> → Was bedeuten die Veränderungen für mich und meinen Arbeitsplatz?
> → Ist meine Position gefährdet?
> → Wie sehr werden sich meine Aufgaben ändern?
> → Werde ich dem Neuen gewachsen sein?
> → Bringen mir die neuen Aufgaben auch Vorteile?
> → Muss ich mich auf einen neuen Chef, auf neue Kollegen, auf eine neue Arbeitsumgebung einstellen?

> **... die Verarbeitung**
> → Der Betroffene hat die Ziele, Hintergründe und Motive einer Maßnahme nicht verstanden.
> → Er hat verstanden, worum es geht, aber er glaubt es nicht.
> → Er hat verstanden und glaubt auch daran, kann für sich aber keine positiven Konsequenzen von den Maßnahmen erwarten.
>
> **... die Reaktionen**
> → Wird das Projekt als destruktiv empfunden, erfolgt totale Ablehnung.
> → Wird das Projekt als bedrohlich empfunden, werden Widerstände aufgebaut.
> → Erscheinen die Auswirkungen unklar, wird das Projekt toleriert.
> → Wird „positive Unsicherheit" empfunden, wird das Projekt akzeptiert.
> → Wird das Projekt uneingeschränkt positiv empfunden, wird es unterstützt, wird mitgemacht.
>
> **... die Folgen**
> → Die Arbeit kommt nur mühsam und zähflüssig voran. Sitzungen werden lustlos geführt. Entscheidungen stocken.
> → Es wird geblödelt, es findet keine vernünftige Diskussion statt, der rote Faden fehlt.
> → Es gibt peinliche Schweigepausen, selbst engagierte Mitarbeiter halten sich zurück, es herrscht Ratlosigkeit.
> → Auf klare Fragen kommen unklare Antworten.
> → Hoher Krankenstand, hohe Fehlzeiten und Fluktuation.
> → Unruhe, Intrigen, Gerüchtebildung.
> → Papierkrieg.
> → Hoher Ausschuss, Reibungsverluste, Pannen.

Abb. 10 | Bewertungen und deren Folgen für das Handeln

Noch etwas ist also neben der Verständigung, also der gleichen Deutung von Begriffen, unbedingt zu beachten: Es handelt sich um die emotionale Bewertung von Begriffen. Meist gehen die Vertreter der internen Kommunikation davon aus, dass deren emotionale Bewertung (zum Beispiel eine Meinung) auch von den Mitarbeitern so übernommen wird. Dies trifft aber nicht zu: Bewertet der Firmenchef den Stillstand als bedrohlich und den Wandel als positiv, kann dies bei seinen Mitarbeitern genau anders herum sein: Sie möchten den Stillstand bewahren und den Wandel verhindern. Wenn der Firmenchef dies nicht erkennt, läuft er Gefahr, die Mitarbeiter hinter sich für den Wandel zu verlieren.

Meinen muss nicht zum Handeln führen

Selbst wenn der Mitarbeiter etwas kennt, genug darüber weiß und eine positive Meinung hat, muss dies nicht zum Handeln führen. Zum Beispiel könnte sein Vorgesetzter verhindern, dass er handelt, indem er Verbesserungsvorschläge einreicht, die seinem Vorgesetzen mehr Arbeit bereiten würden.

4.4 Handeln

Ziel der internen Kommunikation ist also letztlich, jemanden zu einem Verhalten zu veranlassen, dass der eigenen Zielerreichung dient.

Wenn wir kommunizieren – ob als Mitarbeiter oder als Vorgesetzter oder als Menschen im Alltag – möchten wir das Handeln von anderen Menschen derart beeinflussen, dass wir hieraus möglichst einen Vorteil ziehen. Die Frage ist daher, was das Verhalten eines Menschen auslöst und wie sich Verhalten dauerhaft ändern lässt.

Wie lässt sich der Zusammenhang zwischen der internen Kommunikation und dem Handeln von Mitarbeitern erklären?

1. Wissen von: Bekanntheit
2. Wissen über
3. Meinen/ überzeugt sein
4. Bereit sein zum Handeln
5. Handeln

Die Bewertung des Wissens als Vorstellungsbild vom Unternehmen entscheidet über das Verhalten der Mitarbeiter: Haben sie ein eher negatives Vorstellungsbild vom Unternehmen, sind sie eher zurückhaltend und unterstützen dieses Unternehmen weniger in der Erreichung seiner Ziele; dagegen führt ein positives Image eher dazu, dass sich die Mitarbeiter eher positiv verhalten. Der Zusammenhang von Vorstellungsbild und Verhalten stellt sich in folgenden Stufen dar:

→ **Bekanntheit:** Den Mitarbeitern muss etwas bekannt sein – was sie nicht kennen, von dem können sie sich kein Vorstellungsbild machen.

→ **Vorstellungsbild und dessen Bewertung**: Die Mitarbeiter bewerten ihr Unternehmen anhand des Vorstellungsbildes, das sie von ihm haben.

→ **Bereitschaft (Motivation):** Aufgrund dieser Bewertung können sie bereit sein, sich eher positiv oder eher negativ zu verhalten.

→ **Handeln:** Diese Bereitschaft kann ihr Handeln auslösen – sie muss es aber nicht, zum Beispiel dann, wenn die Situation dies nicht zulässt oder jemand das Handeln verhindert.

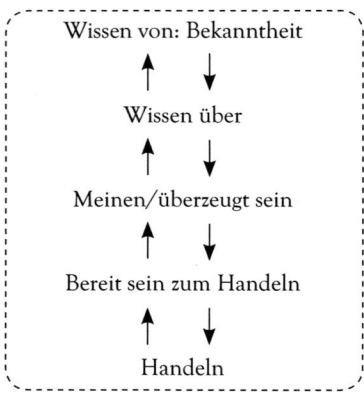

Abb. 11 | Von der Bekanntheit zum Handeln

Interessant ist, dass unser Gehirn die Bereitschaft und das tatsächliche Handeln mit unterschiedlichen Systemen steuert, dem prämotorischen Kortex, der Handlungen vorbereitet, und der motorische Kortex, der Handlungen ausführt. Images beeinflussen also die Wahrnehmung ihrer Bezugsgruppen und steuern deren Verhalten. Essenziell für die Wirkung der internen Kommunikation ist daher, dass sie ein angemessenes Vorstellungsbild erzeugt und systematisch entwickelt.

Diese Kette ist nicht statisch zu verstehen, sondern sie funktioniert auch in umgekehrter Richtung: Hat uns eine bis dahin unbekannte Person in unserer Arbeit unterstützt, kann sich dies entscheidend auf unser Vorstellungsbild von dieser Person auswirken.

Zur Wirkung der internen Kommunikation können wir auch die Zusammenhänge dieser Wirkungskette heranziehen: Warum kennen wir das Unternehmen und finden es sympathisch, sind aber nicht bereit, dieses in seinen Plänen zu unterstützen? Warum sind wir zwar bereit, tun es aber dann nicht? Vielleicht können, wollen oder dürfen wir nicht. Interessanterweise liegen in unserem Gehirn die Vorbereitung einer Handlung und deren Durchführung in zwei unterschiedlichen Hirnsystemen. Das Gehirn scheint also beides zu trennen und somit zu ermöglichen, dass wir zwar einem Unternehmen gegenüber grundsätzlich in einer bestimmten Art und Weise handeln würden, es tatsächlich aber nicht tun.

Kapitel 5

Wer an der internen Kommunikation beteiligt ist

Kommunikation ist Sache Aller im Unternehmen. Unterschiedlich sind dabei Rollen, Zuständigkeiten und Verantwortlichkeiten:

→ **Firmenchef:** Interne Kommunikation ist immer auch Chefsache und damit Anliegen des Geschäftsführers beziehungsweise des Vorstands: Er selbst kommuniziert mit seinen Führungskräften, er beauftragt sie, mit ihren Mitarbeitern und Kollegen zu sprechen. Er richtet eine Unternehmensfunktion für Interne Kommunikation ein, am besten als Stabsstelle (siehe Kapitel 13.4). Der Geschäftsführer sollte diese Personen und Stellen zur kontinuierlichen Kommunikation motivieren.

→ **Die Führungskräfte** planen, steuern und koordinieren die interne Kommunikation; sie reden mit ihren Mitarbeitern, informieren sie über ihren Arbeitsplatz und das Unternehmen – auch entsprechend den gesetzlichen Bestimmungen (siehe Kapitel 22). Sie erläutern ihren Mitarbeitern die Unternehmensziele und ihren Beitrag dazu. Führungskräfte gestalten die Kommunikation, die sie brauchen und die sich die Mitarbeiter wünschen. Führungskräfte lassen sich – vor allem in mittleren und größeren Unternehmen – zunehmend von einem Vertreter der Internen Kommunikation unterstützen. Diese Funktion war früher nur mit der Kommunikation über das Unternehmen beauftragt, weil ihr die Kenntnisse über die einzelnen Arbeitsplätze fehlen. Die dortigen Spezialisten beraten jedoch zunehmend die Führungskräfte bei der Konzeption und der Umsetzung (zum Beispiel Redaktion) von bereichsbezogenen Kommunikationsmaßnahmen.

→ **Die Mitarbeiter** möchten sich an der Kommunikation beteiligen oder dies zumindest können. Studien zeigen aber, dass sie sich häufig über ihren Arbeitsplatz hinaus nicht aktiv für interne Kommunikation engagieren wollen, dies sollen ihrer Meinung nach vor allem Führungskräfte oder eine entsprechende Funktion im Unternehmen tun. Durch Social Media in der internen Kommunikation kann sich dies ändern (siehe Kapitel 16). Mitarbeiter bevorzugen es, Angebote des Unternehmens auf ihren Nutzen zu bewerten und sich dann für die für sie geeignete Kommunikation zu entscheiden.

→ **Die Interessenvertretungen** informieren die Mitarbeiter selbst, zum Beispiel durch schriftliche Informationsdienste („Betriebsrat informiert") oder auf Betriebsversammlungen, die allerdings häufiger Rechenschaftsberichte über die Arbeit des Betriebsrates sind.

5.1 Führungskräfte

Führungskräfte sollen in diesem Buch für jene Menschen im Unternehmen stehen, die nicht nur für sich selbst Verantwortung tragen, sondern auch für andere Menschen. Eine wichtige Frage hierbei ist, ob sie dies tun, um Macht auszuüben oder ob sie ihren Mitarbeitern ermöglichen möchten, erfolgreich zu arbeiten. Spüren Sie, welcher grundsätzliche Unterschied dies ist und wie sich dies auf die Kommunikation zwischen Führungskraft und Mitarbeiter auswirken wird?

Studien zeigen, dass die wichtigsten Motive von Führungskräften Ehrgeiz, Leistungswille und persönliche Weiterentwicklung sind – Motive, die nur auf sie selbst bezogen sind. Erst an dritter Stelle folgt der Wunsch, mit anderen etwas zu bewegen. Auf den nächsten Plätzen folgen Einfluss, Macht, Ansehen, Prestige, Status, materielle Motive wie Geld und geldwerte Vorteile. Hirnforscher Elger schreibt: „Die egoistische Befriedigung eigener Bedürfnisse und das Erringen von Vorteilen überwiegen gegenüber Zielen, die nur gemeinschaftlich zu erreichen sind. Kein Wunder also, dass Verlustangst und das Vertuschen dieser Angst bei vielen Führungskräfte ausgeprägte Gefühle sind."

Fragt man Mitarbeiter, für welche Themen sie sich interessieren, zeigen die Antworten grob gesagt zwei Bereiche:

1. **Unternehmen:** Sie wollen wissen, wofür das Unternehmen steht und welchen Weg es in Zukunft nimm, nach dem Motto: „Ich steige nur in ein Schiff, von dem ich weiß, wohin es fährt."
2. **Arbeitsplatz:** Sie brauchen Informationen, die ihnen eine sinnvolle Ausführung ihrer Tätigkeiten ermöglicht. Sie wollen auch wissen, welche Rolle sie im Unternehmen spielen und was sie tun können, um das Erreichen der Unternehmensziele zu unterstützen.

Wer kann ihnen diese Informationen geben? Wen wünschen sich die Mitarbeiter als wichtigsten Gesprächspartner? Richtig: Die eigene Führungskraft! Nur sie kann ihnen die Information geben, die ihnen ermöglicht, einen Zusammenhang zwischen der Entwicklung des Unternehmens und der eigenen Tätigkeit zu erkennen. Daher: Kommunikation ist eine Führungsaufgabe, die sich nicht delegieren lässt.

→ Die Vorgesetzten müssen die Mitarbeiter über alles informieren, was diese zur Erfüllung ihrer Aufgaben brauchen. Dies ist sogar im Betriebsverfassungsgesetz vorgeschrieben (Kapitel 21).
→ Sie müssen ihre Mitarbeiter über Entscheidungen der Geschäftsführung informieren und diese mit ihnen diskutieren, denn nicht alle Mitarbeiter können gleichermaßen an Entscheidungen beteiligt werden.
→ Sie müssen die Meinungen und Hinweise der Mitarbeiten nach oben weitergeben – an ihre Vorgesetzten und die eventuell weiter nach oben bis zur Unternehmensspitze.

Fragt man nun Mitarbeiter, wie zufrieden sie mit der Kommunikation mit ihrem Vorgesetzten sind, landet dieser meist auf den Plätzen 3-5, hinter den Flurgesprächen mit Kollegen und mitunter sogar hinterder Tageszeitung! Informiert der eigene Vorgesetzte nicht ausreichend, greifen die Mitarbeitenden auf andere Quellen zurück, zum Beispiel den Betriebsrat oder die Gerüchteküche in der Kantine – wo Informationen fehlen, füllen Gerüchte die Lücken aus.

Viele Untersuchungen, die sich mit Schwachstellen in der Kommunikation beschäftigen, stoßen immer wieder auf einen Knoten in der Leitung: Es sind die Führungskräfte, vor allem in der mittleren Führungsebene. Der vorherrschende Führungsstil ist die Demonstration von Macht und Autorität: Der Vorgesetzte ist Alleinherrscher, der meint, dass seine Mitarbeiter nur jene Informationen erhalten sollten, die zum Erfüllen ihrer Aufgaben unerlässlich sind - Wissen ist eben Macht. Der Chef weiß schon längst, was er dem Mitarbeiter sagen will, wenn er mit ihm spricht, er weiß, wie dieser denken und handeln soll. Diskussionen gelten als zeitraubend und überflüssig. Kreativität, Verständnis oder Initiative sind nicht gefragt. Entsprechend ist die Organisation der internen Kommunikation strukturiert: Entlang der Kommunikationswege fließen von oben nach unten Anweisungen, von unten nach oben Vollzugsmeldungen.

Was Zufriedenheit mit dem Vorgesetzten ausmacht
- ▷ Fachkenntnis
- ▷ Organisatorische Fähigkeiten
- ▷ Umgang mit Menschen
- ▷ Verhältnis zum Vorgesetzten
- ▷ Beachtung der Meinung des Mitarbeiters
- ▷ Ungezwungen reden mit dem Vorgesetzten
- ▷ Unterstützung durch Vorgesetzten
- ▷ Interesse für die Arbeit des Mitarbeiters
- ▷ Hilfe bei Schwierigkeiten
- ▷ Anerkennung guter Leistung
- ▷ Art der Kritik durch Vorgesetzte
- ▷ Beurteilung durch Vorgesetzte

Abb. 12 | Faktoren für die Zufriedenheit mit dem Vorgesetzten

Die veränderte Arbeitswelt erfordert einen grundsätzlich anderen Führungsstil: weniger autoritär, dafür stärker beteiligend - und das auf den Mitarbeiter und die Situation zugeschnitten. Jeder Mitarbeiter soll stärker Einfluss ausüben können, wobei der Vorgesetzte für die getroffenen Entscheidungen weiter formell verantwortlich bleibt. Offene Kommunikation muss nicht den Verlust von Führung bedeuten.

Gerade den Führungskräften verlangt dieser Prozess einiges ab: Sie müssten sich von lieb gewonnenen Statussymbolen verabschieden, mit anderen Abteilungen zusammenarbeiten und Verantwortung delegieren. Sie müssten lernen, Fehler zu tolerieren - auch eigene - und ihre Mitarbeiter daraus lernen zu lassen, aber auch selbst zu lernen. Kein Titel schützt mehr davor, dass Mitarbeiter kritisch fragen. Aber woher sollen Manager offen führen und streiten können, wenn sie es nie gelernt haben? Außerdem ist schlechte Kommunikation bequem: Wer nur knapp anweist und nur überreden will, erspart sich lästige Diskussionen.

Viele Großunternehmen machen mittlerweile vor, wie Führungskräfte auch danach beurteilt werden, wie sie ihre Mitarbeiter informieren und mit ihnen reden. Die Führungskraft sollte nicht allein an steigenden Produktionszahlen, Umsatz und Qualität der erbrachten Leistungen gemessen werden, sondern auch an der Arbeitszufriedenheit und der Identifikation der Mitarbeiter mit ihrer Firma. „Eine Führungskraft, die diese Rolle nicht wahrnimmt oder der die Mitarbeiter die Kommunikationsfähigkeit absprechen, ist in deren Augen keine", heißt es aus einem Konzern.

Für die Mitarbeiter bedeutet das neue Selbstverständnis, dass sie lernen müssen, aktiv an der Kommunikation teilzunehmen, mehr Verantwortung zu tragen und eigene Entscheidungen zu treffen. In der japanischen Autoindustrie kann jeder Mitarbeiter die Arbeit stoppen, wenn er einen Fehler entdeckt, den er nicht schnell selbst beheben kann. Die gesamte Arbeit seiner Gruppe kommt zum Stehen, bis die Fehlerquelle ein für allemal behoben ist. Diese Verzögerung erweist sich als äußerst produktiv: Durch diese stärkere Einbeziehung wird gleichzeitig die Leistung transparenter, dadurch sind alle stärker gefordert. Die Mitarbeiter sollen in Teams arbeiten und sich qualifizieren. Das geht nicht von heute auf morgen, systematisches und dauerhaftes Training von Führungskräften und Mitarbeitern ist erforderlich.

5.2 Kommunikationsmanager

Vor allem in größeren Unternehmen gibt es oft Funktionen, die die Führungskräfte in der Kommunikation unterstützen. Diese Funktionen heißen „Interne PR", „Innerbetriebliche Öffentlichkeitsarbeit" und „Interne Kommunikation". Manchmal ist es auch die Redaktion der Mitarbeiterzeitung, die diese Aufgabe übernimmt. Früher bestand diese Funktion meist aus einem Redakteur, doch die Aufgaben sind mittlerweile so anspruchsvoll geworden, dass ihnen meist nur noch ein Fachmann für interne Kommunikation gerecht werden kann.

Dieser Fachmann ist nicht nur Redakteur, sondern auch Berater, strategischer Planer und enger Begleiter der Führungskräfte. Er erstellt ganzheitliche Konzepte, bringt Kenntnisse über Kommunikation und Medien mit, aber auch Kenntnisse aus der Betriebswirtschaft, dem Marketing und dem Personalwesen. Seine Funktion ist eng in die Entscheidungen des Unternehmens eingebunden und eng an der Geschäftsführung verankert oder sogar in ihr. Der Kommunikationsmanager ist natürlich auch Macher. Hierfür holt er sich oft Unterstützung von außen, zum Beispiel von Freien Fotografen, Design-Agenturen, Kommunikationsberatern und freien Journalisten.

Damit dieser Kommunikationsexperte verantwortlich und wirkungsvoll handeln kann, braucht er das klare Bekenntnis der Geschäftsleitung zur Kommunikation, er benötigt frühzeitige und umfassende Informationen sowie einen ausreichenden Etat. In der Praxis dagegen haben sie einen schweren Stand: Viele Manager sind mit ihrer Internen Kommunikation unzufrieden oder halten sie für erfolglos. Nur teilweise nimmt der Kommunikationsverantwortliche an Vorstandssitzungen teil und hat damit direkten Zugriff auf wichtige Informationen. Häufig wird die Mitarbeiterzeitung beiläufig von Mitarbeitern gemacht, die eigentlich andere Aufgabe haben. Dies stellt Weichen.

5.3 Mitarbeitende

Die Rolle des Mitarbeiters hat sich im Lauf der Zeit erheblich gewandelt: Galt er einst als Maschine, die angetrieben und durch Geld „geschmiert" werden musste, gilt er heute zunehmend als ernst zu nehmender Beteiligter im Kommunikationsprozess. Wie ist es zu diesem Wandel gekommen?

Kommunikation ist durch das Bild vom Mitarbeitenden bestimmt
Das Management von Unternehmen und das Gestalten von Strukturen und Abläufen ist auch heute noch wesentlich geprägt von Frederic W. Taylor (1856-1915), der ein Managementkonzept entwickelte, um die Arbeitsleistung der Beschäftigten optimal auszuschöpfen: Er zerlegte die Arbeit in viele kleine Einheiten. Jeder Arbeiter sollte möglichst schnell die immer gleichen Handgriffe erledigen. Die gesamte Arbeit im Unternehmen, nicht nur in der Produktion, wurden so zerteilt. Das Steuern und Kontrollieren der hochspezialisierten Funktionen erfolgte über die Hierarchie, mit dem Ergebnis, dass nur die Firmenspitze und deren Stab das gesamte Unternehmen überblicken konnten.

Konsequent umgesetzt wurde Taylors Erkenntnisse von Henry Ford in der Fließbandfertigung seiner Autofabriken: Für den Arbeiter wurde der Job immer stupider, aber große Mengen gleicher Produkte konnten nun kostengünstig wie nie gefertigt werden - angeblich.

Die Gestaltung der Arbeit ist damals wie heute eng verknüpft mit dem Bild, das die Verantwortlichen von den Mitarbeitern haben: Für Taylor waren die Beschäftigten arbeitsscheu, überwiegend durch Geld zu motivieren und direkt zu kontrollieren. Dass dieses Menschenbild auch heute besteht, zeigen die Versuche von Unternehmensleitungen, die Mitarbeiter durch Zulagen und andere Geldköder zu noch besseren Leistungen anzuspornen. Der Mensch scheint in den Augen vieler eine Maschine zu sein, die angetrieben, kontrolliert und motiviert werden muss oder als Wesen, das „an der kurzen Leine geführt werden muss" (wie ich es selbst oft von Führungskräften gehört habe). Aber wie kann ein Mitarbeiter an seinem Arbeitsplatz unselbständig, desinteressiert und faul sein und in seiner Freizeit politische, soziale und sportliche Aktivitäten entwickeln und durch den Gang zur Wahlurne sogar Demokratie und unser Gesellschaftssystem mitgestalten?

Erfahrung und Forschungsergebnisse sprechen eine klare Sprache: Die Annahmen von Taylor treffen heute nicht mehr zu, sein Managementkonzept bringt allerdings tatsächlich Eines:nämlich viele Kosten.

→ **Grund 1:** Weil den Mitarbeitern mit Misstrauen begegnet wird, muss ständig kontrolliert, abgestimmt und gegen gezeichnet werden - ein unendlich kostspieliger Prozess. „Wenn Sie Ihren Mitarbeitern nicht vertrauen, dann haben Sie keine" (Sprenger).

→ **Grund 2:** Durch das Aufteilen der Arbeit auf klar umrissene Handgriffe und das Isolieren verlieren die Beschäftigten den Überblick über den Gesamtprozess, und sie können ihre Tätigkeit kaum noch in das betriebliche Geschehen einordnen - das macht sie auf Dauer unzufrieden und krank.

Schon in den 30er Jahren hat Elton Mayo in den Werken der Western Electric herausgefunden, dass Mitarbeiter mehr Leistung zeigten und produktiver waren, wenn man sich ihnen zugewendet hat und wenn sie mit Kollegen kommunizieren konnten. Mayo forderte daher, den Mitarbeiter nicht nur als Instrument zu sehen, das eine Leistung erbringt, sondern als fühlendes Wesen, das Wünsche und Bedürfnisse in die Arbeit einbringt.

Nachdem also der gesamte Betrieb bis auf den letzten Handgriff durch rationalisiert worden war, kam die beunruhigende Vermutung auf, die eigentliche Leistungshemmung könne ganz woanders liegen: nämlich in den betrieblichen Beziehungen. Dies war die Geburtsstunde der „Human Relations". Erinnert Sie diese Erkenntnis nicht auch an die heutige Zeit?

In den 70er Jahren fand das Aktionsprogramm zur „Humanisierung der Arbeit" heraus, dass die Zufriedenheit und Motivation der Mitarbeiter erheblich steigt, wenn sie sich in das betriebliche Geschehen einbezogen fühlen, wenn sie das Gefühl haben, ernst genommen zu werden und ihre Fähigkeiten und Kenntnisse stärker einbringen können. Zu den Forderungen gehörten deshalb größere Handlungsspielräume, mehr Mitsprache, eine bessere Kommunikation und mehr Gruppenarbeit. Menschen sind keine Maschinen, auch wenn sie im betrieblichen Ablauf funktionieren müssen.

→ **Grund 3:** Als Ammenmärchen stellte sich heraus, dass der Mitarbeiter allein durch Geld zu höheren Leistungen getrieben werden kann. Heute steht fest: Leistungsbereitschaft, Arbeitsfreude und Arbeitsmoral steigen auch, wenn Mitarbeitende selbständig arbeiten können, wenn sie sich persönlich entwickeln können und wenn deren Leistung gewertschätzt wird. Mitarbeitende möchten wissen, wohin die Reise ihres Unternehmens geht, die auch ihre Reise ist. Sie wollen beurteilen können, ob sie mit ihrer Tätigkeit einen sinnvollen Beitrag für das Unternehmensganze leisten. Außerdem wollen sie über Probleme informiert sein und verstehen, was das Unternehmen tut, um mit ihnen fertig zu werden. Studenten in Deutschland geben in Umfragen an, dass bei der Erstanstellung nicht die Bezahlung entscheidend sei; wichtiger seien Spaß an der Arbeit, ein gutes Betriebsklima, sinnvolle Tätigkeiten, die Möglichkeit, entscheiden zu können, sich qualifizieren und eigenes Engagement zeigen zu können.

→ **Grund 4:** Eine beliebte, aber trotzdem falsche Behauptung ist, dass sich Mitarbeiter nicht für ihr Unternehmen interessieren. Erfahrungen und Umfragen beweisen das Gegenteil. Klar, es gibt auch Desinteressierte, aber das ist die Minderheit. Grundsätzlich zeigen wissenschaftliche Studien, dass grundsätzlich von einem Interesse der Mitarbeitenden am Unternehmen und an der internen Kommunikation ausgegangen werden kann. Die Mitarbeiter sind grundsätzlich aktiv und suchen gezielt Information und Austausch, um damit Bedürfnisse zu befriedigen.

Vieles hat sich verändert - nur nicht die Kommunikation:
Vieles hat sich seit Taylors Zeiten verändert, die Kommunikation jedoch kaum. Das ist fatal:

→ **Tätigkeiten haben sich verändert:** Wo Spezialisierung durch Flexibilität ersetzt wird, muss sich auch der Kommunikationsstil ändern, denn es ist ein Unterschied, ob jemand sein Leben lang den gleichen Handgriff ausführt oder komplexe und häufig neue Projekte bearbeiten soll.

→ **Die Menschen, ihre Qualifikation, Wünsche und Bedürfnisse haben sich verändert:** In Taylors Zeiten kamen die Menschen vom Land in die Stadt und waren froh, einen Arbeitsplatz zu finden und ihre Grundbedürfnisse abzudecken. Heutzutage sind die Zeiten durch Wohlstand, Erlebnisgesellschaft und Selbstverwirklichung gekennzeichnet.

→ **Wissen hat sich verändert:** Kannte der Vorgesetzte zu Taylors Zeiten genau jeden Handgriffe, den seine Mitarbeiter ausführen mussten, sind diese ihm heute im Wissen über ihren Arbeitsplatz und die Tätigkeiten häufig überlegen.

→ **Firmen haben sich verändert:** Wir befinden uns im Wandel von einer Produktions- zu einer Dienstleistungsgesellschaft. Hier sind in Unternehmen Weiterbildung, kreative Potenziale und Beteiligung an Entscheidungen gefragt. Seelische Gesundheit und Kräfte wie Kreativität, Lern- und Kooperationsbereitschaft werden den Erfolg und Misserfolg bestimmen.

→ **Der Führungsstil hat sich verändert:** Anweisungen von oben nach unten und Vollzugsmeldungen von unten nach oben führen hier geradewegs ins wettbewerbliche Abseits! Branchen, die auf qualifizierte Newcomer angewiesen sind, wie zum Beispiel die Softwareentwicklung, können sich schon jetzt eine schlechte Kommunikation nicht mehr erlauben, denn Stellenanwärter sind nur dann bereit, einen Job anzutreten, wenn er ihnen Selbständigkeit, eine interessante Tätigkeit und ein gutes Betriebsklima bietet – und hierzu gehört eine funktionierende interne Kommunikation.

Der Mitarbeiter - das neu entdeckte Wesen
Wie lassen sich die aktuellen Erkenntnisse für die interne Kommunikation zusammenfassen:

Erkenntnis	Was das bedeutet
Die Mitarbeiter sind grundsätzlich aktiv und suchen gezielt Information und Austausch, um damit Bedürfnisse zu befriedigen.	Mitarbeiter haben prinzipiell Interesse am Arbeitsplatz und am Unternehmen. Sie wollen darüber informiert sein und suchen sich gezielt aus, woher sie die benötigten Informationen bekommen und wie sie die Informationen einschätzen.
	Die Bedürfnisse, die jeder Kommunikation zugrunde liegen, können vielfältig sein: Information, Zerstreuung und Zeitvertreib, Unterhaltung, Gewohnheit, Entspannung, Fluchttendenzen, Bedürfnis nach persönlicher Identität, Bedürfnis nach Geselligkeit und sozialer Interaktion, Kontrolle der Umwelt.
Die Mitarbeiter bestimmen dadurch, ob eine Kommunikation mit anderen Mitarbeitern, mit Vorgesetzten oder der Firmenleitung zustande kommt oder nicht.	Mitarbeiter entscheiden, ob sie mit dem Chef reden wollen, ob sie die Mitarbeiterzeitung lesen (oder nicht), ob sie die Zeitung für glaubwürdig halten (oder nicht) oder stattdessen an Gerüchte glauben (oder nicht).
Quellen der Information und Kommunikation konkurrieren in einem Unternehmen miteinander.	Ein Mitarbeiter kann auswählen, woher er Informationen beziehen will: vom Betriebsrat, von Kollegen, aus der Mitarbeiterzeitung, oder sogar aus Berichten in Tageszeitungen und Fernsehen.
Befragt man Mitarbeiter, was sie sich von der Kommunikation wünschen und versprechen, können sie dies formulieren.	Mitarbeiter sagen, was sie interessiert, welche Wünsche und Erwartungen sie an die interne Kommunikation haben und was verbessert werden kann.

Abb. 13 | Erkenntnisse und Konsequenzen für die interne Kommunikation

Kapitel 6

Wie interne Kommunikation wirkt

Um Kommunikation zu verstehen, ist es wichtig, Wirkprinzipien des Gehirns zu verstehen. Aktuelle Forschungsergebnisse kommen vor allem aus den Neurowissenschaften, der Psychologie und den Kulturwissenschaften. Sie zeigen die unbewussten Prozesse beim Aufnehmen, Deuten, Interpretieren von Informationen sowie die emotionalen Bewertungen dieser Informationen durch die Mitarbeiter. Die Erkenntnisse tragen dazu bei, die interne Kommunikation stärker entsprechend den Anforderungen des Gehirns zu gestalten und hierdurch das Verstehen und Lernen zu fördern.

Zwei Beispiele: Zu den Vorstellungen gehörte bislang, das Gehirn der Mitarbeiter sei eine Festplatte, auf die sich Informationen der Geschäftsleitung aufspielen und bei Bedarf abrufen lassen; außerdem reiche es aus, Meinungen und Bewertungen der Geschäftsleitung weiter zu reichen und die Mitarbeiter würden diese dann ohne großes eigenes Verarbeiten und Entscheiden in eigenes Handeln umsetzen. Stattdessen entdeckt die moderne Neurowissenschaft das Gehirn der Mitarbeiter als dynamisches, selbst organisierendes System, das Informationen aktiv und sehr selektiv auswählt und diese in einem hochkomplexen Prozess verarbeitet und bewertet.

In unserem Gehirn gibt es keine Kommandozentrale, die für Wahrnehmunng und Handeln zuständig ist, und es gibt keine unabhängig voneinander arbeitenden Zentren, die einzelne Fähigkeiten steuern. Stattdessen ist unser Gehirn eng vernetzt. Der weltberühmte Hirnforscher Antonio Damasio fasst den Stand der Forschung so zusammen: „Heute können wir mit Gewissheit sagen, dass keine einzelnen Zentren für Sehen oder Sprache oder auch Vernunft und Sozialverhalten existieren. Vielmehr gibt es „Systeme", die aus mehreren untereinander verbundenen Gehirnabschnitten bestehen." Das Gehirn ist für ihn ein „Supersystem von Systemen".

Eine andere Vorstellung war, dass die beiden Gehirnhälften getrennt voneinander funktionieren – eine sei für den Verstand, die andere für unser Fühlen zuständig. Tatsächlich bilden beide Hälften eine Einheit und keine Gegensätze. Schauen wir uns anhand ausgewählter Beispiele an, wie aktuelle Forschungsergebnisse die interne Kommunikation bereichern können. Diese Erkenntnisse haben meine Sicht auf die interne Kommunikation und meine praktische Beratungstätigkeit für Unternehmen stark beeinflusst. Ich hoffe, dass Ihnen dieses Kapitel den Anstoß gibt, sich weiterführender mit diesem Thema zu beschäftigen. Meine Überzeugung: Diese Erkenntnisse können und werden die interne Kommunikation tiefgreifend verändern.

6.1 Interne Kommunikation wirkt stark unbewusst

Zahlen, Daten, Fakten. Im Mittelpunkt der internen Kommunikation steht Verständigung zwischen Menschen im Unternehmen. In der Praxis wird dies meist aus Sicht der bewussten Wahrnehmung diskutiert. Jedoch weisen Wissenschaftler wie Harvard-Professor Gerald Zaltman darauf hin, dass wir die meisten Informationen unbewusst verarbeiten, nämlich bis zu 95 Prozent. Nur der geringste Teil dringt in unser Bewusstsein.

Zu den Prinzipien der Arbeit unseres Gehirns und damit für die Wirkung von interner Kommunikation gehört, dass wir hiervon fast nichts mitbekommen – nur ein Teil dringt in unser Bewusstsein. Wir reagieren stark unbewusst auf andere Menschen, unser Verhalten wird in großem Maße durch Impulse von außen bestimmt. Die Frage lautet daher, welche Rolle das Unbewusste in der internen Kommunikation spielt und welche Konsequenzen dies für die interne Kommunikation hat.

Unter Bewusstsein versteht die Psychologin Maja Storch „alle geistigen Tätigkeiten, die ein Mensch bei sich selbst wahrnimmt und über die er Auskunft geben kann, wenn er danach gefragt wird." Ihr Beispiel: Fragt man einen Einkäufer in einem Unternehmen, warum er eine bestimmte Rechenmaschine gekauft hat, könnte er zwar das günstige Preis-Leistungs-Verhältnis angeben; tatsächlich jedoch hat er die Maschine deshalb gekauft, weil ein Kollege sie besitzt, den er sehr schätzt. Ein anderes Beispiel: Der Personalchef begründet die Einstellung der neuen Buchhalterin damit, dass sie die besten Zeugnisse hat. Tatsächlich jedoch hat sie ihm von allen Bewerbern das sicherste Gefühl vermittelt.

Im Berufsleben erledigen wir viele Arbeiten, ohne über sie nachzudenken: Wir schalten den Computer ein, faxen einen Brief und surfen durch das Internet. Wir weichen einem Kollegen aus, der mit Ordnern voll bepackt direkt auf uns zu kommt. Klingelt das Telefon, nehmen wir den Hörer ab, ohne groß darüber nachzudenken. Wie wir dies tun, darüber machen wir uns keine Gedanken.

Das implizite System übernimmt das Steuer im Kopf, wenn Menschen unter Zeitdruck stehen, wenn sie mit Informationen überlastet, wenig interessiert und unsicher hinsichtlich einer Entscheidung sind, zum Beispiel, weil sich Handlungsalternativen stark ähneln oder die Entscheidung sehr komplex ist und damit die begrenzten Kapazitäten des expliziten Systems nicht ausreichen.

Warum arbeitet unser Gehirn so? Hierfür gibt es vor allem drei Gründe:

→ **Bewusstsein kostet den Körper viel Energie:** Unser Gehirn nimmt zwar nur etwa zwei Prozent unserer Körpermasse ein, verbraucht aber bei intensivem Denken bis zu 20 Prozent Körperenergie – wenn es unbewusst arbeitet, verbraucht es nur noch 5 Prozent. Da wir zum Fortpflanzen und zum Überleben auf Energie angewiesen ist, sparen wir so viel Energie wie nur möglich. Bewusstsein ist daher für das Gehirn ein Zustand, der tunlichst zu vermeiden und nur im Notfall einzusetzen ist, sagt Hirnforscher Gerhard Roth. Zum Energiesparen arbeitet unser Gehirn mit Prinzipien, mit denen es sich seine Arbeit erleichtert. Zum Beispiel trennt unser Gehirn jene Aktivitäten, die bewusst ablaufen, Zeit und Energie kosten von jenen Aktivitäten, die unbewusst ablaufen, schnell sind und wenig Energie verbrauchen. Hirnforscher Wilson schreibt, dass unser Geist ein hervorragend konstruiertes System ist, das viele Arbeitsvorgänge parallel ausführen kann, indem es die Welt außerhalb unseres Bewusstseins analysiert und erfasst, während es bewusst an etwas anderes denkt. Fazit: Wenn wir im Arbeitsleben anderen Menschen begegnen, laufen wesentlich mehr unbewusste Prozesse ab als bewusste. Wir verarbeiten, interpretieren und bewerten, ohne dass wir hiervon etwas bewusst mitbekommen. Prozesse, die wir immer wieder durchführen, legt unser Gehirn in unserem Langzeitgedächtnis ab – hierzu gehören Tätigkeiten wie Radfahren, Klavierspielen und der Umgang mit unserem PC am Arbeitsplatz. Solche Tätigkeiten üben wir zunächst bewusst aus, dann automatisieren wir sie, bis sie unbewusst ablaufen und wir uns nach einiger Zeit nicht mehr überlegen müssen, was zu tun ist, um mit dem Computer einen Brief zu schreiben. Um Energie zu sparen, versucht das Gehirn, möglichst viele Handlungen und Erfahrungen zu automatisieren, die für uns schon einmal positive Konsequenzen hatten oder mit denen wir negative Folgen vermieden haben.

→ **Reaktionen laufen wesentlich schneller ab:** Wir können schnellstens reagieren, wenn wir eingehende Reize direkt in Handeln umsetzen statt sie bewusst zu prüfen. Fährt ein Lastwagen auf uns zu, springen wir spontan zur Seite, statt die Situation gründlich zu analysieren, Handlungsoptionen zu entwickeln, diese abzuwägen und dann zu entscheiden.

→ **Unbewusstes ruft leicht und schnell früher bewertete Erfahrungen ab:** Alle Erlebnisse speichern wir danach ab, ob sie gut oder schlecht für uns waren. Sollen wir uns entscheiden, können wir auf dieses Wissen zurückgreifen. Warum sollte unser Gehirn nachdenken, wenn es auf bewährte Lösungen schnell und einfach zugreifen kann?

Wie mächtig das Unbewusste in unserem Gehirn ist, beschreibt Timothy Wilson so: „Wenn Freud sagt, das Bewusstsein sei die Spitze des geistigen Eisbergs, war dies eine gewaltige Untertreibung – es handelt sich wohl eher um einen winzigen Schneeball auf der Spitze dieses Eisbergs. Unser Geist arbeitet am wirksamsten, indem er einen Großteil komplexer Denkarbeit höherer Ordnung an das Unbewusste delegiert, so wie ein modernes Verkehrsflugzeug in der Lage ist, mit Autopilot und wenig oder gar keinem Input durch den „bewussten" menschlichen Piloten zu fliegen. Die enorme Leistung unseres Unbewussten veranschaulichen folgende Zahlen, die Neuroinformatiker ermittelt haben: Bewusst kann unser Gehirn etwa 40-50 Bit Informationen verarbeiten. Dies entspricht etwa acht Buchstaben. Unbewusst verarbeiten wir ein Vielfaches, genau gesagt 11.000.000 Bit.

Das adaptive Unbewusste leistet ausgezeichnete Arbeit, indem es die Welt taxiert, den Menschen vor Gefahr warnt, Ziele setzt und komplexe, effiziente Handlungen vorbereitet. Es ist ein notwendiger und umfangreicher Teil eines äußerst leistungsfähigen Geistes..."

Sinnesorgan	Unbewusst in Bit/Sekunde	Bewusst in Bit/Sekunde
Auge	10.000.000	40
Ohr	1.000.000	30
Haut	100.000	5

Abb. 14 | Beispiele für die bewusste und unbewusste Informationsverarbeitung (nach Scheier/Held 2006)

Wir dürfen uns das Unbewusste jedoch nicht ähnlich einer zentralen Schaltstelle im Gehirn vorstellen; vielmehr entspricht es einem System aus Systemen mit spezialisierten Aufgaben. Wir besitzen, so Wilson, einen unbewussten Sprachprozessor, der es uns ermöglicht, eine Sprache mühelos zu lernen und zu verwenden Doch dieses geistige Modul ist relativ unabhängig von unserer Fähigkeit, Gesichter rasch und wirksam zu erkennen, oder von unserer Fähigkeit, augenblicklich zu beurteilen, ob eine Situation angenehm oder bedrohlich für uns ist. „Am besten stellen wir uns das adaptive Unbewusste als eine Anzahl von Stadtstaaten im menschlichen Geist vor und nicht als einen einzigen Homunkulus wie den Zauberer von Oz, der hinter dem Vorhang des Bewusstseins die Fäden zieht."

Grundprinzip: Energie sparen

Wie können Sie sich die Arbeit des Unbewussten vorstellen? Beim Energiesparen arbeitet unser Gehirn mit Prinzipien, mit denen es sich seine Arbeit erleichtert: Zum Beispiel trennt unser Gehirn jene Aktivitäten, die bewusst ablaufen, Zeit und Energie kosten, von jenen Aktivitäten, die unbewusst ablaufen, schnell sind und wenig Energie verbrauchen. Durch diese Trennung kann unser Gehirn viele Arbeitsvorgänge parallel ausführen.

Unser Gehirn ist ständig aktiv und verarbeitet riesige Datenmengen zu Menschen im Arbeitsleben und der Kommunikation mit ihnen: deren Händedruck, Geruch, dem Verhalten gegenüber der Sekretärin und Bewegungen der Gesichtsmuskulatur, an die wir uns hinterher nicht mehr erinnern. Selbst wenn wir hellwach sind, ist uns nur ein winziger Bruchteil dessen bewusst, was wir denken. Denn das Denken ist in erster Linie ein unbewusster Prozess, der entscheidet, welche eingehenden Informationen wichtig sind und welche nicht.

Diese Prüfung übernimmt unser limbisches System, der Sitz unserer Emotionen. Dieses funktioniert wie die die Eingänge sortierende Bibliothekarin: Als wichtig erkannte Informationen reicht sie an das Bewusstsein weiter, allerdings nicht nur als Fakteninformation, sondern oft als Gefühl, weil auch das Unbewusste nicht immer solche oft sehr kleinen Informationseinheiten für den Verstand als Fakten aufbereiten kann. Das Bauchgefühl reagiert aufgrund der langen Erfahrung, ohne dass das Bewusstsein dies erklären kann.

Das implizite System übernimmt das Steuer im Kopf und entscheidet, wenn Menschen unter Zeitdruck stehen, mit Informationen überlastet, wenig interessiert und unsicher hinsichtlich einer Entscheidung sind.

Wie stark unbewusste Bewertungen und Entscheidungen unser Arbeitsleben beeinflussen, zeigt sich zum Beispiel darin, dass das bloße Erscheinen des Firmenchefs auf dem Podium starke Gefühle in uns auslösen kann, ohne dass dieser auch nur ein Wort gesprochen hätte. Ein anderes Beispiel: Vielleicht war der Inhalt einer Rede gut, aber uns hat die Nase des Redners nicht gepasst. Deshalb könnten wir den Vortrag kaum in guter Erinnerung behalten. Beziehungsebene vor Sachebene – ein alter Lehrsatz der Kommunikation.

Die unbewusste Reaktion kann so stark sein, dass sie unsere Entscheidungen weit stärker beeinflusst als uns bewusst ist und wir uns zugestehen wollen, weil wir unsere Entscheidungen – unserem Selbstverständnis gemäß – kritisch treffen. Viele weitere unbewusste Bewertungen von Menschen im Arbeitsleben habe ich in meinem Buch „Charisma ist keine Lampe" beschrieben.

Wie unbewusste Entscheidungen fallen

Steht der Mitarbeiter vor einer Entscheidung, zum Beispiel, ob er einen Unternehmensprozess unterstützt oder nicht, muss er nicht lange überlegen und wertvolle Energie investieren. Stattdessen ruft er Erfahrungen und die damit gespeicherten Gefühle aber, um zu einer ersten, spontanen Einschätzung zu gelangen.

Unbewusste Programme laufen also automatisch ab, ohne unser Bewusstsein zu informieren. Attackiert uns eine Führungskraft, aktiviert unser Gehirn unser Stresssystem und wirft die alten, einfachen Notfallprogramme an: Angriff, Flucht, Erstarrung. In der wahrgenommenen Gefahr verringert unser Gehirn die Menge an Informationen, die es zu verarbeiten hat. Wichtig ist vor allem das, was sich direkt vor unseren Augen abspielt. Weniger wichtig ist das Hören, oder dass andere Menschen die Situation verstehen. Wir können dies erkennen an der außergewöhnlich klaren Sicht, am konzentrierten Tunnelblick und am eingeschränkten Gehör. Wir haben das Gefühl, dass die Zeit langsamer vergeht. Der Tunneleffekt ermöglicht, uns auf die Bedrohung zu konzentrieren. Unsere Anspannung wächst, was sich daran erkennen lässt, dass sich der elektrische Hautwiderstand deutlich ändert. Durch die Erregung steigt unsere Leistung; das weiß jeder Wettkämpfer oder Redner, der eine gewisse Erregung vor seinem Beitrag braucht, um sich zu konzentrieren. Wir sind bereit, uns zu verteidigen, noch lange bevor unser Bewusstsein dies ahnt.

Ist unsere Erregung zu stark, filtert unser Gehirn so viele Informationen heraus, dass wir uns wie gelähmt fühlen und keine komplexen Bewegungen mehr ausführen können, wie zum Beispiel mit jeder Hand eine andere Tätigkeit auszuführen. Ab Puls 175 schaltet unser Großhirn ab und das Mittelhirn nimmt die Zügel in die Hand. Haben Sie je versucht, mit einem wütenden oder verängstigten Menschen zu diskutieren? Sie erinnern sich an das Zitat von Hirnforscher Spitzer: Das Gehirn will der Gefahr entkommen und hält sich möglichst an die simpelsten, irgendwie funktionierenden Schemata.

Schon minimale Signale können ausreichen, um solche unbewussten Verhaltensprogramme in Gang zu setzen, wie die Haltung des Kopfes der anderen Person (siehe Kapitel 18.4) oder deren Geruch (siehe Kapitel 8.5). Dieser gesamte Prozess verläuft an unserem Bewusstsein vorbei – vom Wahrnehmen über das Entschlüsseln der Bedeutung bis hin zum Aktivieren unseres Verhaltens. Ein Beispiel: Menschen können wir in geeigneten Situationen abrufen, wenn wir Unterstützung benötigen. Wir können auf diesen Speicher schnell zugreifen und müssen nicht lange überlegen, wenn entsprechende positive Erfahrungen vorliegen.

Wann das Bewusstsein aktiv wird
Unser Bewusstsein wird aktiv, wenn wir mit Neuem und Unbekanntem konfrontiert sind, wenn wir langfristig planen oder wenn Entscheidungskonflikte auftreten. Benjamin Libet, inzwischen emeritierter Professor für Neurophysiologie an der University of California in San Francisco, hat nachgewiesen, dass unser Bewusstsein, eine Handlung durchführen zu wollen, fast ein halbe Sekunde nach dem Moment eintritt, in dem das Gehirn mit dem Vorbereiten des Entschlusses begonnen hat. Unsere Handlungen setzen also unbewusst ein. Libet kam zu dem Schluss, dass unser Bewusstsein lediglich eine Art Vetorecht hat, um eine vorbereitete Handlung abzubrechen, dass es diese aber nicht auslöst. Hirnforscher Roth vergleicht unser Ich mit einem Regierungssprecher, „der Entscheidungen interpretieren und legitimieren muss, deren Gründe und Hintergründe er gar nicht kennt und an deren Zustandekommen er zudem nicht beteiligt war." Alles Denken hat demzufolge einen unbewussten Vorsprung.

Interessant zu wissen, wie sich Bewusstes und Unbewusstes in die Quere kommen können: „Eingeübte motorische Fähigkeiten werden von unbewussten Teilen unseres Gehirns ausgeführt, und bewusstes Nachdenken über die Verhaltenssequenz wirkt sich störend und nachteilig auf die Ausführung aus." Hierauf weist Gerd Gigerenzer, Direktor des Max-Planck-Institut für Bildungsforschung in Berlin, in seinem lesenswerten Buch „Bauchentscheidungen" hin. Sollen wir beim automatischen Ausführen einer Handlung erklären, warum wir dies so tun, kann dies unser Handeln behindern. Ein Beispiel aus dem Arbeitsalltag: Bewerten wir eine Person spontan und müssen dann überlegen, warum wir dies getan haben, kann dies zu einem anderen Urteil führen. Dieses Urteil muss aber nicht besser sein als das Spontanurteil. So kann ein Stellenbewerber im ersten Moment Bedenken auslösen (wir haben ein komisches Bauchgefühl), doch dann schalten wir unser Gehirn ein, prüfen seine Zeugnisse und entscheiden uns vielleicht doch für ihn. Später kann sich herausstellen, dass dieser Mensch ein Ekelpaket ist, was uns zwar auf den ersten Blick aufgefallen ist, doch haben wir uns von unserem bewussten Verstand beeinflussen lassen.

Wie effizient das Unbewusste arbeitet, zeigt sich darin, dass Urteile nicht besser werden müssen, wenn wir mehr Zeit für sie haben. Unser Unbewusstsein ist Weltmeister in der Geschwindigkeit. Wichtiger sind dem Unbewussten die Erfahrungen, die wir machen. Gigerenzer: „Es scheint so zu sein, dass, je erfahrener ein Mensch ist, desto weniger Zeit und Informationen er benötigt, um eine gute Entscheidung zu treffen." Steht mehr Zeit zur Verfügung, prüfen wir zwar weitere Handlungsalternativen, doch zeigen Studien immer wieder, dass die Qualität unserer Entscheidungen hierunter leidet. Gigerenzer resümiert: „Wie gesehen, gilt der Grundsatz, Mehr (Zeit, Nachdenken, Aufmerksamkeit) ist besser" nicht für die geübten Fähigkeiten von Experten. In solchen Fällen kann zu viel Nachdenken dazu führen, Handlungen langsamer zu machen und sie sogar zu stören (überlegen Sie einmal, wie Sie Ihre Schuhe zubinden). Solche immer wieder kehrenden Prozesse laufen am reibungslosesten außerhalb unseres Bewusstseins ab. „Lass das Denken, wenn Du geübt bist – diese Lektion kann man getrost beherzigen."

Auch Eindrücke von Menschen im Unternehmen verarbeiten wir unbewusst und rasend schnell: Wir brauchen etwa 100 Millisekunden, um einen anderen Menschen grob einzuschätzen. Dies entspricht der Zeit eines Augenblinzelns. Studien zeigen, dass Probanden anhand eines Fotos in Sekundenbruchteilen sagen können, ob sie sich eine andere Person als Kollegen oder Chef wünschen. Dieses Urteil ändert sich übrigens auch dann nicht, wenn sie das Foto mehrere Minuten lang betrachten. Studien, wie die von Siegfried Frey, werden Sie noch ausführlicher kennen lernen. An dieser Stelle ist wichtig zu bemerken, dass es für die Geschwindigkeit unseres Urteils unerheblich ist, ob wir bereits eine Meinung über eine Person haben, die wir nur aus dem Gedächtnis abrufen, oder ob wir uns diese Meinung erst bilden müssen. Offenbar entscheidet sich beim Anblick einer Person buchstäblich in Sekundenschnelle, was wir von dieser Person halten, welche Eigenschaften wir ihr zuschreiben, also ob wir sie sympathisch finden, langweilig, arrogant, unehrlich, intelligent oder fair. Und ganz anders als bei einer rationalen Abwägung unseres Urteils bilden wir uns unsere Meinung so mühelos, dass wir hierfür kaum Energie aufwenden müssen. Dies vereinfacht unserem begrenzten Bewusstsein die Arbeit, wir müssen nicht mehr nachdenken. Wir tun es aus dem Bauch heraus, wie wir umgangssprachlich sagen.

Gigerenzer setzt die Begriffe Intuition und Ahnung gleich. Hierbei handelt es sich um „ein Urteil, 1. das rasch im Bewusstsein auftaucht, 2. dessen tiefere Gründe uns nicht ganz bewusst sind und 3. das stark genug ist, um danach zu handeln". Unser Bauchgefühl entsteht aus einfachen Faustregeln. Eine Faustregel versucht nicht, Pro und Kontra abzuwägen, sondern die wichtigsten Informationen herauszugreifen und den Rest außer acht zu lassen, um schnell zu einem Urteil zu kommen. Hierfür sind wir in der Lage durch Natur und Kultur, Erfahrung und damit durch längere Übung.

Die Intelligenz des Unbewusstseins liegt darin, dass es, ohne zu denken, weiß, welche Regeln in welcher Situation wahrscheinlich funktionieren. Nicht die Menge an Informationen oder deren sorgfältige Abwägung führen zu unserem Urteil, sondern Schlüsselinformationen. Beispiel: Von Schlüsselinformationen schließen wir auf weitere Eigenschaften der Person: Wenn wir bereits von einer positiven Eigenschaften wissen, dann neigen wir eher dazu, weitere eher positive Eigenschaften zu unterstellen als negative: Wenn ein Mitarbeiter als fleißig gilt, dann halte ich ihn auch eher für gewissenhaft und intelligent. Dies gilt auch für schlechte Eigenschaften. Der erste dominante Eindruck ist so stark, dass dieser in den meisten Situationen die späteren Urteile über die Person einfärben kann. Ein weiteres Beispiel ist, dass wir attraktiven Menschen positivere Eigenschaften zuschreiben als weniger attraktiven Menschen (siehe Kapitel 8.2).

Wie das Unbewusste arbeitet, wird in der Krise deutlich, beispielsweise in einem angekündigten Stellenabbau, der auch sie betreffen kann: Fühlen sich Menschen bedroht, aktiviert das Gehirn sein Stresssystem und wirft die alten, einfachen Notfallprogramme an: Angriff, Flucht, Erstarrung. In der wahrgenommenen Gefahr verringert Ihr Gehirn die Informationsmenge, die es zu verarbeiten hat. Das Gehirn will der Gefahr entkommen und hält sich möglichst an die einfachsten Muster wie

→ Flucht: „Ich gehe sofort woanders hin"
→ Konfrontation: „Ich werde es schon schaffen", „Da müssen wir durch"
→ Verleugnung: „Mich wird es schon nicht treffen"

Schon minimale Signale können ausreichen, um solche unbewussten Verhaltensprogramme in Gang zu setzen. Dieser gesamte Prozess verläuft an unserem Bewusstsein vorbei – vom Wahrnehmen über das Entschlüsseln der Bedeutung bis hin zum Aktivieren unseres Verhaltens. Die Konsequenz für die interne Kommunikation ist, dass sie Menschen, die in einer Krise oder einem tief greifenden Veränderungsprozess im Unternehmen und folglich sehr ängstlich und unsicher sind, vor allem in einfühlsamer persönlicher Kommunikation beruhigen und implizit ansprechen sollte, zum Beispiel durch Bilder und Geschichten (siehe Kapitel 16 und 18).

Die Kommunikation zwischen Unternehmensleitung und Mitarbeitenden erfolgt meist über den Piloten: Die Firmenleitung will informieren, mit Zahlen, Daten und Fakten argumentieren. Doch nur wenn auch der Autopilot überzeugt ist, entsteht dauerhafter Wandel. Ein Spitzenmanager von Bertelsmann sagte: „Es war offenbar ein Fehler, den Menschen in Gütersloh nicht ausreichend die Konzernstrategie, die Notwendigkeit, dass mit großer Geschwindigkeit viel passieren muss, zu verdeutlichen."

Konsequenzen für die interne Kommunikation
Die interne Kommunikation sollte unbewussten Prozessen künftig deutlich mehr Aufmerksamkeit schenken: Sie sind es, die maßgeblich beteiligt sind an der Auswahl, Interpretation und Bewertung von Informationen in der internen Kommunikation. Sie entscheiden letztlich auch über das Handeln von Mitarbeitern. Würden wir einen Mitarbeiter nach diesen Prozessen fragen, könnte er uns keine Auskunft

darüber geben. Zwar hätte er immer eine Antwort parat, doch würde diese nicht dem entsprechen, was tatsächlich im Unbewussten vorgegangen ist. Was der Mitarbeiter bewusst abrufen könnte, wären Informationen wie Umsatzzahlen und Produktnamen Er könnte auch sagen, ob er das Unternehmen sympathisch findet oder nicht. Schwierig wird es, wenn er begründen soll, warum dies so ist.

Für die Kommunikation mit dem Unbewussten eignen sich hervorragend Bilder und das Erzählen von Geschichten (Storytelling; siehe Kapitel 16).

Für die Erfolgskontrolle der internen Kommunikation hat dies zur Konsequenz, weitere Methoden und Instrumente als bisher zu nutzen, um die Prozesse der Aufnahme, Verarbeitung und emotionalen Bewertungen der Mitarbeitenden aufzudecken. Hierzu gehören reaktionszeitbasierte Methoden und Instrumente, bei denen die Befragten spontan antworten müssen, bevor sich der Verstand einschaltet (siehe Kapitel 21.5).

6.2 Interne Kommunikation kann Gefühle auslösen

Noch immer gehen viele Menschen davon aus, dass Gefühl und Verstand streng getrennt sind. Diesem Gegensatz entspricht die Vorstellung, dass die linke Hirnhälfte für das Denken zuständig ist, die rechte für das Fühlen. Diese strenge Trennung gibt es so nicht – tatsächlich bilden beide Systeme eine Einheit.

Besonders im Wirtschaftsleben gilt die Devise, Entscheidungen streng rational zu treffen und mit triftigen Argumenten zu begründen: „Durchdenken Sie das noch einmal!", „Haben Sie die Zahlen gründlich geprüft?". Die Psychologin Maja Storch schreibt: „Gute Entscheidungen fallen emotions- und leidenschaftslos: Diese Vorstellung hat sich in unserem Alltagsverständnis so sehr festgesetzt, dass sie oftmals gar nicht mehr hinterfragt wird. Für viele Menschen aus dem Management zum Beispiel ist sie so selbstverständlich wie die Tatsache, dass sie Luft zum Atmen brauchen. Sie versuchen, ihre Gefühle in den Griff zu kriegen und üben sich im Pokerface. ... Das Ideal, das viele Führungskräfte anstreben, ist der so genannte homo oeconomicus, ein Mensch, der sich in seinen Entscheidungen wie eine Rechenmaschine verhält."

Doch schon ein kurzer Blick hinter die rationale Fassade offenbart ein völlig anderes Bild: Tatsächlich investieren Manager Jahre in ihre Ausbildung, lernen hart und lassen sich von der Erwartung antreiben, noch mehr Macht und Kontrolle auszuüben. Sie haben ein gutes Gefühl dabei. Neuropsychologe Häusel schreibt: „Logik, Präzision, Funktionalität, Effizienz und Leistung ... Der Wunsch, der hinter dieser Art der Rationalität steckt, nämlich unsere Welt, unsere Umgebung, aber auch Produkte beherrschbar und berechenbar zu machen, ist demnach zutiefst emotional! ... „Rationalität" kann nicht das Gegenteil von Emotionalität sein." Hirnforscher Christian Elger schreibt: „Deutlich schwieriger wird es jedoch bei Managern, die ihre Alltagssituationen selbst nur durch Rationalität definieren und Emotionalität weitgehend nicht ins Kalkül ziehen. Oft versuchen sie zum Beispiel auf Hauptversammlungen jede emotionale Regung zu unterdrücken. Dabei vergessen sie, dass das Prinzip „Man kann nicht nicht kommunizieren" auch für alle Arten mimischer oder stimmlicher Mikrosignale gilt. Entweder senden sie ständig sich widersprechende Signale aus, was die Zuschauer verwirren wird. Oder ihre versteinerten Minen werden in einer Art und Weise gedeutet, die nicht zu den von ihnen angestrebten Zielen passt."

Schon in der Zeit bis 200 Millisekunden findet eine erste emotionale, vorbewusste Bewertung statt. Erst nach 200-500 Millisekunden beginnt die eigentliche Bildverarbeitung. Alle „bewusst" erlebten Kognitionen werden also vorbewusst emotional eingefärbt und dadurch bewertet. Der Motor der Vernunft ist die Emotion. Die Emotionen entscheiden, wann und wie der Mensch etwas wahrnimmt. Die erste Bewertung erfolgt dabei nach den Kriterien interessant/ uninteressant und sympathisch/ unsympathisch.

Die interne Kommunikation ist in den meisten Unternehmen vor allem darauf gerichtet, Informationen zu vermitteln („Informieren Sie mal die Mitarbeiter darüber!"). Was die meisten Verantwortlichen nicht beachten ist, dass unser Gehirn diese Informationen danach bewertet, was die Informationen für die Mitarbeiter emotional bedeuten.

Diese Bewertung übernimmt das limbische System, der Sitz der emotionalen Intelligenz. Das limbische System besteht aus einem Netzwerk von Bahnen und Kerngebieten in der Tiefe unseres Gehirns, zu denen neben der Amygdala (Mandelkern) noch andere Zellgruppen im Zwischenhirn gehören, die wiederum mit Teilen der Großhirnrinde verbunden sind. Die Kommunikation zwischen den einzelnen Teilen des Belohnungssystems läuft über den Botenstoff Dopamin, einen der so genannten Neurotransmitter, die Signale zwischen den Nervenzellen übermitteln. Die Ausschüttung des Glücksboten Dopamin nehmen wir als positives Gefühl wahr, das uns zum Handeln anleiten kann. Im limbischen System sitzen auch die Wünsche, Motive und Emotionen eines Menschen. Die allgemeine Funktion des limbischen Systems besteht darin, das zu bewerten, was das Gehirn tut. Das Wirken des limbischen Systems erleben die Mitarbeiter als begleitende Gefühle, die sie entweder vor bestimmten Handlungen warnen oder die Handlungsplanung in eine bestimmte Richtung lenken.

Viele aktuelle Forschungsergebnisse bestätigen, dass Entscheidungen vor allem emotional fallen. Dass Emotionen sogar Voraussetzung für rationale Entscheidungen sind, belegen die Arbeiten des weltbekannten Neurologen Antonio Damasio: Einige Patienten, die aufgrund von geschädigten Hirnregionen keine Emotionen mehr hatten, konnten nicht mehr rational entscheiden. Fazit: Emotionen sind notwendige Grundlage für vernünftiges Handeln, oder anders gesagt: Wer nicht fühlt, kann auch nicht vernünftig entscheiden oder handeln. Emotionen sind keine Störungen des vernünftigen Denkens, sondern eine Überlebenshilfe, wie dies Maja Storch ausdrückt.

Wie arbeitet das limbische System? Das limbische System bewertet alle in das Gehirn der Mitarbeiter einströmenden Informationen, wie emotional bedeutend diese für sie sind. Haften bleibt im Gedächtnis, was das limbische System positiv oder negativ anrührt. Alles andere rauscht durch deren Gehirn hindurch. Besonders schnell sprechen das limbische System Geschichten, Bilder und emotionale Worte wie „Sicherheit" und „Erfolg" an. Langweilige und unbedeutende Informationen aktivieren das limbische System nur wenig. Ergebnis: An Informationen, die keine Gefühle ansprechen, erinnern sich die Mitarbeiter kaum. Beispiele sind Begriffe wie „Rentabilität" und „Deckungsbeitrag", die, wenn überhaupt, nur eine begrenzte Zahl von Führungskräften anspricht.

Auf die Bedeutung von Emotionen für die Kommunikation weist auch Thomas Knieper hin: „Auch wenn man Botschaften hundertmal wiederholt, werden sie nicht beachtet, sofern sie nicht in der Lage sind, einen emotionalen Eindruck zu hinterlassen. Dies gilt für alle Vorschriften, Hinweise, Lustquellen, Nachrichten – sie werden so lange ohne Wirkung bleiben, solange sie nicht gleichzeitig mit einem „affektiven Stempel" oder „Imprint" versehen werden."

Je stärker die Mitarbeiter eine Information anspricht, weil sie emotional bedeutend für sie ist, desto besser lernen sie diese Informationen. Gefühle werfen einen Lernturbo an, sagt Hirnforscher Manfred Spitzer (siehe ausführlich Kapitel 10.4). Studien bestätigen, dass Emotionen helfen, besser wahrzunehmen und effektiver zu lernen. Mitarbeitende können schneller und gezielter entscheiden, wenn die Informationen mit starken Gefühlen verbunden sind. Natürlich lernen die Mitarbeitenden auch durch schlechte Erfahrungen, wie jeder weiß, der eine sehr unangenehme Begegnung mit seinem Vorgesetzten hatte. Dies sollte die interne Kommunikation unbedingt berücksichtigen.

Diese Erkenntnisse haben für die interne Kommunikation Konsequenzen:

→ Interne Kommunikation sollte darstellen, welche emotionale Bedeutung die Fakten für die Mitarbeiter haben: Welches gute Gefühl bringt die neue Qualitätsoffensive? Das gute Gefühl, beständige Produkte herzustellen, mit denen sich der Kunde sicher fühlt? Welches gute Gefühl geht vom neuesten Produkt aus: Faszination? Stärke? Sicherheit? Typische Aussagen wie: „Wir sind ein international tätiges Unternehmen", sind aus Sicht des Gehirns der Mitarbeiter meist ziemlich bedeutungslos, denn es bleibt offen, was dies für deren Gefühlswelt bedeutet: Bringt es Sicherheit, weil es dann stärker ist? Können sie Neues entdecken, weil das Unternehmen weltweit nach neuen Produkten sucht? Oder macht sie dies stärker und leistungsfähiger, weil das Unternehmen Experten bündeln kann, damit seine Kunden noch erfolgreicher werden? Essenziell für die interne Kommunikation ist daher, zuerst jene bedeutenden Gefühle aufzudecken und zu berücksichtigen, die aus Sicht der Mitarbeitenden mit dem Unternehmen und seinen Leistungen verbunden sind, damit diese die Botschaften aufnehmen, verarbeiten und speichern.

→ Emotionen selbst dienen der Kommunikation mit anderen Menschen: Sie zeigen den Zustand, in dem sich ein Mensch befindet. Ein Firmenchef könnte daher über seine Gefühle zeigen, wie besorgt er über die Situation des Unternehmens ist oder wie optimistisch er dessen Zukunft einschätzt.

→ Interne Kommunikation sollte dazu beitragen, für das gesamte Unternehmen ein eigenständiges, langfristiges Erlebnisprofil aus einzigartigen positiven Gefühlen aufzubauen, um das limbische System der internen Bezugsgruppen anzuregen. Grundlage hierfür ist das Belohnungsversprechen. Dieses Versprechen kann darin bestehen, dass das Unternehmen Sicherheit, Bindung und Fürsorge fördert, Anregung und Wandel oder Status und Überlegenheit. Übrigens können alle Unternehmen und Branchen ein solches Belohnungsversprechen höchst wirksam in der internen und externen Kommunikation einsetzen. So könnte ein Maschinenbauer Werte wie Präzision und Perfektion betonen (siehe Kapitel 6.5).

Was Emotionen sind
Wenn Emotionen in der internen Kommunikation eine so große Rolle spielen, sollten wir uns anschauen, was Experten unter diesem Begriff verstehen: Emotionen sind, so die Psychologin Maja Storch, alle Prozesse, die mit Gefühlen verbunden sind, primäre und sekundäre, bewusste und unbewusste. Der Psychologe Philip Zimbardo sieht in Emotionen ein komplexes Muster von Veränderungen, das physiologische Erregung, Gefühle, gedankliche Prozesse und Verhaltensweisen einschließt, die als Reaktion auf eine Situation auftreten, die ein Mensch als persönlich bedeutsam wahrgenommen hat.

Emotionen wirken sich auf unseren gesamten Organismus aus, so Damasio. „Bei einer typischen Emotion senden (...) bestimmte Gehirnregionen, die zu einem weitgehend vorprogrammierten System gehören, nicht nur Befehle an andere Hirngebiete, sondern an fast jeden Ort des übrigen Körpers. Die Befehle werden auf zwei Wegen übertragen. Der eine ist die Blutbahn, wo die Übertragung durch chemische Moleküle erfolgt, die auf die Rezeptoren von Zellen in Körpergeweben einwirken. Den anderen Weg bilden Nervenzellbahnen, und die Befehle auf dieser Route nehmen die Gestalt elektrochemischer Signale an, die auf andere Neuronen, Muskelfasern oder Organe (etwa die Nebenniere) einwirken, die ihrerseits chemische Stoffe in die Blutbahn abgeben können. Das Ergebnis dieser konzertierten chemischen und neuronalen Kommandos ist eine globale Veränderung im Zustand des Organismus."

Emotionen haben ihren Sitz im limbischen System. Dort sitzen auch Wünsche und dort fallen oft letztlich Entscheidungen. Hirnforscher Roth erklärt die Bedeutung des limbischen Systems für unsere Entscheidungen so: „Das Gefühl, etwas zu wollen, kommt erst, nachdem das limbische System schon längst entschieden hat, was getan werden soll. Die Quintessenz ist, dass dieses System die letzte Entscheidung darüber hat, ob wir etwas tun oder nicht." Die Motivforscherin Helene Karmasin schreibt: „Das wahre Motiv lautet: Du willst es, Du musst es haben, es ist wunderbar. Das legitimierende Motiv lautet: Du brauchst es, es ist notwendig und sinnvoll."

Viele aktuelle Forschungsergebnisse bestätigen, dass Entscheidungen vor allem emotional fallen. Antonio Damasio hat in seinen Studien festgestellt, dass an den meisten Entscheidungen, die wir in der Alltagssprache „vernünftig" nennen und von denen wir glauben, dass sie ohne Emotionen zustande kommen, Emotionen doch beteiligt sind. Mehr noch: Einige seiner Patienten, die auf Grund von Hirnschäden nicht mehr fühlten, konnten gleichzeitig nicht mehr rational entscheiden. Fazit: Emotionen sind notwendige Grundlage für vernünftiges Handeln. Fazit: Emotionen sind notwendige Grundlage für vernünftiges Handeln. Sein Fazit: Wer nicht fühlt, kann auch nicht vernünftig entscheiden oder handeln. Emotionen sind keine Störungen des vernünftigen Denkens, sondern Überlebenshilfe, wie dies die Psychologin Maja Storch ausdrückt.

Dies wird vielen Führungskräften nicht gefallen, die sich nicht mit den Gefühlen anderer Menschen beschäftigen wollen. Und wenn sich bei einigen die Erkenntnis über die Bedeutung von Emotionen durchsetzt, dann meist im Sinne eines Auftrags: „Wir müssen emotionaler werden." Die Frage ist nur: Von welchen Emotionen ist hier die Rede? Hierzu gleich die Antwort.

Warum wir den Verstand brauchen
Der Verstand ist für Entscheidungen natürlich auch wichtig, aber anders, als bislang gedacht: Es scheint oft so, als ob wir eine Entscheidung, die wir aus unserem Gefühl heraus getroffen haben, im Nachhinein mit Sachargumenten rechtfertigen. Hirnforscher Gerhard Roth vergleicht das Ich mit einem Regierungssprecher, der Entscheidungen interpretieren und legitimieren muss, deren Gründe und Hintergründe er gar nicht kennt und an deren Zustandekommen er zudem nicht beteiligt war. Das Rechtfertigen von Entscheidungen ist Experten zufolge sogar die wesentliche Funktion der Sprache. Es sei ein Missverständnis, dass Sprache dem Austausch von Wissen und der Vermittlung von Einsichten diene. Dem sei nicht so: Sprache diene in erster Linie der Legitimation des überwiegend unbewusst gesteuerten Verhaltens vor uns und anderen."

Der Vorgesetzte hat seine Entscheidung über die Beförderung eines Mitarbeiters stark unbewusst und emotional getroffen. Hinterher sucht er Gründe, um diese Entscheidung vor sich selbst und anderen zu begründen. Was würden wir als Mitarbeiter davon halten, wenn er uns erzählen würde, er hätte sich bei seiner Beförderung von seinem Bauchgefühl leiten lassen – auch wenn dies stark so der Fall gewesen ist? Aber nicht nur hier: Generell wollen wir unser Handeln rational begründen, selbst wenn wir den Grund überhaupt nicht kennen, weil wir unbewusst entschieden haben: Antonio Damasio berichtet von seinem Versuch, in dem er das Gehirn von Menschen so beeinflusst hat, dass diese sinnlos handeln. Nach dem Grund gefragt, fallen den Befragten alle möglichen und unmöglichen Begründungen ein – nur um nicht zugeben zu müssen, dass sie den tatsächlichen Grund nicht kennen.

Manchmal liegt unser Gefühl richtig und unser Verstand falsch, zum Beispiel dann, wenn ein Personalchef einen Mitarbeiter einstellt, der zwar über gute Qualifikationen verfügt, aber bei dem er „gleich so ein ungutes Gefühl" hatte. Immer wieder bewahrheitet sich dieser erste gefühlsmäßige Eindruck, der daraus entstanden sein kann, dass wir früher erlebt haben, dass sich hinter zu großer Freundlichkeit Unterwürfigkeit verbarg. Diese Beispiele zeigen, dass das gelungene Zusammenspiel beider Systeme – des emotionalen Erfahrungsgedächtnisses und des Verstands – die besten Entscheidungen treffen, so Maja Storch in ihrem Buch über gute Entscheidungen. Übrigens zeigt das gute Gefühl, dass auch bei einer „rein rationalen Entscheidung" immer emotionale Anteile enthalten sind.

Selbst für den Verstand spielen Emotionen eine wichtige Rolle: Vor allem der vordere Teil des Gehirns scheint Wege und Wahrscheinlichkeiten zu berechnen, wie wir möglichst viel Wohlbefinden mit möglichst geringem Aufwand erzielen können. Hieraus entsteht ein Handlungsplan, den unser Gehirn in Handeln umsetzt. Verstand und Emotionen sind demnach eng verknüpft.

Beide Auswertungssysteme sind jedoch unterschiedlich spezialisiert: Prüft der Verstand eine Handlung kritisch, dauert das länger als es unbewusst erfolgt, aber die Ergebnisse sind präzise und detailliert. Emotionale Bewertungen erfolgen schnell, aber die Ergebnisse sind diffus und detailarm. Der Mensch hat ein ungutes Gefühl, kann sich dies aber nicht erklären, weil die Prozesse zur Entstehung meist unbewusst sind. Der Mensch erhält eine erste Orientierung, bevor sich der Verstand zuschaltet und die Situation genauer unter die Lupe nimmt. Der Verstand ist auch dann wichtig, wenn noch keine Erfahrungen gespeichert sind, die der Mensch für eine Entscheidung heranziehen kann. Geht es im Unternehmen um Neues, zu dem es noch keine Erfahrungen gibt, sollten Sie auch Informationen für den Verstand anbieten.

Fazit: Gefühl, Verstand und Körper- so könnte das Prinzip lauten, nach dem viele Prozesse in unserem Gehirn funktionieren. Gute Entscheidungen entstehen im Zusammenspiel von Verstand, Emotionen und Körperempfindungen, wie das sprichwörtliche Bauchgefühl und der Herzenswunsch, so die Psychologin Maja Storch. Dies sollte die interne Kommunikation berücksichtigen, und dabei sowohl die Emotionen der Mitarbeitenden ansprechen als auch Argumente für eine gute Entscheidung liefern.

6.3 Interne Kommunikation greift Erfahrungen auf

Unser Gehirn funktioniert nicht ähnlich der Festplatte eines Computers, auf die wir Daten aufspielen. Stattdessen ist unser Gehirn aktiv, hochdynamisch, stark vernetzt und es organisiert sich ständig neu. Grundlage für die selbst organisierenden Prozesse unseres Gehirns sind Erfahrungen.

Alle wichtigen Erfahrungen mit Menschen haben wir in unserem Gedächtnis abgelegt. Unsere Psyche ist letztlich ein umfassender und reichhaltiger Speicher, der unsere Erfahrungen mit Menschen im Arbeitsleben enthält. Erfahrungen soll unser Gehirn nutzen, damit es uns gut geht und wir uns wohl fühlen.

Dies gelingt unserem Gehirn, indem es Erfahrungen mit einer Bewertung ablegt, ob uns etwas gut getan hat oder nicht – dies kann reichen von Unlust und Lust bis hin zu Ärger und Vergnügen. In jedem Fall übernimmt unser limbisches System diese Bewertung. Außerdem legen wir in unsere Erinnerungen das Körpergefühl ab, das wir beim Erlebnis hatten, und unser „emotionales Erfahrungsgedächtnis" entsteht, wie es der Hirnforscher Gerhard Roth genannt hat. Stehen wir vor einer Entscheidung oder planen wir eine Handlung, ruft unser Gehirn dieses Wissen ab. Unsere Erfahrungen und unser Handeln sind eng verbunden.

Unser emotionales Erfahrungsgedächtnis ist ein Zusammenschluss von mehreren Teilgebieten unterhalb der Großhirnrinde, die für unsere Entscheidungen wesentlich sind. Es speichert Gefühle und Körperempfindungen. Das emotionale Erfahrungsgedächtnis entsteht schon im Mutterleib und begleitet uns unser gesamtes Leben lang. Wir können davon ausgehen, dass unser Gehirn ein emotionales Einnahmen- und Ausgabenbuch über das Unternehmen und die interne Kommunikation führt. Auf der Habenseite schlagen die positiven Erfahrungen zu Buche, auf der Soll-Seite die negativen Erlebnisse. Emotionen können uns also vor Handlungen warnen und unser Handeln ausrichten.

Wie plant das Gehirn Handlungen auf Grundlage des emotionalen Erfahrungsgedächtnisses? Sollen Mitarbeiter etwas entscheiden, erzeugen deren Gehirne Vorstellungsbilder, die wie innere Filme ablaufen. Diese inneren Filme laufen fast gleichzeitig ab und sie sind uns meist unbewusst. Die inneren Filme vergleicht das Gehirn mit ähnlichen Situationen aus dem Erfahrungsschatz, den das emotionale Erfahrungsgedächtnis gesammelt hat. Findet es eine vergleichbare Situation, löst es blitzschnell und automatisch die damit verbundene Bewertung aus. Das Ziel: Gute Erfahrungen wiederholen sie, schlechte meiden sie. Wichtig ist daher für die interne Kommunikation, die Erfahrungen der Mitarbeitenden zu beachten, zum Beispiel im Umgang mit Unternehmen und dessen Führungskräften. Immer wieder gibt es neue Manager in einem Unternehmen, die beschließen, Vergangenes ab sofort zu vergessen. Welche Ignoranz der Arbeit unseres Gehirns!

Ohne, dass wir es merken, trifft unser Gehirn eine Entscheidung nach der anderen. Wäre dies anders, bräuchten wir Stunden, um mit Kollegen einen passenden Termin zu vereinbaren oder um ein Essen in der Kantine auszusuchen – unser Alltag wäre extrem eingeschränkt. Emotionen können uns also vor Handlungen warnen und unser Handeln ausrichten. Hirnforscher Gerhard Roth sieht in Emotionen konzentrierte Erfahrungen, ohne die wir nicht vernünftig handeln könnten. Die Bedeutung unserer Lebensgeschichte ist so stark, dass der renommierte Gedächtnisforscher Daniel Schacter sagt: „Wir sind Vergangenheit". Mit diesen Erfahrungen gehen wir in die Zukunft – unser Gehirn organisiert unser Leben also auf Grundlage unserer eigenen Biografie. Unser Leben lang sammeln wir. So entsteht eine enorme und reichhaltige Sammlung unserer Lebenserfahrung von unschätzbarem Wert!

Vor diesem Hintergrund ist es kaum zu verstehen, dass Unternehmen vor allem auf Jüngere setzen, denen diese Erfahrungen noch fehlen und die sie sich auf Kosten der Unternehmen sammeln müssen. Bei VW standen vor einigen Jahren die Fließbänder still. Grund: Früher hörten die erfahrenen Mitarbeiter oft schon beim kleinsten Anzeichen, wenn ein Maschinenteil demnächst ausgetauscht werden musste. Den Neuen fehlten dieses Wissen und vor allem die Erfahrung; sie standen ratlos vor den Maschinen, die für sie überraschend defekt gingen.

Erinnerungen mit Körpergefühl

Hirnforscher Antonio Damasio verdanken wir die Erkenntnis, dass wir nicht nur die Gefühle mit unseren Erinnerungen speichern, sondern dass sich beim Abruf der Erinnerung ein Körpergefühl einstellt wie Bauchkribbeln, Gänsehaut, Kniezittern. Wie geschieht dies? Sie haben erfahren, dass wir vor einer Entscheidung abwägen, wie wir reagieren könnten und welche Ergebnisse dies hätte. Damasio schreibt, dass diese Vorstellungen nur Schlüsselbilder dieser Szenen aufblitzen lassen. Wir sehen gleichzeitig Schlüsselelemente in Umrissen, ohne Einzelheiten erkennen zu können. Wenn nun das unerwünschte Ergebnis der Entscheidung in unserer Vorstellung auftaucht, erscheint gleichzeitig und kurz eine unangenehme Empfindung im Körper, zum Beispiel im Bauch. Antonio Damasio nennt diese Körperzustände „somatische Marker".

Der Begriff „soma" leitet sich aus dem Griechischen ab und bedeutet „Körper". Markierer hat Damasio sie deshalb genannt, weil wir bestimmte Szenen als gut oder schlecht markieren. Wichtig zu betonen ist: Wir bewerten hier nicht mit unserer Vernunft, sondern biologisch mit somatischen Markern, die wir schnell abrufen können. Mitunter sind sie allerdings so schwach, dass wir sie nicht bewusst wahrnehmen. Training und gute Selbstbeobachtung können uns helfen, diese Zeichen früher, schneller und eindeutiger zu erkennen.

Anhand der somatischen Marker können wir uns also erinnern, ob etwas für uns angenehm oder unangenehm war. Wir können dies sogar spüren, weil wir Erinnerungen mit einem Körpergefühl markieren, beispielsweise einem gutem Bauchgefühl, einem Kribbeln oder Anspannung, das sich bei der Erinnerung einstellt. Damasio geht davon aus, dass wir jedes Objekt und jede Situation unserer Erfahrung mit Emotionen und den begleitenden Körperzuständen verknüpfen.

Dieser Mechanismus ermöglicht uns, quasi als automatisches Signal, aus vielen Unternehmen jenes auszuwählen, das uns am meisten zusagt, weil es am besten zu uns passt. „Das automatische Signal schützt Sie ohne weitere Umstände vor künftigen Verlusten und gestattet Ihnen dann unter weniger Alternativen zu wählen. Sie haben immer noch Gelegenheit, eine Kosten-Nutzen-Analyse durchzuführen und saubere Schlussfolgerungen zu ziehen, aber erst nachdem der automatische Schritt die Zahl der Wahlmöglichkeiten erheblich vermindert hat."

Somatische Marker weisen uns also aufgrund von früheren Erfahrungen darauf hin, dass eine geplante Handlung unangenehme Folgen für uns haben könnte. Genauso markieren wir positive Vorstellungen mit somatischen Markern, etwa, wenn uns eine Person in der Erinnerung wohlige Schauer über den Rücken laufen lässt. Unser Antrieb scheint aus neurologischer Sicht aus jenem Zusammenspiel zu bestehen, dass wir auf Menschen im Unternehmen emotional reagieren, dass wir dies positiv bewerten und unser Körper hierauf reagiert. Sie selbst werden dies kennen: Wenn Sie unbedingt etwas für einen Kollegen tun wollen, ist dies mit einem starken Gefühl und einer Körperempfindung verbunden. Für die interne Kommunikation kann es sinnvoll sein, auch die somatischen Marker von Menschen im Unternehmen zu beachten, denn diese lügen nie und wir können einige von ihnen sehen, wie im Fall des Errötens, dem plötzlichen Wechsel der Sitzhaltung und einem Lächeln.

Wichtig ist daher für die interne Kommunikation, die Erfahrungen der Mitarbeiter zu beachten, zum Beispiel im Umgang mit Unternehmen oder Erfahrungen, die kulturgeprägt sind. Immer wieder gibt es neue Manager in einem Unternehmen, die beschließen, dass die Historie des Unternehmens ab sofort zu vergessen ist und es quasi keine Vergangenheit gibt. Welche Ignoranz der Arbeit unseres Gehirns! Die interne Kommunikation sollte daher immer an etwas uns Bekanntes anknüpfen, weil uns diese Inhalte geprägt haben.

Neue Informationen versuchen Mitarbeiter in die vorhandenen Erfahrungen einzuordnen. Wenige Informationen können ausreichen, eine erste Bewertung vorzunehmen, und zwar schnell, unkontrolliert und unbewusst. Was geschieht aber, wenn die Mitarbeiter noch keine Erfahrungen gemacht haben, die sie für ihre Bewertung heranziehen können? Hier kommt das emotionale Erfahrungsgedächtnis an seine Grenze: In neuen Situationen kann es ähnliche Erfahrungen suchen, indem es verallgemeinert und auf Muster zurückgreift: „Alle Führungskräfte sind autoritär und informieren schlecht". Probleme treten auf, wenn das verallgemeinerte Muster nicht passt. Die Bewertung durch die Mitarbeiter sollte sehr aufmerksam verfolgt und in der internen Kommunikation berücksichtigt werden.

6.4 Interne Kommunikation erzeugt Erwartungen

Eng verbunden mit den Erfahrungen sind unsere Erwartungen, denn die Erfahrungen dienen dazu, Erwartungen vorherzusagen, auf deren Grundlage wir entscheiden. Hirnforscher Christian Elger: „Es ist für den Menschen wichtig, zu wissen, was war, um zu wissen, was ist und was im nächsten Moment, in einer Stunde oder zu irgendeinem anderen Zeitpunkt in der Zukunft sein wird. Deshalb wurde das Gehirn mit seinen Funktionen Wahrnehmen, Speichern, Erinnern und Entscheiden als Vorhersageinstrument in einer Weise optimiert und perfektioniert, wie wir es bei keinem anderen Lebewesen finden."

Wie gelingt es dem Mitarbeiter, auf Grundlage seiner Erfahrungen zu entscheiden? Wir nehmen auf der Grundlage unserer Erfahrungen das Ergebnis unseres Handelns vorweg und fragen uns, wie wir uns dann fühlen würden: Wie werde ich mich fühlen, wenn ich das neue Innovationsprogramm meines Unternehmens unterstütze? Da wir ein soziales Gehirn haben (siehe Kapitel 6), fragt es sich auch, wie wir auf andere wirken würden, wenn wir handeln. Der Psychoneurologe Joachim Bauer beschreibt diesen Prozess so: „Handlungsneurone (...) kodieren die Programme für das operative Vorgehen und für das Ziel einer Handlung. Die Nervenzellen für die Vorstellung von Empfindungen ergänzen dies durch Informationen darüber, wie sich die geplante Handlung für den handelnden Körper anfühlen würde. Erst die Kombination des handelnden und des empfindenden Systems ergibt die neuronale Basis für die Vorstellung, Planung und Ausführung von Aktionen." Das Gehirn prüft demnach auf der Grundlage von Erfahrungen alle eingehenden Informationen daraufhin, welche Konsequenzen sie haben, also was der Mitarbeiter erwarten kann.

Wie lässt sich angesichts dieser Erkenntnisse erklären, dass Mitarbeitende Projekte zum Wandel von Unternehmen nicht unterstützen? Beispiel Wissensmanagement – eigentlich ein nützliches und überzeugendes Konzept. Die Praxis zeigt aber, dass die Beschäftigten die Idee oft nicht unterstützen. Woran kann das liegen? Ein Grund ist, dass sich die Mitarbeiter vorstellen, was passiert, wenn sie ihr Wissen weitergeben. Als Folge befürchten sie Machtverlust, Bedeutungsverlust oder Austauschbarkeit. Konsequenz: Ihr Gehirn entscheidet, das Wissen nicht weiterzugeben.

Wie wichtig solche Vorhersagen und Erwartungen sind, beschreibt Elger: „Nichts ist dem Gehirn so verhasst, wie der schiere Zufall. Denn dort versagt die Fähigkeit zur Vorhersage. Deshalb sucht das Gehirn auch stets nach verborgenen Regeln und nach möglichen Zusammenhängen zwischen Wirkung und Ursache". Die Mitarbeiter versuchen also, Vorhersagen zu erstellen Dies ist ihnen jedoch kaum möglich, wenn sie keine Informationen erhalten, anhand derer sie das könnten. Die Gefahr liegt nun darin, dass sie – auch unbewusst – nach Regeln suchen und Erfahrungen heranziehen, die jedoch in diesem Fall nicht zutreffen müssen.

Wichtige Aufgabe für die interne Kommunikation im Wandel ist daher, auf Basis der bisherigen Erfahrungen der Mitarbeiter klare Vorhersagen zu ermöglichen und konkrete Erwartungen an Belohnungen durch den Wandel zu erzeugen: Was können die Mitarbeiter erwarten? Was nicht? Sie sollten ein lebendiges Vorstellungsbild ermöglichen, was die Mitarbeiter von einer Entscheidung zu erwarten haben und welche Emotionen damit verbunden sein werden. Dies entscheidet maßgeblich mit darüber, ob die Mitarbeiter Anliegen ihres Unternehmens unterstützen oder nicht.

Die interne Kommunikation erzeugt also Erwartungen an positive Konsequenzen einer Handlung. Frage: Lassen sich diese positiven Konsequenzen genauer beschreiben? Antwort: Ja! Diese positiven Konsequenzen haben mit unserem Motivsystem zu tun, also unseren Handlungsantrieben.

> **Begriffe lösen schlechte Erinnerungen aus**
> Wenn einer etwas sendet, heißt das noch lange nicht, dass es beim anderen auch so ankommt: Führungskräfte teilen ihren Mitarbeitern etwas mit und verbinden sich mit einer Bewertung. Beispiel: Wandel ist gut. Doch was passiert: Der Mitarbeiter nimmt die Information auf und jetzt beginnt der Prozess der Verarbeitung:
> - Kann ich das einordnen?
> - Habe ich das schon mal erlebt?
> - Wie habe ich mich gefühlt?
> - Wie habe ich auf andere gewirkt?
>
> Das Ergebnis der Verarbeitung: Ja, Wandel kann ich einordnen, habe ich schon mal erlebt, habe mich schrecklich unsicher und ängstlich gefühlt. Schlechte Erinnerungen also. Was kann ich aufgrund dieser Erfahrungen vom anstehenden Wandel erwarten? Erstmals nichts Gutes. Also lehne ich ihn erstmal ab, bis ich vielleicht weiß, was die Belohnung durch den Wandel für mich ist.

Abb. 15 | Bedeutung von Erfahrungen und Erwartungen

6.5 Interne Kommunikation verspricht Belohnungen

Interne Kommunikation kann Gefühle in den Bezugsgruppen auslösen, so dass diese im Sinn des Unternehmens entscheiden und handeln. Werfen wir einen Blick in jene beiden Systeme, die hierbei grundsätzlich angesprochen werden; danach lernen Sie die Grundmotive des Menschen kennen, also jene Handlungsantriebe, die ihn durch sein Leben leiten und auf deren Grundlage Entscheidungen und Handlungen zustande kommen.

Das Angstsystem und das Belohnungssystem
Menschen handeln auf der Grundlage von zwei grundlegenden Systemen: dem Angstsystem und dem Belohnungssystem. Das Angst- und Fluchtsystem entscheidet, was wir meiden; hierdurch sollen wir Gefahren entgehen. Das Beloh-

nungssystem entscheidet, was wir suchen; dies soll unser Wohlergehen steigern. Gefahren meiden und Wohlbefindensuchen – das sind die Leitmottos unseres Gehirns. Beide Systeme sind nicht gleichwertig, denn es ist für das Überleben wichtiger, Gefahren zu meiden statt sich um das Wohlergehen zu kümmern.

Das Angst- und Fluchtsystem ist sehr alt und bei Gefahren aktiv. Der Mensch soll schnell reagieren, um der Gefahr zu entkommen. Dies erfolgt unbewusst, weil der Verstand eine zu lange Zeit brauchen würde und die Ergebnisse seiner Arbeit zu detailgenau wären als in der Situation erforderlich. Angst ist also ein schlechter Lehrmeister für alles, was wir tun sollen.

Für das, was wir suchen und tun sollen, haben wir ein anderes System: Unser Belohnungssystem. Das Belohnungssystem soll das Handeln steuern, indem es den Menschen mit guten Gefühlen belohnt, wenn dieser so handelt, wie es ihm gut tut. Das Belohnungssystem ist Teil unseres limbischen Systems, dem Sitz unserer emotionalen Intelligenz (siehe Kapitel 6.2). „Gibt es weder einen Anreiz noch eine Belohnung, bleibt auch das Belohnungssystem inaktiv", bringt es Hirnforscher Christian Elger auf den Punkt.

Das Belohnungssystem sorgt dafür, dass wir Vorfreude empfinden, wenn wir an die Begegnungen mit Menschen im Unternehmen oder eine befriedigende Tätigkeit denken. Besonders aktiv ist es, wenn diese Begegnung unsere Erwartungen übertrifft. Umgekehrt fällt die Erregung ab, wenn die erwartete Belohnung ausausbleibt, wenn beispielsweise ein Unternehmen unsere Erwartungen enttäuscht – wenn es etwa Unterstützung oder Informationen versagt, um die wir gebeten haben. Was lernen wir hieraus? Unser Gehirn ist gebaut zum Lernen. Glück ist der Mechanismus, über den wir lernen, was gut und wichtig für uns ist. Wir lernen also nicht, um glücklich zu sein, sondern wir sind glücklich, damit wir lernen.

Das Belohnungssystem entscheidet, was wir suchen. Die interne Kommunikation sollte daher das Belohnungssystem der Mitarbeiter ansprechen. Das bedeutet, dass sich Mitarbeiter jene Informationen wünschen, die mitteilen, wie sie das Unternehmen vor Angst und Unsicherheit bewahrt und wie es deren Wohlbefinden steigert. Das Belohnungssystem kann auch ansprechen, wenn die Kommunikation fürsorglich ist und daher den Mitarbeitenden gut tut. Übertrifft die interne Kommunikation die Erwartungen der Mitarbeitenden, zum Beispiel weil sie sehr schnell oder sehr einfühlsam erfolgt, lernen diese besonders gut und handeln positiver: Das Belohnungssystem und das Bewegungssystem liegen übrigens im Gehirn dicht beieinander.

Was belohnend sein kann

Mitarbeiter bewerten Informationen anhand der Bedeutung, die diese Informationen für ihr Wohlbefinden haben. Hirnforscher Ernst Pöppel von der Universität München sagt: „Dabei gilt für alle Lebewesen, dass nur solche Informationen aufgenommen werden, die für den Organismus bedeutsam sind. Die Sinnessysteme, die

Informationen aufnehmen, sind also bereits Filter im Hinblick auf bedeutsame Informationen. Es findet eine (...) informatorische „Müllbeseitigung" statt. Es wird nur das zur Kenntnis genommen, was wichtig ist oder was wichtig sein könnte". Hirnforscher Christian Elger drückt dies so aus: „Von all den Informationen, die in jedem Moment unseres Lebens in unserem Gehirn eingehen, werden die meisten als unwichtig sofort wieder verworfen, ohne dass sie auch nur die geringste Chance hätten, in das Bewusstsein weitergeleitet zu werden (...) Wir speichern nichts, was uns heute nicht interessiert und von dem wir nicht annehmen, dass es für uns in Zukunft einen Wert besitzt."

Die Frage für die interne Kommunikation lautet, welche Bedeutung Informationen für Mitarbeitende haben und welche belohnenden Gefühle sie auslösen können, um Handeln zu steuern. Was sind also die Gefühle, die letztlich über die Unterstützung der Mitarbeiter entscheiden?

Von Norbert Bischof (1989) stammt das Zürcher Modell der sozialen Motivation. Der Psychologe nennt drei Grundmotive, die Menschen auf aller Welt durchs Leben leiten: Sicherheit, Erregung und Autonomie:

→ **Sicherheit**: Der Mensch trägt das Bedürfnis nach Beständigkeit, Stabilität, Sicherheit und Ausgleich in sich. Er sehnt sich nach Bindung und Fürsorge, Heimat und Tradition. Dieses Motiv ist angesprochen, wenn es um den Wunsch der Mitarbeiter nach einem sicheren Arbeitsplatz geht oder um den Wunsch nach einem guten Betriebsklima und gelungener Zusammenarbeit der Mitarbeiter.

→ **Erregung**: Der Mensch sucht neue Reize, er will einzigartig sein, aus dem Gewohnten ausbrechen und aktiv sein. Aus diesem Motiv heraus suchen Mitarbeiter neue Aufgaben und sie wollen Dinge anders tun als bisher.

→ **Autonomie**: Der Mensch will nach oben streben, Leistung zeigen, Erfolg und Überlegenheit genießen, sich gegen andere durchsetzen, sein Territorium erweitern. Die interne Kommunikation kann dieses Motiv ansprechen durch die Erwartung an höhere Leistung, durch eine neue Maschine oder Karrieremöglichkeiten durch den Zukauf eines anderen Unternehmens.

Die individuelle Stärke der drei Grundmotive entscheidet letztlich auch über den Beruf, den wir ergreifen, also ob wir Forscher (Erregung), Controller (Autonomie) oder Krankenpfleger (Sicherheit) werden. Die Stärke der Motive unterscheidet sich zudem in den Geschlechtern und im Lebensverlauf.

Die Motive bestimmen auch, wie wir denken: Sind wir eher ängstlich, suchen wir Sicherheit, wir sehen genauer hin, beachten Details. Unser Streben nach Autonomie und Überlegenheit führt dazu, dass wir stärker Regeln anwenden, regeln wollen, aber auch, dass wir Informationen für uns behalten, weil uns dies stärker und mächtiger macht. Unsere Erregung erweitert unseren Handlungsspielraum, indem wir ungewöhnlich und kreativ denken und neue Wege in der Kommunikation gehen wollen.

Jedes Motivsystem hat eine Seite, die wir suchen und eine, die wir meiden – Sie haben in diesem Kapitel bereits das Angst- und Fluchtsystem sowie das Belohnungssystem kennen gelernt. So steuert uns das limbische System durchs Leben. Wir meiden Angst und Unsicherheit und suchen stattdessen Sicherheit und Geborgenheit. Wir meiden Niederlagen, Ärger, Wut und Unzufriedenheit und suchen stattdessen Überlegenheit, Siegesgefühl, Lob. Statt Langeweile suchen wir Genuss, Prickeln, Spaß, Spannung und Abwechslung.

	Sicherheit	Erregung	Autonomie
Was wir suchen	Sicherheit, Bindung, Fürsorge	Prickeln, Genuss, Spaß, Spannung	Überlegenheit, Erfolg, Siegesgefühl
Was wir meiden	Unsicherheit, Angst, Isolation	Langeweile	Unterlegenheit, Wut

Abb. 16 | Das Motivsystem des Menschen

Vor diesem Hintergrund wandelt sich die bisher verbreitete Einschätzung von Menschen: Menschen, die wir bisher als rational bezeichnet haben, sind hoch emotional: Für sie ist wichtig, dass sie die Kontrolle behalten und diszipliniert sind. Hierfür wenden sie die meiste Kraft auf, hierfür haben sie ihr ganzes Leben lang gearbeitet. Controller schreiben uns eine Rechnung über 50 Cent – nicht, weil dies sinnvoll ist, sondern, damit ihre Abrechnung präzise und lückenlos ist. Sie ist perfekt, alles ist im Griff. Für diese Perfektion arbeiten die Controller nächtelang, sie wälzen Zahlen hin und her, sie sind verzweifelt und fangen immer wieder von vorn an, wenn es hinten beim Ergebnis nicht stimmt.

Ingenieure planen, eine Brücke von den beiden Seiten eines Flusses aus zu bauen und sie empfinden höchstes Glück, wenn sich später beide Brückenteile in der Mitte ohne auch nur einen Zentimeter Abstand treffen. Damit ihnen dies gelingt, studieren sie jahrelang, arbeiten und berechnen monatelang. Sie sehen: Selbst als rational geltende Menschen sind hoch emotional. Ein Beispiel aus der internen Kommunikation: Der eine kontrolliert die Informationen, der andere freut sich, sie zu teilen und ein dritter findet immer neue Wege, sich mit seinen Kollegen auszutauschen.

Das Motivsystem zeigt, dass Mitarbeitende unterschiedlich bewerten. Das Urteil über einen Menschen hat deshalb oft mit dem Mensch selbst nichts zu tun, sondern mit der Bewertung unserer Beziehung zu ihm. Misslingt Kommunikation, liegt dies oft daran, dass die Beteiligten von unterschiedlich starken Instruktionen ihrer Motivsysteme getrieben sind. Wir können andere Menschen anhand ihrer Motive erkennen, von anderen unterscheiden und gut finden: „Diese Führungskraft ist besonders unkonventionell und deshalb gefällt sie mir so gut". Motive, aus denen sich die Werte eines Menschen ergeben, ermöglichen es uns,

uns mit dem Menschen zu identifizieren, weil er die gleichen Werte vertritt, die auch uns wichtig sind und die wir haben oder gern hätten. Die Werte von Menschen sind eine wichtige Grundlage für unser Vertrauen zueinander, denn durch unsere Werte werden wir berechenbar („Dies würde der nie tun, das passt nicht zu ihm"). Und: Wir können durch Motive auch auf das künftige Verhalten eines Menschen schließen.

Die drei Grundmotive bestimmen auch in Ihrem Unternehmen, was wichtig ist und das Denken und Handeln der Mitarbeitenden lenkt. Was herrscht vor: Beständigkeit oder Wandel? Einzelkämpfertum oder Gemeinschaft? Nähe oder Distanz? Gleichberechtigte oder einseitige Beziehungen? Innovation oder Kostenorientierung? Vergangenheit oder Zukunft? Dies wirkt sich darauf aus, wie die Menschen in Ihrem Unternehmen miteinander reden, ob sie gegenseitig auf ihre Wünsche und Erwartungen eingehen, ob sie sich rechtzeitig und umfassend informieren, wie sie mit Konflikten und Kritik umgehen.

Aufgrund der Bedeutung der drei Motivsysteme hier noch einige Erläuterungen:

Sicherheit, Geborgenheit, Fürsorge

Jeder Mensch trägt das Bedürfnis nach Beständigkeit, Stabilität, Sicherheit und Ausgleich in sich – allerdings unterschiedlich ausgeprägt. Wir sehnen uns nach Heimat und Tradition, nach Bindung und Fürsorge. Dieser Teil in uns will, dass alles so bleibt, wie es ist. Menschen macht diese Beständigkeit berechenbar und zuverlässig. Würde ein Mensch nur ständig nach Neuem streben, wäre dies zum einen riskant; zum anderen wüsste niemand mehr, wofür der Mensch steht, weil er sich ständig ändert.

Sicherheit, Bindung, Fürsorge und Nähe sind wichtig, um Gemeinschaften zu bilden und sich gegenseitig zu unterstützen. Mitarbeiter pflegen ein freundliches Miteinander, die Hierarchie ist flach und es gibt wenig Abstand zwischen der Geschäftsleitung und den Mitarbeitern. Man duzt sich und arbeitet ähnlich wie in einer Familie zusammen. Das Gegenteil wäre Autonomie und Distanz: Hier ist der Abstand zwischen Geschäftsleitung und Mitarbeitern eher groß, es gibt viele Managementebenen, der Umgangsstil ist eher förmlich, man siezt sich und ist eher auf Distanz.

→ **Werte**, die mit Nähe verbunden sind: Freundschaft, Familie, Fürsorge, Bindung, Herzlichkeit, Geselligkeit, Heimat, Nostalgie, Treue, Sicherheit, Gesundheit, Verlässlichkeit.

→ **Unternehmen**, die das Bedürfnis nach Nähe aufgreifen: Disney, VW, Weleda, dm-Drogeriemarkt, Versicherungen, Finanzprodukte, Pharmaunternehmen, Hersteller von Traditionsmarken.

→ **Typische Aussagen:** „Wir sind nah am Kunden", „Ich arbeite gern im Team". „Ich duze mich mit meinen Mitarbeitern.", „Mein Team ist eine kleine Familie.", „Austausch ist wichtig.", „Gemeinsam sind wir stärker.", „Ich bin für meine Mitarbeiter da.", „Mich gibt es schon lang auf dem Markt.", „Ich habe lange Berufserfahrung.", „Ich habe eine grundsolide Ausbildung.", „Ich habe schon für viele Firmen erfolgreich gearbeitet.", „Mit mir gehen Sie auf Nummer sicher.", „Ich sorge für Stabilität.", „Ich vergeude keine Energie.", „Ich werde Ihren Erfolg sichern.", „Viele erfolgreiche Projekte sprechen für meine Beständigkeit.", „Bei mir brauchen Sie sich um nichts mehr zu kümmern."

Erregung

Der Mensch muss sich entwickeln, sonst bleibt er stehen. Wandel, Entwicklung, Entdeckung – jeder Mensch trägt diese Merkmale in sich, jedoch unterschiedlich ausgeprägt. Führungskräfte, mit denen wir Wandel und Entdeckung verbinden, sind zum Beispiel Rolf Fehlbaum von Vitra Möbel und Steve Jobs von Apple.

→ **Werte**, die mit Wandel, Erregung und Stimulanz verbunden sind: Neugierde, Spaß, Kreativität, Individualismus, Abwechslung, Leichtigkeit, Fantasie, Genuss, Offenheit, Sinnlichkeit, Genuss, Humor.

→ **Unternehmen**, die das Bedürfnis nach Wandel aufgreifen: „Entdecke die Möglichkeiten" (IKEA), „Nichts ist unmöglich" (Toyota).

→ **Typische Aussagen:** „Ich biete Ihnen immer neue Reize.", „Ich zeige Ihnen Dinge, die Sie so noch nie gesehen haben.", „Ich führe Projekte gern auf eine neue Weise durch.", „Ich breche aus dem Gewohnten aus.", „Ich suche nach Abwechslung.", „Ich vermeide Langeweile.", „Ich sorge dafür, dass wir anders sind als andere.", „Ich entdecke und erforsche die Umwelt des Unternehmens."

Autonomie

Personen, die Autonomie, Distanz und Dominanz verkörpern, zeigen ihre herausragende Leistung, ihre hohe Position, Status und Macht. Diese Menschen wollen sich durchsetzen, nach oben streben, ihr Territorium erweitern. Sie verwenden Marken mit hohem Preis wie Schmuck von Cartier, Uhren von Rolex und Zigarren von Davidoff, sie fahren Edelkarossen und identifizieren sich mit der distanziert-vornehmen englischen Lebensart. Sie versuchen, ihre Leistung durch Fitness zu erhalten.

→ **Werte**, die mit Distanz und Dominanz verbunden sind: Sieg, Kampf, Elite, Macht, Leistung, Durchsetzung, Stolz, Ehre, Status, Ruhm, Freiheit, Ehrgeiz, Effizienz.

→ **Unternehmen**, die das Bedürfnis nach Distanz aufgreifen: Hersteller von Edelautos, Designerkleidung, Produkte, die die Leistung erhöhen.

→ **Typische Aussagen im Arbeitsleben:** „Ich verschaffe Ihnen uneinholbaren Vorsprung.", „Ich will besser sein als die anderen.", „Ich arbeite sehr hart.", „Macht ist mir wichtig.", „Ich achte auf Statusobjekte.", „Ich zeige gern, was ich habe.", „Ich bin Experte auf meinem Gebiet.", „Menschen gegenüber bewahre ich Abstand.", „Ich kämpfe gern.", „Ich genieße den Sieg über andere.", „Ich strebe nach oben.", „Ich möchte mein Territorium erweitern.", „Ich kann Ihnen ein Exklusivrecht einräumen."

Die Dominanz einer Führungskraft ist für ein Unternehmen überlebenswichtig, denn sie sichert die erforderliche Durchsetzungskraft am Markt – unter geht, wer nicht kämpft und sich nicht durchsetzt. Dominanz erwarten wir von einer Führungskraft, wenn es darum geht, selbst Höchstleistung zu zeigen, uns zur Leistung zu motivieren und sich für die eigenen Interessen und die der Mitarbeiter einzusetzen. Führungskräften, die diese Distanz und Dominanz nicht besitzen, fehlt eine wichtige Führungsgrundlage. Indem diese Dimension stark in der Persönlichkeit verankert ist, wird deutlich, dass sich Durchsetzung – wenn überhaupt – nur schwer erlernen lässt. Auf der anderen Seite ist durch die starke Dominanz häufig das Eingehen auf die Mitarbeitenden und die Kommunikation mit ihnen nicht besonders ausgeprägt (um es vorsichtig auszudrücken). Sie verstehen nicht einmal, warum es wichtig ist, miteinander zu reden, denn sie denken vor allem in Kategorien von Macht und Unterwerfung.

Bedeutung der Motive für die interne Kommunikation

Unterschiedliche Motive von Managern und Mitarbeitenden werden zu Herausforderungen für die interne Kommunikation: Ein Unternehmen will seine Position auf den internationalen Märkten durch den schnellen und tief greifenden Wandel ausbauen und sich schnell ausdehnen (Autonomie); jedoch suchen die Mitarbeiter im Heimatland Sicherheit. Veränderungen lösen Unsicherheit und Angst aus – zumindest drastische und schnelle. Die meisten Mitarbeiter sind deshalb nur dann für den Wandel zum internationalen Unternehmen zu gewinnen, wenn sie erst einmal erfahren, was ihnen bleibt, was ihnen auch weiterhin Halt und Orientierung gibt. Erst wenn die Mitarbeiter abschätzen können, auf was sie künftig bauen können, sind sie bereit, sich mit Veränderungen und den Folgen für sie selbst zu beschäftigen.

Für die interne Kommunikation haben diese Erkenntnisse die Konsequenz, dass Unternehmen über die reine Vermittlung von Daten und Fakten hinaus wesentlich stärker darauf achten sollten, wie die Bezugsgruppen diese Informationen emotional bewerten. Noch einmal das Beispiel: „International tätig" sein kann Sicherheit bringen, Anregungen oder Dominanz.

Eine Information kann für mehrere Mitarbeiter unterschiedlich bedeutend sein: Für Führungskräfte anders als für Auszubildende. Und eine einzelne Abteilung kann Information unterschiedlich bewerten, wie im Fall der Restrukturierung eines Unternehmens, die ein Mitarbeitender als bedrohlich erlebt, ein anderer aber darin seine Karrierechance sieht.

Als Aufgabe in einem Kommunikationskonzept zu formulieren „Den Mitarbeitern die Chancen des Wandels aufzeigen" ist zu undifferenziert, weil dies die unterschiedlichen Motive und Emotionen nicht berücksichtigt: Ein Teil der Mitarbeiter wird den Wandel nicht als Chance, sondern als Bedrohung mit dem damit verbundenen Gefühl von Angst empfinden. Deutlich wird hierdurch, warum eine einzige Broschüre nur sehr schwer die gesamte Belegschaft mit den unterschiedlichen Motiven erreichen kann, auch wenn dies in der Praxis immer wieder versucht wird: Ihr wird es in der Regel nicht gelingen, die Bedeutung jeder Information darzustellen.

Beispiel Bindung und Unabhängigkeit: Wir erfahren nur durch Nähe und Beziehungen zu anderen Menschen, was diesen wichtig ist und was diese von uns erwarten. Nur durch Nähe können wir diesen Menschen erklären, was unsere Ziele sind und warum sich andere für deren Erreichung einsetzen sollen. Studien haben herausgefunden: Je stärker wir uns mit anderen Menschen austauschen, desto besser verstehen wir uns, denn durch Austausch nähern wir uns an. Wir können unsere Wünsche, Bedürfnisse und Erwartungen erklären, was das gegenseitige Verständnis fördert. Auf der anderen Seite wollen wir auch unsere eigenen Motive befriedigen, unsere eigenen Wünsche verwirklichen. Hierfür müssen wir uns gegen andere durchsetzen. Das Ergebnis dieser Spannung können wir darin beobachten, wie sich die einzelnen Menschen am Arbeitsplatz verhalten, wie kooperativ und solidarisch sie sind, aber auch wie unabhängig sie sein wollen und wie stark sie ihre eigenen Interessen durchsetzen wollen („Das betrifft mich doch nicht, das ist mir egal").

Die Spannungsfelder zeigen die Dynamik der Motive. Die in den Unternehmen oft verwendete Bedürfnispyramide von Maslow geht davon aus, dass die Bedürfnisse des Menschen durch Stufen gekennzeichnet sind. Jede Stufe muss erreicht sein, damit wir die nächste Stufe erklimmen können. Dieses Modell lässt sowohl die tatsächliche Dynamik außer Acht, als auch situative Dynamiken, also dass ein Mitarbeiter in einer speziellen Situation (Wandel, Rationalisierung) anders handelt, als es seiner Persönlichkeit entsprechen würde.

Was ich mir von der internen Kommunikation in meinem Unternehmen wünsche:
1. Ich möchte ein lebendiges Bild von meinem Unternehmen haben: Warum und wie wurde es gegründet? Wie hat es sich entwickelt? Wo steht es heute? Und wie wird es sich entwickeln? Dies würde mir helfen, mich stärker mit dem Unternehmen verbunden zu fühlen: Ich vertraue nur dem, den ich kenne. Es würde mir auch helfen, meinem Unternehmen treu zu bleiben, denn nur dem bleibe ich treu, dem ich vertraue.
2. Ich möchte meine Rolle im Unternehmen kennen und wissen, was und wie ich zum Erfolg der Gemeinschaft beitragen kann. Dies würde meiner Arbeit Sinn geben und mich zufrieden machen.
3. Ich möchte die Sprache im Unternehmen verstehen, damit ich weiß, worüber die Menschen sprechen und welche Bedeutung dies für mich hat.
4. Ich möchte mehr sehen, was für mich wichtig ist, damit ich dies leicht aufnehmen, verarbeiten und speichern kann. Ich erinnere mich am liebsten und besten an jene Dinge, die ich als Bilder und Erlebnisse aus meinem Gedächtnis abrufen kann.

Abb. 17 | Einige Wünsche eines Mitarbeiters an die interne Kommunikation

Kapitel 7

Wie Kommunikation gelungene Beziehungen ermöglicht

Interne Kommunikation besteht aus Inhalten und der Beziehung, mittels der diese Inhalte transportiert werden. Die Beziehung ist der wichtigere Teil, weil er festlegt, wie der Mitarbeiter den Inhalt deutet. Daher werde ich in diesem Kapitel wichtige Erkenntnisse über Beziehungen und deren Gestaltung vorstellen und zeigen, wie die Beziehung zwischen Menschen im Unternehmen vermittelt werden, zum Beispiel über deren Mimik, Gesten und Körperhaltung.

7.1 Bedeutung von Beziehungen zwischen Menschen

Gelungene Kommunikation ist die Grundlage von Beziehungen zwischen Menschen im Unternehmen. Wie wichtig sind Beziehungen für uns Menschen? Werfen wir einen Blick in die Massenmedien, lesen wir von Egoismus, Ellenbogendenken, Eigenbrötelei. Wir könnten den Eindruck gewinnen, als ob das Wirtschaftsleben vor allem aus Einzelkämpfern besteht, die nur an sich selbst denken und nur auf ihren eigenen Vorteil aus sind. Allen Unkenrufen zum Trotz: Tatsächlich ist der Mensch ein soziales Wesen – unser Gehirn ist auf Beziehungen ausgelegt.

Menschen haben ein soziales Gehirn
Unser soziales Gehirn zeigt sich darin, dass wir uns in Gefühle, Bedürfnisse, Bewertungen, Erwartungen und Absichten andere Menschen einfühlen können. Experten nennen dies „Theory of Mind". Wir verfügen über spezielle Gehirnareale, mit denen wir die Gesichter von Menschen erkennen und bewerten – so können Mitarbeiter in der Zeit eines Augenzwinkerns den Ausdruck des Gesichts ihres Vorgesetzten verarbeiten und bewerten. Noch ein Beispiel hierzu: Möchten Sie 70.000 oder 80.000 Euro verdienen? „Natürlich 80.000 Euro!", werden Sie sagen. Aber stellen Sie sich vor, Sie verdienen 70.000 Euro und alle anderen nur 50.000 Euro. Jetzt stellen Sie sich vor, Sie würden 80.000 Euro verdienen, aber alle anderen 100.000 Euro. Würden Sie immer noch, ohne zu zögern, die 70.000 Euro wählen?

Wir brauchen andere Menschen, um von ihnen zu lernen, wie wir uns in der Welt zurecht finden. Wir brauchen andere Menschen, um glücklich und zufrieden zu sein. Wissenschaftliche Studien zeigen: Die Natur belohnt jene, die sich gemeinschaftlich verhalten und zum Überleben der Gruppe beitragen. Gene von Menschen, die in Gruppen leben, können sich eher durchsetzen als Gene von Einzelgängern. Unser Überleben hängt davon ab, wie gut wir uns sozial einordnen. Damit wir Beziehungen suchen und dauerhaft eingehen, verfügen wir über Nervenbotenstoffe und Hormone, die unsere Bindungen steuern: Gelingende Beziehungen belohnt unser Gehirn mit Dopamin, das uns gute Gefühle verursacht. Das Gefühl der Bindung führt zu schnellem Ausstoß körpereigener Opioide. Dies erklärt nicht nur, warum zwischenmenschliche Zuwendung Schmerzen erträglicher macht, sondern auch, warum wir neurobiologisch auf Bindung geeicht sind.

Beziehungen zwischen Vorgesetzen, Kollegen und Mitarbeitern im Unternehmen sind essenziell für uns: Wir orientieren uns aneinander, wir geben uns Sicherheit, gemeinsam schaffen wir herausragende Leistungen. Gelungene Beziehungen tun uns gut, sie fördern unsere körperliche und psychische Gesundheit. Keine Arbeitsbeziehung erträgt auf Dauer, dass sich einer benachteiligt fühlt – Gegenseitigkeit ist das wesentliche Fundament funktionierender sozialer Beziehungen. Die beiden Hirnforscher Gerald M. Edelmann und Giulio Tononi betonen ausdrücklich, „...dass das Gehirn allein zur Entstehung von Bewusstsein nicht ausreicht, denn wir sind davon überzeugt, dass die höheren Hirnfunktionen Interaktionen sowohl mit der Welt als auch mit anderen Menschen unabdingbar voraussetzen."

Unser soziales Wesen erkennen wir daran, dass wir es mögen, wenn sich andere Menschen für uns interessieren. Interesse gehört zu den wichtigsten Düngemitteln von Beziehungen und ist das beste Aphrodisiakum, schreibt der Berliner Wissenschaftsjournalist Bas Kast. In der Gemeinschaft fühlen wir uns sicher: Wir können uns sehr gut an den anderen Mitgliedern der Gemeinschaft orientieren, machen nichts falsch und ecken nicht an. Die Orientierung an anderen Menschen verringert unsere Unsicherheit: Wir überlegen, wie wir an deren Stelle handeln würden. Im Laufe unseres Lebens haben wir immer neue Leitfiguren: Familie, Freunde, Kollegen und manchmal sogar Führungskräfte. Sie können unser Handeln bis in die kleinen Alltagsentscheidungen hinein beeinflussen. Es gibt Menschen, deren Sprechstil, Aussehen und sogar deren Ansichten wir übernehmen, ohne dass uns dies bewusst wäre.

Doch richten wir uns zu stark nach anderen, bleiben unsere eigenen einzigartigen Wünsche unberücksichtigt. Auf Dauer kann uns dies krank machen. Fazit: Wir sind Herdentiere mit dem Bedürfnis nach Einzigartigkeit – wir wollen Teil einer Gemeinschaft sein – selbst, wenn es die Gruppe jener ist, die sich nirgends einordnen will. In dieser Gruppe wollen wir, dass uns die anderen in unserer einzigartigen Persönlichkeit erkennen, respektieren und wertschätzen.

Menschen im Unternehmen bilden Gruppen, deren Mitglieder sich stark ähneln und die sich gegen andere abgrenzen. Nehmen wir Manager: Untereinander reden sie in einer eigenen Sprache mit Begriffen wie Rentabilität, Deckungsbeitrag, Shareholder-Value, die kaum ein Mitarbeiter versteht. Manche Begriffe verwenden sie sogar, auch wenn jeder etwas anderes darunter versteht, wie die Begriffe Innovation, Effizienz und Effektivität zeigen – Hauptsache ist, sie verwenden in der Gruppe gleiche Signale und zeigen hierdurch, dass sie zusammen gehören. Sie tragen ähnliche Kleidung – mitunter sogar weltweit. Manager führen fast allesamt und gleichzeitig neue Managementmethoden ein, bis wieder neue kommen. Sie reden von „Benchmarks", wenn sie sich vergleichen. Sie beschäftigen die gleichen Unternehmensberater, die ein Gutteil ihres Geldes dadurch verdienen, dass sie Erfahrungen aus einem Unternehmen ins nächste tragen. In ihrer Freizeit organisieren sich im Lions Club oder bei Rotary.

Isolation macht krank

Wie sich Beziehungen und gelungene Kommunikation im Unternehmen auswirken, können wir daran sehen, dass wir krank werden, wenn sie fehlen: Sind wir in unserer Arbeitsgruppe isoliert, werden wir krank – häufig beobachtbar beim Mobbing. Wenn die Kommunikation mit Kollegen nicht stimmt und wir uns ausgegrenzt fühlen, werden wir nervös, unsicher, depressiv und ängstlich.

Soziale Ausgrenzung aktiviert sogar unser Schmerzsystem im Gehirn – dies hat Naomi Eisenberger in einem Experiment 2003 herausgefunden: Sie ließ eine Testpersonen mit zwei anderen unsichtbaren Mitspielern auf dem Computerbildschirm mit Bällen spielen. Die Testperson saß aber nicht vor dem Bildschirm, sondern lag in einem Kernspintomografen, ein Gerät, das Gehirnaktivitäten misst. Die beiden Mitspieler saßen in einem anderen Raum an separaten Rechnern, alle drei Computer waren miteinander vernetzt. Was die Testperson nicht wusste: Die beiden Mitspieler waren Mitarbeiter des Versuchslabors. Die Versuchsperson sollte sich nun mit den anderen beiden auf dem Bildschirm Bälle zuspielen. Man sagte ihr, die beiden Mitspieler seien ebenfalls Testpersonen und man wolle untersuchen, wie das Gehirn beim Spielen reagiere. Im ersten Teil des Experiments spielten die beiden Mitspieler der Versuchsperson etwa genauso oft die Bälle zu wie untereinander. Im zweiten Teil änderte sich das Verhalten der Mitspieler: Sie spielten sich die Bälle aus nicht erkennbaren Gründen nur noch gegenseitig zu und schlossen die Versuchsperson vom Spiel aus. Folge: Die Aufnahme des Gehirns zeigte aktivierte Schmerzzentren.

Gute Kommunikation steigert das Wohlbefinden: Von der Güte der Mitarbeiterkommunikation hängt das persönliche Wohlbefinden ab. Mitarbeiter, die mit der Kommunikation unzufrieden sind, sind auch unzufriedener mit dem Arbeitsplatz und sogar mit dem Unternehmen.

Die wenigsten Konflikte entstehen, wenn sich die Menschen in einer Gruppe möglichst stark ähnln – dies grenzt auch von anderen Gruppen ab, was das gute Gefühl der Identifikation auslöst. Mitarbeiter können nach außen hin zeigen, also in ihrem Umfeld, wie sie sich selbst sehen und zu welcher Gruppe sie gehören (wie im Fall von Swarovski, Red Bull und Apple), die auch als Arbeitgeber soziale Bedeutung haben können, weil wir bei anderen Menschen glänzen können, wenn wir dort arbeiten. Die Frage ist, welche Beziehungen Menschen in einem Unternehmen eingehen können, die für das Verständnis der internen Kommunikation wichtig ist.

Interessant ist, dass die meisten Bücher betonen, wie wichtig Beziehungen im Unternehmen sind. Sie beschreiben jedoch nicht, was Beziehungen sind, welche Arten es gibt oder wie sie sich entwickeln. Ich möchte in diesem Buch einige wichtige Aspekte von Beziehungen im Arbeitsleben aufgreifen und auf weiterführende Literatur verweisen.

7.2 Modell zur Beschreibung von Beziehungen

Ein Modell, das Beziehungsmuster erklären kann, ist die Transaktionsanalyse (kurz: TA) des kanadischen Psychiaters Eric Berne. Die Transaktionsanalyse beantwortet die Frage, aus welcher Haltung Menschen mit einander reden – ob Mitarbeiter untereinander, Vorgesetzte mit ihren Mitarbeitern oder Führungskräfte untereinander. Der Begriff Transaktion steht für das Senden von Reizen wie Worte, Gesten, Blicke und Körperhaltungen, die zu einer Reaktion einladen. Er umfasst also mehr als das gesprochene oder geschriebene Wort.

Um Beziehungen zu beschreiben unterteilt die Transaktionsanalyse die Persönlichkeit in drei Ich-Zustände: das Eltern-Ich, das Kind-Ich und das Erwachsenen-Ich:

→ **Unser Eltern-Ich** umfasst alle Haltungen, Handlungen, Gedanken und Gefühle, die wir von Autoritäten erlernt haben, angefangen von den Eltern, über Kindergärtner und Lehrer bis hin zum Vorgesetzten und dem Firmenchef. Ge- und Verbote haben wir im Eltern-Ich genauso abgelegt wie Fürsorge und Trost, daher unterscheidet die TA das kritische Eltern-Ich und das fürsorgliche Eltern-Ich. Das Eltern-Ich unseres Unternehmers wird durch dessen Gründer bestimmt, durch dessen Unternehmenszielen und dessen Mission.

→ **Unser Kind-Ich** enthält alle unsere Erfahrungen, Gefühle, Empfindungen und Bedürfnisse, die ihre Wurzeln in der Kindheit haben und als „kindliche" Bedürfnisse auch noch in uns Erwachsenen vorhanden sind, zum Beispiel das Bedürfnis nach einem großen, schnellen und schicken Dienstwagen, einem riesigen Büro oder einem Computer mit viel Schnickschnack.

→ **Unser Erwachsenen-Ich** vermittelt als Moderator mit unserem Sachverstand und unserer Lebenserfahrung der gereiften Persönlichkeit zwischen unserem Eltern-Ich und unserem Kind-Ich. In unserem Erwachsenen-Ich handeln wir im „Hier und Jetzt". Für unsere Handlungen und Entscheidungen ziehen wir frühere Erfahrungen heran.

Die Transaktionsanalyse ist eigentlich eine Therapieform, sie wird aber auch in der Organisationsentwicklung eingesetzt. Sie ist darüber hinaus für die Analyse von Beziehungen in der internen Kommunikation hilfreich:

→ **Das Eltern-Ich** der Führungskraft umfasst zum einen dessen Ge- und Verbote für unser Miteinander, zum anderen die Art und Weise, wie sie mit uns als Mitarbeiter redet, wie sie uns fördert, damit wir uns entwickeln können. Die Führungskraft sollte sich um uns sorgen und uns vor Schaden schützen.

→ **Das Kind-Ich** des Unternehmens besteht aus ihren kindlichen Anteilen, die leben, spielen, lernen oder spontan sein wollen – Anteile, die für Intuition, Kreativität und Innovation stehen. Dem Kind-Ich entspricht auch die Suche nach der eigenen Identität: Kind-Ich gesteuerte Menschen, zum Beispiel Führungskräfte, suchen ständig neue Identitäten, „kreative Ansätze", sie sind nicht stabil, sondern stark an anderen Menschen, an ihrem sozialen Umfeld ausgerichtet. Solche Führungskräfte und Unternehmen führen nicht aus sich, aus dem eigenen Auftrag, den eigenen Grundsätzen heraus, sondern einzig mit Blick auf andere, zum Beispiel auf ihre eigenen Vorgesetzten oder den Kunden – Marktforschung und Mitarbeiterbefragungen spielen hier eine essenzielle Rolle. Sie wollen alles für den Kunden tun, aber wissen oft selbst nicht, wer sie eigentlich sind.

→ **Das ausgeprägte Erwachsenen-Ich** ist wichtig für eine gesunde Persönlichkeit: Es moderiert die beiden anderen Ich-Zustände und sorgt dafür, dass deren Transaktionen im Dienste klar prüfbarer Eigenschaften stehen. Handelt unser Vorgesetzter aus dem Erwachsenen-Ich, so informiert er sehr sachlich, sehr klar, aber nicht appellierend. Um so zu agieren, braucht er das Eltern-Ich oder Kind-Ich. Der starke, vom Erwachsenen-Ich gesteuerte Vorgesetzte weiß, was er kann und was gut ist für seine Mitarbeiter, mit denen er in Beziehung steht. Er weiß, wie er unser Berufs- und Alltagsleben bereichern kann. Hierfür hat er mitunter einen Auftrag vom Unternehmen, eine Vision, die er beharrlich verfolgt. Die starke Persönlichkeit des Vorgesetzten führt. Sie braucht ein gut entwickeltes Erwachsenen-Ich, das die beiden anderen Ich-Zustände im Sinne sachlicher, überprüfbarer Vorgaben steuert. Die starke Führungskraft weiß, was sie kann und was sie will.

Um diese Einsichten für die gelungene interne Kommunikation gewinnbringend einzusetzen, ist es hilfreich, die Ich-Zustände weiter zu unterscheiden: Das Eltern-Ich ist unterteilbar in das kritisch-strukturierende und das fürsorgliche Eltern-Ich:

→ **Im kritischen Eltern-Ich** *des Vorgesetzten* finden sich sämtliche Ausdrucksformen von Kontrolle, wie Ver- und Gebote, Vorurteile, Zurechtweisungen, Normen, Verhaltensregeln. Dieser Zustand kennzeichnet die Haltung des strengen Firmenchefs, der vorgibt, was im Unternehmen erlaubt und was verboten ist.

→ **Das fürsorgliche Eltern-Ich** *des Vorgesetzten* steht für Unterstützung, Bestärkung, Schutz, Lob und Hilfe. Ein Beispiel hierfür wäre Claus Hipp, Hersteller von Babynahrung, der beste Qualität zum Wohl des Kindes bietet.

Das Kind-Ich ist unterteilbar in das freie und das angepasste Kind:

→ **Das freie Kind** enthält den ursprünglichsten, natürlichsten Teil einer Persönlichkeit. Kreativität und Intuition sind zwei wesentliche Merkmale des Kind-Ich-Zustands.

→ **Das angepasste Kind** orientiert sich vornehmlich an Erwartungen anderer, stellt die Einhaltung von Regeln, Ge- und Verboten in den Vordergrund. Eine Abwandlung des angepassten Kindes ist das rebellische Kind, das sich ausdrückt über Ärger, Trotz, die Ablehnung gegen alles Vorgegebene („Ich werfe alles hin. Macht doch Euren Kram allein."). Da es sich dabei ausnahmslos an anderen orientiert, wie es das angepasste Kind auch tut, unterscheidet es sich zwar in seinem Auftreten, nicht jedoch in den Grundzügen seines Verhaltens.

Wichtig ist, dass alle Ich-Zustände ihre positiven und negativen Ausprägungen haben: Ohne das Verbot des kritischen Eltern-Ich: „Gehe nicht bei rot über die Straße.", wäre manches Kind nicht über das vierte oder fünfte Lebensjahr hinaus gekommen.

Nach dem Blick auf die Ich-Zustände fällt die Antwort auf die Frage leichter: Aus welchem Ich-Zustand kommuniziert unser Vorgesetzter mit uns? Und welchen spricht es in uns an?

→ **Unser Eltern-Ich:** Der Vorgesetzte kann unser Eltern-Ich ansprechen, indem er an unser Gewissen appelliert, uns für das Wohl des Unternehmens einzusetzen.

→ **Unser Kind-Ich:** Der Vorgesetzte kann unser wildes, experimentierendes Kind ansprechen, wenn wir Forscher sind und nach Innovationen suchen.

→ **Unser Erwachsenen-Ich:** Der Vorgesetzte informiert uns über neue Produkte und deren sachlich-funktionale Leistungen.

Tatsächlich provozieren bestimmte Ich-Zustände des Vorgesetzten Reaktionen unserer Ich-Zustände: Das kritische Eltern-Ich des Vorgesetzten provoziert beispielsweise Reaktionen unseres angepassten oder rebellischen Kindes. Der Firmenchef sagt in einer Mitarbeiterversammlung: „Arbeitet härter!", und worauf Mitarbeiter reagieren mit: „Ja, es ist besser für das Unternehmen und für uns, wenn wir mehr leisten" oder mit: „Jetzt mache ich erst recht Dienst nach Vorschrift".

Ob die Appelle unseres Vorgesetzten wirken, hängt davon ab, ob er aus dem richtigen Ich-Zustand heraus die passende Haltung in uns anspricht. Hinzu kommt die Art, in welcher Haltung und in welchem Ton er seine Appelle vermittelt. Dieses Wechselspiel macht die Transaktionsanalyse so hilfreich für die Analyse der Kommunikation zwischen uns und anderen Menschen im Unternehmen.

Die Transaktionsanalyse zeigt auch, wie wichtig Glaubwürdigkeit ist: Wie glaubwürdig wirkt ein Vorgesetzter, der einerseits ständig vorgibt, mit anderen aus dem freien Kind zu kommunizieren, also betont locker, fröhlich und frei auftritt, aber andererseits ständig aus dem kritischen Eltern-Ich redet? Wie lange kann jemand in der Rolle des Freien, Frechen bleiben, wenn er sein anderes, eigentliches Wesen immer unterdrücken muss? Der Finanzvorstand, der mit dem Motto „Geiz ist geil" vor seine Mitarbeiter träte, hätte es sehr schwer, als glaubwürdig zu gelten.

Ein typischer Fehler in der internen Kommunikation ist die Wahl des falschen Ich-Zustandes: Spricht unser Vorgesetzter aus dem Eltern-Ich heraus unser Kind-Ich an, könnten wir dies ablehnen, weil wir uns bevormundet fühlen. Ein Beispiel wäre, wenn der Vorgesetzte sagt: „Diese Frage zu unserer Firmenstrategie dürfen Sie aber nicht stellen." Andererseits gibt es Mitarbeiter, die das dominante Auftreten und klare Regeln durch die Führungskraft einfordern.

Ein anderes Beispiel: Spricht die Führungskraft zum eigenen Vorgesetzten (meist Eltern-Ich) aus dem Eltern-Ich, kann dies zu Konkurrenzgefühlen bei dem eigenen Vorgesetzen führen. Spricht die Führungskraft aus dem Kind-Ich, besteht die Gefahr, dass sie nicht ernst genommen wird.

Eine weitere Erklärung liefert die Transaktionsanalyse für das Verhältnis von Unternehmensleitung und Mitarbeitern: Einerseits will das Unternehmen angeblich Mitarbeiter, die sich an der internen Kommunikation beteiligen (zum Beispiel durch Beiträge im Intranet), die kritisch und kreativ sind; andererseits erleben die Mitarbeiter die Firmenleitung im kritischen Eltern-Ich, das nicht kritisiert werden will und am liebsten ein „angepasstes Kind" als Mitarbeitern hätte.

Deutlich wird an der Transaktionsanalyse, dass interne Kommunikation höchst komplex ist, da sich die Beteiligten aufeinander beziehen und es hierdurch viele Wechselwirkungen gibt: Unser Gegenüber nimmt uns wahr, er bewertet uns und reagiert darauf – bewusst und unbewusst. Wir deuten seine Reaktion, bewerten diese und reagieren darauf. Das meiste hiervon geschieht unbewusst (siehe ausführlich Kapitel 6.1).

Die entstehenden dynamischen Beziehungen sind durch die gegenseitigen Programme geprägt, die bei jedem Beteiligten automatisch ablaufen, und zwar ohne gedankliche Auseinandersetzung. Wie kommt es zu diesen individuellen Programmen? Bei Transaktionen ziehen wir Erfahrungen heran, die wir schon sehr früh mit Beziehungen gemacht haben. In der internen Kommunikation mit Menschen im Unternehmen greifen wir auf diese Erfahrungen samt den damit verbundenen Gefühlen und Körperzuständen zurück, wie dies Kapitel 8 ausführlich beschreibt.

Sie können sich dies so vorstellen, dass eine Videokassette eingelegt und abgespielt wird, die schon sehr früh bespielt wurde und das gesamte Leben lang immer wieder hervorgeholt wird, wenn Menschen, auf die wir treffen, jenen ähneln, die diese Kassetten in uns beschrieben haben. So haben wir vielleicht sehr früh gelernt, Schuldgefühle zu entwickeln. Der Vorgesetzte kann diese alten Muster aktivieren und an unser schlechtes Gewissen Kollegen gegenüber appellieren, damit wir in seinem Sinn handeln. So kommt es auch, dass wir aufgrund unserer eigenen Erfahrungen auf die gleichen Botschaften und identischen Signale unseres Vorgesetzten anders reagieren als unsere Kollegen: Die Signale des Anderen lösen in uns Programme aus, die wir schon sehr lange gespeichert haben und die unser Denken und Handeln bestimmen.

Wir reagieren auf Andere, aber diese reagieren auch auf uns: Unsere Reaktionen lösen bei unserem Vorgesetzten Denk- und Verhaltensprogramme aus, die dieser schon sehr lange gespeichert hat. So entstehen dynamische Beziehungen, die durch die gegenseitigen Programme geprägt sind. Auch dieses Geschehen läuft oft unbewusst ab.

Diese Prozesse spielen sich nicht nacheinander ab, sondern viele geschehen parallel, zum Beispiel, wenn wir uns mit unserer Sprache auf das beziehen, was unser Gegenüber gesagt hat. Gleichzeitig nehmen wir eine bestimmte Körperhaltung ein, die zustimmend oder ablehnend ist. So senden wir viele Signale gleichzeitig, aus dem unser Gegenüber Schlüsse zieht.

Einige Effekte wiegen hierbei mehr als andere, wie die Körpersprache das Gesagte dominiert: Sagt unser Vorgesetzter, wie wertvoll er den Vorschlag von uns findet, aber sortiert währenddessen Papiere auf seinem Schreibtisch (wie mir es geschehen ist), schließen wir aus seinem Verhalten, dass unser Vorschlag doch nicht so wertvoll sein kann, wenn „Papiere sortieren" wichtiger ist.

Sie können Ihren Programmen und jenen Ihres Gegenübers besser auf die Spur kommen, indem Sie die Kommunikation bewusst aufmerksam verfolgen: Wie sagt Ihr Gegenüber etwas und wie verhält es sich? Wie haben Sie darauf reagiert? Waren Sie wütend oder haben Sie sich verteidigt? Wie hat wiederum Ihr Gegenüber reagiert? Die bewusste Analyse solcher Muster kann Ihnen einen besseren Einblick in Ihre Verhaltensprogramme geben und darin, welche Wirkungen andere Menschen auf Sie ausüben und wie Sie die Kommunikation künftig besser gestalten können.

Fazit: Sie sollten bei der Gestaltung der internen Kommunikation die Frage der Beziehungen klären, die Menschen im Unternehmen eingehen. Sind diese Beziehungen geklärt, kann die Kommunikation aus Sicht der Haltung der Beteiligten wirkungsvoll erfolgen.

Zusammenfassend lässt sich festhalten, dass die Transaktionsanalyse ermöglicht, jene grundsätzliche Haltung von Beteiligten der internen Kommunikation zu bestimmen: Ist der Vorgesetzte ein kritischer Experte oder ein fürsorglicher? Überdies ermöglicht die Transaktionsanalyse, die Grundhaltungen der Mitarbeiter zu beschreiben und in der internen Kommunikation zu berücksichtigen.

Kritisches Eltern-Ich	„Sie müssen...", „Das macht man hier so", „Das macht man nicht", „Stopp!", „So geht das nicht", „Das macht man so..."
Fürsorgliches Eltern-Ich	„Ich unterstütze Sie..", „Wir ermöglichen Ihnen....", „Sie dürfen", „Gönnen Sie sich..."
Angepasstes Kind	„Das darf ich nicht", „Besser ich lass das", „Ich lass Dir/Ihnen den Vortritt..."
Freies Kind	„Ich will..", „Das brauch ich!!" , „Jetzt bin ich dran!!", „Das gönne ich mir."
Rebellisches Kind	„Ich schmeiß alles hin, macht doch Euren Kram allein."
Erwachsenen-Ich	„Wieso, weshalb, warum?" , „Folgende Fakten liegen unserer Entscheidung zugrunde..."

Abb. 18 | Ich-Zustände in der Kommunikation

7.3 Nervenzellen fühlen andere Menschen

Zu den häufigsten Forderungen an Führungskräfte gehört, Einfühlung, auch Empathie genannt, ihren Mitarbeitern gegenüber zu zeigen und ihre Kommunikation hierauf auszurichten. Empathie wird als Fähigkeit bezeichnet, sich in den anderen hinein zu versetzen – dessen Gedanken, Gefühle und Ansichten zu erkennen und hieraus den anderen zu interpretieren. Wir bewerten also den anderen nicht aus der Sicht UNSERER, sondern SEINER Gedanken, Gefühlen und Ansichten, um zu sehen, was dessen Handeln bestimmt.

Einfühlung und Verstehen sind essenziell für das Entstehen und Entwickeln von Beziehungen und gelungener Kommunikation am Arbeitsplatz. Wenn ein Vorgesetzter gut zuhören kann und auf seine Mitarbeiter einfühlsam eingeht, wird er von seinen Mitarbeitern eher als Gesprächspartner respektiert. Umgekehrt gilt dies selbstverständlich auch für die Mitarbeiter.

Mangelnde Einfühlung zeigen zum Beispiel Führungskräfte, die ihre eigenen Interessen durch ihre Macht, ihren Status und die ihnen offiziell verliehene Führungsrolle durchsetzen: Sie nutzen Befehle und sanktionieren deren Ausführung mit den ihnen verfügbaren Belohnungen und Bestrafungen, statt sich in ihre Mitarbeiter einzufühlen, sie zu verstehen, ihnen zu erklären und sie von der gewünschten Handlung zu überzeugen.

Andere sehen sich als „Verstandesmenschen", die ihr Selbstwertgefühl aus ihrem Fachwissen ziehen: Für Techniker zählen Fachkunde, Technikfortschritt und harte Fakten; sie sind überzeugt, „vernünftig" zu handeln. Wir können dies daran erkennen, wie uns solche Menschen eine Maschine erklären oder wie sie Broschüren schreiben, die uns von einer Anlage überzeugen sollen. In der internen Kommunikation zeigt sich dies bei Forschern, Computerfachleuten, IT-Spezialisten so, dass Texte nicht verständlich sein DÜRFEN, weil sie befürchten, dass sie niemand ernst nimmt. Sie wollen nicht verstanden werden, sondern imponieren.

Das Gehirn spiegelt den anderen
Zu den spektakulärsten Entdeckungen der letzten Jahre gehören jene Nervenzellen, die dafür sorgen, dass der Mensch das Erleben anderer Menschen spiegeln kann – diese Nervenzellen heißen deshalb auch Spiegelneurone. Sie sind die neurobiologischen Grundlagen dafür, dass wir die Gefühle eines anderen Menschen erkennen, aufnehmen und auf sie reagieren können. „Wir besitzen in unserem Gehirn Nervenzellen für Mitleiden, und das sind Nervenzellen für Empathie" so Joachim Bauer.

Sie sorgen dafür, dass andere Menschen so stark auf uns wirken, dass wir Schmetterlinge im Bauch haben und uns der Schweiß vor Angst läuft. Sie sorgen dafür, dass wir von anderen Menschen lernen können, wenn wir ihnen zuschauen oder sogar nur zuhören. Was genau fühlt unser Gegenüber und passt dies zu dem, was er sagt? Antworten liefern die Spiegelneurone. Sie sind die Grundlage dafür, dass wir intuitiv spüren, was ein anderer Mensch fühlt. Durch die Spiegelneuronen können die Beschäftigten die Gefühle des Firmenchefs mitfühlen, dessen Begeisterung und Überzeugungen, aber auch dessen Zweifel. Spricht der Firmenchef von Bedauern, wenn er Mitarbeiter entlassen muss, dann können sie spiegeln, ob er dies auch tatsächlich fühlt. Fazit: Die Mitarbeiter können die Glaubwürdigkeit der internen Kommunikation fühlen und erleben.

Dies bedeutet, dass wir nicht nur die Handlungen eines anderen Menschen verstehen, sondern auch dessen Gefühle spiegeln können, sie können spiegelbildliche Empfindungen in uns wachrufen. Aufgrund dieser Bedeutung verglich der bekannte Neuroforscher Vilayanur Ramachandran die Entdeckung der Spiegelneurone mit der Entschlüsselung der Erbsubstanz in der Biologie.

Schon in den 1990er-Jahren entdeckten Forscher die Spiegelneurone bei Affen: Dessen Nervenzellen feuerten nicht nur, wenn dieser selbst zur Nuss griff, sondern auch dann, wenn der Affe sah, wie der Forscher zur Nuss griff. Das erste menschliche Spiegelneuron entdeckte William Hutchison, Physiologe an der University of Toronto im Jahr 1999. Er hatte einer Patientin, die unter schweren Depressionen litt, feine Elektroden eingesetzt. In einem der Tests stach Hutchison seiner Patientin in den Finger. Folge: Ein Neurone fing an zu feuern. Hutchison stach sich vor den Augen der Frau selbst mit der Nadel in die Haut – wieder feuerte die Zelle. Um Schmerz zu empfinden, reichte es also schon aus, dass sich der Arzt mit der Nadel stach, damit ihr eigenes Schmerzsystem aktiv wurde und die Patientin selbst Schmerzen empfand. Mehr noch: Studien fanden sogar heraus, dass es uns ausreicht, wenn wir nur eine Person hören, die Schmerzen empfindet, damit unser eigenes Schmerzsystem aktiv wird.

Zu den bekanntesten Forschern auf diesem Gebiet gehören Giacomo Rizzolatti und Marco Jacobini, die lesenswerte Bücher über Spiegelneuronen geschrieben haben.

Zu den bekanntesten Studien gehört jene von Tania Singer: Sie testete mit ihren Kollegen 16 Frauen, deren Partner Stromschläge erhielten. Ergebnis: Glaubten die Frauen, ihr Partner erhalte Stromschläge, aktivierte dies ihre eigene Schmerzareale. Die Aktivierung war umso stärker, je empathischer die Testperson laut Fragebogentest war. Die Partner waren übrigens nicht zu sehen und zu hören; die Frauen konnten nur anhand von eingeblendeten Symbolen erahnen, ob ihr Partner einen Schlag bekam. Beobachten wir also jemand, der sich in den Finger schneidet, entstehen in uns Gefühle, die jenen ähnlich sind, die auftreten, wenn wir uns selbst in den Finger geschnitten hätten. Wichtige Erkenntnis für uns: Die Gefühle eines anderen Menschen mitzuerleben kann unseren eigenen Zustand verändern. Umgeben uns Menschen am Arbeitsplatz, die ängstlich und unsicher sind, kann dies auch auf unser eigenes Erleben wirken. Neuere Studien von Tanja Singer weisen darauf hin, dass die Spiegelneurone vor allem bei jenen Menschen aktiv sind, die uns sympathisch sind.

Wenn eine Person, die der Proband zuvor als fair und hilfsbereit kennen lernte, gepiekst wird, erregt dies im Gehirn des Probanden die eigenen Schmerzareale. Wird dagegen ein uns unsympathischer Mensch gestochen, bleibt die Spiegelung aus.

Mit den Spiegelneuronen scheint die neuronale Grundlage für Einfühlung und Mitgefühl entdeckt: Was wir bei anderen sehen und sogar nur hören, erleben wir selbst! Sehen wir einen leidenden Menschen oder ein leidendes Tier, ist es so, als ob wir selbst leiden. Sehen ist empfinden – hierin beruht die starke Wirkung, die Menschen im Film auf uns ausüben. Im Wirtschaftsleben ermöglichen uns die Spiegelneuronen, das Geschehen am Arbeitsplatz mitzuempfinden, die Gefühle des Firmenchefs zu fühlen, dessen Begeisterung und Überzeugung, aber auch dessen Zweifel.

Erst die Kombination aus handelndem und empfindenden System ergibt die neuronale Basis für die Vorstellung, Planung und Ausführung von Aktionen, schreibt Joachim Bauer. Weil das Gehirn sehr sozial ist, prüft es auch, wie der Mitarbeiter auf andere wirken würde, wenn er die Handlung ausführt. Die interne Kommunikation kann dies nutzen, indem sie Bilder zeigt, die genau diese Gefühle transportieren. Wie wichtig dies ist, zeigt Kapitel 18.

Die Spiegelsysteme sind auch die neurologische Erklärung dafür, dass sich Mitarbeiter an anderen orientieren und hierdurch Sicherheit erlangen können: Die Mitarbeiter beobachten Kollegen und Führungskräfte und prüfen, ob sie dies imitieren sollten. Die geplante Handlung unseres Gegenübers vollziehen wir offenbar, indem wir die beobachtete Aktion zunächst innerlich nachvollziehen. Wenn wir Menschen zuschauen, sind dieselben Netzwerke aktiv, als würden wir selbst die Handlung ausführen. Dies geschieht zeitgleich, unwillkürlich und ohne unser Nachdenken. Es reicht sogar schon aus, uns zu sagen, dass wir uns die Handlung vorstellen sollen, damit unsere Handlungsneuronen aktiv werden. Zwischen der beobachteten Handlung und dem eigenen Ausführen liegt noch ein wichtiger Schritt, der dafür sorgt, dass wir nicht beliebig alle beobachteten Handlungen auch selbst ausführen. Letztlich können wir selbst entscheiden, ob wir die Handlung ausführen oder nicht.

Spiegelneuronen und Vorleben

Viele Manager beklagen sich über den zunehmenden Egoismus unter ihren Mitarbeitern. Was sie übersehen: Egoismus ist in jenen Unternehmen besonders ausgeprägt, in denen Vorstände und Führungskräfte dies vorleben. Wer also auf der einen Seite das Sparen predigt, aber sein eigenes Gehalt übermäßig steigert, ist nicht glaubwürdig. In der Mitarbeiterzeitung und dem Intranet ist viel davon zu lesen, wie wichtig das Arbeiten in Teams ist, wie wichtig das Weitergeben von Wissen und gute Kommunikation untereinander. Doch wie sieht die Alltagswirklichkeit im Gegensatz zu dieser Medienwirklichkeit aus? Oft völlig anders. Wichtig für das Überzeugen der Mitarbeiter ist daher das Vorleben von Werten durch den Firmenchef und die Führungskräfte. Ein wichtiger Wirkmechanismus, mit dem sich die Bedeutung des Vorlebens erklären lässt, sind Spiegelneuronen.

Am stärksten feuern sie, wenn wir eine beobachtete Handlung zeitgleich nachahmen sollen. Hierin liegt neurologisch die Erklärung für die starke Wirkung der oft geforderten Leitbildfunktion von Führungskräften: Leben sie Verhalten dauerhaft vor und zeigen, dass ihnen dies Wohlbefinden bereitet, dann sind wesentliche Voraussetzungen dafür geschaffen, dass die Mitarbeiter dieses Verhalten lernen und beibehalten. Wenn wir in so hohem Maße unbewusst auf das Verhalten anderer Menschen reagieren, zeigt dies auch, wie stark unser eigenes Verhalten durch Impulse von außen bestimmt wird.

Sie kennen die Arbeit der Spiegelneurone auch aus dem Alltag: Sie sorgen dafür, dass wir gähnen, wenn wir andere gähnen sehen, und dass Lachen ansteckend ist. Daher nennen Fachleute dieses Phänomen auch „emotionale Ansteckung" (emotional contagion). Uns steckt an, wenn ein Mensch an die Decke sieht – und wir sehen auch dorthin. Unser Gegenüber nimmt eine bestimmte Körperhaltung ein – wir sind angesteckt und nehmen sie nach und nach ebenfalls ein. Leicht vorzustellen, wie Menschen auf uns wirken, die gequält zu uns kommen, die uns ungern bedienen und von denen wir spüren, wie verzweifelt sie sind.

In einem Vortrag spüren unsere Spiegelneuronen, ob ein Redner seine Präsentation als Chance oder als Bedrohung empfindet, ob er uns mit Spaß und Zuversicht tritt oder ob er sich quält und Angst hat, zu versagen. Bei erfolgreichen Rednern fühlen wir, welche Freude sie dabei empfinden, vor viele Menschen treten zu können, denen sie etwas zu sagen haben, dass sie sich freuen, dass ihnen die nächsten 45 Minuten viele Augen gespannt zusehen und viele Ohren interessiert zuhören – welch eine Chance, scheinen sie zu denken und so wirken sie auch auf uns!

Spiegelneurone führen nicht nur dazu, dass wir mit einer anderen Person buchstäblich mitfühlen: Durch das Spiegeln der anderen Person können wir sogar das künftige Handeln einer Person einschätzen. Wenn wir unser Gegenüber beobachten, versuchen wir, die Absicht dahinter zu erkennen. Ein Kollege kommt auf uns zu und trägt Aktenordner. Welchen Weg wird er einschlagen? Wie können wir ihm ausweichen? Wir wollen ahnen, wie sich der Andere weiter verhalten wird. Aufschluss hierüber liefern uns der Gesichtsausdruck, Gesten und das Verhalten der Person. Joachim Bauer: „Ohne intuitive Gewissheiten darüber, was eine gegebene Situation unmittelbar nach sich ziehen wird, wäre das Zusammenleben von Menschen kaum denkbar. Wir sind im Alltag darauf angewiesen, dass beobachtetes Verhalten uns ein sofort verfügbares, intuitives Wissen über den weiteren Ablauf des Geschehens vermittelt. Intuitiv zu spüren, was zu erwarten ist, kann vor allem dann, wenn es auf eine Gefahrenlage hinausläuft, überlebenswichtig sein. (...) Besäßen wir nicht die Fähigkeit, aus der Beobachtung von Menschen ohne jegliches Nachdenken intuitive Gewissheiten über ihre Absichten und den weiteren Ablauf des Geschehens zu gewinnen, dann müssten wir uns in zwischenmenschlichen Belangen mit der

Sehkraft eines Maulwurfs begnügen. Ohne ein intuitives Gefühl für die zu erwartenden Bewegungen anderer würden wir nicht ohne Kollisionen durch eine volle Fußgängerzone gelangen."

Die geplante Handlung unseres Gegenübers vollziehen wir offenbar, indem wir die beobachtete Aktion zunächst innerlich nachvollziehen. Fremdes Handeln übersetzen wir quasi automatisch in eigenes. Um aus den körperlichen Bewegungen anderer Menschen intuitiv richtige Schlüsse zu ziehen, reichen uns erstaunlich wenige Merkmale. Versuche zeigen, dass in völliger Dunkelheit nur einige Lichtpunkte an den Schultern, Ellenbogen, Handgelenken, Hüften, Knien und Fußgelenken eines Menschen ausreichen, um zu erkennen, ob es sich um einen Mann oder eine Frau handelt. Unseren eigenen Partner erkennen wir besonders schnell. Vor allem aber können wir aufgrund dieser wenigen Signale vermuten, was die beobachtete Person gerade tut oder zu tun beabsichtigt. Ohne Spiegelneurone wäre dies nicht möglich.

Wichtig ist für uns Menschen, eine Handlung auch dann bis zum Ende zu kennen und vorherzusagen, wenn wir nur einen Teil davon erleben. Zum Beispiel speichern wir typische Handlungsabläufe als so genannte Skripte. Hierbei handelt es sich um Handlungsabläufe, die wir automatisch abrufen können, da unser Gehirn wiederkehrende Prozesse speichert (siehe Kapitel 6.1). Ein sehr kurzer Eindruck reicht daher aus, damit wir eine Ahnung davon bekommen, was vor sich geht und was uns erwarten könnte. Das Aktivitätsmuster unserer Spiegelneuronen verrät, ob uns das Gegenüber die Hand zum Gruß ausstrecken will oder zum Faustschlag ausholt. Joachim Bauer: „Die Beobachtung von Teilen einer Handlungssequenz eines anderen reicht aus, um im Beobachter dazu passende Spiegelneurone zu aktivieren, die ihrerseits aber die gesamte Handlungssequenz „wissen – ... Auch wenn wir nur einen Teil einer Sequenz wahrgenommen haben, lassen Spiegelnervzellen im Gehirn, und damit auch in der Psyche eines Beobachters, spontan und ohne unser willentliches Zutun den Gesamtablauf aufscheinen. Die Wahrnehmung kurzer Teilsequenzen kann genügen, um schon vor Beendigung des Gesamtablaufs intuitiv zu wissen, welcher Ausgang bei der beobachteten Handlung zu erwarten ist. Spiegelneurone machen also, indem sie in Resonanz treten und mitschwingen, beobachtete Handlungen für unser eigenes Erleben nicht nur spontan verständlich. Spiegelneurone können beobachtete Teile einer Szene zu einer wahrscheinlich zu erwartenden Gesamtsequenz ergänzen. Die Programme, die Handlungsneurone gespeichert haben, sind nicht frei erfunden, sondern typische Sequenzen, die auf der Gesamtheit aller bisher vom jeweiligen Individuum gemachten Erfahrungen basieren. Da die allermeisten dieser Sequenzen der Erfahrung aller Mitglieder einer sozialen Gemeinschaft entsprechen, bilden die Handlungsneurone einen gemeinsamen intersubjektiven Handlungs- und Bedeutungsraum."

Ein Beispiel für die Wirkung von Spiegelneuronen aus der ersten Begegnung mit einem Menschen im Unternehmen: Einem neuen Kollegen zeigen wir durch unwillkürliches Spiegeln seiner Mimik, dass wir ihn verstehen. Gleichzeitig erfassen wir so, was wir von ihm und vom weiteren Verlauf der Begegnung zu erwarten haben. Zusammen mit dem Gesprochenen basteln wir uns in Windeseile ein Bild vom Anderen. Eine weitere Wirkung der Spiegelneurone zeigt sich darin, dass sich im Gespräch die Körperhaltung von Gesprächspartnern annähern – dies kann Minuten oder Stunden dauern. Wie auch immer: Die Abfolge ist stets gleich: Erst wendet sich der Kopf, dann die Schultern, dann der Rumpf, bis sich schließlich der ganze Körper in die Richtung des Gegenübers dreht. Das Körperecho wiederholt sich. Die Phasen dauern immer länger, beide haben zunehmend die gleiche Wellenlänge: Der eine greift zum Mineralwasser, der andere auch. Der eine schlägt die Beine übereinander, der andere folgt kurz darauf. Die Intimität zwischen den Gesprächspartner nimmt zu. Wird dagegen unser Blick nicht erwidert und folgt auf unsere Gesten keine Reaktion, leiden wir.

Das Geheimnis der sympathischen Ausstrahlung scheint ebenfalls mit den Spiegelneuronen zusammen zu hängen: Nämlich die Fähigkeit, Empathie und Mitgefühl so auszudrücken, dass sie von anderen als angemessen empfunden wird. Studien bestätigen, dass uns jene Menschen sympathisch sind, die uns angemessen spiegeln. Hierbei bewerten wir unter anderem, ob wir Mimik und Körpersprache von Menschen passend zur Situation erleben: Personen, die ein trauriges Ereignis mit fröhlicher Miene nacherzählen, bewerten wir eher negativ; Menschen, die Anteil nehmen können und deren Körpersprache mit der Situation übereinstimmt, in der wir uns mit ihr befinden, sammeln Sympathiepunkte. Bauer weist auf zwei, sehr wichtige Einschränkungen hin: „Eine Sympathie erzeugende Übereinstimmung zwischen einer gegebenen Situation und der in dieser Situation gezeigten Körpersprache lässt sich nicht bewusst planen oder willentlich herstellen. Der Sympathieeffekt überträgt sich nur, wenn die Person spontan und authentisch ist, das heißt, wenn ihr Ausdruck in Einklang mit ihrer tatsächlichen inneren Stimmung steht. Der zweite, vielleicht noch interessantere Aspekt liegt darin, dass der Effekt der positiven Ausstrahlung zusammenbricht, wenn die anteilnehmende Person im Mitgefühl vollständig aufgeht. Wenn jede Distanz verloren geht, geht auch die Fähigkeit verloren, hilfreich zu sein."

Spiegelneurone liefern auch Erklärungen für zwischenmenschliche Missverständnisse und sie können Fehler erkennen: Unsere innere Simulation dessen, was der andere fühlt und plant, muss nicht zum richtigen Schluss führen. Unser Verstand ist hierbei wichtiges Korrektiv. Erst im Rückgriff auf beide Möglichkeiten schöpfen wir unsere Empathiefähigkeit voll aus. Spiegelneurone haben den Vorteil, dass sie schnell und spontan anschlagen. Das ist im Alltag oft wichtig, um auf unseren Nächsten richtig zu reagieren. Deshalb sollten wir auch darüber nachdenken, ob wir eine Handlung ausführen können und ihr körperlich gewachsen sind. Nachdenken erlaubt es uns dagegen eher, vom gewohnten Standard abzuweichen – dafür ist es aber ziemlich träge. Ein anderes Beispiel: Obwohl wir wissen, was den anderen stört, müssen wir uns nicht hierauf einstellen – wir können dies ignorieren. Letzte Frage: Können wir die Arbeit unserer Spiegelneuronen kontrollieren? Diese Antwort ist nicht abschließend geklärt, aber fest steht, dass wir deren Arbeit durch unsere bewusste Aufmerksamkeit beeinflussen können: Wenden wir uns vom Gegenüber ab, reagieren unsere Spiegelneurone deutlich schwächer.

Kapitel 8

Wie Kommunikation ohne Sprache erfolgt

8.1 Bedeutung

Vorgesetze, Kollegen, Mitarbeiter – Menschen sind essenziell für uns: Wir orientieren uns an ihnen, sie geben uns Sicherheit, gemeinsam schaffen wir herausragende Leistungen. Gelungene Kommunikation tut uns gut, sie fördert unsere körperliche und psychische Gesundheit. Wichtig daher, dass wir Menschen erkennen, bewerten und unsere Kommunikation danach ausrichten.

Jede Nachricht besteht aus einem sprachlichen (verbalen) und einen nichtsprachlichen (nonverbalen) Teil. Beide Teile können sich ergänzen und unterstützen, aber sie können sich auch widersprechen. Ergänzen sich sprachliche und nichtsprachliche Aussagen, wird dies als kongruente Nachricht bezeichnet. Widersprechen sie sich, handelt es sich um eine inkongruente Nachricht. Beispiel: Wenn eine Führungskraft selbstbewusst erscheinen will, tatsächlich aber sehr nervös und unsicher wirkt, schwitzt und an ihrer Krawatte nestelt, dann vermittelt sie eine inkongruente Aussage, da sich Worte und Taten widersprechen. Der Grund für inkongruente Nachrichten liegt meistens in einer inneren Zerrissenheit, die Kommunikationsexperte Friedemann Schulz von Thun als „inneres Kuddelmuddel" bezeichnet. Hierbei handelt es sich also immer um zwei Nachrichten, die der Sender mischt, da er sie für sich noch nicht geklärt hat (zum Beispiel die Einschätzung über einen Schadensfall in der Krise). Der Empfänger steht bei solchen inkongruenten Nachrichten vor dem Problem, auf welche der beiden widersprüchlichen Botschaften er reagieren soll. Solche Konflikte bleiben dann ungeklärt und führen zur Frustration des Mitarbeiters. Der Ausweg kann in einer Dritten Person liegen, die sich als neutraler Vermittler einschaltet.

Wichtig für die interne Kommunikation ist die Antwort auf die Frage, wie ein Mensch im Unternehmen ohne Sprache mit uns kommunizieren kann. Schauen wir uns zuvor an, wie wir Menschen erkennen und bewerten.

Der gesamte Körper unseres Gegenübers liefert uns Informationen, von denen wir heute wissen, wie mächtig diese Informationen für unser Urteil über die andere Person ist: Bewegungen, Körperhaltung und sogar die Körpergröße lösen in uns Bewertungsprozesse aus, von denen wir nichts ahnen, die aber dennoch enorm wirken.

Schnelle Schüsse ins Gehirn
Das erste Erkennen und Bewerten von Menschen gelingt unserem Gehirn im Bruchteil einer Sekunde: So schnell wie ein Schuss ist die Zeit, die wir brauchen, die Zeit eines Wimpernschlags reicht aus, um uns ein erstes Urteil über unseren neuen Kollegen zu bilden – ein Augenblick, der entscheiden kann, ob und wie wir unserem neuen Vorgesetzten künftig begegnen. Und wir entscheiden auch so, wenn wir nur das Foto des Menschen sehen, zum Beispiel vom Firmenchef in der Mitarbeiterzeitung (siehe ausführlich Kapitel 18). Wie könnte dies auch anders sein: Ein Mitarbeiter wäre hoffnungslos überfordert, wenn er alle Menschen, denen er im Lauf eines Tages oder gar eines Jahres begegnet, gründlich und differenziert bewerten müsste.

Wie erstaunlich schnell das Gehirn bewertet, zeigt das Experiment der Psychologin Nalini Ambady von der Universität Harvard: Sie spielte Studierenden drei Videoclips eines Professors ohne Ton vor. In nur 10 Sekunden konnten diese Studierenden über den Professor urteilen. Als Ambady die Clips auf fünf Sekunden kürzte, blieben die Ergebnisse dieselben. Zwei Sekunden – und wieder fast das gleiche Ergebnis. Damit nicht genug: Ambady verglich das Urteil der Testpersonen über die Clips mit jenen Bewertungen, die die Studierenden des Professors am Ende des Semesters ausgefüllt hatten. Sie ahnen es: Die Bewertungen stimmten auch hier fast überein. Das bedeutet, dass eine Person, die nur zwei Sekunden lang das Video einer anderen Person gesehen hat, diese genau so bewertet wie Menschen, die diese Person über einen viel längeren Zeitraum kennen lernten.

Beim Erkennen, Einordnen und Bewerten orientieren sich die Mitarbeitenden an Schlüsselinformationen der Person. Von diesen einzelnen, zentralen Reizen und Eigenschaften schließen sie auf die gesamte Person. Aber wie gelingt es dem Gehirn, ein Urteil in der Zeit eines Wimpernschlags zu bilden? Welche Informationen helfen, eine andere Person zu bewerten: Sein Aussehen? Seine Körperhaltung? Seine Bewegungen? Was liefert die Informationen, die der Mitarbeiter hierfür braucht? Die äußere Erscheinung ist die erste Informationsquelle in der Begegnung mit einem neuen Menschen. Zu den Körpermerkmalen zählen Körperbau und Hautfarbe, Merkmale also, die nur sehr bedingt bis gar nicht veränderbar sind. Zu den gestaltbaren Merkmalen des Äußeren gehören Kleidung, Frisur, Schmuck.

Sehr interessant für unbewusste und emotionale Bewertungen von Menschen sind die Studien von Siegfried Frey: Er zeigte Studierenden aus Deutschland, Frankreich und den USA Filmclips von Politikern aus den TV-Nachrichten der drei Länder. Erstes Ergebnis: Nur wenige Sekunden reichten aus, damit sich die Studierenden ein dezidiertes Urteil über die Politiker bilden konnten. Hierbei war es für die Geschwindigkeit des Urteils völlig unerheblich, ob die Betrachter schon eine Meinung vom Politiker hatten oder ob sie sich diese Meinung erst bilden mussten. Frey: „Offenbar entscheidet sich beim Anblick einer Person buchstäblich in Sekundenschnelle, was wir von dieser Person halten, welche Eigenschaften wir ihr zuschreiben oder absprechen, ob wir sie sympathisch finden, als langweilig erachten, als arrogant, unehrlich, intelligent, fair und anderes mehr einstufen."

Für das Urteil der Studierenden spielte interessanterweise die Kopfhaltung der Politiker die entscheidende Rolle: Schon eine leichte Neigung des Kopfes sendet einen so starken Reiz, dass wir die Person wesentlich sympathischer einschätzen. Noch etwas Wesentliches zeigt die Studie von Frey: Die gezeigten Politiker konnten die Zuschauer sehr unterschiedlich aktivieren: Ronald Reagan schnitt sehr gut ab, ein französischer Politiker ließ die Betrachter quasi kalt. Bilder von Reagan führten, so Frey, zu einer „ganz massiven Erregung des elektrodermalen Systems". Folge: Er hat viele Menschen stark über eine vergleichsweise lange Zeit aktiviert. Die Betrachter reagierten auf Reagan so überraschend gleichartig, „als seien ihre vegetativen Systeme innerlich gleichgeschaltet." Eine weitere für uns interessante Entdeckung von Frey: Wir können sehr stark auf Menschen reagieren, selbst wenn wir diese bei Einschaltung unseres Verstandes eher negativ bewerten. Die Zuschauer bei Frey reagierten auf den Filmclip von Ronald Reagan selbst dann sehr stark, wenn sie ihn bei anschließendem Befragen, bei der der Verstand aktiv war, als Präsidenten mit „ziemlich bescheidenem politischen Sachverstand" beurteilten. Einerseits erschien Reagan den Versuchspersonen aus den drei Ländern übereinstimmend als gutgelaunt, sympathisch, andererseits aber auch als wenig intelligent, wenig kompetent und sogar wenig fair und wenig ehrlich. So verwundert es nicht, dass sich die Berater Reagans bei den Journalisten bedankten, wenn nur die Bilder stimmten.

In diesen Ergebnissen zeigen sich deutlich die Unterschiede in den Urteilen über Menschen, je nachdem, ob wir sie aus unserem Bewussten oder Unbewussten abrufen. Konsequenz für die Wirkung von Menschen im Arbeitsleben auf uns: Menschen können stark körperlich auf uns wirken, auch wenn wir beim Einschalten unseres Verstandes diese Person mit eher durchschnittlichen Fähigkeiten beschreiben würden.

Eines der zentralen Merkmale, die wir für das erste Prüfen und Bewerten heranziehen, ist die Attraktivität der Person.

8.2 Superdimension Attraktivität

Wer attraktiv ist, hat bessere Chancen im Leben, dies hat die Wissenschaft in vielen Studien bestätigt. Nicht, dass die Attraktivität allein leitet – später spielen weitere Eigenschaften eine Rolle: der Charakter der Person, ihre Persönlichkeit und ihre Intelligenz. Doch am Anfang dominiert das Äußere. Schönheitsforscher Frank Naumann schreibt: „Schönheit fällt sofort auf, ein guter Charakter erst nach längerem Kontakt. Was von beiden setzt sich wohl schneller durch?"

Attraktivität hat also zunächst einmal den Vorteil, dass sie mit einem Augenblinzeln zu erkennen und eindeutig zu bewerten ist. Mit den inneren Werten ist dies weitaus schwieriger und dauert länger: Ist die Person nett, klug, gefühlvoll – auf den ersten Blick ist dies nicht zu erkennen. Attraktivität ist also gerade deshalb so machtvoll, weil sie so schnell und flüchtig wirkt, schreibt der Berliner Wissenschaftsjournalist Bas Kast in seinem Buch über die Liebe. Die Zeit eines Wimpernschlags reicht.

Aus der Attraktivität schließt der Mensch dann auf weitere Eigenschaften der anderen Person. Insgesamt gilt: „Wer schön ist, ist gut." Die Forschung nennt dies das „Stereotyp der physischen Attraktivität". Attraktive Menschen erhalten eine wahre Flut von positiven Zuschreibungen über ihre Intelligenz, ihren Charakter und ihre Fachkompetenz. Studien zufolgegelten attraktive Menschen als wärmer, sensibler, freundlicher, entgegenkommender, interessanter, stärker, ausgeglichener, bescheidener, geselliger, fähiger, sie haben einen besseren Charakter, verfügen über mehr

Prestige, bekommen bessere Arbeitsstellen. Attraktive Personen gelten als vielschichtiger, aufnahmefähiger, umsichtiger, zuversichtlicher, selbstsicherer, glücklicher, aktiver, kooperativer, freimütiger, humorvoller, selbstbeherrschter und flexibler. Attraktivitätsexperte Frank Naumann fasst in seinem Buch zusammen: „Schöne Menschen haben mehr vom Leben": „Wir loben Familie, Liebe, Intelligenz, Reife, Fleiß und selbstloses Handeln. In Wahrheit faszinieren uns aber Anmut, Stärke, Jugend, Statussymbole, lange blonde Haare, elegante Schuhe und ein bezauberndes Lächeln – kurz, der schöne Schein." Doch Attraktivität hat auch ihre Schattenseiten: Attraktive gelten eher als wenig bescheiden, als eitel und arrogant. Hinderlich kann Attraktivität sein, wenn es darum geht, jemanden um Hilfe zu bitten: Hier sind wir zurückhaltender bei attraktiven Menschen.

„Wie kommt es, dass wir gut Aussehenden so übereinstimmend positive Eigenschaften zuschreiben?", fragt Schönheitsexperte Hassebrauck. „Schon in unserer Kindheit erfahren wir, dass Charakter und Aussehen Hand in Hand gehen. Schneewittchen und Aschenputtel sind schön und gut, die Hexe und die Stiefmutter sind hässlich und böse. Das gute Mädchen, das bei Frau Holle geduldig seinen Dienst tut, wird mit Gold überschüttet – und ist schön, die faule Stiefschwester mit Pech übergossen – und ist hässlich. Diese Beispiele aus der Märchenwelt ließen sich beliebig fortsetzen, und es ist nicht verwunderlich, wenn ein kleines Mädchen folgendermaßen versucht zu erklären, was es bedeutet, hübsch zu sein: „Es ist, wie wenn man eine Prinzessin ist. Alle lieben dich." Menschen begegnen sich demnach im Arbeitsleben nicht vorurteilsfrei und neutral. Diese Wirkung ist stark unbewusst und emotional.

Welche Rolle spielt Attraktivität im Arbeitsleben und in der internen Kommunikation? Täglich sind viele tausend interne Bewerbungen in den Unternehmen unterwegs: Informationen über Schulbildung und Berufserfahrung durchlaufen energiereich und aufwendig die bewusste, kritische Prüfung; doch auf dem beiliegenden Foto kann der Personaler blitzschnell den Bewerber erkennen und einordnen. Die Attraktivität der Person ist hierbei Schlüsselsignal: Attraktivere Bewerber haben bessere Chancen, zeigen Forschungsstudien. Über 90 Prozent der 1.300 Personalchefs gaben in der Studie der US-amerikanischen Universität Syracuse an, dass attraktive Stellenbewerber eher den Zuschlag erhalten und leichter Karriere machen.

Attraktive Menschen verdienen mehr, so das Ergebnis der Studie von Markus Möbius und Tanya Rosenblat. Attraktive erhalten fünf bis zehn Prozent mehr Gehalt als gleich qualifizierte Kollegen, die als weniger attraktiv gelten: Daniel Hamermesh von der University of Texas und Jeff Biddle von der Michigan State University fanden heraus, dass das attraktivste Drittel etwa fünf Prozent mehr verdiente als der Durchschnitt. Die Unattraktiven verdienten fünf bis zehn Prozent weniger. Andere Studien bestätigten grundsätzlich dieses Ergebnis und kamen sogar auf Gehaltsunterschiede von bis zu zehn Prozent. In Zahlen bedeutet dies, dass dass attraktive Menschen rund 100 Milliarden Dollar mehr ausgeben können als als unattraktivere.

Im Berufsleben gelten Attraktive als fachkundiger und intelligenter. Sie kommen besser an bei Kollegen, Chefs und Kunden. Hamermesh hat in seiner Studie bei holländischen Werbeagenturen gezeigt, dass Firmen mit gut aussehender Führungsmannschaft höhere Umsätze erzielten. Eine andere Studie zeigte, dass die Rücklaufquote von Fragebogenaktionen und Kundenbefragungen steigt, je attraktiver die gezeigte Marketingleiterin ist. Je attraktiver der Verkäufer in einer Verkaufssimulation war, desto eher kaufen die Kunden. Die Praxis zeigt: Attraktive Vertreter erzielen mehr Umsatz als weniger attraktive.

Die beiden Kommunikationsexperten Manfred Piwinger und Lars Rosumek haben einen Beitrag geschrieben mit dem Titel „Attraktivität als kommunikativer Werttreiber. Auch Kommunikation braucht Sex-Appeal": Sie gehen davon aus, dass persönliche Attraktivität Karrierefaktor ist. Sie schreiben: „Der „Return-on-Investment" ist hierbei das, was wir uns als Nutzen erhoffen: Eine bessere Stellung, ein zugeschriebenes Expertentum, erstklassige Beziehungen, Privilegien, Macht und Einfluss. Persönliche Attraktivität kann den Ausschlag für Einstellungen, Beförderungen oder Gehaltserhöhungen geben. Ob Person oder Organisation: Eine attraktive Ausstrahlung kann für einen höheren Goodwill der Kommunikationspartner sorgen und wie andere Merkmale des Ansehens in kritischen Situationen vor unangemessener Kritik schützen."

Attraktiven Menschen vertrauen wir eher ein Geheimnis an - Attraktivität besitzt offenbar ein Vertrauenskapital. Hielten 1986 nur 5 Prozent der in einer Studie befragten Manager physische Attraktivität für entscheidend, waren es 1998 schon 22 Prozent. Welche Konsequenzen gutes Aussehen im Arbeitsleben hat, zeigt das Interview mit dem Schönheitschirurgen Prof. Mang, der in der Sat1-Sendung „Weck up" erzählte, dass immer mehr Manager zu ihm kommen. Jeder fünfte Patient sei ein Mann.

Lediglich bei der Bewerbung von Frauen für Führungspositionen scheint Attraktivität hinderlich sein zu können, weil dies offensichtlich mit dem Stereotyp: „Schön, aber nicht kompetent" kollidiert. In der Studie der Mannheimer Soziologin Anke von Rennenkampff wurden besonders weiblich und attraktiv wirkende Bewerberinnen häufiger ins Kreuzverhör genommen. Für Frauen wirkt sich auch Fettleibigkeit negativer auf die Karriere aus als für Männer.

Die Attraktivität wirkt sich auf die weitere Kommunikation aus: Menschen, die attraktiv sind, begegnen anderen Menschen freundlicher, wobei die Attraktiven diese Freundlichkeit meist erwidern, dies zeigte die US-amerikanische Beziehungsexpertin Ellen Berscheid in einem Experiment.

Was als physisch attraktiv gilt

Erkenntnisse der Wissenschaft zeigen: Quer durch alle Schichten der Gesellschaft, durch alle Kulturen und Kontinente, unabhängig von Alter, Beruf oder Geschlecht – überall werden dieselben Kennzeichen als attraktiv wahrgenommen. Ulrich Renz fasst die Kriterien der aktuellen Attraktivitätsforschung zusammen:

→ **Durchschnittlichkeit**, nach dem Prinzip: „Je durchschnittlicher, desto schöner." Ulrich Renz: „Die These, dass Durchschnittlichkeit schön macht, [ist] wissenschaftlich so gut abgesichert, dass man sie mit Fug und Recht als den ersten Hauptsatz der Schönheitsforschung bezeichnen kann."

→ **Symmetrie**: Ebenmäßige Gesichtszüge und wohl proportionierte, übereinstimmende Rechts-Links-Gestaltung schneiden in Tests besonders gut ab. Frauen bewerteten die Stimmen von Männern positiver, je symmetrischer deren Gesichtszüge waren. Größere Abweichungen beeinflusst die wahrgenommene Attraktivität eines Gesichts negativ. Eine Erklärung, der die Forscher derzeit nachgehen, könnte sein, dass unsere Wahrnehmung besser auf symmetrische Strukturen anspricht: Wir lernen symmetrische Muster schneller. Ein aktuelles Experiment zeigt, dass Symmetrie offenbar das Wahrnehmen erleichtert.

→ Das **Kindchen-Schema und Aspekte der Reife**: Frauen gelten als attraktiv, wenn zum einen die untere Gesichtshälfte eher kindliche Proportionen aufweist und das Gesicht große Augen hat; zum anderen wirken Reifezeichen im oberen Gesichtsteil attraktiv, vor allem hervortretende Backenknochen und schmale Wangen. Bei den Männern scheinen hervorstehende Wangenknochen eine wichtige Rolle zu spielen. Die positive Bewertung dieser Attribute, zum Beispiel die Wirkung des Kindchen-Schemas, scheint angeboren zu sein.

→ **Makellose Haut**: sie gilt als Zeichen von Jugendlichkeit

Welche Bedeutung spielen die einzelnen Aspekte für die wahrgenommene Attraktivität eines Menschen? Attraktivität scheint nicht durch die Einzelteile allein zu entstehen – Augen, Nase und Mund –, sondern durch deren Zusammenspiel als Ganzes, als Gestalt. Ulrich Renz: „Keine der Zutaten ist obligat. Und keine ist ausreichend. Eher handelt es sich um Bausteine für das Spiel der Natur, die aber jede Schönheit nach einem anderen Plan baut. Dem einen Gesicht tut eine größere Nase gut, dem anderen schadet sie. Auch wenn es universale ästhetische Prinzipien gibt, können schöne Menschen doch grundverschieden aussehen." Dies sieht auch Georg Felser so, der sich seit vielen Jahren mit den Erklärungen für Beziehungen und Attraktivität beschäftigt: „Eigenschaften wie Gesichtsausdruck, Form des Mundes, Blick, Pupillengröße, Länge des Blickkontakts, Position der Augenbrauen und so weiter. weisen zwar Zusammenhänge mit der Wahrnehmung der physischen Attraktivität auf. Es ist aber problematisch, diese Einzelelemente über eine Formel zu verbinden und daraus vorherzusagen, wie attraktiv eine Person von anderen eingeschätzt wird. Hier – wie in vielen anderen Bereichen der Wahrnehmung – gilt in der Gestaltpsychologie: „Das Ganze ist mehr als die Summe seiner Teile.""

Was uns an einem Menschen anzieht, ist mehr als sein bloßes Aussehen: Mindestens genauso tragen Haltung, Gestik, Mimik, Stimme, Geruch, Lebendigkeit, Witz, Mitgefühl oder Intelligenz zur Anziehungskraft eines Menschen bei. Ulrich Renz: „Manche Schönheit verflüchtigt sich in dem Moment, wo der oder die Schöne den Mund aufmacht." Vor allem eines fehlt in der Schönheitsliste: das Geheimnis. „Wunderschön ist Schönheit erst, wenn sie ein Geheimnis verbirgt – irgendeine Brechung, eine Abweichung von der allzu perfekten Form, eine Merkwürdigkeit, die den Betrachter zu einem zweiten und dritten und immer wieder neuen Blick zwingt. Schönheit muss „reizen". Deshalb kann es auch vorkommen, dass eine Schönheit, wenn man genau hinschaut, Teile enthält, die für sich genommen einen Makel darstellen..."

8.3 Das Gesicht als Spiegel der Seele

Das Gesicht liefert unserem Gehirn besonders viele Informationen. Sehen wir eine Person, beginnt unser Gehirn mit Höchstleistung, folgende Fragen zu beantworten: Ist das Gesicht bekannt oder unbekannt? Handelt es sich um einen Mann oder eine Frau? Ist das Gesicht jung oder alt? Vor allem aber: Ist der Mensch ein Freund oder ein Feind? Hierzu registrieren die Teile des Sehzentrums die Person sowie soziale Signale des Gegenübers. Das limbische System verarbeitet die Mimik und Teile des Belohnungssystems bewerten zusammen mit einem anderen Hirnteil die Attraktivität der Gesichtszüge.

Der Mandelkern im limbischen System (Amygdala) reagiert als Gefahrendetektor innerhalb von Millisekunden auf Gesichtsausdrücke, indem es Gefühle von Angst, Vertrauen, Hass und Zuneigung auslöst. Außerdem registriert es sensibel die Blickrichtung und liefert so Informationen darüber, ob das Gegenüber Interesse zeigt. Wie das Gesicht des Gegenübers im Ganzen wahrgenommen wird, hängt außerdem von weiteren Faktoren ab, vor allem von der Vertrautheit mit den Gesichtszügen, der momentanen Aufmerksamkeit und Gefühlslage. Dies alles geschieht in Sekundenbruchteilen und ohne dass sich der Mitarbeiter dessen bewusst sein muss: Menschen müssen Fremden nur eine zehntel Sekunde lang ins Gesicht blicken, um sich ein Bild ihres Charakters zu machen.

Siegfried Frey bot in einer Versuchsreihe den Testpersonen eine Serie von Porträtfotos für nur wenige Millisekunden, dar. Schon die schemenhafte Wahrnehmung menschlicher Gesichtszüge genügt damit sich die Betrachter eine differenzierte Meinung über die Persönlichkeit der Person bilden konnte. Das Deuten von Gesichtsausdrücken von Menschen aus unterschiedlichen Kulturen verläuft sehr ähnlich, wie entsprechende Studien zeigen: Ist der Mundwinkel nach unten gezogen, wird dies als traurig interpretiert, der finstere Blick als wütend. Der Körperausdruck von Gefühlen wird also universell verstanden: Glück/Freude, Überraschung, Furcht/Angst, Ekel, Trauer, Wut und Verachtung. Forscher nehmen an, dass das Erkennen dieser Gefühle angeboren ist.

Die Mimik als Sender und Empfänger
Die Mimik eines Menschen ist Empfänger und Sender von Informationen in einem. 43 mimische Muskeln sprechen eine Sprache, die die Welt versteht: Trauer, Zorn, Angst, Ekel, Verachtung, Überraschung, Freude – rund um den

Erdball kennen und zeigen Menschen diese Gefühle. Neben dieser universalen Sprache der Mimik gibt es auch lokale Dialekte.

Das Gesicht sagt sehr viel über die Gefühle des Gegenübers aus. Maßgebender Forscher auf diesem Feld ist Paul Ekman, Experte für Gesichtersprache. Ekmann fand heraus, dass das Gesicht nicht nur so aussieht wie die Gefühle des Menschen, sondern es verkörpert die Gefühle des Menschen. In seinen Studien hat er 10.000 Gesichtsausdrücke ausgemacht, davon können Laien etwa 3.000 unterscheiden. Paul Ekman und sein Kollege Wallace Friesen untersuchten sieben Jahre lang alle Kombinationen der 43 Gesichtsmuskeln und filterten jene heraus, die für Menschen bedeutend sind; hierunter waren 60 Varianten, sich zu ärgern und 18 Arten, freudig zu lächeln – aus Erleichterung, Verwunderung, Dankbarkeit, Schadenfreude, Vorfreude oder vor Aufregung. Ekman ist mittlerweile derart geübt im Deuten der Mimik, dass er mit einem kurzen Blick auf ein Gesicht anhand der Mimik die wahren Beweggründe eines Menschen herausfinden kann.

Auch normale Menschen können sehr gut unbewusst die Mimik anderer Menschen deuten: In Tests schätzten über 90 Prozent der Beobachter die Gefühle auf Gesichtern richtig ein, bei anderen Körpermerkmalen liegt die Quote niedriger. Jedoch kommen auch Fehler vor, wenn Menschen von einzelnen Gesichtszügen auf die Stimmung einer Person schließen. Experten empfehlen daher, den Gesichtsausdruck stets im Gesamteindruck der Person zu interpretieren.

Die Mimik führt ein Eigenleben
Das Mienenspiel führt ein Eigenleben, das Menschen nur bedingt kontrollieren können. „Es ist Ihnen bestimmt auch schon passiert," schreibt Ekman, „dass jemand einen Kommentar über Ihren Gesichtsausdruck abgegeben hat, von dem, Sie gar nicht wussten, dass Sie ihn gemacht haben. Jemand fragt plötzlich: „Worüber ärgerst du dich denn?", oder, „Was grinst du denn so?", Ihre Stimme können Sie hören, aber Ihr Gesicht können Sie nicht sehen."

Einige Muskeln und Regungen lassen sich kontrollieren, weil sie dem Willen unterworfen sind; mit diesen Gesichtsmuskeln zeigen sich Menschen bewusst ihre Gefühle. Doch das System, das nicht dem Willen unterliegt, ist wichtiger, denn mit diesem System hat uns die Evolution ausgestattet, die wahren Gefühle auszudrücken. So können die Mitarbeiter auf die wahren Gefühle und Meinungen ihres Vorgesetzten schließen.

Der Gesichtsausdruck beeinflusst stark die Wirkung eines anderen Menschen: Schaut dieser freundlich und fröhlich, gilt die Person eher als attraktiv; sie wirkt eher unattraktiv, wenn sie traurig oder missmutig dreinschaut. Eine wichtige Rolle beim Erkennen und Deuten der Mimik spielen die schon in Kapitel 6.2 erwähnten Spiegelneuronen.

Wichtig an dieser Stelle sind die Ergebnisse der Studie des Psychologen Ulf Dimberg von der Universität in Uppsala: Wir erwidern das Lächeln eines anderen Menschen, ohne dass uns dies bewusst sein muss. Dimberg hat Testpersonen Gesichter von Menschen eine halbe Sekunde lang gezeigt. Die Anweisung an die Testpersonen lautete, dass sie beim Anblick der Gesichter möglichst neutral bleiben sollten. Eine Apparatur hielt selbst kleinste Bewegungen ihrer Gesichtsmuskeln fest. Die jetzt eingeblendeten Bilder zeigten zunächst die Gesichter von neutral blickenden Menschen – die Testpersonen zeigten ebenfalls neutrale Gesichter. Als dann das Foto eines lächelnden Menschen eingeblendet wurde, bewegten sich die Gesichtsmuskeln und die Testpersonen lächelten ebenfalls leicht. Ein anderes Foto zeigte einen ärgerlichen Gesichtsausdruck und auch hier reagierten die Testpersonen mit einem ärgerlichen Gesichtsausdruck. Mehr noch: Verringerten die Forscher die Zeit, in der das Foto gezeigt wurde, so, dass dies der Testperson unbewusst war, zeigten die Testpersonen ebenfalls eine Reaktion auf die Fotos. Wir scheinen automatisch auf die Stimmung von anderen Menschen zu reagieren, selbst wenn uns dies nicht bewusst ist.

Von Joachim Bauer stammt das Buch: „Warum ich fühle, was du fühlst. Intuitive Kommunikation und das Geheimnis der Spiegelneuronen". Er schreibt: „Die menschliche Psyche und ihr neurobiologisches Instrument, das Gehirn, nehmen unter Umgehung unseres Bewusstseins täglich unzählige Hinweise und Reize auf. Resonanz heißt: Diese Wahrnehmungen, egal ob bewusst oder unbewusst, werden nicht nur in uns abgespeichert, sondern können auch Reaktionen, Handlungsbereitschaften sowie seelische Reaktionen hervorrufen." Konsequenz für die interne Kommunikation: Die Stimmung der Mitarbeitenden kann beeinflussen, wenn ein Kollege oder der Chef während einer Abteilungssitzung grimmig schaut, sogar, wenn ihnen dies nicht bewusst ist. Diese Versuche machen deutlich, wie das Gehirn viele scheinbar auch nebensächliche Eindrücke im Berufsleben unbewusst verarbeitet. Die Mitarbeitenden spüren oft auch nicht, wie sich durch diese unbewussten kleinen Botschaften unmerklich ihre Stimmung ändert.

Täuschende Mimik
Mimik setzen andere ein, um uns zu täuschen. Das fanden Ekman und sein Kollege Friesen heraus: Schon Babys im Alter von zehn Monaten können echte und falsche Mimik unterscheiden – erst im Alter von fünf Jahren wissen Kinder, was eine Lüge ist: Einen Fremden lächeln die Babys begütigend an, der Mund grinst, doch die Augen bleiben kühl. Dahinter steckt eine instinktive Überlebensstrategie: Stimme den überlegenen Fremden freundlich, aktiviere seinen Beschützerinstinkt.

Das sicherste Mittel gegen Fehleinschätzungen ist unsere Fähigkeit, viele Merkmale gleichzeitig zu berücksichtigen. Ein Merkmal mag von der Regel abweichen, doch je mehr Eigenschaften wir bei der Bewertung einbeziehen, desto zuverlässiger können wir urteilen.

Was geschieht, wenn der Gesichtsausdruck und die Körperhaltung unseres Gegenübers nicht übereinstimmen? Die Körperhaltung trennen wir nicht von der Wahrnehmung des Gesichtsausdrucks: Der Gesamteindruck entscheidet, dies haben niederländische Forscher um Hanneke Meeren von der Universität in Tilburg herausgefunden. Sie zeigten Versuchspersonen Bilder, auf denen Gesichtsausdruck und Körpersprache nicht zueinander passten. Schon in den ersten 115 Millisekunden erkennt das Gehirn diesen Widerspruch. Bei unpassender Kombination von Mimik und Gestik konnten sich die Testpersonen schwerer entscheiden. Die Messungen zeigten, dass das Gehirn beim Verarbeiten von Gesichtern schon nach sehr kurzer Zeit weitere Informationen für die Interpretation hinzuzieht.

Die Mimik beeinflusst unsere Gefühle

Die Mimik drückt unsere Gefühle aus. Soweit so gut. Jedoch fand Ekman in seiner Forschung Erstaunliches über die Kraft der Mimik heraus: Unsere Mimik wirkt umgekehrt auch auf unsere Gefühle und kann diese beeinflussen: Nimmt Ihr Mund ein deutliches Lächeln an, kann dies Ihre Gefühle positiv beeinflussen. Wie kam es zu dieser Erkenntnis? Im Rahmen ihrer Studien zur Mimik versuchten Paul Ekman und Wally Friesen alle möglichen Gesichtsausdrücke originalgetreu herzustellen und dann auf Video aufzunehmen. Während dieser Arbeit bemerkten die beiden, dass sie sich besser oder schlechter fühlten, je nachdem, welche Gesichtsausdrücke sie herstellten. In den Folgejahren bestätigte Ekman diesen Effekt, den er als „facial feedback" bezeichnete: Die Gesichtsmuskulatur löst im Gehirn Prozesse aus, die jene Gefühle erzeugen, die zur aktuellen Mimik passen. Lächeln Versuchspersonen, berichten sie über bessere Gefühle als Versuchspersonen, die ihre Stirn runzeln sollten. Dies haben auch spätere Studien gezeigt. Was Sie für die Wirkung von Menschen im Arbeitsleben lernen: Zum einen, dass sie sich gern mit Menschen umgeben, die lächeln, weil sie dies nicht nur sehen, sondern auch selbst nachvollziehen; zum anderen können Sie Menschen auffordern, zu lächeln und verbessern damit deren Stimmung.

Lächeln

Zur bedeutendsten Mimik gehört das Lächeln. Menschen kennen 50 verschiedene Arten des Lächelns, von denen einige hochspezialisiert sind und die wir zum Beispiel nur beim Flirten einsetzen. Lächeln setzt sich in Gang, wenn wir etwas empfinden. Es kann sekundenschnell geschehen, elektrische Sensoren können es messen. Das Lächeln ist unser ältester und natürlichster Ausdruck, und wie andere Gesichtsausdrücke entwickelte es sich zu einem ganz bestimmten Zweck: Wir reagieren damit auf die Menschen in unserer Umgebung und wollen ihr Verhalten beeinflussen. Als Menschen im Berufsleben wollen wir unsere Vorgesetzten mit unserem Lächeln entwaffnen und ihnen Vertrauen einflößen. Je schneller, desto besser: Fehlende Bedrohung ist für unser Überleben offenbar so wichtig, dass das Lächeln tief in die Struktur unseres Gesichts eingebaut ist. „Der Körper ist die Bühne der Gefühle", sagt der weltbekannte Hirnforscher Antonio Damasio. Freuen wir uns, zeigt sich dies in unserer Mimik.

Wir können sogar tatsächliches von aufgesetztem Lächeln unterscheiden: Gute Laune hebt nicht nur die Muskeln um die Mundwinkel, sondern auch einen Teil des Ringmuskels, der die Augenhöhlen umschließt. Seine Kontraktion zieht die Wangen mit nach oben. Dadurch bilden sich in den Augenwinkeln kleine Krähenfüße. Beim künstlichen Lächeln fehlt die Bewegung des Augenringmuskels, weil er nicht dem Einfluss des Willens unterliegt. „Es gibt nur eine Möglichkeit, aufmerksame Beobachter zu täuschen", schreibt der Biologe Richard Conniff in seinem Buch „Was für ein Affentheater": „Denken Sie an etwas Lustiges, das Sie zum Lächeln bringt. Ihre humorvollen Erinnerungen erreichen mühelos, was Ihrem Willen unmöglich ist. Ihre Augen strahlen."

Augen und Mund als Stimmungsbarometer
Im Gesicht einer Person sind Augen und Mund zentrale Informationsanker: Durch den Blick in die Augen können wir einschätzen, wie unser Gegenüber gestimmt ist: Bist Du mein Freund und tust mir gut? Bist Du mein Feind und schadest mir? Schon die Umgangssprache sagt, dass wir beim Blick in die Augen eines Menschen in seine Seele blicken können. Boxer wissen: Der Blick in die Augen kurz vor dem Kampf entscheidet oft darüber, wer gewinnt. Wer kennt im Arbeitsleben nicht jene Situation im Aufzug, wenn wir unseren Blick nach oben, unten oder auf die Etagenknöpfe richten um uns aus nächster Nähe nicht in die Augen schauen zu müssen. In solchen Situationen reagieren wir mitunter so, als ob ein Mensch in unsere Intimsphäre eindringt.

Offenbar sorgt die Amygdala im limbischen System dafür, dass wir reflexartig die Augen unseres Gegenübers untersuchen und auf Zeichen von Angst und anderen Emotionen achten. Darüber hinaus liefern die Augen weitere wichtige Informationen über unser Gegenüber: Speziell die Pupillen teilen uns mit, ob unser Gegenüber erregt ist. In diesem Fall weiten sich nämlich dessen Pupillen. Gleichzeitig registriert unsere Amygdala die Blickrichtung unseres Gegenübers, wobei uns das klar abgesetzte Augenweiß hilft.

Neben den Augen achten wir auch auf den Mund, weil uns dieser ebenfalls Informationen über die Stimmungen und Pläne unseres Gegenübers liefert: Lächelt uns die Person an oder fletscht sie die Zähne? So klären wir zwei überlebenswichtige Fragen auf den ersten, kurzen Blick: Droht uns Gefahr? Und: Wo kommt sie her? All dies geschieht unbewusst – dennoch wirken diese Signale auf uns.

Beim Blick auf die Augen und den Mund und deren Bewertung setzen sich weitere Prozesse in Gang, die auch als Stereotypen bezeichnet werden: Die Farbe der Augen verknüpfen wir mit weiteren Eigenschaften, wie im Fall der dunkeläugigen Südländerin und des blauäugigen Nordischen, was wiederum die damit verbundenen neuronalen Netzwerke aktiviert. Sicher, dies sind Vorurteile, doch sie wirken unbewusst und sehr stark.

8.4 Haut und Haar: Hinweise auf Jugend und Gesundheit

Haut und Haar sind Merkmale, die über Jugend und Gesundheit des Gegenübers informieren: In Studien zur Attraktivität entdeckten die Forscher, dass die Testpersonen jene Fotos von Menschen als besonders attraktiv bewerteten, deren Haut möglichst makellos war.

Das Kopfhaar gibt wichtige Hinweise auf Gesundheit, Alter, Geschlecht, Kultur und Subkultur, Epoche und gesellschaftliche Position. Die Bedeutung der Haare hat die Journalistin, Literatur- und Kulturhistorikerin Nina Bolt untersucht. In ihrem Buch „Haare – Eine Kulturgeschichte der wichtigsten Hauptsache der Welt" schreibt sie: „Hängt es fettig und trocken herab oder strähnig wie welkes Gras, so deuten wir dies als Zeichen dafür, dass es uns weder physisch noch psychisch sonderlich gut geht." Dagegen sind glänzendes, volles, lebendiges und natürliches Haar die vier Schlüsselbegriffe, die zum Beispiel in der Werbung für Haarpflegemittel das heutige Schönheitsideal wiedergeben. Und was gesund aussieht, wirkt attraktiv. Stumpfes, kaputtes, ausgefranstes Haar prägt den ersten Eindruck so negativ, dass andere Merkmale des Aussehens das Bild kaum noch korrigieren können; zu diesem Ergebnis kommt der Forscher Reinhold Bergler in einer umfassenden Studie über die Wirkung von Frisuren.

Zeigt man Frauen die Köpfe von Männern einmal mit Haar und einmal ohne, empfinden sie die Glatzen bis zu sechsmal weniger attraktiv. Auch im Arbeitsleben bringt Haarmangel eher Nachteile: Der Kommunikationsforscher Bernd Tischer legte 98 Personalchefs Bewerbungsfotos vor und fragte, wen sie zu einem Bewerbungsgespräch einladen würden. Hierbei wendete er den Trick an, einige Männer doppelt auftauchen zu lassen, einmal mit Halbglatze und einmal mit vollem Haar. Ergebnis: Die Personalchefs bevorzugten jene Personen mit vollem Haar.

Unsere Haare gehören zu jenen Merkmalen unseres Äußeren, die sich am schnellsten ändern können: Wir können sie zu einer bestimmten Form schneiden, wir können sie färben. Ähnlich unserer Kleidung lassen sie sich in unendlichen Variationen von Farbe und Form tragen, zugleich aber gehören sie zum Körper des Menschen. Dies verleiht der neuen Frisur mehr Bedeutsamkeit als nur ein neuer Mantel. Stylingprodukte, Gels und Färbemittel erlauben schnelle Variation: Am Abend sind die aufgestylt, aber morgens am Arbeitsplatz streng gekämmt. Wie wichtig das Haar als Signal ist, zeigte die heftige Reaktion von Ex-Kanzler Gerhard Schröder, als Berichte umgingen, er töne sein ergrauendes Haar. Der Niedersachse wehrte sich per Gerichtsbescheid. Seitdem darf über die Farbechtheit des Politikerhauptes nicht mehr gemunkelt werden.

8.5 Geruch als Torwächter

„Den kann ich nicht riechen!" War dies nicht auch einmal ein Urteil von Ihnen über einen Kollegen? In der Tat ist der Geruch einer Person ein wichtiges Indiz für unsere erste Bewertung. Langsam setzt sich die Erkenntnis durch, dass das Augentier Mensch auch ein Nasentier ist: Gerüche erreichen und steuern unser Unbewusstes viel stärker als bisher angenommen. Der Riechnerv, der Geruchsreize verarbeitet, führt direkt ins Gefühlszentrum des Gehirns und löst dort sofort emotionale Reaktionen aus – keine Chance für die Großhirnrinde, einzugreifen. Für die emotionalen Reaktionen ist die Amygdala zuständig, die ursprünglich die Aufgabe hatte, Geruchssignale zu verarbeiten. Sie ist direkt mit unserer Nase verbunden.

Wie Gerüche unbewusst wirken, zeigte folgendes Experiment: Probanden saßen in einem Raum und spielten Scrabble. Im Schrank befand sich ein Putzeimer mit Allzweckreiniger, der nach Zitrusduft roch. Den Zitrusduft des Allzweckreinigers bemerkte zwar keiner der Probanden bewusst, doch die Probanden legten mehr Wörter, die mit Sauberkeit zu tun hatten als die Kontrollgruppe ohne Zitrusduft und sie verließen den Versuchsraum ordentlicher. „Das Gehirn entschlüsselt automatisch die implizite Bedeutung des Zitrusdufts – „Saubermachen" , „Reinlichkeit" etc. – und setzt Verhaltensprogramme in Gang, ohne das Bewusstsein zu belästigen.", so der Neuropsychologe Christian Scheier.

So müssen wir auch bei der Kommunikation zwischen Menschen im Unternehmen davon ausgehen, dass diese ihren Geruch zumindest unbewusst aufnehmen, ihn mit einer emotionalen Bewertung speichern und dass Gerüche Verhaltensprogramme auslösen können, die ihnen unbewusst sind. Nicht allein der starke Schweißgeruch eines Kollegen löst eine Wirkung aus, sondern es gibt viel subtilere Signale, an die wir uns nicht erinnern können, wenn wir an einen Kollegen oder Vorgesetzten denken, die sich aber dennoch auf unser Verhalten mitunter stark auswirken können.

8.6 Bewegung als Superzeichen

Die Bewegung ist eines der Superzeichen eines Menschen Dies hat unter anderem der Forscher Siegfried Frey herausgefunden. In seiner Studie wollte er die Frage beantworten, wie deutsche, französische und US-amerikanische Zuschauer auf die in die TV-Nachrichten der drei Länder eingebundenen Bewegtbilder von Politikern reagieren. Hierzu zeigte er Studenten 180 Videoclips mit 60 amerikanischen, 60 französischen und 60 deutschen Politikern. Die Clips waren 10 Sekunden lang. Versuchspersonen waren insgesamt 55 amerikanische, 85 französische und 81 deutsche Studierende. Seine Untersuchung hat er in drei Ländern jeweils im Einzelversuch durchgeführt.

Im Ergebnis zeigte sich, dass die Bilder erheblich wirkten: Obwohl die Bewegtbilder nur wenige Sekunden zu sehen waren, lösten sie dezidierte Urteile der Testpersonen aus. Hierbei war es für die Geschwindigkeit des Urteils völlig unerheblich, ob die Betrachter schon eine Meinung vom Politiker hatten oder ob sie sich diese Meinung erst bilden mussten. Frey: „Offenbar entscheidet sich beim Anblick einer Person buchstäblich in Sekundenschnelle, was wir von dieser Person halten, welche Eigenschaften wir ihr zuschreiben oder absprechen, ob wir sie sympathisch finden, als langweilig erachten, als arrogant, unehrlich, intelligent, fair und anderes mehr einstufen. Und ganz anders, als dies bei einer rationalen Abwägung unseres Urteils der Fall wäre, läuft die durch das nicht-sprachliche Verhalten ausgelöste Meinungsbildung so automatisch ab, dass der Betrachter (...) kaum mehr Mühe aufwenden muss, als nötig ist, um wach zu bleiben." Somit knüpfen diese Ergebnisse an Erkenntnisse an, die Sie bereits in den vorangegangenen Kapiteln kennen gelernt haben. Was Frey interessierte war, was diese Bewertungsprozesse auslöst.

Aus dem Tierreich wissen wir, dass nur wenige Merkmale eine Rolle spielen, wenn ein Tier auf ein anderes wirkt. Dies hat Tierforscher Konrad Lorenz schon vor vielen Jahren herausgefunden – manchmal ist es ein roter Schwanz, manchmal ein paar Federn oder eine Bewegung des Kopfes. Und obwohl die Sinnesorgane der Tiere viel mehr und viel differenzierter wahrnehmen: Die Reaktion auf ein anderes Tier erfolgt anhand weniger und mitunter sehr simpler Reize, auch Superattrappen genannt.

Beim Menschen ist dies selbstverständlich anders – immerhin sind wir die Krone der Schöpfung und hochintelligent! Tatsächlich? Was sagt die Forschung? Der Vergleich der Bewegungsmuster jener Politiker, die in der Studie von Frey besonders gut abgeschnitten hatten, mit jenen, die negativ bewertet wurden, überraschte: Sobald Politiker ihren Kopf seitlich kippten, schnitten sie deutlich besser ab. Unser Sehsystem misst dieser scheinbar kleinen Veränderung enormes Gewicht bei, sie entscheidet maßgeblich den Eindruck, den eine Person auf uns macht: „Dieselben Personen, die zunächst als „sympathisch, empfindsam, zärtlich, ehrlich, bescheiden" wahrgenommen wurden, galten den Beurteilern auf einmal als „unsympathisch, kalt, hinterlistig, arrogant, hart, abweisend" – bloß weil sie den Kopf ein bisschen anders hielten", so Frey. Dies stellte sich völlig spontan ein und war für die Betrachter absolut zwingend. Diese enorme Wirkung blieb auch dann bestehen, wenn die Versuchspersonen erkannten, welcher anscheinend unbedeutende Anlass sie dazu gebracht hatten, ihre Meinung über die Person grundlegend zu ändern. Schon die leichte Neigung des Kopfes sendet uns einen so starken Reiz, dass wir die Person wesentlich sympathischer einschätzen als ohne diese Neigung des Kopfes. Das Neigen des Kopfes ist bei Frauen übrigens eines der deutlichsten Flirtsignale! Jetzt wissen wir, warum!

Das Deuten von Bewegungsmustern scheint kulturübergreifend zu sein: Die Bewegungen von Politikern führten bei Zuschauern in unterschiedlichen Nationen zu sehr ähnlichen Ergebnissen. Frey schreibt: „Es deutet sich (...) an, dass die subjektiven „Übersetzungsregeln", die bei der spontanen Interpretation nonverbaler Stimuli zur Wirkung gelangen, zumindest innerhalb einer Kultur einander so ähnlich sind, als bestünde ein heimlicher Konsens. Darüber hinaus bestätigte sich in unseren Analysen einmal mehr, dass die nonverbale Kommunikation ihre Wirkung auch über die Sprach- und Kulturgrenzen hinaus entfaltet."

Die Sprache unserer Bewegungen
Wie kann sich unser Gegenüber ausdrücken, damit dies auf uns wirkt?

- → Schultern heben und senken wir, wir schieben sie vor und zurück.
- → Der Kopf bietet mehr Möglichkeiten: Wir können ihn heben oder senken, drehen und seitlich kippen – und dies zeitgleich.
- → Unvergleichlich sind unsere Hände: Wir können sie gleichzeitig drehen, öffnen, in drei Richtungen beugen, sowie durch Armbewegungen nach oben/ unten, links/rechts und vorne/hinten verlagern. Welche Herausforderung für Forscher, die unsere Bewegungen untersuchen!

Eines der bekanntesten Erfassungssysteme für Bewegungen liefert seit den 1980er-Jahren das „Berner System zur Untersuchung nonverbaler Interaktion". Das System verfügt insgesamt über 55 Dimensionen, um Körperbewegungen zu kodieren. Berücksichtigen wir die Mimik, die laut Studien von Ekman rund 10.000 Ausdrucksmöglichkeiten kennt, kommen weitere 49 Kodierungsdimensionen hinzu, also insgesamt 104 Dimensionen. Wie auch bei den rund 10.000 Ausdrucksmöglichkeiten unserer Mimik nehmen wir auch diese vielen Bewegungsmöglichkeiten nicht bewusst wahr. Gerade hieraus beziehen sie ihre Kraft, denn auf Gesten reagieren wir enorm feinfühlig, was uns aber fast nie bewusst ist.

Kein Wörterbuch für Bewegungen
Das Problem mit Bewegungen: Schulterzucken und Kopfschütteln scheinen wir noch deuten zu können, aber für viele andere Reize gibt es kein Wörterbuch. Anders bei der Sprache: Durch Sprache können wir uns mit unserem Gegenüber über die Bedeutung eines bestimmten von uns verwendeten Wortes verständigen. Anders ist dies im Fall von Körperbewegungen: Für sie gibt es keine Bedeutung, die wir in einem Wörterbuch nachschlagen können. Wir bewerten demnach die Bewegungen eines anderen Menschen subjektiv und gefühlsmäßig, aber wir besprechen unser Urteil nicht mit ihm. So kann es sein, dass uns die andere Person durch ihre Bewegungen eine bestimmte Bedeutung vermitteln will, wir uns darum aber nicht kümmern. So kann es sein, dass wir die Bewegung anders deuten, als die Person es gern hätte. Und es kann sein, dass wir die Bewegungen der anderen Person bewerten, obwohl diese davon gar nichts weiß und sogar ohne dass diese eine bestimmte Absicht oder eine bestimmte Bedeutung damit verbunden hätte. Es liegt an uns, welche Reize wir auswählen und wie wir diese Reize bewerten. Unser Gegenüber kommt auch fast nie auf die Idee, uns danach zu fragen, wie wir seine Bedeutung deuten.

8.7 Stimmungen in der Körperhaltung

Wie können sich Gefühle auf den Körper auswirken? Tatsache ist: Verstand, Gefühle und Körper hängen eng zusammen. „Wenn Menschen denken, fühlen und handeln, tun sie dies nicht wie körperlose Gespenster. Der Körper ist immer mit im Spiel", schreibt Maja Storch im sehr lesenswerten Buch „Embodiment". Der Neurologe Damasio spricht davon, dass der Körper die Bühne der Gefühle ist.

Gefühle können sich auf die Körperhaltung auswirken, indem jemand die Haltung einnimmt, die er innerlich fühlt. Die Psychologen John A. Bargh, Mark Chen und Lara Burrows teilten Studenten eines Semesters in zwei Gruppen und verteilten sie auf zwei Hörsäle. Eine Gruppe sollte eine Arbeit über das Leben und die Einschränkungen in den Bewegungen älterer Menschen schreiben. Die andere Gruppe schrieb über Leben und Sport junger Menschen. Nachdem die Testpersonen den Hörsaal verlassen hatten, filmten die Forscher deren Bewegungen. Das Erstaunliche: Jene Studierenden, die über ältere Menschen geschrieben hatten, bewegten sich ähnlich älterer Menschen, die andere Gruppe bewegte sich ähnlich jüngerer Menschen. Keine einzige Testperson bemerkte bewusst, wie sich die Bewegungen durch den Test geändert hatten.

Die Körperhaltung kann die innere Haltung des Gegenübers ausdrücken, wofür der gebeugte Gang ein Beispiel ist. Bei der Bekanntgabe von Noten in einer US-amerikanischen Highschool richteten die Guten ihren Körper auf, die Schlechten gingen gebeugt, die Durchschnittlichen änderten ihre Haltung nicht. Interessant, aber doch nicht wirklich überraschend aufgrund der bisherigen Erkenntnisse in diesem Buch ist, dass die Studierenden auch nach vielen Jahren die Stimmung und sogar das Körpergefühl bei der Erinnerung an die Bekanntgabe abrufen können. Auch die Körperhaltung scheint demnach ein Gedächtnis zu besitzen. Die stolze Körperhaltung kann sogar ein ganzes Leben begleiten wie im Fall von Menschen, die aufrecht gehen und vielleicht sogar stolzieren, weil sie eine gehobene Stellung in der Gesellschaft einnehmen.

Bei Menschen im Unternehmen kann die Körperhaltung Informationen über die momentane Verfassung einer Person liefern, aber auch über deren Persönlichkeit: Geht ein Vorgesetzter stets aufrecht und gerade, bewerten dies die Mitarbeiter anders als wenn der gleiche Mensch stets gebeugt gehen würde, als müsste er die Last der Welt auf seinen Schultern tragen. Auch diese Bewertungsprozesse sind spontan und meist nicht bewusst.

8.8 Status

Ein Blick in die deutschen Chefetagen zeigt, dass die Großen unter sich sind. Noch nicht einmal jeder zehnte Manager in den führenden deutschen Unternehmen ist kleiner als 1,80 Meter. Fast die Hälfte ist größer als 1,90 Meter. Der deutsche Mann ist durchschnittlich 1,77 Meter groß.

Große verdienen mehr. Zu den Forschern, die dies untersucht haben, gehört Guido Heineck, Wirtschaftswissenschaftler an der Universität München. Sein Ergebnis: Bei Männern gibt es für zehn Zentimeter zusätzlicher Körpergröße vier Prozent mehr Gehalt. Ein Mann zwischen 1,85 und 1,95 Meter verdient im Schnitt 15 Prozent mehr als sein Kollege unter 1,65 Meter. Andere Forscher in den USA haben Tausende von Menschen von der Geburt bis zum Erwachsenenleben verfolgt. Menschen, die nur einen Zentimeter größer waren, erhielten 310 US-Dollar mehr Gehalt pro Jahr. Ein Mensch, der 1,82 Meter groß ist, verdient bei gleichen Startvoraussetzungen pro Jahr 4.340 US-Dollar mehr als ein anderer, der 1,68 Metern groß ist. Timothy Judge, einer der Autoren der Studie, rechnet aus, dass ein groß gewachsener Mensch im Lauf von 30 Berufsjahren 100.000 US-Dollar mehr verdient.

Die Größe eines Menschen scheint auch mit seinem Status verbunden zu sein: Der australische Psychologe Paul Wilson ließ 1968 an seiner Universität einen Fremden einen Vortrag halten. Einmal stellte er den Gast als Studenten von einer anderen

Universität vor, ein andermal als Dozenten und schließlich als einen berühmten Professor der Elite-Universität Harvard. Hinterher ließ er die Zuhörer die Größe des Vortragenden schätzen. Ergebnis: Den Professor – schätzten die Befragten fünf Zentimeter größer ein als den Studenten. Die Körpergröße scheint sich demnach mit Status, Dominanz und Macht gegenseitig beim Bewerten einer Person zu beeinflussen. Wir können dies schon sprachlich daran erkennen, dass wir zu einem großen Menschen aufschauen. Dieser Zusammenhang ist übrigens nicht aus der Luft gegriffen: Je höher die soziale Schicht, desto größer sind Männer und Frauen. Deutsche Studenten sind durchschnittlich drei Zentimeter größer als Lehrlinge.

Je größer, desto risikobereiter – eine Eigenschaft, die als eine Schlüsselqualifikation für einen hoch bezahlten Führungsjob gilt. In der Studie des Bonner Instituts zur Zukunft der Arbeit (IZA) sollten sich die Testpersonen vorstellen, sie hätten in einer Lotterie 100.000 Euro gewonnen. Eine Gruppe durfte den Betrag bei einer Bank anlegen. Mit 50 Prozent Wahrscheinlichkeit würde sich der Betrag innerhalb von zwei Jahren verdoppeln; gleich groß war das Risiko, die Hälfte des Geldes zu verlieren. Erstaunliches Ergebnis: Mit jedem Zentimeter Körpergröße stieg die Summe, die sie riskierten, um 200 Euro. Harvard-Professor John Kenneth Galbraith schreibt in seinem Buch „Anatomie der Macht": „Bedeutende Führungspersönlichkeiten verdanken einen Teil ihrer Macht ihrer physischen Stärke und Körpergröße."

Bei der Größe scheint sich übrigens zu wiederholen, was auch für die Attraktivität gilt: Die Erwartungen sorgen dafür, dass sich Menschen anders verhalten. Selbsterfüllende Prophezeiung. Daher ist auch bei der Größe aufgrund der bisherigen Forschungsergebnisse zu erwarten, dass die Großen schon als Kind selbstsicherer waren und jetzt die Erwartungen rechtfertigen, die ihre Vorgesetzten in sie setzen. Großen Menschen begegnen wir anders als kleineren Menschen, wodurch diese sich wiederum anders verhalten.

8.9 Codes der Stimme

Die Stimme kann zum ersten spontanen Eindruck von einem Menschen im Arbeitsleben entscheidend beitragen. Die Stimme gibt Wörtern Sinn und Bedeutung, sie drückt Gefühle und Stimmungen aus. In der internen Kommunikation finden wir den Einsatz der Stimme zum Beispiel in Reden, Gesprächen und Verhandlungen sowie in der Telefonzentrale.

Die beiden Kommunikationsexperten Vazrik Bazil und Manfred Piwinger berichten von einem Experiment, das die Redaktion der Vorwerk-Nachrichten vor einigen Jahren durchführte: Mitarbeiter sollten Gesprächspartner spontan so präzise wie möglich beschreiben. Das Besondere: Sie hatten zwar oft jahrelang telefonischen Kontakt, doch sie hatten weder diese Personen noch ihr Foto jemals gesehen. Das Ergebnis vorweg: Die Trefferquote war erstaunlich hoch. Die Personenbeschreibung reichte von der Körper- und Schuhgröße bis hin zur Farbe der Haare, dem Alter und zu Eigenschaften wie Hilfsbereitschaft und Aussagen wie „hat einige gute Freunde", „hat ein Haus im Grünen", „ist verheiratet und hat zwei Kinder". Manche Eigenschaften trafen hundertprozentig zu, andere waren schlichtweg falsch. Gab es Ergebnisse, die eher stimmten und solche, die oft falsch waren? Ja: Die Testpersonen konnten die Stimmen ziemlich schlecht nach Größe und Körperbau einordnen; dagegen treffen die Vermutungen über den Charakter meist zu.

Jede Stimme ist einzigartig und kennzeichnet die Persönlichkeit des Sprechers. Sprachexperten können das Alter einer Person bestimmen und die Gegend, in der sie gelebt hat, denn zwischen 5 und 15 Jahren wird die Stimme geprägt. Im Lauf des Lebens entwickelt sie sich weiter. Wie schon bei der Attraktivität (siehe Kapitel 8.2) sind sich Menschen weitgehend einig, was eine schöne Stimme auszeichnet: Männliche Stimmen ziehen wir vor, wenn sie tief, weich und langsam sind, bei Frauen sind dies eher hohe Stimmen.

Unser Gehirn prüft den Inhalt des Gesagten fast automatisch. So können wir uns auf den Klang der Stimme konzentrieren und prüfen, welche Stimmung die Person hat. Das limbische System kann den gesamten Körper auf Traurigkeit einstellen: Die Muskeln in der Kehle erschlaffen, die Stimmlippen erreichen nicht mehr die volle Spannung und schlagen viel langsamer zusammen. Die Speichelproduktion im Rachenraum sinkt. Der Mensch klingt tiefer. Wenn unser Gegenüber wütend wird, spannen sich die Muskeln im Kehlbereich an, gleichzeitig bleibt ihm fast die Spucke weg; die Stimmlippen sind jetzt kürzer, härter und erzeugen mehr Obertöne. Die höchste Sprechgeschwindigkeit ist erreicht. Die Stimme klingt schärfer und höher. Schon nach einer halben Sekunde meinen wir zu erkennen, dass unserem Gegenüber etwas die Kehle zuschnürt.

8.10 Kleidung und Symbole als Codes

Symbole, also Zeichen, die eine Bedeutung vermitteln, sagen uns etwas über die Person selbst aus. Menschen nutzen Symbole, um zu zeigen, dass sie zu einer Gruppe gehören, die sich von anderen abgrenzt. Scheier und Held nennen beispielhaft den Koffer des strebsamen Jurastudenten, das Tuch und die Perlenohrringe der angehenden Juristin, die Sandalen des Pädagogen und den Kugelschreiber in der Brusttasche des Mathematikers. „Vorurteile!", sagen Sie? Mitunter sind sie das, aber tatsächlich sind sie wichtige Ausdrucksmöglichkeit dieser Menschen und hoch wirksam, wenn wir deren Bedeutung teilen. Einmal gelernt, wirken Symbole, ohne, dass wir etwas mitbekommen. Sie vermitteln blitzschnell und hoch leistungsfähig wichtige Hinweise für unsere Bewertung der Person. Sie stützen das Vorstellungsbild, das wir von ihnen haben.

Das Arbeitsleben ist voll von bedeutenden Symbolen: Einzelbüro, Dienstwagen, Business Class im Flugzeug, eigene Assistentin, Titel auf der Visitenkarte, Spesenbudget, Firmenkreditkarte und Kunst im Büro. Wenn Führungskräfte solche Symbole nutzen, müssen wir deren Bedeutung kennen und diese positiv werten, damit sie uns beeindrucken. Ein Manager trägt eine rosa Fliege, um uns zu zeigen, dass er nicht mit der Norm geht. Wir könnten dieses Symbol allerdings auch als Zeichen der Unreife oder als Wichtigtuerei werten.

Symbole können kulturübergreifend wirken, wie im Fall von Tieren, die wir auf der Krawatte einer Person sehen; zum Beispiel steht der Löwe für Eigenschaften wie Kraft und Überlegenheit. Symbole gibt es auch in Subkulturen, wie zum Beispiel im Management, in der Forschung und in der Werbeabteilung. Deren Symbole, wie die schwarze Kleidung der Kreativen, erschließt sich oft nur dieser Gruppe.

Kleidung ist eine Symbolsprache, die von der Zeit und der Kultur geprägt sind, in der eine Person lebt und die Mitglieder einer Gemeinschaft nutzen, um ihre Bedeutung zu vermitteln: Im Arbeitsleben sind dies dunkle Anzüge (mit Weste) von Managern, der Blaumann der Arbeiter und der Arztkittel. Um die Bedeutung solcher Symbole zu entschlüsseln und einzuordnen, müssen wir sie gelernt haben. Von diesen Symbolen und deren Bedeutung schließen wir dann auf die gesamte Person. Sehen wir zum Beispiel das Bild eines ehemaligen Mitarbeiters, können wir anhand der Kleidung sagen, aus welcher Zeit dieses Bild stammt. Genau so können wir sagen, in welchem Kulturkreis dieser Mitarbeiter gelebt hat, in welcher Lebenswelt (Milieu). Anhand von Symbolen wie der Uhr oder Aktentasche könnten wir auf die gesellschaftliche Position der Person schließen oder zumindest auf jene, die diese Person gern hätte. Durch die Werbung lernen wir, welche Eigenschaften der typische Träger hat und ob das Tragen der Uhr Spaß oder Neid auslösen soll.

Apropos Uhr: Durch die Massenmedien ging die Geschichte vom Foto des ehemaligen Vorstandsvorsitzenden von Siemens, Klaus Kleinfeld. Was war geschehen? Die Presseabteilung von Siemens hatte ein offizielles Foto von Kleinfeld an alle Zeitungen in Deutschland verschickt. Dort stutzten die Fotoredakteure, denn sie hatten schon kurze Zeit vorher ein Foto erhalten, das diesem sehr ähnlich sah. Beim genauen Betrachten entdeckten sie den Unterschied: Auf dem alten Foto trug Kleinfeld eine Rolex-Uhr an seinem Handgelenk, auf dem neuen fehlte sie, sie war wegretuschiert. Dies löste einen kleinen Skandal aus, dessen Grund nicht die Tatsache war, dass Kleinfeld eine solche Uhr trug, die er sich zweifelsohne leisten konnte, sondern dass sie plötzlich fehlte. Einer der Kommentare wies darauf hin, dass jene Manager eine Rolex-Uhr tragen, wenn sie auf dem Weg nach oben sind. Oben angekommen wären andere Uhren ein angemessenes Symbol – soviel zur genau bestimmten Bedeutung von Symbolen.

Kapitel 9

Menschen als Gesamtbild

Menschen im Unternehmen begegnen sich: Sie sehen sich an, sie riechen sich, sie schütteln sich die Hand, sie hören sich zu. Viele Informationen erreichen hierdurch das Gehirn: Die Stimme ist laut oder leise, die Haltung der Arme zeigt Achselzucken oder die Hände sind in die Hüfte gestemmt, der Gesichtsausdruck ist entspannt oder verkniffen, die Hautfarbe ist rot oder blass. Das Gehirn verarbeitet sehr viele Signale sehr schnell und nahezu unbewusst. Die Sinne arbeiten Hand in Hand: Was wir von Menschen sehen, ist als neuronales Netzwerk (Kapitel 10.1) mit anderen Eindrücken verbunden.

Sämtliche Eindrücke einer Person kann deren Foto aktivieren, aber auch den Duft, wenn wir ihn gespeichert haben. Jeder aktivierte Sinn kann die anderen gespeicherten Sinneseindrücke anstoßen. Die Sinnesorgane ergänzen sich zum ganzheitlichen Erlebnis dieses Menschen. So kann das Foto einer Frau, die einen Rosenstrauß in den Händen hält, gleichzeitig einen bestimmten Duft aktivieren.

Wie entsteht aus den Einzeleindrücken eines Menschen ein Gesamtbild? Unser Gehirn empfängt Informationen von den Sinnesorganen auf mehreren Kanälen. Erst wenn unser Gehirn diese eingehenden Eindrücke kombiniert, entsteht ein Gesamtbild der Umwelt. Fachleute nennen dies sensorische Integration. Diese Integration erfolgt schon früh in der neuronalen Reizverarbeitung: Auch Hirnzentren, die auf einen einzelnen Sinn spezialisiert sind, nutzen Informationen aus anderen Sinneskanälen und tragen so dazu bei, dass sich Eindrücke sinnvoll verschmelzen. Ein Beispiel für diese Kreuzung der Sinne: Gebiete eines übergeordneten Hörareals verarbeiten auch visuelle und taktile Reize. Augen und Finger hören sozusagen mit.

Ein Beispiel aus der Sprachwahrnehmung: Wörter werden zum einen akustisch übermittelt, zum anderen bewegen sich die Lippen, was weitere wertvolle Informationen unbewusst liefert. Eine Studie von Gemma Calvert an der Oxford Universität im Jahr 2001 zeigt, dass die Wahrnehmung von Sprache die Aktivität des Hörsystems und des Sehsystems stärkt, weil hörbare und sichtbare Reize gleichzeitig im Gehirn eintreffen. Das Bewegen der Lippen scheint schon früh das Verarbeiten der Hörsignale zu unterstützen. Umgekehrt haben auch die gehörten Worte auf die visuelle Analyse der Lippenbewegungen gewirkt. Dieses Ergebnis überraschte, da die Forschung bisher davon ausging, dass die Hirnregionen für Hören und Sehen getrennt liegen. Überraschend ist auch, dass allein das stumme Bild des Sprechers schon unsere Hörrinde messbar erregt, auch wenn der Sprecher nur sinnlose Fantasiewörter aufsagt. Grimassen ließen übrigens die Hörrinde kalt.

Alle Eindrücke, die Sinne von einer Person erhalten, setzt das Gehirn ähnlich einem Mosaik zu einem Gesamteindruck zusammen. Die einzelnen Sinne sind am Gesamteindruck unterschiedlich stark beteiligt, am wichtigsten ist das Sehen. Die Sinne kommunizieren untereinander bei der Begegnung mit einem Menschen. Einige Sinne erfassen die Person gemeinsam: Die Form eines Menschen lässt sich sehen und fühlen. Andere Sinne erfüllen eine Aufgabe allein: Die Anzugfarbe kann der Mitarbeiter sehen und nur dessen Geruchssinn ihn riechen. Fest steht: Die Sinne addieren oder subtrahieren sich nicht gegenseitig, sondern sie beeinflussen sich gegenseitig stark.

Auch bei den Sinnen ist das Gehirn darauf ausgelegt, die Bedeutung von Mustern zu erkennen: Je stimmiger die Bedeutung des Musters aus allen Sinnen, desto stärker wirkt dies im Gehirn. Wenn Informationen aus einem Sinn eine Bedeutung nahe legt, reicht das für das Gehirn meist nicht aus: Erst wenn auch die anderen Sinne die gleiche Bedeutung transportieren, kann das Muster wirken. Nervenzellen feuern im Gehirn bis zu zehnmal stärker, wenn sie über mehrere Sinne angesprochen sind. „Eins und eins ergibt dann nicht mehr zwei, sondern zehn", bringt dies Neuropsychologe Christian Scheier auf den Punkt. Menschen wirken demnach wesentlich stärker, wenn sie alle Sinne ansprechen und wenn alle sensorischen Codes dieselbe Bedeutung in sich tragen und somit das gleiche Bedeutungsmuster transportieren.

Was passiert, wenn die Eindrücke beim Zusammensetzen nicht zueinander passen? Andere Menschen können ihre Gefühle nur schwer vortäuschen, denn am Ausdruck sind zahlreiche Gesichtsmuskeln beteiligt, von denen sich einige nicht bewusst steuern lassen. Neben dem Gesichtsausdruck gibt die gesamte Körpersprache des Gegenübers Hinweise darauf, was die Person tatsächlich fühlt. Täuscht der Firmenchef Lockerheit oder falsche Betroffenheit bei der Mitteilung einer schlechten Nachricht vor, können die Mitarbeiter dies schnell erkennen. Die Psychologin Maja Storch hat sich mit dem Zusammenhang von Gefühlen und Körper intensiv beschäftigt: „Wenn ein Mensch echte Gefühle hat, die er auch wirklich empfindet, äußert sich das in Bewegungen der Gesichtsmuskulatur, die teilweise nur für die Dauer von Sekundenbruchteilen auftauchen, die aber trotzdem von anderen Menschen wahrgenommen und interpretiert werden. Diese Wahrnehmung und Interpretation findet oft unbewusst, durch unser emotionales Erfahrungsgedächtnis, statt, so dass wir gar keine genaue Auskunft darüber geben können, warum ein bestimmter Mensch glaubhaft oder unglaubhaft wirkt. Die gefühlsmäßige Einschätzung über die betreffende Person sitzt jedoch meistens bombenfest."

Fazit für die interne Kommunikation ist, dass Menschen im Unternehmen stark über Signale kommunizieren, die wir kaum im Berufsalltag beachten. Solche Signale können aber maßgeblich über die Kommunikation mit diesen Menschen entscheiden, mehr als Daten und Fakten. Wer möglichst wirkungsvoll mit anderen Menschen kommunizieren möchte, sollte deshalb auch diese Wirkungen einbeziehen. Manager könnten nicht nur prüfen, ob die Power-Point-Präsentation vollständig ist, sondern sie sollten auch stark darauf achten, wie sie selbst zum Inhalt der Präsentation stehen (welche Beziehung sie zu diesem haben), denn sie werden beim Vortrag genau das transportieren. Soll also eine Führungskraft ein neues Konzept präsentieren, von dem sie selbst nicht überzeugt ist, könnte sie genau dies durch das Zusammenspiel von Mimik, Gestik und Erscheinungsbild vermitteln.

Kapitel 10

Interne Kommunikation als Lernprozess

Im Mittelpunkt der internen Kommunikation steht, dass Menschen im Unternehmen Wissen voneinander und übereinander entwickeln. Der Prozess des Aufbaus von Wissen wird als Lernen bezeichnet. Interne Kommunikation ist also ein Lernprozess: Sie hat zum einen die Aufgabe, dass den Mitarbeitern wichtige Dinge im Unternehmen bekannt sind; zum anderen sollen sie von diesen Dingen möglichst ein klares, lebendiges Vorstellungsbild entwickeln und dieses Vorstellungsbild positiv bewerten. Sie finden es gut und sind deshalb bereit, das Unternehmen in seinen Anliegen unterstützen. Dieses lebendige Vorstellungsbild ist Grundlage dafür, dass Mitarbeiter schnell und gezielt entscheiden und handeln. Diese Prozesse lassen sich auch als Lernprozesse verstehen.

Die interne Kommunikation in Unternehmen ist oft nicht geeignet, Lernprozesse auszulösen:

→ Informationen können die Mitarbeitenden nicht finden, zum Beispiel in der Flut des Intranets;
→ Mitarbeiter können sie nicht aufnehmen und verstehen, weil sie die Informationen für nicht wichtig halten oder ihnen die Bedeutung von Begriffen unbekannt sind;
→ sie sind nicht überzeugt, dass die Informationen dazu beitragen, positive Gefühle in ihnen auszulösen;
→ sie können sie nicht speichern, weil sie keine emotionale Bedeutung besitzen oder nicht oft genug wiederholt werden.

Ein Artikel über ein neues Projekt in der Mitarbeiterzeitung ist meist nach kurzer Zeit vergessen.

10.1 Kommunikation schafft Verbindungen

Die Gehirne der Mitarbeiter ändern sich in der internen Kommunikation und durch sie. Wie lässt sich dies erklären? Das Gehirn besteht aus rund 100 Milliarden Nervenzellen, deren Aktivität als „feuern" bezeichnet wird. Diese Nervenzellen enthalten Wissen über die Welt, auch über Unternehmen und dessen Mitarbeiter. Nervenzellen, auch Neuronen genannt, gehen untereinander Verbindungen ein. Hirnforscher schätzen, dass es in einem Gehirn etwa 100 Billionen Verbindungen gibt.

Nach welchen Prinzipien entstehen diese Verbindungen? Ein Erklärungsmodell, das in den 1950er-Jahren entstand und das auch heute noch anerkannt ist, stammt vom Psychologen Donald Olding Hebb. Sein Prinzip hat er „Hebbsche Plastizität" genannt. Diese entsteht, wenn zwei oder mehr Nervenzellen gleichzeitig feuern: In diesem Fall nimmt unser Gehirn beide Reize als zusammengehörig wahr, Nervenzellen verbinden sich und tauschen Informationen durch Botenstoffe (Transmitter) aus. Der Kernsatz, den Hebb hierzu formuliert hat, lautet: „Cells that fire together, wire together" (Zellen, die zusammen feuern, verbinden sich).

Die Stelle, an der die beiden Nervenzellen in Verbindung treten und Signale austauschen können, wird Synapse genannt. Jedes gemeinsame Erregen der Nervenzellen stärkt die synaptische Verbindung und sorgt für bessere Informations-übertragung. Anders ausgedrückt: Je häufiger das Gehirn beide Reize gleichzeitig wahrnimmt, desto stärker sind die Neuronen bereit, Botenstoffe zu übertragen. Dies lässt sich mit dem Prinzip des Aufbaus von Muskeln im Fitnessstudio vergleichen: Werden Muskeln oft beansprucht, erhöht sich deren Leistung – der Körper geht davon aus, dass der Muskel wichtig ist, wenn er oft genutzt wird. Ähnlich funktioniert es auch im Gehirn.

Wird die synaptische Verbindung zwischen Nervenzellen durch häufiges Benutzen verstärkt, wird dies als „Bahnung" bezeichnet. Hüther beschreibt dies mit dem Bild des Weges, der durch unwegsames Gelände gebahnt wird. Der Weg wird breiter, wenn er häufiger benutzt wird. Nach vielen Jahren ist eine breite, gut begehbare Straße entstanden. Wege verschwinden, die selten oder nicht benutzt werden. So lassen sich auch die gut gebahnten Verbindungen zwischen einzelnen Nervenzellen als gut ausgebaute breite Wege verstehen.

Umgekehrt gilt für das Bild des Muskeltrainings: Selten genutzte Muskeln senken die Leistung. Für Nervenzellen bedeutet dies, dass nicht mehr benötigte Verbindungen aus der Gehirnlandschaft verschwinden, indem sich ihre leichte Aktivierbarkeit und ihre verbesserte Übertragungsleistung zurückbilden (Motto: „Use it or lose it"). Gedächtnisforscher Eric Kandel hat bewiesen, dass es stark in die molekularen Abläufe einer Zelle eingreift, wenn sich Menschen Vokabeln einprägen, Namen, Gesichter und Geschichten. Das Merken der Telefonnummer eines Kollegen ändert das Gehirn physiologisch – dies kann sich bis in den Kern der Nervenzellen auswirken und dort veranlassen, dass die Zelle neue Proteine produziert.

Interne Kommunikation ändert das Gehirn
Was bedeutet dies für die interne Kommunikation? Die Mitarbeiter lernen zunächst durch interne Kommunikation, Informationen zu verbinden. Dies können Informationen über das Unternehmen sein, Informationen über Projekte, Informationen über den eigenen Arbeitsplatz und andere Mitarbeitende.

Je häufiger deren Gehirn die Reize gemeinsam wahrnimmt, zum Beispiel durch Lesen der Mitarbeiterzeitung und Informationen im Intranet, desto leichter können sie auf diese Verbindung zugreifen. Speichern Mitarbeiter Informationen über das Unternehmen, steigt die Leistung der „synaptischen Übertragungsmechanismen". Das Gedächtnis beruht also auf Veränderungen im Gehirn, „die erfahrungsabhängig sind und die Grundlage von Lernen bildet". Neuronale Netzwerke sind die Statistik von Erfahrungen.

Dieser Prozess wird auch als Lernen bezeichnet: Menschen lernen durch häufiges Wiederholen, Gedankenverbindungen (Assoziationen) herzustellen. Im Gehirn ist anfangs jede Zelle mit praktisch jeder anderen Zelle lose verknüpft. Im Lauf der Zeit verstärken sich diese Verbindungen oder sie werden schwächen sich – sind zwei Zellen gleichzeitig aktiv, festigt sich deren Verbindung; sind sie nie gleichzeitig aktiv, kann die Verbindung verschwinden.

Je öfter also zwei Zellen gleichzeitig feuern, desto besser werden die Verbindungen zwischen ihnen. Irgendwann sind die Zellen so gut verdrahtet, dass das Aktivieren einer Zelle auch die andere Zelle aktiviert. Neurowissenschaftler Joseph LeDoux schreibt: „Lernen besteht in der Verstärkung synaptischer Verbindungen zwischen Neuronen". Jeder Lernvorgang beruht auf diesem Mechanismus, gleichgültig, ob es darum geht, Italienischvokabeln zu lernen oder Unternehmen mit deren Merkmalen, Eindrücken, Erfahrungen, Geschichten und sensorischen Eindrücken zu speichern. Selbstverständlich entsteht das neuronale Netzwerk eines Unternehmens nicht aus den Quellen der internen Kommunikation allein, sondern zum Beispiel auch aus den Familien der Mitarbeitenden, deren Freunde sowie der Massenmedien und Konkurrenten.

Lernen und verlernen
In der internen Kommunikation kann es auch darum gehen, dass die Mitarbeiter verlernen: Dies kann Wissen sein, das nicht mehr gültig ist, wie im Fall einer neuen Unternehmenspositionierung; dies können schlechte Erfahrungen sein, wie zum Beispiel mangelnde Fürsorge des Arbeitgebers. Zum Verlernen sollten die Mitarbeiter alte Erfahrungen nicht wiederholen, sondern stattdessen neue, positive Erfahrungen ermöglicht werden. Anders ausgedrückt: Die alten neuronalen Netzwerke sind nicht weiter oder zumindest so selten wie möglich aktiv – es könnten ja noch alte Broschüren im Umlauf sein. Die nicht länger benutzten Nervenverbindungen können sich zurück bilden und neue neuronale Verbindungen ihren Platz übernehmen.

Ein einmaliger Kontakt mit einem neuen Reiz reicht meist nicht aus, alte Assoziationen zu ersetzen: Das Lesen einer Broschüre, in der das Unternehmen seine Innovationskraft darstellt, wird kaum ausreichen, dauerhafte Assoziationen aufzubauen. Dies ist einer der Gründe, warum Mitarbeiter nur schwer und sehr langwierig umlernen, wenn sich das Unternehmen ändert. Wichtig in der internen Kommunikation als Managementaufgabe ist daher, gezielt und langfristig zu planen, wie sich Wissen, Meinungen und Erfahrungen der Beschäftigten entwickeln und wie dies überzeugend und wirkungsvoll gelingen kann.

Unternehmen als neuronale Netzwerke
Im Gehirn verbinden sich nicht nur zwei Nervenzellen, sondern ganze Gruppen zu neuronalen Netzwerken („cell assemblies"). Das Gehirn legt also nicht ähnlich einem Computer Einzelinformationen passiv ab, sondern es organisiert aktiv solche neuronalen Netzwerke. Ein solches Netzwerk besteht aus vielen miteinander verbundenen Nervenzellen.

Neuronale Netze entstehen dadurch, dass ein Reiz bestimmte Muster auslöst: Beim Gedanken an das Unternehmen entsteht bei den Mitarbeitern nicht nur eine, sondern es entstehen viele Assoziationen, wie zum Beispiel Erinnerungen an Geschichten oder ein bedeutendes Erlebnis mit Kollegen oder dem Vorgesetzten. Geschieht dies wiederholt, stärkt das den gesamten Nervenkomplex. Auch für Gruppen von Nervenzellen gilt demnach die Hebbsche Plastizität: Ist ein Erregungsmuster durch häufiges Wiederholen gut gebahnt und damit zu einem neuronalen Netzwerk verbunden, ist diese Gruppe von Nervenzellen immer leichter aktivierbar.

Das Netzwerk des Unternehmens erstreckt sich in den Köpfen der Mitarbeiter über die unterschiedlichsten Hirnbereiche: Die Erinnerung an ein Ereignis, zum Beispiel eine Informationsveranstaltung, eine Abteilungssitzung oder das Betriebsfest, setzt sich aus verschiedenen Teilen zusammen, die in unterschiedlichen Arealen des Gehirns gespeichert sind. Die Gehirnregion des Hippocampus setzt die Gedächtnisbruchstücke zusammen. Alle Elemente der internen Kommunikation sollten deshalb aus einem Guss sein, damit ein starker und stimmiger Gesamteindruck vom Unternehmen entsteht.

10.2 Hinweisreize für das Gehirn

Interne Kommunikation ist ein Lernprozess, der ein Gedächtnis bei den Beteiligten aufbaut. Wichtig ist deshalb zu wissen, welche Hinweisreize (Codes, Cues) das Gehirn speichert und wo dies geschieht. Signale durch interne Kommunikation kann das Gehirn der Mitarbeiter auf drei Arten dekodieren und speichern:

1. **Wie sieht es aus?** Das Gehirn verarbeitet sensorische Eindrücke. Hier speichert das Gehirn, wie Dinge aussehen, zum Beispiel, dass die Deutsche Bank blau oder die Telekom magenta ist. Diese Verarbeitung ist sehr oberflächlich und berücksichtigt noch nicht die Bedeutung der Signale.

2. **Was bedeutet es?** Menschen speichern semantische Eindrücke, also wofür die Signale stehen, wie im Fall des Firmenlogos. Die Bedeutung ist wesentlich wichtiger als das Aussehen. Die Interpretation der Bedeutung spielt auch für die Verwendung der Sprache eine wichtige Rolle.

3. **Wann und wo habe ich es gesehen?** Mit wem war ich da zusammen? Unser Gehirn speichert episodische Eindrücke, also Geschichten, die wir mit Unternehmen und deren Leistungen verknüpfen, zum Beispiel persönliche Erfahrungen auf einem Tag der offenen Tür oder Erinnerungen an die Produktverwendung. Hier werden zeitliche Muster und Bezüge abgespeichert.

Das Gehirn speichert also keine Erinnerungen als Gesamtpaket, sondern es kodiert Signale auf drei Wegen und legt sie auch an unterschiedlichen Orten ab. Die Hirnforschung unterscheidet deshalb drei Gedächtnisarten: das sensorische, das semantische und das episodische Gedächtnis.

Das episodische beziehungsweise autobiografische Gedächtnis nimmt hierbei eine herausragende Rolle ein, weil es das größte und wichtigste Gedächtnissystem für den Menschen ist. Ein Grund hierfür ist, dass das Gehirn die vielen Informationen aus der Umwelt angemessen verarbeiten und Erwartungen bilden muss. Geschichten sind besonders gehirngerecht, weil sie bildhaft, bewegungsnah und anschaulich sind (siehe ausführlich Kapitel 16). Hirnforscher Pöppel geht davon aus, dass 80 Prozent der im episodischen Gedächtnis enkodierten Bilder mit starken Emotionen begleitet und für den Menschen wichtig sind. Hierfür benötigt das episodische Gedächtnis nur ein einmaliges Erleben (one-trial-learning). Bilder werden nur dann dauerhaft ins episodische Gedächtnis gelangen, wenn diese an bestehende positive Bilder anknüpfen, die positiv das Selbstbild der Mitarbeiter unterstützen.

In der internen Kommunikation können sie demnach über folgende Bedeutungsträger verfügen, mit denen sie Ihr Unternehmen und deren Leistungen vermitteln können: Sensorik, Symbole, Sprache und Episoden. Diese Informationen, die Menschen in ihrer Kommunikation austauschen, werden als Codes bezeichnet. Codes heißen mitunter auch Cues und können mit dem Begriff Hinweisreize übersetzt werden.

1. **Sensorische Codes:** Hiermit sind alle Reize gemeint, die wir über unsere Sinne aufnehmen, also Hören, Schmecken, Riechen, Tasten und Sehen. Sämtliche sensorische Eindrücke, zum Beispiel eine Rose, legen wir im sensorischen Gedächtnis ab. Von dort können wir das gesamte Netzwerk von jedem Sinn aus anstoßen. Beispiel Rose: Wir können uns beim Anblick des Fotos einer Rose vorstellen, wie die Rose riecht, wie sich die Blütenblätter anfühlen und wie es ist, wenn wir mit dem Zeigefinger auf die Dornenspitzen tippen. Diese Vorstellung muss irgendwo im Gehirn entstehen. Das kommt einem Anstoßen des neuronalen Netzwerkes der Rose durch einen der Sinne gleich.

2. **Symbolische Codes:** Unser Gehirn speichert Zeichen (Symbole), die stellvertretend für etwas stehen. Ein Beispiel wäre ein Logo, dass für ein Unternehmen und dessen Persönlichkeit steht, wie im Fall des BMW-Logos. Dabei ist nicht das Logo die Persönlichkeit, sondern nur das Zeichen, das stellvertretend für die Unternehmenspersönlichkeit steht (siehe hierzu mein Buch „Corporate Identity"). Weitere Symbole können zum Beispiel Gesichter sein, weil der Gesichtsausdruck einer Führungskraft etwas für den Mitarbeitenden bedeutet, das er entschlüsseln muss. Für die interne Kommunikation bedeutet dies, dass die Bedeutung der eingesetzten Zeichen im Unternehmen bekannt sein muss, zum Beispiel bestimmte Kleidung (siehe Kapitel 8.10).

3. **Episodische Codes:** Das größte Gedächtnissystem ist das episodisch-autobiografische System. Es hat die Aufgabe, alle wichtigen Ereignisse und Geschichten, die wir erlebt haben, zu speichern und uns im Bedarfsfall daran zu erinnern. Hierzu gehört die Erinnerung an den ersten Arbeitstag oder eine typische Infoveranstaltung.

Aufgrund der enormen Bedeutung dieser Codes und des Gedächtnissystems habe ich diesem Thema ein eigenes Kapitel (Kapitel 17) gewidmet. Ich stelle Ihnen dort vor, wie äußerst wirkungsvoll das Erzählen von Geschichten in der internen Kommunikation ist und warum dies eine hirngerechte Form der Kommunikation ist.

4. **Sprachcodes**: Die Sprache, die wir in der internen Kommunikation einsetzen, bietet wichtige Hinweisreize für das Gehirn. Der Einsatz betrifft Inhalte und Form der verwendeten Sprache:

→ **Inhalte der Sprache:** Was sage ich? Wichtig für die Wirkung der Sprache ist, dass sie an die Motive der Mitarbeiter anknüpft, wie dies in Kapitel 6.5 beschrieben ist.

→ **Form der Sprache:** Neben dem Inhalt der Sprache spielt die Form der Vermittlung eine wichtige Rolle. Welche Begriffe verwende ich, um die Bedeutung zu transportieren?

Die Sprachcodes speichern wir im semantischen Gedächtnis, das auch die Bedeutung von Symbolen enthält (siehe oben). Sprache kann die Bedeutung für das Motivsystem transportieren:

→ **Sicherheit:** Traditionelle Begriffe der Muttersprache, persönliche Gespräche, umgangssprachliche Wörter, Duzen, Muttersprache, Akzente und Dialekte.

→ **Erregung:** Häufig neue Begriffe, Modewörter.

→ **Autonomie:** Vorträge, mediale Mittel und Maßnahmen wie E-Mails, Verwendung von Anglizismen und typischer Managementsprache, Verwendung von Titeln und formaler Ansprache.

Das neuronale Netzwerk von Unternehmen kann also aus Faktenwissen bestehen und aus gespeicherten Geschichten, die Mitarbeiter mit diesem Unternehmen verbinden. Es kann bestehen aus Symbolen wie dem Firmenlogo. Es besteht aus sensorischen Eindrücken, ausgelöst durch Sehen (Bilder, Handlungen), Hören (Sprache, Stimme), Schmecken (Geschäftsessen), Tasten (Händedruck) und Riechen (Körperduft, Parfüm). Das Sehen spielt eine herausragende Rolle (siehe ausführlich Kapitel 18). Aktiviert ein Unternehmen alle Sinne, verankert es sich stärker als durch die Summe der Einzelreize.

Hat sich für ein Unternehmen in den Köpfen der Mitarbeitern ein solches neuronales Netzwerk gebildet, können Sie feststellen, wie viele Assoziationen sich im Gedächtnis aufgebaut haben, welcher Art diese Assoziationen sind, wie einzigartig diese Assoziationen sind und wie lange es dauert, bis wir bestimmte Assoziationen abrufen können.

Unternehmen lösen Körpergefühle aus

Die Mitarbeiter speichern nicht nur Faktenwissen, Geschichten, Symbole und sensorische Eindrücke vom Unternehmen ab, sondern auch die Erfahrungen, die sie mit dem Unternehmen gemacht haben. Ergebnis: Sie können sich erinnern, ob die Begegnung für sie angenehm oder unangenehm war. Sie können dies mitunter sogar spüren, weil sie Erinnerungen mit einem Körpergefühl markieren, einem gutem Bauchgefühl, einem Kribbeln oder Anspannung, das sich bei der Erinnerung einstellt. Hirnforscher Antonio Damasio geht davon aus, dass Menschen jedes Objekt und jede Situation mit Emotionen und den begleitenden Körperzuständen verknüpfen: Beim Gedanken an das letzte Betriebsfest könnten Erinnerungen an die Räume entstehen und daran, wie sich der Mitarbeiter gefühlt hat. Er kann sich erinnern, was er gegessen und getrunken hat und ob ihm dies geschmeckt hat. Er kann die Musik abrufen und sagen, ob er diese mochte oder nicht. Ebenso kann er sich erinnern, mit wem er gesprochen hat. Erinnerungen können entstehen an ein gutes Gespräch oder daran, wenn es zäh verlief. Diese Erinnerungen können sich auch körperlich auswirken, zum Beispiel durch ein wohliges Gefühl oder ein kurzes, leichtes Unbehagen im Bauch (siehe hierzu ausführlich Kapitel 6.3).

Informationen auf Abruf

Erinnert sich der Mitarbeiter, ruft sein Gehirn aus den Bereichen das Gespeicherte ab – mitunter bis ins kleinste Detail. Mitarbeiter können bei Bedarf sehr schnell auf das Gelernte zurückgreifen, zum Beispiel dann, wenn sie spontan entscheiden müssen, wie sie handeln sollen. Erinnerungen sind also subjektiv und höchst individuell: Ein Kollege könnte zwar die Räume, das Essen, die Musik und die Menschen ähnlich beschreiben, aber er könnte völlig andere Gefühle mit seiner Erinnerung verbinden.

Neuronale Netzwerke von Menschen im Arbeitsleben:
Faktenwissen, Geschichten, Symbole, Sensorik

+ verbundene Emotionen
+ Körperreaktionen

Abb. 19 | Bestandteile neuronaler Netze von Unternehmen

10.3 Lernen durch Wiederholung

Für das Lernen durch Kommunikation ergeben sich aus den Erkenntnissen über die Plastizität drei Grundvoraussetzungen für den Aufbau von neuronalen Netzwerken: 1. längeres Darbieten, 2. häufiges Wiederholen, 3. geringes Variieren:

→ **Längeres Darbieten:** Ein Unternehmen sollte seine Grundbotschaften über längere Zeit beibehalten. Geschieht dies nicht, kann das Gehirn die aufgebauten neuronalen Netzwerke wieder abbauen, wie im Fall eines Projektes zur Qualitätssteigerung, das nach einiger Zeit ohne Erinnerungen daran wieder vergessen wurde.

→ **Häufiges Wiederholen:** Neuronale Netzwerke entstehen durch häufiges Wiederholen, ähnlich dem Lernen von Vokabeln. Auf die gleiche Weise lernen Mitarbeiter, Ihr Unternehmen mit Wissen und Gefühlen zu verbinden. Eine wichtige Rolle für die Zahl der Wiederholungen hat die emotionale Bedeutung der Information: Je emotionaler, desto stärker wird sie gespeichert werden (siehe unten).

→ **Geringes Variieren:** Unser Gehirn sucht ständig nach neuen Informationen, die vor Gefahren warnen oder das Wohlbefinden steigern – es lässt sich nicht daran hindern. Jedoch lässt die Aufmerksamkeit nach, wenn identische Information mehrmals aufeinander folgen. Lässt die Aufmerksamkeit nach, sinkt auch die Lernkurve („Wer müde ist, lernt schlechter"). In der internen Kommunikation sollten daher die Botschaften immer neu dargestellt beziehungsweise variiert werden, damit sie das Interesse der Mitarbeiter dauerhaft wach halten. Doch Vorsicht: Ist die Abwechslung zu stark oder häufig, verhindert dies den Aufbau von nachhaltigen Gedächtnisspuren – die Mitarbeiter können die Informationen nicht einordnen, sie könnten unklar und diffus wirken. Fazit: Informationen sollten neu sein, aber nicht zu weit von dem entfernt, was die Mitarbeiter wissen.

10.4 Gefühle als Lernturbo

Mitarbeiter lernen in der internen Kommunikation nicht nur durch Wiederholung, sondern besonders stark durch negative und positive Erlebnisse, wie jeder weiß, der schon einmal eine sehr unangenehme Begegnung mit seinem Vorgesetzten hatte oder dem ein Kollege in einer brenzligen Situation geholfen hat. Aus diesen mit intensiven Gefühlen verbundenen Erfahrungen lernen die Mitarbeiter besonders schnell. Gute und schlechte Gefühle werfen einen „Lernturbo" an, sagt Hirnforscher Manfred Spitzer.

Dieser Lernturbo funktioniert in zwei getrennten Systemen: Das eine System sorgt dafür, dass der Mitarbeiter aus Schlechtem lernt, was er künftig meiden sollen. Das andere System sorgt dafür, dass er aus Gutem lernt, was er folglich künftig suchen sollte. Gefahren meiden und Wohlbefinden suchen, ist Leitmotto des Gehirns (siehe ausführlich Kapitel 6.5). Soll sich also der Mitarbeiter entscheiden, ob er sein Wissen weitergibt, ruft sein Gehirn mit seinen Erinnerungen auch jene Gefühle ab, die er beim Lernen hatte.

Die schlechten Erfahrungen graben sich tiefer ein als die guten, weil es für das Überleben wichtiger ist, Gefahren zu meiden, als sich wohl zu fühlen. Das Alarmsystem ist sehr alt. Es war überlebenswichtig, als es darum ging, Bedrohungen durch wilde Tiere und Feinde schnell zu erkennen und dieser Gefahr zu entgehen. Dieses System funktioniert auch heute noch sehr gut: Verbindet ein Mitarbeiter seinen Vorgesetzten mit dem Gefühl der Angst, weil er sich von Zeit zu Zeit durch ihn attackiert fühlt, ruft er dieses Gefühl ab. Folge: Er will weitere schlechte Gefühle vermeiden und versucht daher, seinem Vorgesetzten aus dem Weg zu gehen. Angst ist also ein schlechter Lehrmeister für alles, was Mitarbeiter tun sollen.

Damit nicht genug: Angesichts der erlebten Angst fällt es dem Mitarbeiter schwer, Aufgaben kreativ zu lösen, die sein Vorgesetzter ihm stellt. Der Grund ist, dass Menschen in Gefahren alles darauf konzentrieren, den Quellen der Angst zu entkommen – das Denken ist dann stark eingeengt. „Kreatives und freies Denken sind stark behindert, da das Gehirn sich möglichst an die simpelsten, irgendwie funktionierenden Schemata hält", so der Hirnforscher Manfred Spitzer. Folge: Was Mitarbeiter unter Angst gelernt haben, können sie später nicht mehr für kreatives Problemlösen einsetzen. „Angst und kreatives Problemlösen schließen sich aus: Das ist wie Sauerkraut und Vanillesauce – das passt nicht zusammen!", so Spitzer. Dies weist eindeutig darauf hin, dass ein Führungsstil, der auf Angst und Druck aufgebaut ist, für das dauerhafte Lernen und Umlernen der Mitarbeitenden und zum Freisetzen von positiver Energie zur Lösung von Problemen völlig ungeeignet ist.

Durch Glücksstoffe zum lernen
Für das, was Mitarbeiter tun sollen, haben sie ein anderes System: das Belohnungssystem. Sie haben es ausführlich in Kapitel 6.5 kennen gelernt. Die Kommunikation zwischen den einzelnen Teilen des Belohnungssystems läuft über den Botenstoff Dopamin, einen der so genannten Neurotransmitter, die Signale zwischen den Nervenzellen übermitteln. Die Ausschüttung des Glücksboten Dopamin ist mit einem guten Gefühl verbunden, das Menschen zum Handeln anleiten kann. Das Belohnungssystem sorgt dafür, dass Menschen Vorfreude empfinden, wenn sie an ein Gespräch mit Kollegen denken. Besonders aktiv ist das Belohnungssystem, wenn die Erwartung an das Gespräch übertroffen wird. In diesem Fall will sich das Gehirn diese unerwartet gute Erfahrung besonders gut merken, um sie zu wiederholen. Umgekehrt kehrt Enttäuschung ein, wenn die Erwartung ausbleibt und ein Gespräch mit dem Vorgesetzten nicht so reibungslos abläuft, wie sich das der Mitarbeiter vorgestellt hatte.

Fazit: Das Gehirn ist zum Lernen gebaut. Glück ist der Mechanismus, über denen Menschen lernen, was gut und wichtig für sie ist. Mitarbeiter lernen also nicht, um glücklich zu sein, sondern sie sind glücklich, damit sie lernen. Noch einmal: Grundsätzlich ist das Gehirn zum Lernen ausgelegt, es kommt aber darauf an, dass das zu Lernende wichtig für die Mitarbeitenden ist und mit einer möglichst großen Belohnung einhergeht.

10.5 Ergebnisse des Lernens

Als Ergebnis der Lernprozesse kann das Unternehmen feststellen,

- → ob die Mitarbeiter bestimmte Gedankenverbindungen (Assoziationen) mit dem Unternehmen aufgebaut haben,
- → welcher Art diese Assoziationen sind (kognitiv, emotional),
- → wie viele Assoziationen dies sind,
- → wie einzigartig diese Assoziationen sind,
- → ob diese Assoziationen sympathisch oder unsympathisch sind,

→ wie lange es dauert, bis die Mitarbeiter die einzelnen Assoziationen abrufen können.

Die Assoziationen können sich auf die Leistungen des Unternehmens beziehen, oder die Gefühle, die mit dem Unternehmen verbunden sind. Die Assoziationen können sich auf Texte und Bilder beziehen, wobei bildhafte Assoziationen stärker verhaltenswirksam sind (siehe Kapitel 18).

Die interne Kommunikation kann demnach durch das Gestalten neuronaler Prozesse

→ **das Gedächtnis aufbauen:** Die interne Kommunikation kann neue Netzwerke aufbauen wie im Fall eines Firmenzukaufs, bei dem die Mitarbeiter lernen, bestimmte Eigenschaften mit dem neuen Unternehmen zu verbinden.

→ **Gedächtnisstrukturen stärken:** Die interne Kommunikation kann bestehende Gedächtnisstrukturen stärken oder vertiefen, indem sie Wertungen bestärkt, die die Mitarbeiter bereits hatten.

→ **Gedächtnisstrukturen überschreiben oder löschen:** Die interne Kommunikation kann beitragen, alte Gedächtnisstrukturen zu überschreiben, indem die Mitarbeiter Prozesse, Vorgesetzte oder den Umgang miteinander anders wahrnehmen als zuvor. Zum Beispiel ist ein Unternehmen offener und gesprächsbereiter als es die Mitarbeiter bisher kannten.

→ **Gedächtnis erweitern:** Die Mitarbeiter können durch interne Kommunikation Seiten am Unternehmen kennen lernen, die sie vorher noch nicht kannten.

Kapitel 11

Interne Kommunikation ist eine Managementaufgabe

Ein Unternehmen ist ein lebendiges, kompliziertes und vielgestaltiges System, in dem viele Kräfte wirken – teils zusammen, teils nebeneinander, aber auch gegeneinander. Die interne Kommunikation sollte dies berücksichtigen: Zum Beispiel sollte die interne Kommunikation zwischen allen Beteiligten abgestimmt und koordiniert verlaufen – also zwischen Führungskräften, Personalabteilung, Betriebsrat, Geschäftsleitung und natürlich den Mitarbeitern selbst. Außerdem sollte sie sich an folgenden Rahmenbedingungen orientieren:

→ Sie trägt zum Erreichen der Unternehmensziele bei.
→ Sie berücksichtigt die Kultur des Unternehmens sowie gesellschaftliche Werte und Normen.
→ Sie drückt das Selbstverständnis des Unternehmens aus.
→ Sie sollte die Unternehmensgrundsätze und Führungsgrundsätze berücksichtigen.
→ Sie berücksichtigt Einstellungen und Verhalten der Mitarbeiter.
→ Sie muss das Corporate Design des Unternehmens berücksichtigen, also das visuelle Erscheinungsbild.
→ Sie ist eng mit der Externen Kommunikation abgestimmt.

Vielen Mitarbeitern ist der Sinn ihrer Tätigkeit nicht mehr klar, sie können die Frage nicht beantworten, was fehlen würde, wenn es dieses Unternehmen nicht gäbe.

Unternehmen wie IBM und Henkel besinnen sich in jüngerer Zeit auf ihren Gründer: Welche Gründungsidee hatte er? Wofür hat er gekämpft? Welche Hindernisse und Barrieren musste er überwinden? Wie wollte er das Leben der Menschen bereichern? Hermann Becker, Leiter Unternehmenskommunikation von Porsche Austria, erzählte in einem Vortrag im Jahr 2006: „Ich bin fest davon überzeugt, dass die Geschichte eines Unternehmens so etwas wie eine Seele ist und diese Seele prägt die Menschen, die in diesem Unternehmen arbeiten, wenn man nicht darauf vergisst, diese Seele auch immer wieder zu zitieren (...) Gerade ein Unternehmen wie Porsche, wo Familien- und Unternehmensgeschichte so stark verwoben ist und über alle Eigentümer-Generationen hinweg auch Automobilgeschichte geschrieben wird, ist dieses Bewusstsein ein unglaublich bewegendes und motivierendes Element. Und dann werden sie verstehen, dass so Ereignisse, die diese Geschichte fortschreiben, wie die jüngste Beteiligung der Porsche AG am Volkswagenkonzern – beinahe wie ein erotischer Moment empfunden wird."

Dies fehlt in vielen Unternehmen. Sie warten darauf, dass der Markt ihnen sagt, was sie brauchen, wollen, wünschen und erwarten. Daher fehlt immer mehr Unternehmen ein einzigartiges Profil und sie erscheinen austauschbar. Essenziell also, eine Handlungsgrundlage zu formulieren, die den Mitarbeitern eine klare Orientierung gibt, die Mitarbeiter als Gemeinschaft zusammen schweißt und Energie frei setzt. Diese Grundlage besteht aus einem Belohnungsversprechen für seine Mitarbeitenden: Warum ist es so einzigartig belohnend, in diesem Unternehmen zu arbeiten und sich für dessen Ziele einzusetzen, im Vergleich mit anderen? Sie merken schon: Wenn Sie diese Frage nicht beantworten können, dann könnten Ihre Mitarbeiter auch woanders arbeiten in Zeiten des zunehmenden Fachkräftemangels ein ernstes Problem. Hilfreich ist es dann, aus dem Belohnungsversprechen jene Erfolgsfaktoren abzuleiten, die das Erfüllen des Belohnungsversprechens ermöglichen (siehe ausführlich Kapitel 11.3).

11.1 Kommunikation ist Selbstverständnis

Interne Kommunikation ist eine Frage des Selbstverständnisses des Unternehmens. Ist das Selbstverständnis nicht mehr zeitgemäß, kann es sich entwickeln. Dieser Prozess des systematischen und langfristigen Gestaltens des Selbstverständnisses eines Unternehmens und das Vermitteln an die internen und externen Bezugsgruppen habe ich Corporate Identity Management (CIM) genannt.

Corporate = Unternehmens-, gemeinsam

Identity = Identität, Selbstverständnis

Corporate Identity Management = Systematisches Gestalten des gemeinsamen Selbstverständnisses eines Unternehmens

---

Abb. 20 | Corporate Identity heißt Selbstverständnis gestalten

Wie sieht ein solcher Prozess aus?
→ Die Unternehmensleitung ermittelt das Selbstverständnis im Unternehmen in der Geschäftsleitung, bei Führungskräften und Mitarbeitern.
→ Dieses derzeitige Selbstverständnis vergleicht sie mit den eigenen Wünschen und Erwartungen sowie denen der Mitarbeitenden und des Umfeldes.
→ Auf dieser Basis entscheidet das Unternehmen, ob es sein Selbstverständnis ändern möchte und wie es sein soll.
→ Es entwickelt Maßnahmen, um das vorhandene Selbstverständnis zu einem angestrebten Selbstverständnis zu entwickeln. Dieses angestrebte Selbstverständnis des Unternehmens vermittelt Erscheinungsbild, die Kommunikation und das Verhalten nach innen und außen.
→ Sind die Vorgaben erreicht, wird geprüft, ob das erreichte Selbstverständnis noch zeitgemäß ist.

Das Gestalten des gemeinsamen Selbstverständnisses ist nie zu Ende: Es wird immer wieder kritisch geprüft, um festzustellen, ob die Identität weiterhin den sich ändernden internen und externen Erwartungen und Anforderungen gerecht wird.

Um einem Missverständnis vorzubeugen: Oft wird Corporate Identity so (miss-)verstanden, dass es darauf ankommt, dass alles gleich ist, gleich aussieht, gleich denkt. Das ist in einem Unternehmen, in dem unterschiedlichsten Persönlichkeiten miteinander arbeiten, weder sinnvoll noch machbar.

Statt dessen handelt es sich um eine gemeinsame Absprache, wie sich die Gemeinschaft im Unternehmen in wichtigen Punkten sieht und sehen will, weil dies die Zufriedenheit steigert, aber auch, weil dies für das Überleben und den wirtschaftlichen Erfolg des Unternehmens wichtig ist. Deshalb kann das gemeinsame Selbstverständnis auch auf der Wertschätzung von Vielfalt beruhen (Diversity).

Wichtig ist auch, dass ein Unternehmen nicht nur erkennt, was es sein will, sondern auch, wie es durch eigene Kompetenz und Leistung glaubhaft sein kann.

Interne Kommunikation und CI
Interne Kommunikation spielt für die Corporate Identity eine wichtige Rolle:

- → Sie unterstützt das Finden und Formulieren des Selbstverständnisses.
- → Sie kann es kommunizieren, damit es jeder im Unternehmen kennt.
- → Schließlich hängt vom Selbstverständnis des Unternehmens, seinen Werten und Normen auch die interne Kommunikation selbst ab.

11.2 Interne Kommunikation ist Kultur

Ausgangspunkt der Gestaltung des Selbstverständnisses ist die gelebte Unternehmenskultur, also Werte, Normen und Grundannahmen. Der Begriff Unternehmenskultur steht für

- ▷ **Werte:** Das, was ein Unternehmen für Wünschenswert hält.
- ▷ **Normen:** Was das Handeln leitet.
- ▷ **Grundannahmen:** Was das Handeln begründet.

Sie bestimmt, was wichtig ist und was das Denken und Handeln der Menschen im Unternehmen leitet. Kultur und Kommunikation beeinflussen sich gegenseitig: Soll sich die Unternehmenskultur ändern, muss sich auch die internen Kommunikation ändern – und umgekehrt.

Kommunikationskultur ist, was in der Kommunikation wünschenswert ist und wie hier gehandelt werden soll. Sie zeigt sich zum Beispiel darin,

- → ob die Mitarbeiter rechtzeitig und umfassend informiert werden;
- → ob und welcher Kontakt nach oben und über Abteilungsgrenzen hinweg besteht;
- → ob Kommunikation ein Instrument ist, um Unterschiede im Betrieb aufzuzeigen;
- → ob Kommunikation mit den Mitarbeitern eine wichtige Führungsaufgabe ist, die ernst genommen und deren Einhaltung belohnt und bestraft wird;
- → wie Versammlungen verlaufen: Melden sich die Mitarbeiter zu Wort und diskutieren lebhaft, oder beschränkt sich die Veranstaltung auf Musik von vorn, also von der Geschäftsleitung?

Auch hier zeigt sich Kommunikationskultur: Wie reden Manager mit ihren Mitarbeitern? Wie reden die Mitarbeiter miteinander? Gibt es Tabuthemen, über die keinesfalls gesprochen wird? Wie ist der Briefstil des Hauses? Wie funktioniert die Gerüchteküche? Wie werden Konflikte und Kritik behandelt? Wie verhalten sich Telefonistinnen und Sekretärinnen? Jedes Unternehmen bildet eine eigene „Firmensprache" heraus: Die Mitarbeiter reden miteinander knapp, voll von geheimnisvollen Abkürzungen oder sehr leger. Ein neuer Mitarbeiter beachtet, ob man sich „siezt" oder „duzt", ob Kritik offen vorgetragen oder hinter dem Berg gehalten wird.

Die Kommunikationskultur hat sich im Lauf der Zeit entwickelt. Aspekte verfestigen sich, die das Überleben des Unternehmens oder seiner Mitarbeiter sichern. Sie gelten als selbstverständlich und werden an neue Mitarbeiter weitergegeben. Jeder weiß, „was man sagt" und was nicht.

Die Kommunikationskultur stabilisiert das Geschehen im Unternehmen. Sie ist immer vorhanden – es ist nicht möglich, dass ein Unternehmen keine Kommunikationskultur besitzt. Jedes Unternehmen hat seine eigene Kultur – selbst in der gleichen Branche und unter gleichen äußeren Bedingungen. Jedes Unternehmen ist damit einzigartig, weil es seine eigene unverwechselbare Entwicklung hat, weil in jedem Unternehmen andere Menschen mit anderen Erfahrungen und anderen Charakteren arbeiten und sich andere Werte und Normen entwickelt haben. Stimmt die Kommunikationskultur mit den Wünschen und Erwartungen der Mitarbeiter überein, erhöht dies die Zufriedenheit der Mitarbeiter und damit deren Motivation und Leistung.

Kommunikationskultur kann sichtbar oder unsichtbar sein. Eine besondere Rolle spielen hierbei heimliche Spielregeln. Der Berater der Gesellschaft Arthur D. Little, Peter Scott-Morgan, beschreibt in seinem gleichnamigen Buch, dass es heimliche und offizielle Spielregeln gibt. Die Herausforderung liegt nun darin, diese heimlichen Spielregeln aufzudecken, weil sie häufig das Verhalten entscheiden. Gelingt dies nicht, bleiben Probleme unerkannt, die sich negativ auf die Kommunikation niederschlagen können.

Offizielle Spielregeln	Heimliche Spielregeln
Arbeite kooperativ	Zeige Ellenbogen
Äußere Deine Meinung...	...solange sie nicht von der des Chefs abweicht
Äußere offen Deine Kritik	Kritisiere niemals Deinen Chef
Der Mensch steht im Mittelpunkt	Das System hat immer recht
Sei offen und ehrlich	Sei clever und smart!
Stelle Dich der Kritik	Vermeide Kritik, sie ist unbequem
Baue Brücken	Grenze dich ab!
Zeige Neugierde, stelle Fragen	Besserwisserei kommt weiter
Stelle Bestehendes in Frage	Halte fest, was Du hast
Zeige Initiative	Sei solide
Zeige Kreativität und Flexibilität	Sei stabil
Orientiere Dich am Team	Orientiere Dich an Regeln
Sei mobil	Sei bodenständig
Toleriere Fehler	Sei zuverlässig und seriös
Zeige Verantwortungsfreude	Sei pflichtbewusst

Abb. 21 | Heimliche und offizielle Spielregeln im Unternehmen

Stärken der Vergangenheit können die Schwächen der Zukunft sein

Eine starke Kommunikationskultur ist stabil. Zum Problem wird sie, wenn sie nicht mehr zeitgemäß ist – Konflikte sind die Folge:

→ Hat der Vorgesetzte seine Mitarbeiter bislang unterrichtet und sie im korrekten Ausführen ihrer Arbeitstätigkeit angewiesen, soll er heute Prozesse begleiten, offen und aktiv informieren.
→ Wurden früher Informationen einseitig im Interesse des Unternehmens weiter gegeben, soll heute ein Meinungsspektrum deutlich werden, aus dem sich der Mitarbeiter das für ihn überzeugendste Argument heraussucht.

→ Standen früher auf den Arbeitsplatz bezogene Inhalte im Vordergrund, soll heute über alles informiert werden, was den Mitarbeiter interessiert - zum Beispiel über das Verhalten der Konkurrenz.

Veränderungen scheitern daher oft nicht an den Schwächen von Unternehmen, sondern an den Stärken. Ein Beispiel: Jahrzehntelang trainierten Führungskräfte in Seminaren, wie sie die Mitarbeitenden von Lösungen überzeugen können, die sie selbst für richtig hielten. Jetzt sind viele mit ihrem Latein am Ende, denn die gegenwärtigen Herausforderungen lassen sich weder mit Manipulation noch mit brachialer Gewalt lösen. Große Herausforderungen warten somit auf die Unternehmen, die vor dem Hintergrund fortschreitender Internationalisierung unterschiedliche Kulturen in EINEM Unternehmen harmonisieren müssen.

Voraussetzung für einen Kulturwandel
Die Kultur im Unternehmen kann sich wandeln, wenn sich die Unternehmensleitung klar und deutlich hierzu bekennt und dieses Bekenntnis sichtbar lebt. Auch die Mitarbeitenden müssen diesem Wandel zustimmen, weil sie sich eine Belohnung daraus erwarten. Dies unterstreicht die Forderung, dass interne Kommunikation eine Aufgabe der Geschäftsführung ist. Führungskräfte sollten Vorbilder sein. Sie können keine offene Kommunikation von ihren Führungskräften fordern, wenn sie dies nicht selbst leben. Worte und Taten müssen übereinstimmen: Ködert ein Unternehmen neue Mitarbeiter in Stellenanzeigen mit der Erwartung auf einen attraktiven Arbeitsplatz und einem guten Betriebsklima, muss es dies bieten können. Der neue Stelleninhaber wird schon bei der Einarbeitung erkennen, ob die Versprechungen zutreffen.

Was zählt im Unternehmen?
Die interne Kommunikation steht und fällt mit der Kultur des Unternehmens: Ist sie wichtig? Steht der Begriff nur für Information und Unterrichtung? Das Aufdecken und systematische Gestalten der Firmenkultur ist daher essenziell für eine funktionierende interne Kommunikation.

Die Probleme in der internen Kommunikation kommen auch daher, dass die Verantwortlichen nicht verstehen, was die Mitarbeiter wirklich wollen. Warum also nicht einige Mitarbeiter einen Tag lang bei ihrer Arbeit begleiten, um mehr über Sie zu erfahren? Zu viel Aufwand? Überlegen Sie, dass seit Jahrzehnten Veränderungsprozesse zum Teil weit hinter den Erwartungen zurück bleiben, weil die Mitarbeiter diese Prozesse nicht unterstützen wollen, können oder dürfen. Wäre vor diesem Hintergrund der Aufwand nicht doch lohnend?

Wer interne Kommunikation gestalten will, sollte das gemeinsame kulturelle Referenzsystem verstehen, das diese Menschen anwenden. Diese Prägungen schaffen ein Bezugssystem, auf das die Menschen dieser Kulturen zurückgreifen, ohne sich dessen bewusst zu sein.

Das Problem: Mit herkömmlichen Methoden der Marktforschung, vor allem Befragungen, in denen die Mitarbeiter ihren Verstand einschalten, kommen Sie der Kultur oft nicht auf die Spur. Die Frage lautet also, wie sich die Kultur eines Unternehmens verstehen und messen lässt. Forscher führen deshalb zum Beispiel mehrstündige Workshops durch, in denen sie die Mitarbeitenden zunächst vom Verstand kontrolliert über Einschätzungen vom Unternehmen sprechen lassen. Der letzte Schritt ist der wichtigste: Die Mitarbeiter erzählen in entspannter Atmosphäre und ohne große gedankliche Kontrolle:

→ **Erste Erfahrungen:** Diese prägen die Mitarbeiter.

→ **Intensivste Erfahrungen:** Diese werden am intensivsten gespeichert („Gefühle sind Lernturbo", Kapitel 10.4).

→ **Letzte Erfahrungen:** An diese wird sich deshalb so gut erinnert, weil sie am kürzesten zurückliegen und daher gedanklich schnell verfügbar sind.

Der aktuelle Stand der Forschung lässt vermuten, dass sich die Zufriedenheit der Mitarbeiter aus dem Mittelwert aus intensivsten und letzten Erinnerungen ergibt.

Sie können Geschichten erzählen lassen. Dies wird den Mitarbeitern leichter fallen als Fragebögen auszufüllen. In ihren Geschichten erzählen die Mitarbeiter über das, was sie sehen, erleben, fühlen, welche Erfahrungen sie mit Vorgesetzen machen und wie sie vergangene und bestehende Veränderungen einschätzen. Die Erfahrung in vielen Unternehmen zeigt, dass Mitarbeiter viele Geschichten zu erzählen haben, die sie auch untereinander verbinden. Die Mitarbeiter können natürlich auch Geschichten erzählen, wie sie sich die Zukunft des Unternehmens vorstellen.

11.3 Das Belohnungsversprechen

Der Kern des angestrebten Selbstverständnisses eines Unternehmens kann dessen einzigartiges Belohnungsversprechen sein. In diesem Belohnungsversprechen ist jenes einzigartige belohnende Gefühl formuliert, das die Mitarbeiter erleben, wenn sie im Unternehmen arbeiten und dessen Anliegen unterstützen. Kapitel 6.5 hat gezeigt, wie wichtig ein solches emotionales Belohnungsversprechen für die Mitarbeitenden, aber auch für die externen Bezugsgruppen des Unternehmens ist. Wichtige Kernfragen zur Entwicklung des Belohnungsversprechens lauten:

→ Was kann ich vom Unternehmen und seinen Leistungen erwarten?
→ Was kann ich nicht erwarten?
→ Wie werde ich mich fühlen, wenn ich in diesem Unternehmen arbeite?
→ Wie werde ich auf andere wirken?

Zur Formulierung des Belohnungsversprechens haben sich drei Bestandteile bewährt:

→ **„Ich bin..."**: Hier kann das Unternehmen beschreiben, in welcher Branche es sich befindet, wie es sich in diese Branche einordnet. Dies kann aber auch ein Beziehungsangebot gemäß der Transaktionsanalyse sein (siehe Kapitel 7.2).

→ **„der Dir...."**: Hier beschreibt das Unternehmen, welchen Sinn es hat (also nicht der Zweck wie das Erwirtschaften von Gewinn). Wie also will das Unternehmen das Leben der Menschen bereichern? Was sind seine Leistungen?

→ **„damit Du..."**: Dieser Teil beschreibt, wie sich die Mitarbeiter im Unternehmen fühlen, zum Beispiel geborgen, angeregt oder stark und kraftvoll.

11.4 Die Erfolgsfaktoren

Die Erfolgsfaktoren begründen, warum das Unternehmen sein Belohnungsversprechen einzigartig erfüllen kann. Begriffe wie „kompetent" reichen hierbei nicht aus: Solche Begriffe sind ungenau, jeder kann sie anders auslegen und es entsteht keine lebendige Vorstellung von der Bedeutung dieses Begriffes. Zudem würde dies jedes Unternehmen von sich behaupten. Stattdessen sollte das Unternehmen lebendig und deutlich wahrnehmbar vermitteln, was es unter diesem Begriff versteht, wie sich dessen Kompetenz zeigt und wie es diese weiterentwickelt, damit sich die Bezugsgruppen ein klares Vorstellungsbild davon machen können: Hat es lange Erfahrung im Markt? Beherrscht es bestimmte Arbeitstechniken? Fühlen sich die Menschen wohl? Worin zeigt sich, dass das Unternehmen besonders gut auf seine Mitarbeiter eingehen kann: Spricht die Firmenleitung regelmäßig mit ihnen? Hat sie stets eine offene Tür für sie? Holt sie sich deren kritisches Feedback ein?

Meist sind es folgende Erfolgsfaktoren:

→ **Mitarbeiter:** Sie setzen sich mit allen Kräften dafür ein, das Belohnungsversprechen zu erfüllen, zum Beispiel, indem sie noch bessere Produkte schaffen, neue Ideen suchen, nah am Kunden sind und hohe Leistung bringen.

→ **Wissen des Unternehmens:** Wo entsteht Wissen? Wie verbreiten die Mitarbeiter ihr Wissen, damit es alle nutzen können? Wo suchen sie die Unterstützung von Experten? Wo trennen sie sich von Wissen, das nicht mehr zeitgemäß ist?

→ **Herstellverfahren oder Zutaten:** Spielt der Ort der Herstellung eine Rolle für das Belohnungsversprechen? Baut das Unternehmen Rohstoffe unter besonderen lokalen Bedingungen an, zum Beispiel unter besonderen klimatischen Verhältnissen?

→ **Netzwerke:** Wo kooperiert das Unternehmen mit anderen? Wie arbeitet das Unternehmen mit diesen Experten? Wie setzen sie gemeinsam das Belohnungsversprechen um?

Durch interne Kommunikation erfahren die Mitarbeitenden, welches Belohnungsversprechen das Unternehmen hat und wie es diese Belohnungsversprechen einzigartig erfüllt. Das Vermitteln durch interne Kommunikation erfordert das gezielte und abgestimmte Vorgehen aller Beteiligten, damit das Belohnungsversprechen von allen Mitarbeitenden gelernt und von diesen auch glaubwürdig und widerspruchsfrei gelebt wird. Dieses abgestimmte Vorgehen ist im Konzept für die interne Kommunikation festgehalten.

Kapitel 12

Interne Kommunikation ist systematisch geplant

Interne Kommunikation sollte systematisch, sorgfältig und vorausschauend geplant werden, damit sie erfolgreich ist. Das Konzept für die interne Kommunikation ist der schriftliche Verhaltensplan, quasi das Drehbuch. Er legt fest, wie die interne Kommunikation im Unternehmen in den kommenden Jahren ablaufen sollte, damit alle Beteiligten mit ihr zufrieden sind.

Warum ist systematisches und vorausschauendes Vorgehen so wichtig für die interne Kommunikation?

→ **Abgestimmtes Vorgehen:** Um die Mitarbeitenden für das gemeinsame Erreichen der Unternehmensziele zu gewinnen, benötigen diese ein lebendiges Vorstellungsbild (siehe Kapitel 8). Verläuft interne Kommunikation nicht abgestimmt, können Widersprüche entstehen, die das lebendige Vorstellungsbild trüben. Alle an der Kommunikation im Unternehmen Beteiligten sollten daher abgestimmt kommunizieren, also Führungskräfte, Personalabteilung, Geschäftsleitung, Mitarbeiter und die Verantwortlichen für die externe Kommunikation. Hierfür ist ein Gesamtkommunikationskonzept unerlässlich.

→ **Lernen:** Die Mitarbeitenden sollen das Unternehmen mit Eigenschaften verbinden lernen, damit sie wissen, wofür ihr Unternehmen steht und welche einzigartige Belohnung sie von ihm erwarten können (siehe Kapitel 11.3). Voraussetzung für das Lernen sind Beständigkeit, Wiederholung und Variation (siehe Kapitel 8). Das Konzept beschreibt diesen Lernprozess.

→ **Bedarfsgerecht:** Wünsche und Bedürfnisse der Mitarbeitenden nach Kommunikation können höchst unterschiedlich sein. Das Konzept berücksichtigt diese Unterschiede. Dies erhöht die Sicherheit, dass Sie Kommunikation ermöglichen, die die Mitarbeiter anspricht und ihnen gefällt. Bedarfsgerecht bedeutet auch, dass sie nicht auf ein Zuviel oder Zuwenig hinausläuft. Beides schadet. Genau jene Kommunikation findet statt, die der Situation und dem Bedarf der Beteiligten gerecht wird. Ein Medium allein reicht nicht aus - eine Zeitung kann nie allen gefallen. Auch ist das Kommunikationsverhalten von Mitarbeitenden abhängig von der Situation und den Themen. Menschen kommunizieren dann über eine Situation, wenn sie sich ihrer bewusst geworden sind, sich betroffen fühlen und der Meinung sind, zur Lösung des Problems beitragen zu können. Je stärker sie betroffen sind, desto eher suchen sie aktiv nach Informationen und schließen sich mit Gleichgesinnten zusammen. Solchen Umständen sollte die Gestaltung der Kommunikation gerecht werden.

→ **Glaubwürdig:** Ein glaubwürdiger Austausch im Unternehmen muss sorgsam aufgebaut und entwickelt werden. Meinungen festigen sich nur dann, wenn sie langfristig aufgebaut sind. Informationen und Argumente müssen gelernt werden, damit sie dauerhaft verankert werden.

→ **Frühzeitig:** Kommunikation bewirkt umso mehr, je früher sie beginnt und gezielt in den Prozess der Informationssuche der Mitarbeitenden eingreift.

→ **Zukunftsplanung:** Das Konzept legt fest, wie sich Ihre interne Kommunikation in den kommenden Monaten und Jahren entwickeln wird. Das zwingt Sie, einen Blick in die Zukunft zu werfen. Sie sollten prüfen, worauf Sie sich einstellen und mit welchen künftigen Entwicklungen, Themen und Problemen Sie rechnen müssen.

→ **Mittel- und Maßnahmenplanung:** Im Konzept planen Sie, wie Sie Ihre verfügbaren Mittel einsetzen: Zeit, Geld und Personal. Dies ist deshalb wichtig, damit Sie nicht den Fehler begehen, sich viel zuviel vorzunehmen.

Das Konzept für Ihre interne Kommunikation trägt dazu bei, dass Sie durch die Beschäftigung damit zunächst selbst ein lebendiges Vorstellungsbild von Ihrem Vorgehen entwickeln. Überdies dient das Konzept dazu, alle an der Kommunikation beteiligten zu koordinieren, damit keine Widersprüche entstehen.

Geltungsbereiche für das Konzept
Das Konzept für Ihre interne Kommunikation kann sich beziehen auf:

→ **Langfristige interne Kommunikation:** Die interne Kommunikation kann auf mehrere Jahre ausgerichtet sein. Sinnvoll ist ein Zeitraum von etwa drei Jahren.

→ **Projekte:** Die interne Kommunikation unterstützt strategisch wichtige Projekte Ihres Unternehmens, zum Beispiel dessen weit reichenden Wandel oder die Einführung von Qualitäts- oder Wissensmanagement.

→ **Mittel und Maßnahmen:** Das Konzept kann sich auf Mittel und Maßnahmen beziehen wie die Mitarbeiterzeitung, das Intranet oder eine Mitarbeiterveranstaltung.

Schnittstellen der internen Kommunikation können die Personalabteilung (zum Beispiel im Hinblick auf Führungskräftekommunikation) und die Weiterbildung sein (siehe auch Kapitel 13.2).

Vorgehen
Das Erstellen des Konzeptes für die interne Kommunikation ist anspruchsvoll und komplex. Alle Beteiligten im Unternehmen sollten sich gut absprechen. Das Konzept enthält Aussagen zu vier Bereichen:

1. **Schritt – Analyse:** Sie bestimmen Ihre Kommunikationspartner, sammeln Informationen über sie (zum Beispiel deren Wünsche und Erwartungen an die Kommunikation), bewerten hieraus Ihre Stärken und Schwächen und formulieren konkrete Aufgaben für Ihre interne Kommunikation.

2. **Schritt – Planung:** In der Planung legen Sie fest, was Sie mit Ihrer internen Kommunikation erreichen wollen, auf welchem Weg und durch welche Mittel und Maßnahmen.

3. **Schritt – Kreation:** Sie gestalten die festgelegten Mittel und Maßnahmen.

4. **Schritt – Steuerung und Kontrolle:** Sie legen fest, wann und wie Sie kontrollieren und ob Sie Ihre Ziele erreicht haben.

Im Planungszeitraum von drei bis fünf Jahren wird sich Ihre Situation derart ändern, dass Sie die Konzeption kontinuierlich bewerten und anpassen müssen. Erst nach drei Jahren zu prüfen, ob Sie das Ziel erreicht haben, reicht nicht aus!

Zur ausführlichen Lektüre des Konzeptionsprozesses empfehle ich das Buch „Wie kommt System in die interne Kommunikation? Ein Wegweiser für die Praxis" von Ulrike Führmann und Klaus Schmidbauer.

12.1 Analyse

Die Analyse hat zur Aufgabe, dass Sie sich ein klares Bild von Ihrer Ausgangssituation machen und hieraus die konkreten Aufgaben für Ihre interne Kommunikation ableiten. Nathalie Noll rät in ihrem Buch „Gestaltungsperspektiven Interner Kommunikation", sich einen Überblick zu verschaffen über

→ Die Informations- und Kommunikationsbedarfe des Managements und der Mitarbeiter;
→ das Kommunikationsverhalten der Mitarbeiter (Vorgesetzten-Mitarbeiter-Kommunikation; Gruppenkommunikation und Ähnliches);
→ die Richtung der Kommunikation (top down-/bottom up-Kommunikation, dialogorientierte Kommunikation; hierarchie- und bereichsübergreifende Kommunikation und Ähnliches);
→ die Kommunikationsfähigkeit der Mitarbeiter, insbesondere der Führungskräfte;
→ spezifische Kommunikationsprobleme (zum Beispiel mangelnde Kommunikation zwischen einzelnen Abteilungen oder Unternehmensbereichen);
→ den Institutionalisierungsgrad der internen Kommunikation (zum Beispiel in Form von internen Kommunikationsgrundsätzen);
→ vorhandene interne Informations- und Kommunikationsinstrumente und -medien;
→ den Grad der informellen Kommunikation.

Wichtig für die Analyse ist, dass die Beteiligten die bisherige, aber auch die künftige interne Kommunikation bewerten: Fühlen sie sich ausreichend informiert? Stimmt der Austausch? Wie zufrieden sind sie? Was kennen, was wissen, was meinen und was fühlen sie? Welche Erwartungen haben sie an die künftige interne Kommunikation? Das Vorgehen ist ausführlich in Kapitel 21 beschrieben.

Dieser Blick in die Zukunft kann Weichen zeigen, die schon heute gestellt werden können, wie die Entwicklung zu mehr Beteiligung durch Social Media (siehe Kapitel 16).

Die gesammelten Informationen können Sie nach Stärken und Schwächen bewerten. Aus ihnen ergeben sich die konkreten Aufgaben für die interne Kommunikation. Nicht vergessen: Sind Stärken erkennbar, werden sie möglichst zum Lösen der Kommunikationsprobleme eingesetzt. Oft konzentrieren sich Konzeptioner zu sehr auf die Schwächen.

Bei der Auflistung der Aufgaben ist es hilfreich, zwischen der Organisation von Kommunikation und dem Inhalt (Bekanntheit, Information, Einstellungen) zu unterscheiden:

→ **Aufgaben der Organisation** wie zum Beispiel: Mitarbeiter stärker in die interne Kommunikation einbeziehen, notwendige Informationsversorgung aller Stellen gewährleisten; Informationswege verkürzen, Informationsfluss beschleunigen, Informationssystem gegen Störungen weniger anfällig machen (siehe ausführlich Kapitel 13).

→ **Aufgaben der Kommunikation (Inhalte):** über Unternehmensziele informieren, positive Meinung der Führungskräfte zur Unternehmensstrategie stärken, Betriebsklima durch den Ausbau der internen Kommunikation verbessern.

12.2 Planung

Kernelemente der Planung von interner Kommunikation sind die Ziele, die Strategien sowie die Mittel und Maßnahmen. Zur Planung gehören zudem noch die Zeit- und die Budgetplanung, die sich aus diesen drei Kernelementen ergibt.

Ziele

Aus den Aufgaben leiten Sie die Ziele ab, also jenen Zustand, den die interne Kommunikation bei den von Ihnen bestimmten Bezugsgruppen erreichen soll. Dies könnten Sie auch als geplante Wirkung Ihrer internen Kommunikation bezeichnen (siehe auch Kapitel 4). Die Ziele enthalten den Inhalt, das Ausmaß und den Zeitbezug. Beispiele:

→ In einem Jahr ist allen Mitarbeitenden bekannt, dass es eine neue Unternehmensstrategie gibt.
→ In einem Jahr wissen sie, welche Inhalte die neue Strategie hat und welchen eigenen Beitrag sie zur Umsetzung leisten können.
→ Sie meinen, dass diese Strategie den Erfolg des Unternehmens sichern kann.
→ Sie sind bereit, sich für die neue Unternehmensstrategie einzusetzen und diese durch ihren eigenen Beitrag zu unterstützen.

Ein organisatorisches Ziel könnte sein, dass in drei Jahren alle Mitarbeitende mit einem Computer ausgestattet sind oder es zweijährlich eine Mitarbeiterbefragung per Intranet geben wird.

Bei langfristigen Zielen (drei bis fünf Jahre) ist es hilfreich, Zwischenziele zu formulieren ("Nach einem Jahr ist...", "Nach zwei Jahren ist...."), damit Sie kontrollieren können, ob Sie die geplanten Ziele erreichen können und werden.

Strategien
Strategien geben an, auf welchem bestmöglichen Weg Sie das Ziel erreichen können, also mit dem optimalen Einsatz Ihrer Ressourcen an Zeit, Geld, Personal etc. Strategien ermöglichen, alle Aktivitäten zu koordinieren und die Beteiligten auf ein gemeinsames Ziel auszurichten, dem sie sich verpflichten. Strategien können sich zum Beispiel beziehen auf

→ Kernbotschaften des Unternehmens (Argumentationsstrategie): Mit welchen Argumenten soll die Meinung der Mitarbeitenden aufgebaut, gestärkt oder verändert werden? Die zentralen Kommunikationsinhalte geben an, was sich bei den Mitarbeitenden einprägen soll. Sie müssen noch nicht als konkrete Botschaften formuliert werden – dies geschieht in der Gestaltungsphase.
→ Kommunikationswege: Die Information über die Unternehmensziele könnten entweder die Firmenleitung zentral übernehmen oder die Führungskräfte dezentral in den jeweiligen Abteilungen.
→ Einsatz von Mitteln und Maßnahmen (Gattungs- bzw. Kanalstrategie): Die Informationen können schriftlich erfolgen oder im persönlichen Gespräch, um auf Gegenargumente und Befürchtungen einzugehen.
→ Reichweite und Kontakte (Mediastrategie): Wie können die beabsichtigten Mitarbeiter erreicht werden und dies oft genug, damit diese lernen?

```
Information – Austausch
Top down – bottom up
Zentral – dezentral
Langsam ansteigend – schnell
```

Abb. 22| Wichtige Strategien in der internen Kommunikation

Mittel und Maßnahmen
Die Wahl der Mittel und Maßnahmen entscheidet darüber, über welche Kanäle die Kommunikation erfolgt. Dies können Diskussionsveranstaltungen für Führungskräfte und Informationsmedien für Mitarbeiter sein (siehe ausführlich Kapitel 15.1).

Zeitplan
Der Zeitplan hält die Aktionen fest und zeigt die einzelnen Tätigkeiten im Zeitablauf. Er ist auf Aufnahmefähigkeit, Aufnahmebedürfnis und -bereitschaft der Mitarbeitenden abgestimmt. Für die Zeitplanung bewährt haben sich praktische Instrumente wie Zeitraster und Checklisten.

Budgetplanung
Die Etatplanung gibt an, was alles zusammen kostet. Sie beinhaltet nicht nur Kosten für die Herstellung der Medien, zum Beispiel einer Broschüre oder einer Mitarbeiter-

zeitung, sondern auch alle Personal- und Agenturkosten. Nur so entsteht ein vollständiger Überblick über die Ausgaben. Wird deutlich, dass für die Maßnahmen nicht genügend Geld verfügbar ist, müssen die Ziele neu formuliert werden. Es ist nicht möglich, mit der Hälfte des Budgets die gleichen Ziele zu erreichen.

12.3 Kreation

Strategien werden konsequent in wirksame Text-, Bild- und Aktionsideen umgesetzt. Siehe Kapitel 15.

12.4 Steuerung und Kontrolle

Maßnahmen durchführen und nicht kontrollieren macht wenig Sinn, denn schließlich wollen die Beteiligten wissen, ob die interne Kommunikation ihr Ziel erreicht und ob sich die Mühe gelohnt hat. Die Kommunikationsziele sind also Vorgaben für die Bewertung.

Die Maßnahmen können vor, während und nach der Durchführung bewertet werden. Durch eine laufende Kontrolle können die Verantwortlichen frühzeitig Schwachstellen erkennen und gezielt eingreifen.

Die abschließende Bewertung beantwortet die Frage, ob die Ziele erreicht worden sind und ob das Problem gelöst ist: Wissen die Beteiligten jetzt, was sie wissen sollen? Haben die Beteiligten jetzt jene Meinung, die sie haben sollen? Bewerten die Beteiligten die Kommunikation als zufrieden stellend? Wer nicht prüft, ob eine Mitarbeiterzeitung akzeptiert wird und welche Informationsleistung sie erbringt, wird Probleme haben, die Ausgaben zu begründen. Wird dagegen Kommunikation – wie hier beschrieben – systematisch geplant, kann geprüft werden, ob das Kommunikationsziel erreicht wurde.

Für die Kontrolle sollten Sie drei Fragen beantworten:

1. **Was** prüfen Sie? Antwort: die formulierten Ziele.
2. **Wann** prüfen Sie die Zielerreichung? Vor der Kommunikation, während und nach ihr.
3. **Wie** prüfen? Siehe hierzu ausführlich Kapitel 21.

Zeitpunkte

Sie können Ihre Kommunikationsmaßnahmen bewerten, bevor Sie diese an die Mitarbeiter richten, währenddessen oder danach – oder zu allen drei Zeitpunkten:

→ **Pretest (Vortest):** Ein Pretest bewertet Ihre Kommunikation, bevor sie stattfindet. Die Ergebnisse können Sie mit den Werten nach dem Einsatz Ihrer Mittel und Maßnahmen vergleichen und darüber hinaus vor ihrem Einsatz testen, ob diese in Inhalt und Form tatsächlich Ihren Mitarbeitern entsprechen.

→ **Laufende Untersuchung (In between test):** Sie beantwortet die Frage, ob die Kommunikation wie geplant ankommt und ob diese Ihre Ziele erreichen. Durch fortlaufendes Prüfen und Kontrollieren erkennen Sie Schwachstellen und können Ihr Handeln anpassen. Hierbei helfen Zwischenziele (auch Meilensteine genannt), die Sie während einer Aktion oder Kampagne prüfen.

→ **Nachträgliche Untersuchung (Posttest):** Sie untersucht die Frage, ob Ihre Kommunikation nach einem Zeitablauf erfolgreich war, zum Beispiel nach einer Kampagne, und was Sie das nächste Mal besser machen können. Vor allem sollten Sie bewerten, ob Sie Ihre Kommunikationspartner erreicht haben, welche Informationen diese aufgenommen und wie sie sie verarbeitet haben sowie welche inneren Bilder entstanden sind beziehungsweise verändert wurden.

Zur Erfolgskontrolle siehe ausführlich Kapitel 21.

Analyse	Was kennen die Beteiligten? Was sollten sie kennen? Was wissen die Beteiligten? Was sollten Sie wissen? Was fühlen die Beteiligten? Was sollten Sie fühlen? Wie bewerten die Beteiligten die interne Kommunikation? Welche Schwächen gibt es? Welche Stärken?
Planung	Welches Ziel hat die Kommunikation? Was soll wann bekannt sein, was soll gewusst werden, was soll gefühlt werden? Auf welchem Weg wird das Ziel erreicht? Information oder Kommunikation? Aufbauend, haltend oder abbauend, zentral oder dezentral? Wer ist in die Kommunikation einbezogen? Welche zentralen Kommunikationsinhalte werden vermittelt? Wer wird in welcher Reihenfolge einbezogen? Welche Instrumente werden eingesetzt? In welchem Zeitablauf? Was kostet das Gestalten der Kommunikation? Kurzfristig, mittelfristig, langfristig?
Umsetzung	Wie werden Aktionen, Bilder, Texte genau gestaltet? Wie sieht das Faltblatt aus? Was zeigt das Mitarbeitervideo, was steht in der Zeitung?
Kontrolle	Wann soll kontrolliert werden? Vor, während und nach der Kommunikation? Wie soll kontrolliert werden? Durch Befragung, Telefonate, persönliche Einschätzung, Workshops?

Abb. 23 | Checkliste für die systematische Planung der internen Kommunikation

Kapitel 13

Interne Kommunikation ist professionell organisiert

13.1 Koordinierte interne Kommunikation

Interne Kommunikation als Führungsaufgabe erfordert die Abstimmung zwischen den Beteiligten, also vor allem zwischen Geschäftsleitung und Führungskräften, damit bei den Mitarbeitern das klare Vorstellungsbild vom Unternehmen und seinen Leistungen entstehen kann (Big Picture). Hierfür muss auch der Einsatz aller Kommunikationsinstrumente systematisch geplant werden und koordiniert erfolgen, um das widerspruchsfreie Vorstellungsbild vom Unternehmen zu erzeugen.

Die Abstimmung der Kommunikation umfasst mehrere Dimensionen:

→ **Inhaltlich:** Ihre Kommunikation ist thematisch abgestimmt. Abstimmung meint nicht, dass alle Führungskräfte wortgenau das Gleiche sagen sollten. Wichtig ist, dass die Verantwortlichen für die interne Kommunikation über ausreichend Wissen verfügen und einen Überblick haben, welche Botschaften die Führungskräfte vermitteln, damit sich diese nicht widersprechen und damit das lebendige Vorstellungsbild von Ihrem Unternehmen und seinen Produkten trüben.

→ **Formal:** Welche Gestaltungsrichtlinien gelten? Dies beinhaltet die bestehenden formalen Unternehmenskennzeichen wie Name und Logo.

→ **Zeitlich:** Stimmen Sie die Maßnahmen zeitlich aufeinander ab, damit eine Führungskraft nicht Informationen vermittelt, die eine andere noch zurückhält, zum Beispiel um einen günstigen Zeitpunkt abzuwarten.

→ **Instrumentell:** Welche Maßnahmen setzen Sie ein? Ergänzen sich diese Maßnahmen?

→ **Objekt:** Ist die interne Kommunikation auch in weiteren Firmenteilen und Gesellschaften abgestimmt?

→ **Partnerintegration:** Koordinieren Sie Ihre eigene Kommunikation mit derjenigen Ihrer Wirtschaftspartner, Lieferanten und Unternehmen mit Handelsaufgaben etc.

→ **Personell und organisatorisch:** Aus einem gemeinsamen Kommunikationskonzept, das auch die Organisation der Beteiligten regelt, leiten alle Beteiligten ihre Entscheidungen und ihr Handeln ab (siehe Kapitel 12).

Die Organisation der internen Kommunikation stellt sicher, dass sich alle Beteiligten angemessen austauschen und abstimmen können – interdisziplinäre Teams, Projektmanagement und Netzwerke spielen hierbei eine große Rolle. Geeignete Prozesse müssen die gezielte Koordination und Kontrolle ermöglichen und übergreifendes Zusammenarbeiten stärken. Hierbei wird die persönliche Kommunikation durch nichts zu ersetzen sein, weil sie für das Zustandekommen von Vertrauen essentiell ist. Alle Beteiligten sollten sich angemessen austauschen und auf das Kommunikationskonzept sowie auf Leitbilder und Material zugreifen können, um die angemessene Umsetzung der Kommunikation zu gewährleisten.

Die organisatorischen Voraussetzungen umfassen beteiligte Personen, Rollen und Verantwortlichkeiten, Prozesse, Strukturen, die eingesetzte Informationstechnologie sowie die Kommunikationskultur.

13.2 Beteiligte

Die Menschen sind für die Organisation der Kommunikation entscheidend, denn sie sind es, die kommunizieren. Sie haben die wichtigsten Beteiligten schon in Kapitel 5 kennen gelernt. Folgende Fragen sind besonders wichtig:

→ **Zahl:** Sie entscheidet über die Leistungsfähigkeit der internen Kommunikation. In vielen mittelständischen Unternehmen übernimmt diese Aufgabe eine einzige Person. Sie wird diese nicht professionell erledigen können, wenn sie nicht durch externe Hilfe dauerhaft unterstützt wird, zum Beispiel eine Kommunikationsagentur. Zu den Beteiligten zählen auch die Führungskräfte, die essenziell sind für die interne Kommunikation.

→ **Ausbildung:** Sind die Mitarbeiter der Kommunikationsfunktion(en) ausgebildete Profis oder Quereinsteiger? Wie stellen Sie im Fall des Quereinstiegs sicher, dass die Mitarbeiter durch angemessene Ausbildung professionell arbeiten und nicht überfordert sind? Die Erfahrung in der Praxis zeigt, dass die Verantwortlichen für interne Kommunikation sehr unterschiedliche Vorkenntnisse haben – einige könnten schon Kommunikationsfähigkeiten besitzen, andere nicht; einige haben ihre Kenntnisse aus dem Marketing, andere aus der Werbung oder den PR.

→ **Weiterbildung:** Wie entwickeln die Beteiligten in der internen Kommunikation ihre Fähigkeiten, Kenntnisse und Fertigkeiten weiter? Gefragt ist zum Beispiel Wissen über das Intranet als eines der wichtigsten Maßnahmen in der internen Kommunikation ist (siehe Kapitel 15.3.3). Hier entwickelt sich innerhalb kurzer Zeit so viel, dass kontinuierliche Weiterbildung oft essenziell für den Kommunikationserfolg ist. Gefragt sind zum Beispiel oft auch Fremdsprachenkenntnisse, weil mittlerweile viele Unternehmen international tätig sind. Sprachen lassen sich nicht von heute auf morgen lernen. Im Konzept für die interne Kommunikation könnten Sie festhalten, welche Ziele Sie innerhalb welcher Zeit erreichen müssen und wollen und mit welchen Maßnahmen Sie dies tun (konzentriertes Sprachstudium mit Auslandsaufenthalt, berufsbegleitende Seminare etc.).

Welche Qualifikation wird heute in der internen Kommunikation benötigt?

→ **Fachkompetenz:** Grundlagen der Kommunikation, aber auch Kenntnisse in Betriebswirtschaft, um den Gesamtzusammenhang der Kommunikation und deren Wertschöpfung für das Unternehmen bewerten zu können.

→ **Methodenkompetenz** wie zum Beispiel vernetztes Denken und strategisches Denken, Handlungsorientierung.

→ **Sozialkompetenz:** Kommunikationsfähigkeit mit den vielen Kommunikationspartnern, Kenntnisse in Teambildung. Externe Dienstleister können diese Fähigkeiten und Fertigkeiten vermitteln.

13.3 Rollen und Verantwortlichkeiten

In der internen Kommunikation sollten verantwortliche Funktionen eingerichtet sowie Rollen und Verantwortlichkeiten geklärt sein. In den meisten Unternehmen geschieht dies nicht sorgfältig genug, was dazu führt, dass keiner weiß, wer für etwas zuständig und wer verantwortlich ist. Daher sollten Sie Schlüsselrollen und Kompetenzen von Entscheidungsträgern vorab definieren, klar abgrenzen, im Unternehmen kommunizieren und fest verankern.

Typische Rollen und Verantwortlichkeiten sind:

→ **Der Gesamtverantwortliche** für die Gestaltung und Entwicklung der internen Kommunikation: In kleineren und mittleren Unternehmen übernimmt diese Aufgabe oft der Inhaber, der Geschäftsführer oder ein Assistent der Geschäftsleitung. In größeren Unternehmen gibt es eigene Experten für interne Kommunikation oder den Verantwortlichen für Kommunikation, Funktionen, die oft als Stabsstelle der Geschäftsleitung verankert sind. Der Gesamtverantwortliche leitet aus den kurz-, mittel- und langfristigen Unternehmenszielen die Ziele der internen Kommunikation ab. Er stimmt sich mit den anderen Kommunikationsfunktionen im Unternehmen ab (zum Beispiel PR-Abteilung, Werbung). Er steuert und kontrolliert die Kommunikation, damit sie den Wert des Unternehmens steigert.

→ **Der Kommunikationsverantwortlichen in den Abteilungen und Gremien:** In jeder Abteilung gibt es einen Kommunikationsverantwortlichen. Diese Rolle wird die Person meist nicht hauptberuflich wahrnehmen, besonders nicht in Vertriebsbüros mit nur wenigen Mitarbeitern. Wichtig ist jedoch, dass es einen Ansprechpartner gibt. In internationalen Unternehmen nimmt oft der Geschäftsführer des Landes diese Rolle wahr.

→ **Der Sponsor in der Geschäftsführung**, am besten der Vorstandsvorsitzende, sichert die erforderliche Unterstützung des Top-Managements.

→ **Unterstützende Funktionen** sind zum Beispiel die Weiterbildungs- und die Personalabteilung: Die Weiterbildungsabteilung ist zum Beispiel verantwortlich für die Weiterbildung und das Training der Führungskräfte in Sachen Kommunikation. Hierzu gehören Seminare zur Gesprächsführung und Rhetorik-Trainings. Die Personalabteilung ist eine wichtige Schnittstelle, wenn es darum geht, die Qualität der Kommunikation zwischen Führungskraft und Mitarbeiter in die Mitarbeitergespräche aufzunehmen.

13.4 Strukturen

Interne Kommunikation hilft, die Kommunikationsziele und damit die Unternehmensziele zu erreichen. Die erste Frage lautet, wo die interne Kommunikation aufgehängt ist. Die richtige Anbindung kann bedeutend sein, damit Entscheidungen schnell getroffen und umgesetzt werden können. Gibt es einen für die interne Kommunikation zuständigen Vorstand? Gewährleistet also die Struktur des Unternehmens eine angemessene interne Kommunikation? Ist die Funktion irgendwo im Unternehmen angesiedelt, kann sie ihre Aufgaben nicht optimal erfüllen: Zu lange dauert es, bis Informationen, wenn überhaupt, zu den Verantwortlichen gelangen, zu gering sind die Chancen, Entscheidungen herbeizuführen, die für die Arbeit wichtig sind.

Ist die interne Kommunikation organisatorisch in der Unternehmensführung angesiedelt, zeigt dies nach innen und außen, wie bedeutend sie ist. Trifft die Unternehmensleitung wichtige Entscheidungen, können entsprechende Konsequenzen direkt in die Arbeit der Führungskräfte einfließen. Entscheidungen über wichtige Maßnahmen können notfalls auch kurzfristig getroffen und ständig aktualisiert werden. Immer wichtiger wird es, Signale des Umfeldes aufzunehmen und gezielt in die Entscheidungen des Unternehmens einfließen zu lassen. Ein enger Kontakt zwischen dem Verantwortlichen für interne Kommunikation und der Geschäftsleitung kann dies sicherstellen. Diese Vorteile spüren Verantwortliche in kleinen und mittleren Unternehmen viel schneller als Kollegen in großen Firmen, in denen die Entscheidungswege oft viel länger und Diskussionen zäher sind.

Mit der Schaffung und Einordnung der internen Kommunikation in die Firmenleitung stellt also die Geschäftsführung wichtige Weichen für die spätere Arbeit. Es gibt jedoch noch weitere Voraussetzungen, die organisatorisch geklärt sein müssen:

→ **Interne Kommunikation ist eine eigenständige Aufgabe:** Die Aufgaben der Funktion Kommunikation müssen exakt bestimmt und von ähnlichen Funktionen deutlich abgegrenzt sein. Dies sichert die professionelle, langfristig ausgerichtete Planung.

→ **Jede Führungskraft ist für Kommunikation verantwortlich:** Kapitel 5.1 hat aufgezeigt, wie wichtig es ist, dass alle Führungskräfte an einer funktionierenden internen Kommunikation beteiligt und für sie verantwortlich sind.

→ **Bei Großunternehmen:** Die Verantwortlichen für Kommunikation in den Gesellschaften und Ländern schließen sich zu einem Netzwerk zusammen. Vorteil: Die Kommunikation bleibt eine eigenständige Aufgabe, die leichter zu finanzieren ist, da die Mitarbeiter Hauptaufgaben haben. Gefahr: Kommunikation wird nur nebenher betrieben. Das Koordinieren von Kapazitäten und Aufgaben der Teammitglieder kann schwierig sein.

Zu den Strukturen gehört auch, ob Sie ein Redaktionsteam einsetzen. Dies eignet sich für die Sammlung von Themen für die interne Kommunikation, aber auch für das Erstellen von Texten, zum Beispiel für Intranet und die Mitarbeiterzeitung.

13.5 Prozesse

Prozesse stellen die Zusammenarbeit sicher. Prozesse sind Handlungsketten mit definiertem Ergebnis. Für die Kommunikation sollen angemessene Prozesse die konsistente Kommunikation und die erforderliche Aktualität sicherstellen. Geeignete Prozesse müssen gezielte Koordination und Kontrolle ermöglichen und die übergreifende Zusammenarbeit stärken. Dies ist zum Beispiel deshalb notwendig, damit sich die Verantwortlichen auf gemeinsame Kommunikationsaussagen einigen und diese angemessen umsetzen. Netzwerke und Workshops spielen hierbei eine herausragende Rolle. Die persönliche Kommunikation wird hierbei durch nichts zu ersetzen sein, denn sie ist für das Zustandekommen von Vertrauen unerlässlich.

Immer wieder auftretende Prozesse können Sie schriftlich festhalten (SOPs, Standard Operating Procedures), zum Beispiel für das Erstellen von Mitteilungen im Intranet. Hierdurch sind sie verbindlich und jeder kann sie nachlesen.

Die „SOPs" legen zum Beispiel fest,

→ wer an der internen Kommunikation beteiligt ist,
→ wer wen in welcher Reihenfolge informiert,
→ wie lange die einzelnen Beteiligten sich rückmelden können, um Änderungen vorzunehmen.

Zu den wichtigen Prozessen in der internen Kommunikation gehören

→ Informationsprozesse (wie gelangen Informationen von der Geschäftsleitung an die Verantwortlichen für Interne Kommunikation)
→ Abstimmungsprozesse (wie ist die Abfolge für die Freigabe von Texten?)
→ Koordinationsprozesse (wie gelangt eine Meldung ins Intranet?).

Sie sollten prüfen, welche festgelegten Abläufe es geben sollte und wie Sie diese gestalten.

Prozesse lassen sich danach einteilen, in welcher Richtung sie verlaufen:

→ **Die Information von oben nach unten ("top down"):** Der Vorgesetzte gibt Informationen an seine Mitarbeitern weiter, er erteilt einen Auftrag und gibt die zur Ausführung notwendigen Informationen. Dies setzt sich kaskadenartig im Unternehmen fort: Der Vorstand informiert seine unmittelbaren Führungskräfte, zum Beispiel Fachbereichsleiter. Diese geben die Informationen an ihre unmittelbaren Mitarbeiter weiter: die Hauptabteilungsleiter. So gelangen Informationen weiter bis zum Abteilungsleiter, die wiederum ihre Gruppenleiter und diese schließlich die Mitarbeiter unterrichten.

→ **Von unten nach oben ("Bottom up"):** Hier läuft der Kommunikationsfluss genau andersherum: Der Mitarbeiter informiert seinen Vorgesetzten (Meister oder Fachgruppenleiter) zum Beispiel über den Erfolg einer Dienstreise oder einer Verhandlung, dieser wiederum informiert seinen Vorgesetzten (Abteilungsleiter) und so weiter.

→ **Vernetzte Kommunikation:** Es informieren sich Kollegen aus verschiedenen Abteilungen oder untereinander ohne Einhaltung des Dienstweges über Vorfälle, die sich für den anderen zu wissen lohnen. Der Weg ist schnell und unbürokratisch, die Einhaltung des Dienstweges nicht notwendig. Die Information zwischen Stab und Linie kann auch als eine Art Querinformation gesehen werden. Für die vernetzte Kommunikation eignen sich die Social Media in der internen Kommunikation hervorragend (siehe Kapitel 16).

Vor allem in Großunternehmen zeigt sich oft, dass das Prinzip „von oben nach unten" nicht funktionieren KANN. Einfacher Grund: Es gibt keine durchgehenden Kommunikationswege. Dies trifft besonders auf die Arbeit von Gremien und Arbeitsgruppen zu, da oft unklar ist, wer für Kommunikation zuständig ist, welche Informationen überhaupt gegeben werden sollen und an wen.

Ein Beispiel: Bei der Analyse der internen Kommunikationspyramide hat sich herausgestellt, dass es sowohl in horizontaler als auch in vertikaler Richtung zwischen den einzelnen Mitarbeitern geplante Kommunikationsmaßnahmen gibt. Gleichzeitig hat sich herausgestellt, dass es zwischen den Bereichsleitern (horizontal auf der 3. Ebene) keine dauerhaften Kommunikationskanäle gibt. Abhilfe schaffen vierteljährliche Sitzungen der Bereichsleiter, gegenseitige Präsentationen der Bereiche, Vorstellungen der Bereiche in der Mitarbeiterzeitung und der Austausch von Monatsberichten. So lassen sich relativ einfach Informationsgitter schaffen.

13.6 Informationstechnologie

Die Informationstechnologie spielt mittlerweile für die Kommunikation eine wesentliche Rolle: Zum einen unterstützt sie die Funktion Interne Kommunikation durch angemessene Hardware (Computer, Drucker, Scanner etc.) und Software (Textverarbeitung, Grafikprogramm, Adressenverwaltung etc.); zum anderen ist sie Plattform für die elektronisch vermittelte Kommunikation mit Bezugsgruppen, vor allem mit Mitarbeitenden, aber auch mit externen Dienstleistern über das Extranet (siehe Kapitel 15.3.3).

Die Informationstechnologie ist bedeutend, weil sie die Mitarbeitenden einschließlich den Außendienst elektronisch vernetzt. Internet, Intranet und Extranet sind mittlerweile essenzielle Bestandteile interner Kommunikation. Redaktionsteams können wichtige Informationen gemeinsam in Datenbanken nutzen. Ist eine gemeinsame Adressablage nützlich? Eine zentrale Aufgabenübersicht? Ein zentraler Projektkalender? Ein Ideenpool?

13.7 Kultur

Ganz wichtig: Eine abgestimmte interne Kommunikation erfordert, dass die Einzelprofilierung von Führungskräften zumindest teilweise aufgegeben wird, um die Stärken des einheitlichen Vorgehens nutzen zu können. Diese Forderung umzusetzen ist die größte Herausforderung, denn noch immer scheitern moderne Konzepte am Kompetenzgerangel – professionell koordinierte interne Kommunikation ist bisher meist nur ein Lippenbekenntnis deutscher Unternehmen. Legen Sie gemeinsame Spielregeln fest und stellen Sie sicher, dass alle Beteiligten sie einhalten (siehe ausführlich Kapitel 12).

Kapitel 14

Interne und externe Kommunikation sind abgestimmt

Interne und externe Kommunikation hängen eng zusammen: Eine Anwaltskanzlei steht ständig im Austausch mit ihren Klienten, mit Gerichten und Gutachtern. Ein Bäcker hat Kontakt zu Kunden, Lieferanten, Nachbarn.

Ein Mensch kann unterschiedliche Rollen annehmen: Er ist beispielsweise Mitarbeiter bei BMW, besitzt als Aktionär auch Aktien des Unternehmens, er fährt einen BMW-Roadster und gehört dem Deutschen Allgemeinen Automobilclub (ADAC) an. In jeder Rolle hat dieser Mensch unterschiedliche Wünsche und Erwartungen an die Kommunikation:

→ Als Mitarbeiter möchte er wissen, wie er sich weiterbilden kann und welche Zukunft das Unternehmen hat.
→ Als Aktionär möchte er wissen, wie das Unternehmen den Aktienwert steigert.
→ Als Kunde möchte er wissen, wann die neue Fahrzeugreihe erscheint und wo er Ersatzteile kaufen kann (dies würde den Aktionär wohl kaum interessieren).

Interne Kommunikation sollte daher nie losgelöst von der externen gesehen werden. Jedoch zeigen die beiden Studien der Frankfurter Agentur Brand Control aus 2002 und 2003, dass nur 9 Prozent der befragten Unternehmen interne und externe Kommunikation abstimmen. Nur 6 Prozent haben kontinuierliche Abstimmungen über ihre Kommunikation etabliert. Fazit von Brand Control: „Abteilungsdenken in den Unternehmen, bei denen jede Kommunikationsabteilung macht, was sie will." Grund für die mangelnde Abstimmung sei in 8 Prozent das Profilierungsdenken der Verantwortlichen (Quelle: brandcontrol.com).

14.1 Kommunikation wirkt von innen nach außen

Mitarbeiter sind Botschafter nach außen: Mitarbeiter, die sich überzeugt und mit Schwung für ihre Aufgaben engagieren, bieten den Kunden mehr Freundlichkeit, mehr Zuwendung und lassen ihnen die Zusammenarbeit als angenehm, sympathisch und positiv, problemlos erscheinen. Der Kunde wird sich unter mehreren Wettbewerbern mit gleicher Produktqualität und Serviceleistung den Lieferanten aussuchen, dessen Mitarbeiter ehrlich sind, geradlinig, bescheiden, freundlich, zuvorkommend. Das „freundliche Möbelhaus" muss auch eines sein. Was nutzen Produkte, die der Kunde schätzt, wenn die Verkäufer muffelig und unfreundlich sind und der Service schlecht? Die Mitarbeiter sind die ersten, die von Freunden und Bekannten angesprochen werden, wenn es Ereignisse und Neuigkeiten aus einem Unternehmen gibt.

Gute Kommunikation nach außen funktioniert nur, wenn die nach innen gerichtete funktioniert. Was ist, wenn das Unternehmen aufgrund intensiver Öffentlichkeitsarbeit „draußen" einen vorzüglichen Ruf genießt, die Mitarbeiter von diesem Image aber nur aus der Zeitung erfahren?

Wer angeblich in einem außergewöhnlich gut funktionierenden Betrieb arbeitet, jedoch selbst davon nichts merkt, wird an der Glaubwürdigkeit der Betriebsleitung zweifeln - abgesehen davon, dass solch ein Image nach außen kaum lange halten wird.

Mitarbeiter werden sich nur dann in ihrem Wirkungskreis vertreten, wenn sie in den internen Informationsfluss einbezogen sind und als Gesprächspartner ernst genommen werden.

Was häufig übersehen wird: Die Mitarbeiter haben grundsätzlich eine positivere Einstellung zum Unternehmen als manche Externe. Genutzt wird dies nicht: Stattdessen fließt viel Geld in Werbung und Public Relations, um gute Kontakte zu Kunden, Nachbarn und Geldgebern zu halten.

14.2 Kommunikation wirkt von außen nach innen

Medienberichte über das Unternehmen und Meinungen von Externen werden von den meisten Mitarbeitern aufmerksam verfolgt. Die Auswirkungen kritischer Artikel sind stark und können lang nachwirken. Die Reaktionen reichen von persönlicher Betroffenheit bis zum intensiven Nachdenken über die eigene Situation im Unternehmen. Je unvorbereiteter die Mitarbeiter mit solchen Meldungen konfrontiert sind - sei es am Frühstückstisch bei Lektüre der Morgenzeitung oder auf dem Weg zur Arbeit über das Autoradio - desto nachhaltiger können die Folgen sein.

Das Bild, das von einem Unternehmen in der Öffentlichkeit besteht, kann entscheidend die Diskussion im Unternehmen bestimmen: Ist das Unternehmen in einer sensiblen Branche tätig, stellt kritisch beurteilte Produkte her, setzt umstrittene Produktionsmethoden ein - dann beeinflusst die öffentliche Auseinandersetzung immer auch die interne Kommunikation. Beispiel Verwaltungen: Während früher die Arbeit im öffentlichen Sektor mit gesellschaftlichem Ansehen und allgemeiner Akzeptanz verbunden war, ist das Fremdbild heute eher schlecht. Die Beschäftigten leiden darunter, verlieren Motivation und Loyalität, und landen schlimmstenfalls in der inneren Kündigung.

Kommunikation in der Krise
Spätestens in der Krise zeigt sich die Bedeutung der internen Kommunikation: Die Mitarbeiter wollen wissen, was geschehen ist, welche Auswirkungen die Krise auf das Unternehmen und auf ihren Arbeitsplatz hat und wie das Management die Krise abwenden will. Die Mitarbeiter sind auch Multiplikatoren nach außen und müssen in der Familie, im Freundes- und Bekanntenkreis Rede und Antwort stehen. Sind sie schlecht informiert, können sie das Vertrauen in das Unternehmen verlieren. Sie werden sich abfällig äußern - auch außerhalb der Werkstore.

Eine kleine Rechnung zeigt, was dies bedeuten kann: Lebt der Mitarbeiter in einem Haushalt mit drei Personen und hat jeder zehn Freunde und Bekannte, kann die Beschäftigtenzahl mit 30 multipliziert werden. Wenn man bedenkt, dass sich schlechte Nachrichten schneller verbreiten als gute, wird deutlich, dass Versäumnisse bei der internen Kommunikation fatale Folgen haben können.

Mitarbeiter vertragen die härteste Wahrheit besser als falsche Informationen und Hoffnungen, an deren Ende Enttäuschungen stehen. Auf keinen Fall sollten – so der Grundsatz – die Mitarbeiter von einem wichtigen Ereignis aus ihrem Unternehmen durch die Medien erfahren, egal ob positiv oder negativ. Aufgabe der Unternehmensleitung ist es, die Mitarbeiter sofort und umfassend über das Vorgefallene und die Maßnahmen zu informieren.

Besonders wichtig in der Krise ist, um Einsicht und Verständnis für die Entscheidungen der Unternehmensleitung zu werben. Das in Krisen häufig entstehende Gemeinschaftsbewusstsein durch die drohende Gefahr sollte durch gezielte Mitarbeiterinformation gestärkt werden, denn Mitarbeiter, die selbst in schweren Zeiten zu ihrem Arbeitgeber stehen, werfen ein positives Licht auf das Unternehmen.

14.3 Kommunikation ist eng abgestimmt

Was ist das Fazit? Die gesamte Kommunikation eines Unternehmens ist sorgfältig abgestimmt. Eine so verstandene integrierte Kommunikation stärkt die Wirkung der Einzelinstrumente, indem sie die Einstellungen der Bezugsgruppen gezielter beeinflussen. Durch koordinierte Kommunikation können einheitliche Botschaften vermittelt werden, die dazu beitragen, ein gewünschtes Image entstehen zu lassen und zu entwickeln. Dies setzt voraus, dass Kommunikation an der Geschäftsleitung verankert ist und nach einem Konzept systematisch gestaltet wird, das dem Firmenleitbild entspringt (siehe Kapitel 12).

Kapitel 15

Instrumente sind wirkungsvoll abgestimmt

Zu den Standardmedien in den größeren Industrieunternehmen gehören unter anderem Printmedien wie Mitarbeiterzeitungen, Newsletter, Mailings, Flyer oder Schwarze Bretter, sowie elektronische Medien wie das Inter- und Intranet, elektronische Newsletter oder Mails. Mittlerweile sind auch Wikis, Business-TV, Pod- und Videocasts oder Blogs beziehungsweise Twitter-Anwendungen fester Bestandteil der Kommunikation. Des Weiteren zählen auch Präsentationen, Vorträge, Meetings oder Telefonkonferenzen dazu.

Bei der Fülle an internen und externen Medien, die auf die Beteiligten wirken, liegt der Erfolg in der wirkungsvollen Mischung: Die Mitarbeiter erfahren eine Neuigkeit beim Gang durch das Werkstor, sie können sich über Hintergründe im Intranet informieren und Fragen stellen in einer Infoveranstaltung mit dem Vorstand.

Für jede Maßnahme gilt, dass sie in Inhalt und Form zu den internen Bezugsgruppen passen und dem Erscheinungsbild Ihres Unternehmens entsprechen sollte.

Sie sollten nicht vergessen, dass auch Ihre externen Maßnahmen nach innen wirken. Ein eindrucksvolles Beispiel, wie dies erfolgreich gelingen kann, hat die Berliner Stadtreinigung vorgemacht: Aufgrund der witzigen, einfallsreichen Anzeigen hat nicht nur die Einschätzung der Berliner zugenommen, die Stadt sei sauberer geworden; die Mitarbeiter konnten sich mit den Motiven identifizieren und die Anzeigen nutzen, um zu zeigen, wie sympathisch die Mitarbeiter der Stadtreinigung sind.

15.1 Persönliche Kommunikation

Die persönliche Kommunikation spielt die herausragende Rolle in der internen Kommunikation, auch wenn der Eindruck entstehen könnte, dass die elektronischen Medien diese abgelöst haben. Der Grund für die enorme Bedeutung ist, dass nur sie sicher stellen kann, dass eine Information gesehen, aufgenommen, verstanden, verarbeitet und gespeichert wurde (siehe Kapitel 2). Große Veränderungen wie eine Umstrukturierung oder die Neuausrichtung des Unternehmens lassen sich wirkungsvoll nur durch persönliche Kommunikation durchsetzen, bei der mit Fragen und Bedenken der Belegschaft zu rechnen ist, bei der aber gleichzeitig erklärt Bedenken abgebaut werden.

Persönliche Kommunikation bietet den Vorteil, Informationen direkt geben zu können, Gegenmeinungen aufzunehmen und zu besprechen sowie mit dem Anlass verbundene Gefühle der Mitarbeiter zu beachten. Die Mitarbeiter können sofort fragen, der Vorgesetzte kann Dinge erläutern und Missverständnisse klären.

15.1.1 Mitarbeitergespräch

Das direkte, persönliche Gespräch zwischen Vorgesetztem und Mitarbeiter ist durch nichts zu ersetzen. Es sollte kontinuierlich stattfinden.

Sämtliche Informationen, Ratschläge und Hinweise für das Mitarbeitergespräch können in einem Leitfaden zusammengefasst werden, der für Führungskräfte und Mitarbeiter – zum Beispiel im Intranet – abrufbar ist.

15.1.2 Besprechungen

Von vielen geschmäht und doch eine der wichtigsten Foren für interne Kommunikation ist die Abteilungssitzung. Hier reden Mitarbeiter einer Funktion gemeinsam über Projekte, Themen und Geplantes. Dieses Forum ermöglicht also auch das Koordinieren von Aufgaben. Die Inhalte berühren meist die eigene Arbeit, und wenn jemand etwas nicht verstanden hat, kann er fragen.

Ihren schlechten Ruf haben diese Gespräche, weil sie häufig zu zähflüssig und langatmig sind. Dies lässt sich vermeiden. Hier einige Tipps:

Vorfeld
→ Ist die Besprechung notwendig?
→ Welches Ziel hat sie?
→ Wer muss eingeladen werden?
→ Welche Konflikte können auftreten?
→ Wie viel Zeit steht zur Verfügung?
→ Was gehört auf die Tagesordnung?
→ Welche Informationen brauchen die Teilnehmer?
→ Sollen vorher Themen eingereicht werden können?

Moderation
→ Gespräche moderieren
→ Pünktlich beginnen
→ Prioritäten setzen
→ Klären, ob Präsentation oder Diskussion
→ Redezeit begrenzen (maximal 3-5 Minuten)
→ Diskussionszeit begrenzen (bei Bedarf eigene Sitzung)
→ Protokollführer wählen
→ Vielredner bremsen, Schweiger ermuntern
→ Kommunikationsprobleme sofort ansprechen

Zeitkiller
→ Schlechte Vorbereitung
→ Unpünktlicher Beginn
→ Unnötige Diskussionen
→ Zu lange Beiträge
→ Profilierungssucht Einzelner

Abb. 24 | Tipps für eine gelungen Besprechung

Das jährliche Mitarbeitergespräch spielt dabei eine wichtige Rolle. Es findet zwischen November und Februar statt, um sich auf eine Leistung in einem bestimmten Zeitraum beziehen und um es mit einem Gespräch über Entgelt und Fördermaßnahmen verknüpfen zu können. Der Vorgesetzte leitet und protokolliert das Gespräch, lässt eine Abschrift anfertigen, die der Mitarbeiter als Zeichen seiner Zustimmung unterschreibt. Außerdem ist es sinnvoll, einen Quittungsbeleg zu erstellen, den ebenfalls beide unterschreiben, und der an die Personalabteilung und den Vorgesetzten der Führungskraft geschickt wird. So ist ein Überblick über die Gespräche möglich.

Im Mitarbeitergespräch geht es um mindestens vier Bereiche:

- Leistungsbeurteilung für das abgelaufene Jahr
- Zielvereinbarung für das kommende Jahr
- Verknüpfung mit dem Entgelt und dem Bonus
- Förderung durch Weiterbildung und Training

Der Vorgesetzte formuliert seine Erwartungen an Aufgaben, Ziele und Verhalten des Mitarbeiters. Dies ist zugleich Grundlage für die spätere Bewertung. Da gute Leistungen honoriert und schlechte geahndet werden, sind Gehalt, Bonus und Zulagen wichtiger Teil des Mitarbeitergesprächs.

Im Gespräch achtet der Vorgesetzte besonders auf die Sicht des Mitarbeiters: Wie sieht er seine Leistung? Was hat die Leistung in seinen Aufgaben gefördert, was hat sie behindert? Einschätzungen, Wünsche, Anregungen und Befürchtungen werden offen gelegt und diskutiert und fließen in Entscheidungen ein wie zum Beispiel die Vereinbarung von Zielen: Sind die Ziele aus Sicht der Mitarbeiter realistisch? Sind sie erreichbar? Welche Unterstützung ist erforderlich, um die Ziele umzusetzen? Damit wird dieses Gespräch eine Verabredung, mit der sich Mitarbeiter identifizieren können, das sie motiviert und ihre Kreativität fördert.

Das Mitarbeitergespräch birgt jedoch auch Konfliktstoff, da häufig unterschiedliche Sichtweisen und Einschätzungen vorliegen und jeder Recht haben will: Der Vorgesetzte stellt seine Beurteilung vor, bezieht sich auf seine Eindrücke und beruft sich auf seine Kompetenz. Der Mitarbeiter fühlt sich falsch beurteilt und unter Druck gesetzt. Er ist ratlos und frustriert, er wird ärgerlich und wütend. Der Mitarbeiter verteidigt seine Selbstbeurteilung und bezieht sich auf seine Erfahrungen und sein Know-how. Er fordert vom Vorgesetzten Beispiele und Beweise und akzeptiert dessen Entscheidung nicht. Der Vorgesetzte fühlt sich seinerseits unter Druck gesetzt und hält an seiner Beurteilung fest. Er ist ratlos und frustriert, er wird ärgerlich und wütend. Er verteidigt seine Beurteilung, bezieht sich auf seine Eindrücke und beruft sich auf seine Kompetenz – der Teufelskreis ist geschlossen. Solche Teufelskreise lassen sich nur im Gespräch durchbrechen – man muß allerdings wissen wie. Dies kann der Vorgesetzte in Seminaren und Trainings lernen.

Es geht auch entspannt: Warum nicht als Entspannungsprogramm zwischen 7.30 und 8.30 Uhr mit einem kostenlosen Frühstück beginnen? Oder: Am Freitag wird eine Stunde eher Feierabend gemacht, um sich bei Essen und Wein zu treffen und entspannt zu plaudern.

15.1.3 Veranstaltungen

Veranstaltungen bieten Austausch im größerem Umfang Sie erreichen viele Mitarbeiter gleichzeitig am selben Ort mit derselben Botschaft. Missverständnisse können geklärt, Gefühle authentisch und glaubwürdig vermittelt werden.

Veranstaltungen unterstreichen die Bedeutung, die die Firmenleitung einem Thema oder einem Ereignis sowie dem Austausch mit den Mitarbeitern beimisst. Und: Sie verdeutlichen Sichtbares besser als ein Text. Allerdings haben Veranstaltungen auch Nachteile: Sie sind vergleichsweise aufwendig und sie müssen gut vorbereitet werden. Diskussionen sind mitunter schwer zu steuern. Firmenvertreter sollten daher Veranstaltungen meiden, wenn sie nicht auf kritische Fragen antworten wollen und nicht überzeugend argumentieren können.

Es gibt viele Möglichkeiten, um mit den Mitarbeitern ins Gespräch zu kommen. Zu den häufigsten gehören Betriebsversammlungen. Sie sind durch das Betriebsverfassungsgesetz geregelt (siehe ausführlich Kapitel 22). Hier können Betriebsrat, Geschäftsleitung und Mitarbeiter ins Gespräch kommen. Die Betriebsversammlung erreicht die Mitarbeiter direkt, sie können umfassend informiert werden – selbst über schwierige Themen. Fragen können besprochen und Sachverhalte geklärt werden.

Weitere Veranstaltungen sind zum Beispiel:
- Präsentationen
- Diskussionsveranstaltungen
- Managementkonferenzen
- Besprechungen in Kleingruppen
- Informationstreffen
- Seminare
- Veranstaltungen für spezielle Bezugsgruppen, wie zum Beispiel Auszubildende, Leitende Angestellte oder Interessierte am Umweltschutz

15.1.4 Offen-gesagt-Programme

Hewlett-Packard macht es und IBM macht es auch: Die Rede ist von Offen-Gesagt-Programmen: Im Schutz der Anonymität können die Mitarbeiter Fragen schriftlich an das Unternehmen stellen und ein Anliegen vortragen. Bei IBM kennt nur die Programmleiterin ihre Namen. Sie gibt das Anliegen anonym an die Funktion im Unternehmen weiter, die kompetent Stellung nehmen kann. Die wichtigsten Einsendungen sind in der

Mitarbeiterzeitschrift REPORT nachzulesen. Erfolgsquote: Etwa 50 Prozent der Einsendungen führen und führten zu konkreten Aktionen des Managements.

Hier ein mögliches Konzept für ein Offen-gesagt-Programm:

Offen gefragt - offen geantwortet

Ziel
Das schriftliche Medium „Offen gefragt – offen geantwortet" steht allen Mitarbeitern für Fragen an den Vorstand zur Verfügung.

Das Formblatt „Offen gefragt – offen geantwortet" wird viermal im Jahr der Mitarbeiterzeitung beigelegt. Auf dem Blatt kann der Mitarbeiter freiwillig seinen Absender angeben und seine Frage formulieren. Außerhalb der viermaligen Aktionen kann das Frageformular in der Stabsstelle „Interne Kommunikation" angefordert werden.

Die Redaktion wird die eingehende Frage an den Vorstand und die betreffende Fachfunktion weitergeben, die die Frage beantworten kann.

Die Frage wird innerhalb von zwei Wochen beantwortet. Jeder kann auch ohne Angabe von Namen und Absender (anonym) seine Frage(n) stellen. Grundsätzlich gilt, dass jede Frage im Namen des Vorstandes beantwortet wird.

Die Antwort geht von dort zurück an den Vorstand, der unterzeichnet und den Vorgang über die „Interne Kommunikation" an den Absender leitet. Auf dem Antwortblatt ist vermerkt, welche Fachfunktion an der Beantwortung der Fragen mitgearbeitet hat, so dass sich der Mitarbeiter bei Nachfragen direkt an die Fachfunktion wenden kann.

In der „Internen Kommunikation" wird die Frage dokumentiert und archiviert. Einmal jährlich wird eine ausführliche Dokumentation aller Fragen erstellt, die allen Führungskräften und den an den Vorgängen Beteiligten zugestellt wird.

Einbindung der Führungskräfte
Das neue Medium „Offen gefragt – offen geantwortet" wird nach der Präsentation im Vorstand dem Oberen Führungskreis präsentiert und eventuell modifiziert, denn Voraussetzung für einen praktizierten schriftlichen Austausch ist die hohe Akzeptanz und Unterstützung der Führungskräfte.

Nach Zustimmung des Oberen Führungskreises wird das Programm den Mitarbeitern vorgestellt und zwar
- → als Schwerpunkt in der Mitarbeiterzeitung plus Interview mit einem Mitglied der Geschäftsleitung
- → mit Vorstellung des Formblattes
- → samt Dokumentation von drei Beispielen
- → samt Vorstellen der Dialogseite

Abb. 25 | Kernpunkte für ein Offen-gesagt-Programm

15.1.5 Events

Events sind äußerst wirkungsvolle Veranstaltungen in der internen Kommunikation. Daher möchte ich diesen hier etwas mehr Raum einräumen. Events (englisch: Ereignis) sind Veranstaltungen, die ein einmaliges emotionales Erlebnis darstellen. Sie vermitteln eine Botschaft durch direkt erlebbare emotionale und physische Reize, um die Einstellung der Mitarbeiter gegenüber ihrem Unternehmen und seinen Leistungen zu beeinflussen. Ein sehr gelungenes Beispiel sind die Veranstaltungen zu den Neueinführungen von Apple: Steve Jobs überzeugt als Firmenchef seine Mitarbeiter jedes Mal auf neue, warum es sich so lohnt, für dieses Unternehmen zu arbeiten.

Events sind inszenierte Ereignisse sowie ihre Planung und Organisation im Rahmen der internen Kommunikation, die durch erlebnisorientierte Firmen- oder Produktveranstaltungen emotionale und physische Reize darbieten und die Mitarbeiter stark aktivieren, was für die Aufnahme, Verarbeitung und Speicherung von Informationen wichtig ist.

Events wirken auch deshalb so stark, weil sie lebendige innere Bilder aufbauen können (siehe ausführlich Kapitel 18). Beispiel ist die Firma Jacobs, die zum Firmenjubiläum die Verarbeitung von Kaffee durch eine Schiffsreise, Bordnachrichten und erinnerungsstarke Motive eines kolumbianischen Hafens umgesetzt hat. Ergebnis sind innere Bilder bei den Mitarbeitern, die lange wirken und die zum Gesamteindruck des Unternehmens passen.

Events haben Eigenschaften, die für die interne Kommunikation sehr wichtig sind. Sie:

→ **lösen starke Gefühle aus:** Events können Gefühle der Mitarbeitenden sehr stark ansprechen wie zum Beispiel Sicherheit, Fürsorge, Gesundheit. Diese Werte lassen sich durch Events hervorragend aufbauen und entwickeln.

→ **sind interaktiv:** Hierbei lassen sich die organisatorische Interaktivität und die persönliche Interaktivität unterscheiden:
  → Interaktivität mit der Veranstaltung: Die Mitarbeiter sind nicht passiv, sondern sie können in das Geschehen eingreifen und den Ablauf des Events beeinflussen. Bilder auf Events können beitragen, die Veranstaltung optisch zu lenken und den Mitarbeitern die Wahl zwischen unterschiedlichen Optionen zu erleichtern.
  → Interaktivität zwischen Menschen: Auf Events können sich die Teilnehmer direkt austauschen und hierdurch Form und Inhalt der Kommunikation gemeinsam bestimmen. Zum Beispiel reden Manager mit Mitarbeitern, Mitarbeiter untereinander, Manager untereinander. Der Event-Verantwortliche überlässt nicht dem Zufall, ob und über welche Themen seine Gäste reden, sondern er inszeniert dies (Zwangsläufigkeit

statt Beliebigkeit). Direkte Kontrolle der Kommunikation ist möglich. Eventmanagement ist Beziehungsmanagement! Die Bilderwelt des Unternehmens kann den Rahmen für diesen persönlichen Dialog abgeben. Wenn also der Besucher des Events an diesen Abend zurück denkt, dann entsteht vor seinem inneren Auge das angenehme Bild dieses Abends und den Gesprächen in dieser ansprechenden Atmosphäre.

→ **sind einzigartig:** Jedes Event gibt es nur ein einziges Mal. Selbst wenn drei Events aufeinander folgen, so bleibt jedes Event für sich einzigartig, zum Beispiel durch die Teilnehmer und deren Austausch. Die Einzigartigkeit wird eingefangen in Fotos, die den Mitarbeitern an den Folgetagen zugestellt werden und die noch lange an den Abend erinnern – ebenso wie die anderen inneren Bilder vom Event.

→ **sind eine Ansprache aller Sinne:** Zur starken Wirkung von Events gehört, dass sie alle Sinne ansprechen:
  → Sehen: Bilder, Inszenierungen
  → Hören: Musik, Geräusche, Sprache
  → Riechen: Raumduft
  → Fühlen: Oberflächen, Böden, Wind
  → Schmecken: Essen

Das Event sollte also so inszeniert werden, dass es die Unternehmenspersönlichkeit und die Botschaft des Events kraftvoll vermittelt und alle Sinne der Teilnehmer anspricht. Gelingt dies, erzielt das Event die zehnfache Wirkung, weil sich die Wirkung unserer fünf Sinne nicht addieren, sondern gegenseitig verstärken. Dies wird in der Fachsprache als „multisensory enhancement" bezeichnet.

→ **sind authentisch und glaubwürdig:** Durch Interaktivität können die Teilnehmer ihr Unternehmen als authentischer und glaubwürdiger erleben, weil diese Sie ganzheitlich wahrnehmen, also in Ihrem Erscheinungsbild, durch Ihre Kommunikation und Ihr Verhalten (Medienrealität vs. Alltagsrealität).

→ **kommunizieren ein Wir-Gefühl:** Wir-Gefühl, das durch gemeinsames Erleben zunimmt

→ **sind leichte Informationsaufnahme:** Durch die starke emotionale Beteiligung der Teilnehmer sind diese offener für die indirekte Informationsaufnahme über Bilder und Erlebnisse. Events sind daher für jene Themen der internen Kommunikation besonders geeignet, an denen die Mitarbeiter wenig Interesse haben.

→ **starke Aktivierung:** Das Event kann die Mitarbeiter stark aktivieren und damit deren Handeln anregen.

→ Events können sehr gut das Erleben der Mitarbeiter steuern und deren Verhalten in Gang setzen.

→ Events können den Mitarbeitern Dinge (Produkte, Projekte etc.) überhaupt erst bekannt machen und erste Vorstellungen erzeugen, die stärker sind als über andere Mittel und Maßnahmen wie zum Beispiel eine Broschüre.
→ Die Mitarbeiter nehmen die Kommunikation als bedarfsgerecht wahr, weil sie deren Form und Inhalt mitbestimmen können.

Aber Achtung: Events sind auch mit vergleichsweise hohem Risiko verbunden: Ist die Veranstaltung nicht professionell organisiert und läuft sie nicht gut ab, kann die Wirkung ins Gegenteil umschlagen.

15.2 Schriftliche Kommunikation

15.2.1 Kurzinformationen

Es gibt viele Themen, über die sich Bezugsgruppen nur kurz informieren möchten. Für diese Zwecke bieten sich schriftliche Kurzinformationen an. Sie erreichen den Adressaten gezielt und direkt und lenken die Aufmerksamkeit auf ein Thema. Die Informationen liegen schriftlich vor und können dadurch nachgelesen und gesammelt werden. Sie sind vergleichsweise günstig in der Herstellung, können an einen größeren Empfängerkreis geschickt werden und ihre Verbreitung ist nicht an den Computer gebunden. Und: Sie kommen dem immer noch bestehenden Wunsch vieler Mitarbeiter nach, etwas in der Hand zu halten und zu blättern. Allerdings fehlen Kontakt und Rückmeldung. Auch können schriftliche Kurzinformationen nicht ausführlich erläutern und Hintergründe liefern und sind somit für schwierige Themen nicht geeignet. Sie können Sichtbares nur schwer verdeutlichen und Gefühle nur schwer transportieren; die Wirkung von Informationen ist nicht direkt zu erkennen und der Informationsfluss meist zu langsam. Einige Beispiele für schriftliche Informationen:

→ **Informationsschreiben** können in regelmäßigen Abständen alle Mitarbeiter informieren oder sich gezielt an ausgewählte Bezugsgruppen richten: „Führung aktuell" oder „Führungskräfte Information" heißt zum Beispiel der Dienst für Abteilungsleiter und deren Vorgesetzte. Er bietet Informationen zu Mitarbeiterführung, neuen Arbeitsabläufen oder sonstigen Managementthemen. Dieser Dienst bietet zusätzlich zur aktuellen Information auch Argumentationshilfen für die Diskussion mit den Mitarbeitern. „Azubi Blitz" könnte der Eildienst für den Nachwuchs heißen. Inhalt: Themen rund um die Ausbildung, Informationen über Bundeswehr und Berufschancen. „Sport aktuell" informiert über Aktivitäten der Betriebssportgruppe.

→ **Eildienst:** Ein Eildienst informiert die Mitarbeiter kurz und aktuell, zum Beispiel über Ereignisse, Termine und Veranstaltungen. Der Titel könnte lauten: „Schon gehört?", „XY informiert", „Schnell Information", „Eil Info", „Info Express". Ein Eildienst informiert, ähnlich einem Flugblatt, die Mitarbeiter kurz und aktuell ein Ereignis, einen Termin oder eine Veranstaltung. Weitere Anlässe können sein: Wichtige Entscheidungen im Unternehmen, Personalwechsel, Erscheinen des Jahresberichtes, Ankündigungen jeglicher Art, Unfälle, Änderung von Öffnungs- oder Sprechzeiten.

→ **Faltblatt:** Gestalten Sie eine Einladung oder eine Firmendarstellung als Faltblatt. Einfach zu handhaben ist das Format DIN A4 (Briefpapier), mehr Aufmerksamkeit erregen DIN A3 (doppeltes A4-Format) oder DIN A5 (halbes A4-Format). Günstig hergestellt wird das Faltblatt, indem Papier oder leichter Karton bedruckt/kopiert und kunstvoll gefaltet oder beschnitten wird. Ausführliche Erklärungen gehören in ein anderes Medium, zum Beispiel in eine Abteilungsbesprechung, in die Mitarbeiterzeitung oder in das Intranet.

15.2.2 Mitarbeiterzeitung

Die Mitarbeiterzeitung gehört zu den ältesten und wichtigsten Instrumenten der Mitarbeiterkommunikation. Die Mitarbeiterzeitung kann

→ die Mitarbeiter eines Unternehmens miteinander bekannt machen,
→ Vorurteile gegen das Unternehmen und seine Leistungen abbauen,
→ Anregungen und Unterstützung für die tägliche Arbeit und die persönliche Weiterbildung bieten,
→ einen Blick über den Tellerrand vermitteln,
→ verhindern, dass Falschinformationen von außen wirksam werden,
→ durch Informationen ermöglichen, dass Mitarbeiter leichter Entscheidungen treffen.

Vorteile	Nachteile
Sie ist für regelmäßige, ausführliche Informationen und Hintergründe geeignet.	Sie ist nicht tagesaktuell, außer als Sonderausgabe.
Sie kann sich für schwierige Themen und komplexe Sachverhalte eignen.	Sie ermöglicht kein sofortiges Rückfragen.
Sie kann unterschiedliche Meinungen und Standpunkte verdeutlichen.	Sie kann nur schwer Gefühle transportieren wie Trauer, Mitgefühl, Bedauern und Besorgnis.
Sie erreicht die Mitarbeiter direkt und ohne Streuverluste.	Sie richtet sich an alle Mitarbeiter, ohne deren unterschiedliche Wünsche und Erwartungen berücksichtigen zu können.

Vorteile	Nachteile
Auch hier liegen die Informationen schriftlich vor, was Nachlesen und Archivieren ermöglicht und Missverständnisse vermeidet.	Sie ist vergleichsweise aufwendig zu erstellen (organisatorisch, finanziell)
Gelesene Worte bleiben länger im Gedächtnis als gehörte Worte.	
Sie kann Sichtbares verdeutlichen wie zum Beispiel einen Schaden.	
Informationen liegen schriftlich vor zum Nachlesen und Archivieren.	

Abb. 26 | Einige Vor- und Nachteile der Mitarbeiterzeitschrift

Eine schlechte Meinung von der Mitarbeiterzeitung als „Sprachrohr des Vorstands" und „Hofberichterstattung" entsteht dann, wenn die Blattmacher ausschließlich die Sicht der Geschäftsleitung darstellen. Stattdessen wollen die Leser ein Forum für die unterschiedlichen Meinungen im Unternehmen sehen. Sie wollen die unterschiedlichen Argumente prüfen und sich ihre eigene Meinung bilden – so, wie sie dies aus Fernsehen und Zeitungen kennen.

Bieten Sie dieses Forum als eigene Rubrik. Alternativ können Sie im Rahmen der üblichen Berichterstattung zwei oder drei Firmenvertreter unterschiedliche Standpunkte darlegen lassen, zum Beispiel über Arbeitszeitregelung oder Firmenurlaub am Jahresende. Diese Firmenvertreter können der Betriebsrat, ein Vorstandsmitglied oder der Personalleiter sein. Selbstverständlich sollten auch Mitarbeiter zu Wort kommen, ob anonym oder mit Namensnennung. Dies signalisiert den Lesern, dass die Unternehmensleitung offen und kritikfähig ist. Dies dürfte Ihnen ein deutliches Plus für Akzeptanz und Glaubwürdigkeit einbringen.

In vielen Unternehmen wird derzeit geprüft, ob das Intranet die Mitarbeiterzeitung ersetzen kann. Zu dieser Diskussion folgende Anmerkungen:

→ Beide Medien haben ihre Besonderheiten: Die Mitarbeiterzeitung als Printmedium (siehe oben), das Intranet als elektronisches Medium (siehe Kapitel 15.3.3). Werden die Besonderheiten berücksichtigt und gezielt genutzt, müsste die Onlineversion der Mitarbeiterzeitung völlig anders aufbereitet sein als die Printversion, um einen Mehrwert zu schaffen und dem Intranet gerecht zu werden. Doch dies wird meist nicht bedacht.

→ Durch die Umstellung schließen Sie Pensionäre, Vorruheständler und Familienmitglieder der Mitarbeiter aus. Prüfen Sie sorgfältig, ob Sie dies wirklich wollen.

→ Sinnvoll ist eine Onlineversion der Mitarbeiterzeitung dann, wenn sie aktuelle Ergänzungen zur Printausgabe liefert und den Austausch mit der Redaktion und zwischen den Lesern fördert, zum Beispiel durch ein Diskussionsforum.

Gut ist oft nicht gut genug
Entscheidend für die Bewertung der Zeitung ist die optische Aufbereitung der Inhalte – zumal die Mitarbeiterzeitung mit anderen (auch externen Medien) wie zum Beispiel Tageszeitungen, konkurriert. Das Layout und die Produktion sollten erfahrene Grafiker übernehmen. Mit ihnen legt die Redaktion die Konzeption und Richtung jeder Ausgabe fest. Wichtig sind lebendige Fotos, anschauliche Grafiken und erläuternde Illustrationen, die sorgfältig ausgewählt werden. Profifotografen garantieren hochwertige Fotos. Für wenig Geld sind Bildarchive den Zeitungen zugänglich. Fotoarchive finden sich auch in Großunternehmen und Organisationen sowie – in elektronischer Form (digital) – im Internet. Wird Bildmaterial der Belegschaft verwendet, kann dies mit einem Honorar belohnt werden.

Wie lässt sich die Zeitung finanzieren? Optimal ist ein festes Budget von der Geschäftsführung: Die Blattmacher können sich voll und ganz auf ihre eigentliche Aufgabe konzentrieren und müssen nicht überlegen, wie das Geld für die aktuelle Ausgabe hereinkommt. Weniger üblich ist, die Zeitung zum Selbstkostenpreis zu verkaufen. Dies muss rechtlich geklärt und im Unternehmen bewerkstelligt werden; aber so wird am ehesten eine Zeitung entstehen, die sich die Belegschaft wünscht. Anzeigen in Mitarbeiterzeitungen sind als Finanzierungsquelle eher selten. Ausnahmen sind Firmen wie der Autobauer Ford oder die Lufthansa, die zahlreiche Annoncen veröffentlichen und damit gute Erfahrungen gemacht haben.

15.2.3 Magazine und mehr

Es muss nicht immer eine Zeitung sein: Für die interne Kommunikation gibt es viele weitere Möglichkeiten, Informationen schriftlich zu verteilen:

→ **Kleine Druckschrift:** Sie mutet an wie ein kleiner Prospekt: Sie hat vier bis zwölf Seiten und es gibt farbige Abbildungen. Das Papier und der Druck sind anspruchsvoll.

→ **Journal:** Vorbild für das Journal sind einfache Publikumszeitschriften: Sie haben Zeitschriftenformat, es wird einfacheres Papier verwendet, das mit mehreren Farben bedruckt wird. Der Umfang beträgt selten mehr als 16 Seiten.

→ **Magazin:** Ein Magazin ist eine Mischung aus Information und Unterhaltung. Meist ist es ein aufwendig hergestelltes Produkt auf wertvollem Papier in Mehrfarbdruck. Beispiel Geschäftsbericht: Er bietet eine Zusammenfassung des abgelaufenen Geschäftsjahres und stellt die Unternehmensentwicklung sachlich dar. Trends sind für jeden Mitarbeiter über Jahre hinweg nachvollziehbar. Er erscheint allerdings nur einmal im Jahr, er ist also wenig dynamisch.

15.2.4 Mitarbeiterhandbuch

Alles in einer Hand: Dies ist die Idee des Mitarbeiterhandbuchs. Alle Informationen rund um das betriebliche Geschehen sind hier zusammengefasst. Inhalte sind zum Beispiel:

- Informationen zum Einstieg
- Wichtige Ansprechpartner und Telefonnummern
- Arbeits- und Sozialordnung
- Betriebsvereinbarungen
- Merkblatt zum Bundesdatenschutzgesetz
- Regelungen über Gleitende Arbeitszeit
- Regelungen zur Altersversorgung

Das ganze ist als Loseblattsammlung in einem Ringbuch oder einem Ordner angelegt, und jeder Mitarbeiter erhält ein Exemplar. Es kann auch ein Exemplar in den Abteilungssekretariaten stehen oder es ist für alle im Intranet abrufbar. So können Informationen beliebig ergänzt und aktualisiert werden.

15.3 Elektronische Kommunikation

Heutzutage sollten Informationen für die Mitarbeiter zu jeder Zeit verfügbar und auf dem neuesten Stand sein. Da Entscheidungen immer schneller getroffen werden müssen, müssen auch die Informationen schneller fließen. Oft erfolgt die Kommunikation über erhebliche räumliche und zeitliche Distanzen hinweg. Künftig wird der Bedarf an interner Kommunikation zunehmen, weil das unternehmerische Handeln noch komplexer sowie das Arbeiten in funktionsübergreifenden Projekten und Geschäftsprozessen wichtiger wird.

Mitarbeiterzeitung, Schwarzes Brett und Infobriefe reichen für diese Anforderungen nicht mehr aus. Schon heute sind Internet, E-Mail, Telefon und Telefax in einem Gerät vereint. Die Mitarbeiter stehen über Videokonferenzen in Verbindung. Ort und Zeit spielen keine Rolle mehr. Die Unternehmen sind überrollt von den neuen Möglichkeiten, denen sie teils skeptisch, teils zustimmend, teils hilflos gegenüber stehen.

Elektronische Medien können die Kommunikation im Unternehmen erheblich erleichtern und nach einer Anfangsinvestition schnell ihr Geld einspielen. Neue Produkte, Serviceleistungen und Prozesse basieren auf den Ideen von Mitarbeitern. Die Einbeziehung ihrer Meinungen und Stimmen bringen dem Unternehmen großen Nutzen. Gerade großen Unternehmen fällt es ohne Social Software-Anwendungen schwer, diese Ideen zu sammeln, zu diskutieren und zu bewerten. In den letzten Jahren sind viele neue Kommunikationsräume im Unternehmen entstanden: Wikis, (Colaboration-)Blogs oder Diskussionsforen. Solche

Räume gibt es im Unternehmen meist nur in der digitalen Kommunikation. Neue Kommunikationskanäle sind entstanden: SMS, MMS, Audio-Nachrichten. Künftig sind diese Medien untereinander noch stärker vernetzt, zum Beispiel das Intranet mit dem Handy und dem iPad.

Jedoch bergen elektronische Medien noch stärker die Gefahr, dass die Nutzer von einer Informationsflut erschlagen werden. Alles ist jederzeit abrufbar. Daher sind eine vernünftige Auswahl der Daten und Fakten und damit eine sorgfältige Planung und Betreuung zwingend notwendig, damit eine Informationslawine die Mitarbeiter nicht in die Orientierungslosigkeit reißt.

15.3.1 Mitarbeiter-TV

Ein Geschäftsleiter spricht und die Beschäftigten sehen und hören ihn, egal wo sie sich landauf, landab befinden. Keine Utopie, sondern Wirklichkeit in mittlerweile einigen deutsche Unternehmen. Sie nutzen ein hauseigenes Fernsehen: Mitarbeiter-TV (oder Business-TV) genannt. Noch keine Sache für Mittelständler, aber heute schon geeignet für Großunternehmen wie die Deutsche Bahn, die hierüber einen Großteil ihrer Mitarbeiter erreicht.

Mitarbeiter-TV gab es bereits in den 60er Jahren in den USA, der Durchbruch kam dort in den 80er Jahren. Pionier in Deutschland war der Autobauer Mercedes-Benz, der 1989 erstmals Mitarbeiter-TV zur Mitarbeiterschulung einsetzte. Die Einführung von digitalem Fernsehen und der damit verbundenen größeren Übertragungskapazität der Satelliten brachte einen weiteren Schub.

Der Sendeumfang liegt zwischen der monatlichen Außendienstschulung bis zum zwölfstündigen Programm täglich – allerdings mit vielen Wiederholungen.

Wichtig zu wissen ist: Mitarbeiter-TV muss sich an geschlossene Nutzergruppen richten, denn sonst müssten die Sendungen als Rundfunk zugelassen sein. Zum Verschlüsseln dient ein Dekoder – ähnlich dem Bezahlfernsehen. Dies schließt auch Mitbewerber vom Mitsehen aus.

TV-Sendungen sind geeignet für Unternehmensinformationen, Fernkurse für Mitarbeiter, Erläuterungen und Gebrauchsanweisungen für neue Produkte oder Reparaturanleitungen für bereits verkaufte. In einer Krise ermöglicht firmeneigenes TV, Informationen, Argumente und Strategien innerhalb von Sekunden an die Mitarbeiter zu senden.

Wie sich das Mitarbeiterfernsehen in Deutschland entwickeln wird, ist noch nicht abzusehen: Einerseits bietet es viele Vorteile, andererseits ist es sehr teuer und die Firmen scheuen den Gedanken, dass die Mitarbeiter während ihrer Arbeitszeit vor der Mattscheibe sitzen. Ein Nachteil ist sicher auch, dass Fernsehen bisher kaum interaktiv ist: Der Zuschauer kann nur begrenzt reagieren und schon gar nicht die Inhalte der Sendung an seine Bedürfnisse anpassen. Schon heute ist abzusehen, dass Mitarbeiter-TV durch Podcasts abgelöst werden könnten oder schon ist (siehe Kapitel 16.4).

15.3.2 Video- und Telefonkonferenzen

Wo früher zeitaufwendig und kostspielig gereist wurde, nutzen heutzutage die Entscheider Telefon- und Videokonferenzen, ohne ihren Arbeitsplatz zu verlassen. Dies kann enorm viel Zeit und Geld sparen, zum Beispiel für Reisen, Besprechungsräume, Speisen und Getränke. Video- und Telefonkonferenzen fördern auch die Flexibilität der Beteiligten, zum Beispiel dann, wenn diese Konferenzen kurzfristig einberufen und vorbereitet werden.

In Videokonferenzen können sich die Teilnehmer gegenseitig und darüber hinaus ihre Körpersprache sehen – ein wesentlicher Teil nonverbaler Kommunikation, der in einer Telefonkonferenz wegfällt. Digitale Konferenzen können Sie durch viele nützliche Instrumente ergänzen und ausbauen: In der Regel können Sie Schriftstücke und sogar Kurzvideos und Animationen übertragen. Am Whiteboard, der elektronischen Schreibtafel, die über eine Schnittstelle an einen Computer angeschlossen wird, können die Sitzungsteilnehmer Präsentationen bearbeiten und diskutieren.

Da es unterschiedliche Videoanwendungen gibt, werden diese miteinander kombiniert (Multipoint) und mehrere Teilnehmer zugeschaltet: Zum Beispiel sind verschiedene Konferenzräume mit der Geschäftsleitung verbunden und zugleich Personen von außerhalb zugeschaltet. Ein zusätzlicher Vorteil ist, dass man hier ohne weiteres zwischen der Aufnahme des Raums und der Einzelpersonen wechseln kann.

Bei der Anschaffung eines Systems gilt es einige Punkte zu beachten: Teilnehmer sollten sich mit dem System über die verschiedensten Technologien anbinden lassen – per Computer, Telefon oder Handy. Da nicht für jede Konferenz unbedingt Bilddaten verfügbar sein müssen, sollte ein Konferenzsystem außerdem reine Sprachkonferenzen unterstützen. Genau überlegen muss man sich auch, wie viele Teilnehmer an wie vielen Standorten konferieren sollen. Bei umfangreichen Konferenzen ist auch die sorgfältige Terminabstimmung der Teilnehmer nicht zu vernachlässigen.

Bei Telefonkonferenzen wählen sich mehrere Teilnehmer zu einem verabredeten Zeitpunkt über eine Rufnummer und eine PIN-Kombination ein. Der Teilnehmerzahl sind dabei keine Grenzen gesetzt. Allerdings sollte ein Moderator die Gespräche steuern. Dies können externe Dienstleister übernehmen.

15.3.3 Intranet

Das Intranet ist die firmeneigene Form des Internet und sie funktioniert auch wie dieses: Sie ist Kommunikations- und Arbeitsplattform, auf der Daten in Text, Bild und Ton auf elektronischem Wege (digitalisiert) schnell und zu vergleichsweise niedrigen Kosten übertragen werden. Und dies unabhängig von Ort, Zeit und Hierarchie.

Das Intranet hat interaktive Elemente wie Newsgroups, Chats oder Videokonferenzen, die einen direkten, zeitgleichen („realtime") Austausch zwischen den Mitarbeitern ermöglichen, also auch die Beziehungsebene beeinflussen.

Das Intranet ist von außen nicht zugänglich, um die Datensicherheit zu gewährleisten. Der Zugang für die Mitarbeiter kann unabhängig vom Zugang zum Internet eingerichtet werden. Mitarbeiter können auch beides nutzen.

Das Intranet kann allen Mitarbeitern zugänglich sein. Der Zugang erfolgt über einen Standard-Browser, das ist ein Programm zum Betrachten der Webseiten (Pages). Für jene Mitarbeiter (zum Beispiel Gewerbliche), die keinen Computerzugang haben, bietet sich das Einrichten von Infoterminals („Point of Information") an zentralen Stellen des Unternehmens an, zum Beispiel an der Pforte, vor der Kantine und in Pausenräumen. Einige Unternehmen ermöglichen ihren Mitarbeitern den Zugriff vom privaten Computer.

Im Intranet können geschlossene Nutzerkreise bestimmt werden, an die sich spezielle Angebote richten, wie zum Beispiel an Führungskräfte oder Mitglieder eines Projektes.

Wird das Intranet auf Externe erweitert, wie zum Beispiel auf Agenturen, Berater, Kunden, Mitgliedsfirmen, spricht man vom Extranet. Die Informationsangebote können also auf den Informationsbedarf der Bezugsgruppen abgestimmt werden.
Das Intranet hat sich zum Leitmedium der internen Kommunikation entwickelt. Mehr noch: Unternehmen können diese neue Technologie nutzen, um ihre Geschäftsprozesse zu optimieren. Jedoch können die Chancen des Intranets nur dann bestmöglich genutzt werden, wenn Sie die Verantwortlichkeiten seiner Besonderheiten kennen und gezielt einsetzen.

15.3.3.1 Besonderheiten

Das Intranet ist kein klassisches Medium wie die Mitarbeiterzeitung oder das Schwarze Brett. Stattdessen ist das Intranet eine Plattform, dessen Mehrwert für den internen Kommunikationsmix aus vier Eigenschaften besteht. Diese Eigenschaften, die Sie auch in Kombination nutzen können, sind Integration, Vernetzung, Zugänglichkeit und vor allem Interaktivität.

1. Integration

Das Intranet ist eine Plattform, auf der Sie Informationen bereitstellen können, die für alle Beteiligten wünschenswert und sinnvoll sind:

→ **Inhalte:** Das Intranet kann Informationen über das Unternehmen enthalten, über Abteilungen, oder sogar mitarbeiterbezogene Inhalte wie Urlaubsanträge und Bestellformulare.

→ **Dienste:** Einbindung bedeutet, dass Sie neben dem WWW auch Dienste wie E-Mail, Newsgroups und Chats nutzen können.

→ **Multimedialität:** Das Intranet kann Texte, Fotos, Grafiken, Videos, Anima-tionen und Töne integrieren. Das Besondere am Intranet: Die Mitarbeiter bestimmen, welche Angebote sie wählen und in welcher Reihenfolge: Möchten sie einen Text lesen? Oder ein Kurzvideo betrachten? – Der Besucher entscheidet. Durch diese Multimedialität können Sie Ihre Geschichten erlebnisreich inszenieren. Durch Multimedialität können Sie ein neues Herstellverfahren durch einen Text erläutern und durch Fotos, Grafiken sowie durch ein Ablaufschema anschaulich machen. Die Rede des Vorstandsvorsitzenden bieten Sie als Text, den Fotos, Schaubilder und eine Audio-Datei ergänzen. Ähnlich der realen Welt können Sie das Unternehmen präsentieren, zum Beispiel durch klickbare Fotos und erläuternde Texte und Audio-Dateien, die die Mitarbeiter durch die Website führen. Die Geschichten sollten eine optimale Mischung aus Text, Bild und Ton ergeben. 3D-Präsentationen ermöglichen, dass der Mitarbeiter ein Produkt drehen und skalieren kann. Glas, Metall, Holz und andere Werkstoffe sehen realistisch aus. Zusatzfunktionen und Animationen sind möglich, wie zum Beispiel sofortiges Wechseln von Farbe oder Material. Durch Multimedialität können Sie eine nahezu reale Kommunikationssituation herstellen: Gesprächspartner können sich auf Fotos oder im Kurzfilm sehen, sie können sich hören, unterhalten – zeitgleich mittels Videokonferenzen oder zeitlich versetzt über ein Diskussionsforum oder per E-Mail. Das Intranet ermöglicht direkt zwar (noch) kein Riechen und Schmecken. Doch haben Sie erfahren, dass Sinneseindrücke aus einer Quelle einen anderen Sinn aktivieren können wie im Fall des Bildes einer Rose, die zugleich auch die gespeicherten Geruchserlebnisse und den Tastsinn aktivieren.

2. Verfügbarkeit

Das Intranet ist jederzeit, überall und fast ohne Begrenzung des Umfangs nutzbar:

→ **Zeitunabhängig:** Das Intranet ist jederzeit abrufbar – jeder Mitarbeiter findet die Informationen dann, wenn er sie braucht. Da die Nutzer die zeitliche Nutzung des Angebotes selbst bestimmen, wird es ihren individuellen Anforderungen stärker gerecht. Das Intranet kann kurzfristig und schnell angepasst werden und dadurch inhaltlich und gestalterisch auf dem neuesten Stand gehalten werden, ohne dass relevante zusätzliche Kosten entstehen – im

Gegensatz beispielsweise zu einem Katalog, der einmal gedruckt zumindest für einen gewissen Zeitraum das Sortiment und die Preise eines Unternehmens bestimmt.

→ **Ortsunabhängig:** Mitarbeiter können sich austauschen, ohne an einen Ort gebunden zu sein. Dies ist für die internationale interne Kommunikation wichtig (siehe Kapitel 20).

→ **Unbegrenzter Speicher:** Das Intranet verfügt über unbegrenzte Speicherkapazität im Gegensatz etwa zur Broschüre. Hierdurch kann ein Unternehmen umfangreich Informationen zur Verfügung stellen, zum Beispiel detaillierte Produktangaben in Datenbanken. Der Mitarbeiter kann entscheiden, wie breit (Themen) und wie tief (Details) er diese Informationen abruft.

3. Vernetzung
Zu den herausragenden Eigenschaften des Intranet gehört seine Eigenschaft der Vernetzung. Dies kann unterschiedlich erfolgen:

→ **Mit anderen Netzen vernetzt:** Das Intranet kann mit dem Internet und dem Extranet verbunden sein. Anwendungen wie Groupware und Dokumentenverwaltung ermöglichen das Arbeiten in einer gemeinsamen Umgebung, die passwortgeschützt sein kann und auf die alle Beteiligten zugreifen können. An Informationsterminals (POI, Point of Information) fließen alle drei Dienste samt CD-ROM zusammen: Hier können sich Mitarbeiter informieren, mit anderen Mitarbeitern reden und Transaktionen mit Externen auslösen (zum Beispiel Bestellungen). Die Kombination von Intranet, Internet und Extranet wird künftig zunehmen, da die herkömmlichen Unternehmensgrenzen sich zunehmend auflösen – Firmen werden weitaus stärker Beteiligungen, Joint Ventures und Kooperationen eingehen und zeitweise Arbeitskräfte einsetzen.

→ **Mit anderen Technologien vernetzt:** Das Intranet wird künftig wesentlich stärker mit anderen Formen technisch vermittelter Kommunikation kombiniert werden: mit Fax, Telefon, Personal Digital Assistant, UMTS und sogar dem Fernsehgerät. Mitarbeiter wählen sich von jedem Ort der Welt aus an ihrem Arbeitsplatz ein: vom Funktelefon, per Handy, PDA und dem Laptop mit Funkadapter.

→ **Hypermedialität:** Im Intranet kann jede Information mit jeder anderen verknüpft sein, egal, wo diese sich befindet. Der Nutzer springt durch Hyperlinks zu den Inhalten, die ihn interessieren: So beginnt er einen Text zu lesen, zwischendurch schaut er sich ein Foto an, parallel hört er einer Audio-Datei zu und kehrt dann zum Text zurück. Dies könnte im Fall eines neuen Herstellverfahrens so geschehen: Der Verfahrenstechniker stellt das Verfahren vor, indem er es beschreibt und einige Fotos, Grafiken und kurze Videoclips aus unterschiedlichen Perspektiven zeigt. Ein Audio-Datei vermittelt den ordnungsgemäßen Klang der Anlage. Links führen zu den Anweisungen der Mitarbeiter, die bereits mit diesem Verfahren gearbeitet haben. Ein anderer Link führt zum Zitat des Geschäftsführers, der die strategische Bedeutung des Verfahrens erläutert. Ein Testbericht lässt Testanwender mit ihren Erfahrungen zu Wort kommen.

4. Interaktivität
Nutzer können die Kommunikation selbst gestalten – dies betrifft sowohl die technische Kommunikation mit dem Angebot als auch die persönliche Kommunikation mit dem Anbieter sowie anderen Nutzern des Intranet. Das Intranet muss daher den Nutzer ständig einbeziehen, weil es ein aktives Medium ist – der User will nicht warten, bis etwas passiert, sondern er will etwas passieren lassen.

→ **Technische Interaktivität:** Der Mitarbeiter kann Nutzung, Art, Inhalt, Zeit-punkt, Dauer, Abfolge und Häufigkeit des Informationsabrufs weitgehend selbst bestimmen. Beispiel: Der Mitarbeiter kann durch unterschiedliche Kameraführung um eine Maschine herumlaufen, sie aus unterschiedlichen Blickwinkeln prüfen und einen Blick in das Innere werfen.

→ **Persönliche Interaktivität:** Im Intranet ist wechselseitige Kommunikation möglich. Hierbei kann die Zahl der Kommunikationsteilnehmer erheblich variieren – von Einzelpersonen über Kleingruppen bis hin zum Massenpublikum: Zwei Menschen können sich per E-Mail austauschen. Einer wendet sich an eine klar begrenzte Bezugsgruppe, zum Beispiel über eine Newsgroup. Einer wendet sich an viele, zum Beispiel über einen Newsletter oder Mitarbeiter-TV. Viele reden mit vielen, zum Beispiel in Diskussionslisten und virtuellen Gemeinschaften. Diese Kommunikationsform ist so nur durch die Internet-Technologie möglich. Die einzelnen Kommunikationsformen sind nicht statisch, sondern können schnell wechseln: Ein Mitarbeiter stellt eine Frage per E-Mail an den Anbieter einer Information, danach wendet er sich an eine Diskussionsgruppe. Mehr oder weniger öffentliche Kommunikation in Diskussionsforen und Chats kann sich abwechseln mit privater Kommunikation per E-Mail.

Vorteile	Nachteile
Informationen können schnellstmöglich angeboten und aktualisiert werden.	Die Informationen müssen aktiv gesucht und am Bildschirm aufgerufen werden („Pull").
Die Mitarbeiter können jederzeit auf Informationen zugreifen.	Mögliche Probleme international durch geringe Leitungskapazitäten
Ein Intranet bietet nicht nur Text, sondern auch Fotos, Grafiken und sogar Kurzvideos.	Häufig sind gerade Führungskräfte „Intranetmuffel".
Das Intranet hat interaktive Elemente (zum Beispiel Newsgroups, Chat, Videokonferenzen), die einen direkten Austausch („realtime") ermöglichen, die auch die Beziehungsebene beeinflussen kann.	Informationsflut und Desorientierung
Das Intranet kann in einem internationalen Konzern viele Mitarbeiter erreichen.	Gewerbliche Mitarbeiter verfügen in der Regel nicht über einen Intranet-Zugang, außer, wenn dieser durch Infoterminals („Point of Information") sichergestellt ist.
Listen mit E-Mail-Adressen ermöglichen den Aufbau von Verteilern.	

Abb. 27 | Einige Vorteile und Nachteile des Intranets

Intranet - ein Baukasten

Das Intranet ist ein Bausatz, aus dem sich das Unternehmen bedarfsgerecht zusammenstellt, was es elektronisch abwickeln möchte. Bevor es sich aber zur Spielwiese entwickelt, was zu Beginn oft geschieht, sollte das Unternehmen die Frage beantworten, was genau es mit dem Intranet bezweckt: Dient es zur Information oder ist es Arbeitsplattform? Soll das Intranet Austausch ermöglichen? Haben alle Zugang oder ist dieser auf bestimmte Mitarbeitergruppen (z.B. Abteilungen oder Projektgruppen) begrenzt?

Grundsätzlich hat das Intranet drei Funktionen: Information, Kommunikation und Transaktion. Diese Grundfunktionen bauen oft aufeinander auf. Daher macht es Sinn, im entsprechenden Projekt stufenweise vorzugehen: Zunächst kann das Intranet zur Informationssuche genutzt werden. Die Mitarbeiter werden hierdurch mit den Möglichkeiten des neuen Mediums vertraut. In den weiteren Schritten werden eigene Informationen bereitgestellt, Möglichkeiten zum Austausch mit den Betreibern des Intranets und zwischen den Anwendern geschaffen und geprüft, welche Bestellungen, Formulare und Ähnliches durch das Intranet unterstützt, neu zugeschnitten oder ersetzt werden können. Das Intranet kann die Informations- und Wissensbasis für betriebliche Entscheidungen verbessern und damit die Qualität auf allen betrieblichen Ebenen steigern. Es kann die Flexibilität erhöhen, Kosten für Routinevorgänge senken und durch marktgerechtere und dem Unternehmen angemessene Leistungen nachhaltige Wettbewerbsvorteile erzielen.

→ **Information:** Im einfachsten Fall unterstützt das Intranet die Kommunikation durch zentrales Bereitstellen von Informationen wie Statusberichte, Datenbanken, Produktinformationen und Projektpläne. Zum Beispiel sind in Geschäftsprozessen die richtigen Informationen zur richtigen Zeit am richtigen Ort und in der angemessenen Art und Weise entscheidend, um Aufträge kostengünstig, termingerecht und hochwertig abzuwickeln. Alle Unternehmensfunktionen können Sie übersichtlich und strukturiert darstellen, samt der dazugehörigen Daten, der Organisation von Projekten und Aufgaben sowie der schrittweisen Abbildung von Arbeitsprozessen. Damit sind die Voraussetzungen geschaffen, wiederkehrende Prozessschritte leicht zu erkennen, zu systematisieren und wertschöpfend zu optimieren. Weitere Beispiele: Funktionen nutzen das Intranet zur Selbstdarstellung und informieren über Ziele, Aktivitäten und Ansprechpartner. Sie stellen verbindliche Richtlinien und Dokumentationen bereit und aktualisieren diese bei Bedarf. Mitarbeiter recherchieren in Patentdatenbanken. Projektteams können auf einen aktuellen Informations- und Dokumentationsstand zugreifen. In einer Krise sind die neuesten Meldungen abrufbereit. Der Außendienst ist über Produktneuheiten, Preise und Markttrends auf dem Laufenden und in alle Geschäftsabläufe eingebunden. Für den Einsatz des Intranet zur Information müssen die bisherigen Abläufe meist nur wenig geändert werden. Wichtige Ausnahme: Im Intranet hat es der Mitarbeiter in der Hand, sich Informationen zu besorgen – Information wird zur Holschuld.

→ **Kommunikation:** Das Internet ermöglicht aktiven, zeitgleichen und hierarchieunabhängigen Austausch, zum Beispiel über Themen und Projekte. Dieser Austausch kann genauso geplant und gesteuert werden wie in den bekannten Einrichtungen des Internet: den Diskussionsforen und Newsgroups. Hier ist die Umstellung deutlich aufwändiger, weil Prozesse geändert werden müssen. Beispiele: Projektteams können sich an Pinnwänden über aktuelle Ereignisse und offene Fragen austauschen sowie Texte und Grafiken zeitgleich abstimmen. Mitarbeiter unterhalten sich per E-Mail oder Videokonferenz und verzichten teilweise auf persönliche Treffen. Die Mitarbeiter sind aufgerufen, neue Produktideen in die Produktentwicklung einzubringen und diese kritisch zu diskutieren.

→ **Transaktion:** Der nachhaltigste Schritt ist die Unterstützung betrieblicher Transaktionen durch das Intranet: Projektberichte, Studiendokumentationen, Bestellungen, Anträge und Kostenrechnungen werden verschickt, Ressourcen geplant und ausgetauscht. Termine für Sitzungen werden per Computer abgesprochen und die Besprechungsräume in der Firmenzentrale online reserviert. Die Transaktion unterstützt nicht nur Information und Kommunikation, sondern auch Entwicklung, Herstellung und Vertrieb von Produkten beziehungsweise Dienstleistungen mit dem Intranet: Einige Softwarefirmen arbeiten in der Entwicklung mit Freien Mitarbeitern in verschiedenen Ländern zusammen (Telekooperation). Diese Arbeitsaufteilung wird erst durch neue Technologien möglich. Das Intranet wird genutzt, um die Neuorganisation von Vertriebswegen (Direktverkauf an Endkunden/E-Commerce) und neue Serviceangebote hausintern vorzubereiten.

Solche Umstellungen setzen aber häufig voraus, dass bisherige Abläufe grundlegend infrage gestellt und geändert werden. Dies ist aufwendig, bietet aber auch weit reichende Chancen.

15.3.3.2 Optimierung der Wertkette

In jüngster Zeit wird der Einsatz des Intranet verstärkt über die Kommunikation hinaus geprüft. Ergebnis: Das Intranet kann alle Geschäftsprozesse im Unternehmen entlang der Wertkette optimieren. Die Wertkette wurde entwickelt von Michael Porter in Harvard und ist zu einem wichtigen Instrument der Analyse der strategischen Unternehmensplanung geworden.

Die Wertkette gliedert in strategisch wichtige Tätigkeiten und erkennt jene, für die der Kunde zu zahlen bereit ist. Wertaktivitäten sind demnach die Bausteine, aus denen das Unternehmen ein für seine Abnehmer wertvolles Produkt schafft. Die Wertkette kann die betriebliche Leistungserstellung anschaulich abbilden und ermöglicht es so, Bereiche für eine Optimierung systematisch aufzuzeigen.

Die Wertkette unterscheidet Primäraktivitäten und unterstützende Aktivitäten: Primäraktivitäten sind unmittelbar mit der Herstellung und dem Vertrieb eines Produktes beziehungsweise einer Dienstleistung verbunden wie Eingangslogistik, Produktion, Marketing, Vertrieb und Service. Unterstützende Aktivitäten bereiten Primäraktivitäten vor, ermöglichen und steuern sie. Hierzu gehören Verwaltung, Finanzen, Personalmanagement, Forschung und Entwicklung sowie die Beschaffung.

Hier einige Beispiele, wie Sie durch das Intranet Ihre Wertkette optimieren können:

Optimierung unterstützender Aktivitäten
→ **Verwaltung und Finanzen:** Sie unterstützen schnellen Informationsfluss durch E-Mail. Sie führen interne Verrechnungssysteme im Finanzwesen ein. Wenn ein Mitarbeiter einen Verbesserungsvorschlag für das Optimieren eines Geschäftsprozesses hat, hängt er ihn als elektronische Nachricht in das eigens dafür eingerichtete Online-Forum. Durch das Intranet können Sie Zweigwerke und Niederlassungen besser informieren und in Entscheidungen einbinden – sogar im Ausland.

→ **Personal:** In der Weiterbildung setzen Sie multimediale Lernprogramme ein, die weltweit von jedem Arbeitsplatz aus abrufbar sind (Corporate University). Die

Mitarbeiter können sich weiterbilden, wann es ihnen am angenehmsten ist. Weltweit können sich stellensuchende Nachwuchs- und Führungskräfte über offene Stellen im Unternehmen informieren. Pools von Experten können sich zu Gemeinschaften zusammenschließen, die Mitarbeiter bei schwierigen Fragen als Experten konsultieren können. Das Intranet unterstützt den mobilen Mitarbeiter: Er kann von überall auf seinen Arbeitsplatz zugreifen, auch von Zuhause. Von den dezentralen und flexiblen Arbeitsformen versprechen sich die Manager mehr Produktivität, sinkende Kosten, eine höhere Arbeitsmoral und effektivere Kommunikation.

→ **Forschung und Entwicklung:** Das Intranet kann Informationen über Angebotslücken im Markt, Erkenntnisse über Kunden, Lieferanten und Experten bereitstellen. Mitarbeiter, zum Beispiel aus Produktion oder Vertrieb, können diese Informationen kommentieren, ergänzen und Vorschläge entwickeln. Mitarbeiter können online nach Patenten, Kooperationspartnern oder Außenwirtschaftsinformationen suchen. Durch Telekooperation per Videokonferenzen und gemeinsames Arbeiten über das Intranet kann das Wissen von Ingenieuren und Technikern von verschiedenen Standorten zu Kompetenzzentren gebündelt werden. Telekooperation in der Produktentwicklung sähe dann in etwa so aus: Ein Unternehmen der Automobilindustrie will ein neues Auto für den internationalen Markt entwickeln. Im Intranet können weltweit verschiedene Konstruktionsteams am gleichen Projekt mitwirken, um die Besonderheiten der Weltmärkte zu berücksichtigen. Die Beteiligten tauschen untereinander die Konstruktionspläne aus. Über den ständigen Kontakt durch das Intranet sind umständliche Treffen der Konstrukteure und die Koordination der Vermarktung ersetzt worden durch ein virtuelles Entwicklungs- und Vermarktungsteam. Das Intranet kann Plattform sein für das Experimentieren mit neuen Produkten, Diensten und Prozessen. Neue Produkte können den Mitarbeitern vorgestellt und von ihnen getestet werden, zum Beispiel Software.

→ **Beschaffung:** Der Einkauf ist in vielen Firmen der Bereich, der das größte Einsparpotenzial durch elektronische Umstrukturierung verspricht. Das Intranet kann Produktdatenbanken von Lieferanten bereitstellen. Mit Hilfe von elektronischen Preisagenten und Beschaffungssystemen können firmenintern Angebote weitaus kostengünstiger als bisher verglichen werden. Global agierende Unternehmen können Mengeneffekte durch Bestellungen über das Intranet nutzen, wie zum Beispiel globale Einkaufsangebote und Transparenz, beispielsweise über unterschiedliche Preise für Produkte in unterschiedlichen Ländern. Die Bestellabwicklung lässt sich über das Intranet deutlich vereinfachen und damit kostengünstiger durchführen, wie im Fall von Büromaterial und Computerzubehör (z.B. Toner, Disketten).

Unterstützung der Primäraktivitäten
→ **Eingangslogistik:** Die Eingangslogistik stellt sicher, dass alle benötigten Betriebsmittel, Werkstoffe und Waren rechtzeitig und in hinreichender Menge vorhanden sind. Das Intranet kann dies erleichtern, indem der Lieferant eine automatische Auftrags- und Frachtverfolgung bereitstellt, mit der die Mitarbeiter den aktuellen Stand ihrer Aufträge, Lieferungen, Rücksendungen verfolgen können.

→ **Produktion:** In der Produktion kommt es stark auf Schnelligkeit und Einhaltung der festgelegten Kosten und Qualitätsstandards an. Durch den Einsatz des Intranet wird es möglich, bei zeitkritischen Aufträgen kurzfristig Kapazitäten aus anderen Teilen des Unternehmens einzubinden. Fertigungsroboter können über große Entfernungen überwacht werden. Nach Ende der Spätschicht in einem Fertigungsbetrieb beginnen Servicetechniker mit Wartung und Programmierung der Maschinen von weit entfernten Telearbeitsplätzen aus, wo der Arbeitstag gerade beginnt. Das Qualitätsmanagement wird deutlich verbessert, wenn die wichtigsten Informationen online im Intranet zur Verfügung gestellt werden und so jederzeit an jedem Arbeitsplatz verfügbar sind – beispielsweise Arbeitsabläufe, Kontrollpläne, Fehlerprotokolle. Die Einführung eines solchen Systems lohnt sich auch für kleinere Unternehmen. Elektronisch vernetzte Unternehmen können enger als je zuvor weltweit an gemeinsamen Projekten zusammenarbeiten: Beispiele sind Simulationsstudios, die das virtuelle Modell einer Automobilmontage darstellen. Konstrukteure aus mehreren Ländern können hierbei miteinander arbeiten, um Produktionsabläufe zu prüfen und weiter zu entwickeln. Fehler oder Möglichkeiten der Optimierung sind auf diese Weise viel schneller als in herkömmlichen Tests zu erkennen.

→ **Marketing:** Das Intranet kann erheblich dazu beitragen, das Marketing zu optimieren: Erklärungsbedürftige Produkte lassen sich durch Multimedialität in Produktkatalogen mit Bild, Ton, Animationen und Videosequenzen deutlich besser darstellen als in herkömmlichen Prospekten. Statt gedruckter Marketingbroschüren führt der Verkaufsleiter den Servicemitarbeitern die Vorzüge der Firmenprodukte am Bildschirm vor. Unternehmen mit einem umfangreichen Produktspektrum können ihren Intranet-Auftritt um eine Datenbank mit Bestellnummern, Produktbeschreibungen und Preisinformationen ergänzen. Hierdurch sind Mitarbeiter und der Außendienst stets tagesaktuell informiert. Produktkataloge gibt es in elektronischer Form. Anhand dieses Kataloges wird ein individuelles Produkt vom Außendienstmitarbeiter beim Kunden vor Ort nach dessen Wünschen konfiguriert. Die Daten werden gespeichert und an die ausführenden Funktionen übermittelt.

→ **Vertrieb:** Das Intranet kann den Vertrieb an die Mitarbeiter unterstützen (Mitarbeiterverkauf). Damit wird die Informations- und Kommunikationsplattform zum vollwertigen Transaktionsmedium ausgebaut. Ein Online-Produktkatalog sowie Online-Shops weisen im Intranet tagesaktuelle Preise und Verfügbarkeit aus, der Mitarbeiter kann am Bildschirm die Bestellmenge eingeben und so einen virtuellen Warenkorb füllen. Nachdem zusätzlich Versandart und Lieferanschrift angegeben wurden, wird die Bestellung automatisch übermittelt.

→ **Service:** Das Intranet ist sehr gut geeignet, die Kundenbindung zu unterstützen: Mitarbeiter können sich selbst bei Fragen helfen, indem sie auf Datenbanken zugreifen können. Es gibt ein offenes Forum für Mitarbeiter mit Kundenkontakt, in dem sie sich über Erfahrungen und Verbesserungen austauschen können. Bei erklärungsbedürftigen Produkten bietet es sich für die Servicemitarbeiter an, interaktive Bedienungsanleitungen ins Intranet zu stellen und so die Nutzung zu erleichtern.

Standardanfragen von Mitarbeitern an den Service werden durch elektronische Fragen- und Antwortenkataloge (FAQ: Frequently Asked Questions) im Netz beantwortet. Dies verhindert, dass die teure Arbeitszeit von Kundendienstmitarbeitern für die Beantwortung von Standardanfragen oder für Auskünfte über Reparaturdauer, Fehlerursachen undsoweiter verwendet werden. Zur Reparatur eingeschickte Produkte können in der Serviceabteilung mit einer Digitalkamera fotografiert und in einer Online-Datenbank abgelegt werden. Der Servicemitarbeiter kann sich die defekten Teile nach Eingabe seiner Schadensnummer jederzeit ansehen und das Dokument für seine Unterlagen ausdrucken.

Fazit
Durch die Besonderheiten des Intranets können Sie alle Phasen der Wertschöpfung durch Information, Kommunikation und Transaktion optimieren. Jede Aktivität können Sie hierdurch kostengünstiger, besser oder kundenspezifischer abwickeln. Sie können Prozesse entlang der Wertschöpfungskette anschaulich darstellen. Sie bieten Links zu tiefer gehenden Informationen, falls ein Nutzer danach sucht. Durch die Interaktivität kann dieser Kontakt zu Mitarbeitern aufnehmen, um Fragen zu stellen und Verbesserungsvorschläge zu machen.

Statt vorschnell auf bestimmte Anwendungen oder Techniken zu setzen, sollten Sie immer die gesamte Wertkette einbeziehen und vor dem Hintergrund der eigenen Wettbewerbsposition über den sinnvollen Einsatz des Intranets ür eine Optimierung entscheiden.

15.3.3.3 Probleme beim Einsatz

Unternehmen haben derzeit mit einigen Problemen beim Einsatz des Intranets zu kämpfen:

→ **Orientierung:** Das Auffinden von Informationen zeigt sich als größtes Problem des Intranets. Die nutzerfreundliche Navigation sowie eine effiziente Suchmaschine sind das A und O. Wo sie fehlen, müssen die Nutzer aufwendig und langwierig das Gewünschte suchen – der Vorsprung durch Aktualität ist dahin.

→ **Kultur:** Die Nutzung des Intranets erfordert in der Regel, dass sich die Kommunikationskultur ändert: Der Einsatz des auf offene und aktuelle Information und Kommunikation ausgerichteten Intranets macht nur Sinn, wenn die Unternehmensleitung diese Werte trägt und stützt. Die Teilnahme an dialogorientierten und gemeinschaftsbildenden Kommunikationsformen wie an Newsgroups und virtuellen Gemeinschaften erfordert einen stärkeren Gemeinschaftssinn. Früher hat die Unternehmensleitung nur den eigenen Standpunkt dargestellt, heute soll es das Meinungsspektrum sein. Hat ein Unternehmen bisher nur über das informiert, was es für richtig hielt, soll es heute darüber informieren, was die Nutzer des Intranets interessiert – selbst über das Verhalten der Konkurrenz. Es ist daher ratsam, ein Programm zur Kulturentwicklung im Rahmen der Einführung des Intranets durchzuführen.

→ **Vertrauen:** Durch die elektronisch vermittelte Kommunikation über das Intranet allein kann nur sehr schwer Vertrauen entstehen. Daher sollten Sie begleitende Maßnahmen entwickeln und die Kommunikationspartner möglichst persönlich zusammenbringen, zum Beispiel in Form einer Projektgruppe.

Viele Intranets werden schon nach kurzer Zeit nicht mehr genutzt. Gründe für die mangelnde Akzeptanz sind fehlende Orientierung und fehlender persönlicher Kontakt als Vertrauensbasis. Das Intranet fordert höchste Nutzerorientierung in Form und Inhalt.

Kapitel 16

Potenziale der Social Media werden genutzt

Social Media in der internen Kommunikation sind Anwendungen, die es dem Mitarbeiter ermöglichen, sich schnell und leicht an der elektronisch vermittelten Kommunikation im Unternehmen zu beteiligen, sich mit anderen zu vernetzen und auszutauschen, Beiträge und Meinungen zu veröffentlichen. Anstatt wöchentlich oder gar täglich interne Memos und Newsletter zu verschicken, könnten Sie diese Informationen in einen internen Blog stellen. So kann jeder seine Gedanken äußern und die Mitarbeitenden fühlen sich ernst genommen. Führungskräfte können in kürzerer Zeit enger mit ihren Mitarbeitern reden.

Auch wenn es in den kommenden Jahren immer neue Anwendungen geben wird – wichtig ist die Interaktivität der Mitarbeiter und deren Vernetzung. Dies sind aber genau jene Aspekte, die die größte Herausforderung für die Kommunikationskultur darstellen, denn bisher sind die Mitarbeitenden meist wenig einbezogen und es ist bisher oft kein Wert im Unternehmen, dass Mitarbeitende miteinander vernetzt sind. Ich empfehle daher, genauestens zu prüfen, wo es Schwächen in der Kommunikation gibt und wie diese durch Instrumente beseitigt werden könnten.

Bei der Einführung von Anwendungen empfehle ich, sorgfältig und schrittweise vorzugehen, um Erfahrungen zu sammeln. Dieses schrittweise Vorgehen umfasst, dass Sie

→ Anwendungen in einem kleinen Kreis von aufgeschlossenen Beteiligten testen, zum Beispiel in einem Projekt.
→ Die Einführung eng begleiten: Sie sollten Diskussionen zeitlich begrenzen (zum Beispiel auf 1-2 Wochen), an ein Thema binden und moderieren.
→ Sich genügend Zeit dafür lassen. Die Anwendungen bedeuten in vielen Unternehmen ein Umdenken und eine Änderung der bisherigen Kommunikationskultur. Häufig ist es so, dass ein neuer Anlauf nach einem Scheitern – wenn überhaupt – nur schwer in Gang kommt.

Zu den bekanntesten Anwendungen der Social Media gehören Wikis, Weblogs, Newsfeeds, Podcasts, Social Bookmarking und soziale Netzwerke (Communities). Sie ermöglichen neue Formen der Mitarbeiterkommunikation und ergänzen E-Mails, Faxen und Telefonieren im Intranet. Die Anwendungen unterscheiden sich in Inhalt, Medienformat und Kommunikationsintensität. Sie unterscheiden sich darin, ob die Anwendungen auf bestimmten Inhalten oder Themen basieren und ob die Nutzer eines sozialen Netzwerkes selbst im Mittelpunkt der Plattform stehen.

Zerfass und Sandhu nennen folgende Basisfunktionen von Social Software:

→ Publizistischexpressive Möglichkeiten: Weblogs, Podcasts und Videocasts im Vordergrund
→ Unterstützung des Wissensmanagements durch Wikis, Social Bookmarking und Tagging
→ Informationsverbreitung mit RSS
→ Persönliche und professionelle Beziehungsnetzwerke durch Communities

Trotz der vielen Vorteile der Social Media: Der Einsatz in der internen Kommunikation liegt noch weit hinter demjenigen in der externen Kommunikation zurück. Doch die Entwicklung ist unaufhaltsam, denn neue Kommunikationsräume und -möglichkeiten nehmen in der Welt außerhalb der Unternehmen rasant zu. Daher gilt, was Managementexperte Gary Hamel schrieb: „Kein Unternehmen würde ein Telefonsystem aus den vierziger Jahren ertragen oder auf die Effizienzerhöhung durch moderne Informationstechnologie verzichten wollen." In der Praxis der internen Kommunikation tun sie es bislang – wie lange, bleibt abzuwarten.

16.1 Wikis

Die freie Online-Enzyklopädie Wikipedia hat sich zum Nachschlagewerk Nummer eins im Web entwickelt. Der Begriff Wiki, hawaiianisch für schnell, drückt das zentrale Merkmal dieses Mediums aus: Es ist schnell und lässt sich leicht anwenden. Über den Webbrowser können Nutzer ohne spezielle Programmierkenntnisse neue Seiten leicht und zügig erstellen oder Inhalte bestehender Wiki-Seiten editieren. Zudem bleiben bei Wikis alle Versionen eines Dokumentes erhalten, sodass Sie einen früheren Arbeitsstand problemlos wiederherstellen können. Wikis sind die Sammlung von Inhalten, die von Autoren erstellt, bearbeitet und gelöscht werden können. Ergebnisse sind zum Beispiel eine Unternehmensenzyklopädie zu Begriffen.

Texte sind also Momentaufnahmen: Ihre Struktur kann sich laufend ändern. Leser greifen auf die aktuellste Variante zu. Ältere Inhalte werden zwar archiviert, aber meist nur abgerufen, wenn deren Entwicklung nachvollzogen werden soll. Die Inhalte sind nicht das Ergebnis eines einzelnen Autors, sondern eine Gemeinschaftsleistung. Als Gemeinschaftsleistung entsteht der Gesamt-Inhalt. Somit ergänzt die „Weisheit der Massen" (Wisdom of Crowds) Informationen und Wissen im Unternehmen. Der Wert des Wiki entsteht, indem die Mitarbeiter ihr Wissen beitragen, systematisch entwickeln und andere Mitarbeiter teilhaben lassen.

Wikis basieren auf der Augenhöhe der Mitglieder. Sie sind

- → Offen: jeder kann die Struktur verändern beziehungsweise korrigieren,
- → Organisch: Struktur und Inhalt ändern sich und wachsen,
- → Beobachtbar: Inhalte sind protokolliert und nachvollziehbar,
- → Einfach: Nutzung ist ohne Schulung möglich.

Diskutieren, ändern und dokumentieren erfolgt über ein Web-Publishing-System (Wiki-Engine). Änderungen und Neuversionen eines Dokuments werden gespeichert und können bei Bedarf abgeglichen oder auch rückgängig gemacht werden. Die Wiki-Engine ist größtenteils direkt in das Wiki integriert; hierdurch lassen sich Seiten direkt online modifizieren und ein direktes Besprechen mit anderen Nutzern ist möglich.

Die Qualität von Wikis sichern meist die Nutzer selbst, da sie ein eigenes Interesse an der hohen Qualität haben. Neue Mitglieder müssen meist gewisse Anforderungen erfüllen, um Schreibrechte zu erhalten. Das Veröffentlichen der Daten erfolgt sehr schnell.

Wikis in der internen Kommunikation sind meist Bestandteil des Intranets. Mitarbeiter können besser zusammen arbeiten, vorhandene Daten besser verwalten, Daten schneller austauschen. Wissen wird sichtbar und kann von allen Mitarbeitern abgerufen werden. Erfahrungen bei der Lösung von Problemen können in Form einer „Community of Practice" eingestellt werden - Mitarbeiter mit dem gleichen oder einem ähnlichen Problem können diese Erfahrungen nutzen.

Quellen lassen sich themenbezogen über eine Linkstruktur verknüpfen. Eigene Erfahrungen können mit anderen Mitarbeitern diskutiert und entwickelt werden. Dies steigert nicht nur die Fachkompetenz der Mitarbeiter, sondern auch deren Methoden- und Sozialkompetenz.

16.2 Weblogs

Weblogs sind Sammlungen von Beiträgen eines oder mehrerer Autoren auf einer Website, die auf der Seite in umgekehrt chronologischer Reihenfolge sichtbar sind, also das aktuelle zuoberst.

Beiträge (Blog posts) lassen sich in Rubriken ablegen und aufrufen. Sie erhalten eine Adresse (Permalink) über die sie eindeutig identifizierbar sind. Durch den Permalink können auch andere Weblogs auf Beiträge verweisen. Die Beiträge werden meist mit dazugehörigen Tags versehen. Außerdem ist die Integration von Web-Feeds, über die Leser Inhalte abonnieren und verfolgen können, typisch für Weblogs (siehe unten).

Austausch wird möglich, da jeder Seitenbesucher Kommentare und Anmerkungen hinterlassen und über den Inhalt mit diskutieren kann. Durch die Trackback-Funktion können automatisch Links zu anderen Artikeln erstellt werden. Der Verlauf einer Diskussion ist dadurch einfach nachvollziehbar.

Trackbacks informieren die Blogger, wenn sich Beiträge auf sie beziehen. Alle Blogs können angezeigt werden, die sich bereits auf dieses Posting bezogen haben. Zitiert ein Blogger aus einem anderen Weblog, wird dort ein Trackback platziert. Hierdurch kommunizieren Blogs miteinander und tauschen Informationen aus - eine komplexe Blogsphäre kann entstehen.

Blogs haben somit folgende Merkmale:

→ **Subjektivität:** Blogs spiegeln die persönliche Sicht des Mitarbeiters wieder. Weblog-Texte sind authentisch, spontan und direkt. Kommentare zu Blogs sind ebenfalls subjektiv.

→ **Aktualität:** In einem Projekt- oder Lernblog gibt es verbindliche Vereinbarungen, in welcher Form über Erfahrungen im Blog berichtet wird. Der Blog wird zum „Tagebuch" des Projektes.

→ **Vernetzung:** Tags verweisen Blogger auf andere Blogs und Quellen, was eine Netzwerkstruktur entstehen lässt.

Verwaltung und Pflege von Weblogs übernimmt eine Web-Publishing-Plattform. Sie sorgt dafür, dass die Beiträge in der gewünschten Form präsentiert werden. Sie stellt die Zusammenhänge beim Veröffentlichen neuer Posts automatisch sicher – hierdurch erscheinen neue Beiträge automatisch auf der Startseite des Weblogs und in jenigen Rubriken, denen sie zugeordnet werden. Der Seitenbesucher braucht also nicht erst zu einer Rubrik zu navigieren, um sich neue Inhalte anschauen zu können, sondern er sieht sie direkt beim Aufrufen der Startseite des Weblogs.

Weblogs entstehen immer häufiger auch in Unternehmen, die den Kontakt zwischen den Mitarbeitern fördern. Sie sind im Wissensmanagement und in Projekten zu finden: Mitarbeiter tauschen sich über betriebliche Inhalte aus und holen sich Impulse bei anderen Mitarbeitern. Gemeinsame Projekte lassen sich über Blogs organisieren, indem Arbeitsaufträge, Zeitpläne und Vereinbarungen verfügbar sind. Weblogs fördern das Lernen im Netz, indem gemeinsames Wissen bewertet und entwickelt wird.

Newsaggregatoren (z.B. RSS-Feedreader) können Informationen (aus RSS-Dateien) zu abonnierten Intranetseiten prüfen und auswerten. Bei Änderungen oder neuen Inhalten wird der Abonnent informiert. Gerade in Lern- und Projektarbeiten ist es für die Mitarbeiter hilfreich, durch einen Newsfeed auf dem aktuellsten Informationsstand gehalten zu werden. So kann der Mitarbeiter mehrere Quellen einfach und zeitsparend verfolgen. Er muss nicht erst auf einzelne Intranetseiten gehen, um Änderungen über Inhalte zu erfahren, die für seine Arbeit wichtig wären. Der Mitarbeiter kann auch Such-Feeds einsetzen, die ihn über Neuigkeiten zu einem Thema informieren.

→ **Collaboration-Blogs:** Schreiben mehrere Personen in einem Blog, wird es als Projekt- oder Collaboration-Blog bezeichnet. Diese Blogs dienen dem Austausch und der Zusammenarbeit der Projekt-Mitglieder.

→ **Knowledge-Blogs:** Knowledge-Blogs werden von Mitarbeitern nicht öffentlich im Intranet eines Unternehmens geführt. Hier werden Arbeitsergebnisse, Fundstücke aus dem World Wide Web und dem Intranet sowie Beobachtungen über die Konkurrenz dokumentiert und kommentiert. Knowledge-Blogs können nach ihrer Funktion unterschieden werden: Sie können als elektronischer Zettelkasten, Reflektions- oder Kommunikations-Medium und als Vernetzungs-Werkzeug dienen. Der Vorteil dieser Art des persönlichen Wissensmanagement liegt darin, dass verschiedene Informationen und Gedanken zu einem zusammenhängenden Ganzen verbunden werden und für eigene Zwecke wie auch für andere Mitarbeiter durchsuchbar gemacht werden.

→ **Krisen-Blog:** In Krisen, aber auch bei Gerüchten oder Vorwürfen, die in Blogs entstehen, können Blogs als Instrument dienen, um öffentlich Stellung zu beziehen. Wie Zerfaß darlegt, kann ein Krisen-Blog dazu beitragen, dass aus einer Krise keine Gefahr sondern „eine kommunikative Gelegenheit" wird.

→ **CEO-Blogs:** Ein von Geschäftsführern oder Vorständen geführtes Blog. Die Autoren nehmen oft zu branchenspezifischen Themen Stellung, schreiben aber auch über persönliche Erlebnisse. Da der CEO-Kommunikation in der Unternehmenskommunikation in den letzten Jahren verstärkte Aufmerksamkeit beigemessen wird, werden immer mehr CEO-Blogs als direktes Instrument der Kommunikation eingesetzt. So führen der Präsident und CEO von Sun Jonathan Schwartz wie auch leitende Angestellte bei SAP Blogs.

Mittlerweile gibt es auch einige Unternehmen, die Mitarbeiter auf der eigenen Firmen-Website bloggen lassen. Ein gelungenes Beispiel ist sicher der Frosta-Blog (www.frosta.de). Immer häufiger gibt es Privatblogs von Mitarbeitenden, die neue oder unbeliebte Informationen preisgeben. Immer mehr unzufriedene Mitarbeiter nutzen Blogs, um ihrem Unmut Luft zu machen. Die Industriegewerkschaft verdi bietet solchen Mitarbeitern Blogs auf ihrer Website an, die davon reichlich Gebrauch machen. Unternehmen führen deshalb Web 2.0- oder Blogging-Guidelines ein, um den Mitarbeitenden eine klare Orientierung darüber zu geben, wie stark sie sich privat über Angelegenheiten aus dem Unternehmen äußern dürfen.

16.3 Newsfeeds und Newsaggregatoren

Ein Newsfeed ist ein Datenformat, um häufig sich ändernde Inhalte auf Websites an interessierte Nutzer zu verteilen. Der Nutzer kann die gebündelten Informationen abonnieren. Er erhält automatisch Meldungen zu neuen Inhalten der für ihn interessanten Websites, ohne diese selbst aufrufen zu müssen.

Die Zusammenführung mehrerer Newsfeeds wird als Newsaggregation bezeichnet. Dies kann in Form von Integration in andere Websites, der Indexierung durch Suchmaschinen sowie webbasierter und desktopbasierter Aggregation erfolgen.

Das bekannteste und meist genutzte Datenformat zum Verbreiten von Webinhalten ist RSS, die Abkürzung steht für Really Simple Syndication. In Form von RSS-Feeds veröffentlichen Webmaster die Schlagzeilen ihrer Seiten in einheitlicher, maschinenlesbarer Form. RSS-Aggregatoren oder Feed-Reader sind Programme, mit denen Surfer die RSS-Dateien aus dem Intranet herunterladen und lesen können. Mitarbeiter können Lieblingsweblogs komfortabel im Auge behalten: Sie verpassen neue Beiträge nicht und müssen auch nicht immer Weblogs einzeln absurfen, um neue Artikel zu finden.

RSS zeichnet sich insbesondere dadurch aus, dass es kein reines Nachrichtenformat ist, sondern verschiedene multimediale Inhalte (z.B. Podcasts) abbilden kann.

16.4 Podcasting

Der Begriff Podcasting ist aus der Kombination der Begriffe iPod und Broadcast entstanden. Podcasting steht für das Produzieren und Veröffentlichen von Audio- und Videoaufnahmegeräten durch das Unternehmen oder Mitarbeiter. Sie sind jederzeit und an jedem Ort abrufbar. Sendungen lassen sich abonnieren wie Web-Feeds. Diese Feeds enthalten Daten über aktuelle Sendungen des Podcasters und werden bei der Veröffentlichung neuer Inhalte aktualisiert. Erkennt ein Feedreader des Abonnenten (auch Podcatcher genannt) neue Multimedia-Inhalte, lädt er sie automatisch runter. Der Mitarbeiter kann die Sendung in aller Ruhe anschauen und anhören.

Die fortschreitende technologische Entwicklung lässt heute Visionen über zukünftige Webformate wie Live-Sendungen im Fernsehformat (Internet-TV, Web-TV-On-Demand) zu, die von mehreren Moderatoren in mehreren Sprachen parallel geführt werden.

Für die interne Kommunikation nutzen Unternehmen Audio- und Filmbeiträge für Schulungsprogramme und zur Information der Mitarbeiter. Das Intranet-TV steht dabei heute an erster Stelle. Die Verbreitung erfolgt vorwiegend über breitbandige Netze im firmenweiten Intranet.

16.5 Social Bookmarking

Beim Social Bookmarking handelt sich um Online-Lesezeichen (sog. Bookmarks), die Mitarbeiter auf einem Intranet-Angebot sammeln. Sie indexieren diese Lesezeichen und machen sie anderen Mitarbeitern durch RSS-Feeds verfügbar. Die Nutzer des RSS-Feeds können eigene Lesezeichen hinzufügen, löschen und kommentieren. Sie können auch Kategorien und Tags vergeben. Sie helfen so, zielgerichtete Quellen für ein Thema zu finden. Mitarbeiter mit gleichen Interessen lassen sich über das Social Bookmarking finden, wodurch neue Communities entstehen. Bookmarking eignet sich gut, um für einen Lernprozess neues Material zu finden und zu bewerten. Wichtige Anforderung: Mitarbeiter sollten Schlagworte sinnvoll vergeben, damit andere Mitarbeiter das Material schnell finden.

16.6 Social Tagging

Social Tagging ist eine Form der freien Verschlagwortung (Indexierung). Die Schlagwörter werden als Tags bezeichnet. Das gemeinschaftliche, gesammelte Indexieren wird auch als Social Tagging und Folksonomy bezeichnet. Der Mitarbeiter kann zur Verschlagwortung seiner Bookmarks alles verwenden, was für ihn Sinn macht – ob Wörter, Nummern oder Synonyme.

Zum Auffinden gespeicherter Bookmarks müssen passende Tags ausgewählt werden. Wurde ein Bookmark mit vielen Tags versehen, lässt er sich leichter wiederfinden. Zur Visualisierung der Informationen können Tags als Begriffswolken (Tag Clouds) angezeigt werden. In einer Tag Cloud sind Begriffe nach Bedeutung durch Größe, Schriftbild und Farbe hervorgehoben.

Der Begriff Folksonomy ist ein Kunstwort aus „Folk" und „Taxonomy". Folksonomies bringen mit ihren Tags die ansonsten völlig unbeachtete Sprache des Nutzers ins Spiel. Innerhalb einer Folksonomy gibt es drei Aspekte:

1. Zu beschreibende Dokumente,
2. Tags (Worte), die zur Beschreibung gewählt werden,
3. Nutzer, die eine Indexierung ausführen.

16.7 Soziale Netzwerke

Soziale Netzwerke, auch Social Networks oder Communities genannt, beschreiben die elektronisch vermittelte Kommunikation von Gemeinschaften, die an einem bestimmten Ort stattfindet und einen gegenseitigen Nutzen bietet. Soziale Netzwerke lassen sich durch die Bindungsstärken zwischen ihren Mitgliedern beschreiben. Dabei unterscheidet man starken Bindungen (strong ties) und schwachen Bindungen (weak ties).

Die Grundfunktionen von Sozial-Networking-Diensten sind:

→ Identitätsmanagement: Möglichkeiten zur Eingabe, Pflege und Darstellung von Aspekten der eigenen Person.
→ Kontaktmanagement: Möglichkeiten zur Verwaltung der eigenen Kontakte und Pflege des Netzwerkes.
→ Expertensuche: Unterstützung von Kontext und von Netzwerkawareness.
→ Unterstützung eines gemeinsamen Austausches.

Die Nutzer von Social-Networking-Diensten haben so stets eine Übersicht über ihre vorhandenen Verbindungen. Zudem werden sie über die aktuellsten Informationen zu ihren Kontakten versorgt und die Bildung neuer Kontakte wird unterstützt. Die eigenen Qualitäten können einem größeren Publikum dargestellt werden, wodurch sich in kürzerer Zeit interessante und wichtige Informationen austauschen lassen. Tiefer gehende Konversationen zu einem gemeinsamen Kontext können vor diesem Hintergrund ebenfalls stattfinden.

Geschlossene Social-Networking-Dienste sind nur innerhalb des Unternehmensintranets und damit ausschließlich für die Mitarbeiter eines Unternehmens nutzbar. Hier bieten die Dienste die Möglichkeit, den Mitarbeitern mehr unternehmensinterne Daten zur Verfügung zu stellen. Diese Daten können auch automatisch aus firmeninternen Systemen eingespeist werden.

In Unternehmen werden heute häufig Communities of Practice gefördert, um den persönlichen Wissensaustausch der Mitarbeiter zu unterstützen. Soziale Netzwerke nutzen im Vergleich zu den Communities of Practice zusätzlich zu den „strong ties" auch die „weak ties".

Communities bilden eine Einheit mit einer klaren Abgrenzung nach außen. Soziale Netzwerke haben keine nach außen abgegrenzten Einheiten. Mitarbeiter können so getrennt voneinander agieren und je nach Bedarf bereits vorhandene Kontakte nutzen oder neue über gemeinsame Bekannte bilden. Durch den Fokus auf die eigenen Interessen und den Verzicht auf die Unterordnung von Gruppeninteressen entsteht bei den Mitarbeitern eine höhere Motivation zur Beteiligung.

Communities und Netzwerke stellen jedoch keinen Gegensatz dar. Häufig bilden sich innerhalb großer sozialer Netzwerke Communities. Für ein Unternehmen stellt sich bei der Etablierung einer solchen Anwendung nur die Frage, was von beidem hauptsächlich unterstützt werden sollte. Ein Unternehmen hat die Möglichkeit, offene oder geschlossene Social-Networking-Dienste zu nutzen. Geschlossene Dienste sind nur innerhalb des Unternehmensintranets und damit für die Mitarbeiter des Unternehmens zugreifbar. Dadurch bieten sie die Möglichkeit, eine größere Zahl an unternehmensinternen Daten für die Mitarbeiter bereit zu stellen, diese aber auch teilweise automatisch aus firmeninternen Systemen einzuspeisen.

Kapitel 17

Interne Kommunikation erzählt Geschichten

17.1 Bedeutung

Geschichten spielen in der internen Kommunikation eine immer größere Rolle: Sie eignen sich hervorragend dazu, Fakten über das Unternehmen in mitreißende Erzählungen zu verpacken – Erfolgsgeschichten, Geschichten aus dem Lebenslauf des Unternehmens, Geschichten über die Mitarbeitenden und ihre Leistungen, Geschichten über begeisterte Kunden. Durch solche Erzählungen erfahren die Mitarbeiter von den Beweggründen des Firmengründers und der Manager, von deren Träumen und Visionen. Sie erfahren von den Erfolgen und Misserfolgen des Unternehmens, von den Chancen und Risiken. Sie erfahren von den Motiven der Mitarbeiter und Kunden, deren Hoffnungen und Vorbehalten. Kurzum: Der Stoff, aus dem Geschichte gemacht ist!

Geschichten in der internen Kommunikation wirken auf die Mitarbeiter besonders stark, weil diese an die Grundprinzipien des Gehirns anknüpfen, an dessen Aufnahme, Verarbeitung und Speicherung. Storytelling ist gehirngerechte Kommunikation. Neuroexperte Werner Fuchs schreibt: „Es gehört zu den Geniestreichen der Evolution, Informationen in Form von Geschichten zu verarbeiten, speichern und zu weiterzugeben. Denn nur so schafft es unser Gehirn mit seinen über 100 Milliarden Nervenzellen Muster zu knüpfen, mit denen sich Voraussagen treffen lassen und die damit der Fortpflanzung, Anpassung und dem Überleben dienen."

Unser Gehirn hat eigene neuronale Netzwerke, die sich um das Speichern von Geschichten kümmern – Gedächtnisforscher sprechen vom episodischen Gedächtnis. In diesem Gedächtnissystem legen wir Geschichten ab von Menschen im Unternehmen sowie unsere eigenen Lebenserfahrungen, wie die Erinnerung an den ersten Arbeitstag. Daher nennen einige Wissenschaftler dieses Gedächtnissystem biografisches Gedächtnis. Dieses Gedächtnissystem kann über viel Platz verfügen, weil es für unser Leben sehr wichtig ist, auf dieses Wissen zuzugreifen. Dies habe ich ausführlich in Kapitel 10.2 beschrieben.

Gehirngerecht sind Geschichten deshalb, weil sie bildhaft, bewegungsnah und anschaulich sind. Sie haben nicht das Ziel, möglichst viele Informationen über das Unternehmen und seinen Wandel zu vermitteln, sondern Schlüsselinformationen, anhand derer die Mitarbeiter entscheiden können, ob sie den Wandel unterstützen oder nicht. Simon schreibt: „Geschichten sind offenbar eine höchst ökonomische Art, mit der Komplexität der Welt umzugehen. Sie setzen unterschiedliche Akteure in einer spannenden, die Emotionen (...) fesselnden und daher gut merkbaren Form zueinander in Beziehungen (...) Sie integrieren in einzigartiger Weise kognitive und emotionale Schemata und werden so zu einem der wichtigsten Interpretationsrahmen, die wir als Menschen zur Deutung unserer Erfahrungen verwenden." Über die reinen Fakten hinaus erfahren die Mitarbeiter, was im Unternehmen wichtig ist, was das Denken und Handeln in ihm leitet und wie es eine einzigartige Belohnung bietet. Sie möchten von Geschichten über die erfolgreiche Zukunft des Unternehmens begeistert werden. Dies setzt Energie frei, die Zukunft aktiv durch den eigenen Beitrag zu unterstützen.

Wie wichtig Geschichten für das Gehirn sind, zeigt sich darin, dass der Mensch eigene neuronale Netzwerke hat, die sich um das Speichern von Geschichten kümmern – Gedächtnisforscher sprechen vom episodischen Gedächtnis, manchmal nennen sie dies auch autobiografisches Gedächtnis. In diesem Gedächtnissystem legen Menschen ihre eigenen Lebenserfahrungen ab, wie Erinnerungen an die Kindheit oder den ersten Arbeitstag. Daher nennen einige Wissenschaftler dieses Gedächtnissystem biografisches Gedächtnis. Dieses Gedächtnissystem verfügt über enorme Kapazitäten, weil es für den Menschen sehr wichtig ist, auf dieses Wissen zuzugreifen.

Das Ergebnis von Geschichten ist, dass die Mitarbeiter ein lebendiges Vorstellungsbild vom Unternehmen und seiner Zukunft entwickeln sowie von ihrem Beitrag hierbei. Aufgrund der positiven Bewertung dieses Vorstellungsbildes verhalten sie sich positiver als vorher: Mitarbeiter setzen sich stärker für ihr Unternehmen ein, wenn sie die Geschichte von der gemeinsamen, erfolgreichen Zukunft verbinden.

Wirkungsvolle Geschichten fallen auf, sie sind leicht verständlich, sie halten das Interesse der Mitarbeiter und diese erinnern sich lang und gern an sie. Wer hört sie nicht gern: Die Geschichte von der Firmengründung in der Garage bis zum Einzug in die Wall Street? Andere Unternehmen erzählen, wie sie hart für Qualität arbeiten, welche Hindernisse sich ihnen hierbei in den Weg stellen und wie sie diese überwinden.

Aber: Geschichten in der internen Kommunikation sind keine Plaudereien, keine Schönfärberei, keine Erfindungen: Stattdessen zeigen sie, wofür das Unternehmen steht, welche Belohnungen es bietet und welche Visionen es hat.

17.2 Begriff

Storytelling in der internen Kommunikation bedeutet, den Mitarbeitern Fakten über das Unternehmen gezielt, systematisch geplant und langfristig in Form von Geschichten zu erzählen. Dies macht wichtige Informationen besser verständlich, unterstützt das Lernen und Mitdenken der Beteiligten nachhaltig, fördert die geistige Beteiligung und fügt damit der Kommunikation eine neue Qualität hinzu – dies schreiben Frenzel, Müller und Sottong in ihrem Buch über Storytelling.

Das Konzept des Storytelling für den Einsatz im Unternehmen stammt ursprünglich aus den USA: Am Massachusetts Institute of Technology (MIT) hat sich 1996 ein Team aus Wissenschaftlern, Journalisten und Managern großer Unternehmen die Frage gestellt, wie es gelingen kann, Lernprozesse im Unternehmen so zu dokumentieren, dass sie das gesamte Unternehmen nutzen kann. Die Antwort war, dass Geschichten hierzu am besten geeignet sind. Das Storytelling war geboren. Heutzutage setzen Unternehmen Storytelling umfassend ein, zum Beispiel bei tief greifenden Veränderungen und im Marketing.

Konkret verfolgt Storytelling in der internen Kommunikation vor allem folgende Aufgaben:

1. Es macht auf Themen *aufmerksam*;
2. es *informiert* über das Unternehmen und dessen Zukunft;
3. es *löst* bei den Mitarbeitern bedeutende *Gefühle aus*;
4. es sorgt dafür, dass die Mitarbeiter Informationen *besser speichern* und aus ihrem Gedächtnis *leicht und schnell abrufen* können.

In der internen Kommunikation erzählt das Unternehmen hierzu Geschichten über die Menschen in diesem Unternehmen, sowie über deren Leistungen für die wichtigen internen und externen Bezugsgruppen des Unternehmens: Welches Anliegen hat das Unternehmen: Will es seinen Kunden mehr Sicherheit bringen, will es sie Neues entdecken lassen oder deren Leistung steigern? Welche Hindernisse stellen sich ihm hierbei in den Weg: Sind es die Konkurrenten? Stimmte die Qualität der Produkte nicht? Gibt es Konflikte mit den Kunden? Oder müssen die Geldgeber erst noch überzeugt werden? Wie erfüllt es dennoch seinen Auftrag? Wie belohnt es die Menschen hierfür?

Was an diesem Beispiel deutlich wird: Die Technik des Storytelling besteht aus drei Komponenten: was das Unternehmen erzählt (Handlung), wie das Unternehmen dies erzählt (Darstellung) und wozu (Wirkung):

→ *Was*: Mit der Handlung und den daran beteiligten Personen verdeutlicht das Unternehmen, wie es die Motive seiner internen und externen Bezugsgruppen einzigartig befriedigt (siehe Kapitel 17.4).
→ *Wie es* das erzählt, ist durchdacht und nach einem Muster aufgebaut. Die beiden wichtigsten Anforderungen: Die Handlungen stehen in einem zeitlichen und einem inhaltlichen Zusammenhang. Simoudis schreibt: „Wir verstehen die Welt, indem wir die Ereignisse um uns kausal verbinden und chronologisch sortieren. Dazu gehört auch die Einteilung der Zeit in einzelne Episoden, die aus Anfang, Mitte und Schluss bestehen. Das menschliche Leben selbst unterliegt auch dieser Zeiteinteilung und jede der vielen Episoden, aus den es besteht, ebenso kein Moment unseres Lebens steht zusammenhangslos im Raum – wir haben ihn sowohl zeitlich als auch kausal und zielgerichtet in unsere Lebensgeschichte integriert."
→ *Wozu*: Die Ziele des Storytellings sind zum einen, etwas bekannt zu machen und dieses in deren Köpfen präsent zu halten, so dass es im Fall einer Entscheidung spontan erinnert wird; zum anderen tragen Geschichten dazu bei, das klare Vorstellungsbild vom Unternehmen und seinen Leistungen aufzubauen und dieses Bild langfristig und systematisch zu entwickeln.

Besonders verhaltenswirksam am Storytelling sind die durch die Geschichten entstehenden inneren Bilder, die spontan vor dem inneren Auge der internen und externen Bezugsgruppen entstehen, wenn sie an das Unternehmen denken. Geschichten können Sie mündlich, geschrieben oder in elektronischer Form erzählen, in Texten, in Bildern und in Aktionen wie einem Event oder einem Tag der offenen Tür.

Geschichten zu erzählen bedeutet nicht, immer nur Positives zu berichten: Geschichten bestehen auch aus Problemen und Konflikten. Viele „Success Stories" von Unternehmen beachten nicht." Auch dadurch werden sie unglaubwürdig und langweilig. Frenzel, Müller und Sottong schreiben kritisch: „Da wird alles weggelassen, was irgendwie nicht in das Schema „erfolgreich" - „supererfolgreich" - „megaerfolgreich" passt. Schwierigkeiten, Fehler, Rückschläge, Krisen, und wie sie überwunden oder gemeistert wurden, kommen in solchen Erfolgsstories nicht vor.

Geschichten sind von der (Firmen-)Chronik zu unterscheiden, da diese zwar inhaltlich strukturiert sind, aber in keinem ursächlichen Verhältnis stehen müssen. Geschichten sind auch von Metaphern (bildhafte Gleichsetzungen) und Analogien (bildhafte Vergleiche) zu unterscheiden: Was Metaphern und Analogien fehlt, ist die Zeitkomponente und die Kausalität der Ereignisse, die Geschichten kennzeichnen.

17.3 Nutzen von Geschichten in der internen Kommunikation

Geschichten in der internen Kommunikation haben viele Vorteile:

Wichtige Vorteile aus Sicht der Mitarbeitenden

→ *Geschichten erleichtern das Einordnen neuer Informationen:* Durch umfassende Geschichten über das Unternehmen können die Mitarbeiter neue Informationen in das vorhandene Wissen einordnen. Die Praxis sieht bisher noch anders aus: Meist gelingt es im Tagesgeschäft nicht, die vielen Informationen aus dem Unternehmen im Zusammenhang darzustellen - eine Mitarbeiterinfo jagt die nächste, ohne dass den Empfängern deutlich wäre, wie jede dieser Meldungen in ihre Gesamtvorstellung vom Unternehmen einzuordnen ist.

→ *Geschichten ermöglichen Orientierung:* Erzählt ein Unternehmen eine Geschichte, sagt dies etwas aus über ihre Vergangenheit, ihre Gegenwart und ihre gewünschte Zukunft. Dies macht das Unternehmen berechenbar und zuverlässig - die Grundlage für Vertrauen ist geschaffen: Die Mitarbeiter wissen, wofür das Unternehmen steht, welches Anliegen es hat. Auf dieser Grundlage können sie entscheiden, ob sie das Unternehmen unterstützen oder nicht.

→ *Die Mitarbeitenden können sich identifizieren:* Spricht sie eine Geschichte stark emotional an, weil sie ihren Motiven und Werten entspricht, können sie sich mit der Geschichte und den darin Handelnden identifizieren und ihren Beitrag am Erfolg der Geschichte leisten.

→ *Geschichten helfen, Probleme zu lösen:* Geschichten zeigen auf, wie ein Unternehmen seine Probleme gelöst hat, denn Konflikte sind der Kern guter Geschichten. Die Mitarbeiter können anhand dieser Beispiele selbst prüfen, wie sie sich verhalten würden und ob sie aus der Geschichte des Unternehmens lernen können.

→ *Geschichten wirken in das soziale Umfeld:* Gefällt den Mitarbeitern die Geschichte ihres Unternehmens, können sie in ihrem sozialen Umfeld (Familie, Freunde, Arbeitsplatz) davon erzählen. Mit diesen Erzählungen treffen Menschen immer auch eine Aussage über sich selbst, denn andere erfahren, was ihnen wichtig ist und was sie anrührt.
→ *Geschichten unterhalten:* Wir hören sie gern und sind gespannt, wie sie sich entwickelt.

Einige Vorteile aus Sicht des Managements

→ *Geschichten lösen Aufmerksamkeit aus:* Wenn uns jemand eine Geschichte erzählt, hören wir lieber zu, als wenn uns jemand eine Information neutral berichtet. Für das Unternehmen hat dies zum einen den Vorteil, dass es in der Branche auffällt; zum anderen steigert die Aktivierung durch Aufmerksamkeit die Erinnerungsleistung der Mitarbeitenden – oder umgekehrt: wer müde ist, lernt schlechter.
→ *Sie zeigen die Bedeutung einer Information:* Mitarbeitende bewerten alle eingehenden Informationen danach, welche Bedeutung sie haben und welche Belohnung sie bringen. Geschichten können genau dies höchst wirkungsvoll: Sie erklären, worum es dem Unternehmen geht und welche positive Konsequenz dies für sie hat. Wie bisher können Sie Ihre Mitarbeiter informieren, dass sie ein Arzneimittel herstellen; aber Sie können ihnen auch erklären, dass Sie dazu beitragen, dass Menschen wieder selbst bestimmt leben können. Noch einmal: Das neuronale Netzwerk von Unternehmen besteht vor allem aus der Bewertung dieses Wissens, den mit ihr verbundenen Emotionen und sogar den Körperreaktionen.
→ *Prozesskommunikation statt Ergebniskommunikation:* Hat die Interne Kommunikation bisher vor allem über Entscheidungen infomiert, gewinnt die Prozesskommunikation enorm an Bedeutung. Storytelling ist für diese Form der Kommunikation hervorragend geeignet, denn selbst, wenn es wenige Informationen gibt, erhalten diese eine Bedeutung, weil sie Teil einer Geschichte sind, die eine Fortsetzung und eine Ende hat.
→ *Geschichten sind sehr anschaulich:* Emotional, bildhaft, bewegungsnah – das sind die Grundprinzipien von Geschichten. Jedoch geistern heutzutage viele abstrakte Begriffe durch die Unternehmen, unter denen sich nicht einmal die Manager selbst etwas Konkretes vorstellen können, und wenn, dann verstehen sie meist nicht das gleiche darunter, wie im Fall der Begriffe innovativ, effizient und effektiv (Machen Sie selbst den Test!). Geschichten dagegen sind sehr anschaulich und verständlich, weil sie von Menschen und ihrem Handeln erzählen, das für die Bezugsgruppen bedeutend und belohnend ist (siehe Kapitel 2). Selbst wenn ein Unternehmen abstrakte Begriffe verwendet, um sich zu beschreiben, kann Storytelling helfen, diese Begriffe durch praxisnahe Beispiele zu erläutern. Wie also schlägt sich der faire Umgang miteinander in den Geschichten des Unternehmens nieder? Wie dessen Kundenorientierung?
→ *Geschichten sind glaubwürdig:* Geschichten sind glaubwürdiger als reine Fakten. Studien zu Entscheidungen von Richtern zeigen, dass Verteidigung und Staatsanwaltschaft bevorzugen, Geschichten vorzutragen. Die Teilnehmer waren von ihrem Urteil überzeugter, wenn sie Geschichten gehört hatten. In einer an

Studie sollten Konsumenten die Attraktivität von Reisen beurteilen, die in Reisebroschüren beschrieben waren. Ergebnis: Konsumenten haben grundsätzlich die in Form einer Geschichte erzählte Beschreibung einer kürzeren Liste von Reisezielen und -inhalten vorgezogen. Ein weiterer Aspekt der Glaubwürdigkeit: Wir beurteilen andere Menschen vor allem nach ihrem Verhalten. Das Unternehmen und dessen Mitarbeiter müssen daher durch ihr Verhalten einlösen, was sie den Kunden versprechen. Anhand der Handlungen in Geschichten können sich die Mitarbeiter überzeugen, dass das Unternehmen nicht nur redet, sondern auch handelt! Showing versus Telling! Zum Beispiel sprechen viele Unternehmen vom Dialog mit den Mitarbeitern und dass sie für diese da sind. Können wir uns durch ihr Handeln davon überzeugen?

→ *Geschichten können alle Sinne ansprechen:* Die Inszenierung von Geschichten wirkt besonders stark, wenn sie alle Sinne anspricht: Ihr Unternehmen sieht attraktiv aus, es duftet bei Ihnen gut, die Klangwelt ist angenehm, die Geschäftsaustattung fühlt sich gut an und das Geschäftsessen schmeckt gut. Die einzelnen Gedächtnisbruchstücke setzt die Gehirnregion des Hippocampus zu einem einheitlichen Ganzen zusammen. Alle Signale sollten deshalb aus einem Guss sein, damit ein starker und stimmiger Gesamteindruck von Ihrem Unternehmen entsteht. Für die multimodale Ansprache sind zum Beispiel Events besonders geeignet, da sie alle Sinne ansprechen: durch Bilder, Inszenierungen, Musik, Geräusche, Sprache, Duft, Oberflächen, Böden, Wind und Geschmackserlebnisse (siehe Kapitel 15.1.5). Das Sehen spielt hierbei eine herausragende Rolle, weil wir bis zu 80 Prozent durch Sehen lernen. Die multimodale Ansprache aller Sinne führt dazu, dass mehrere Hirnbereiche aktiv sind und dass sich das Unternehmen hierdurch stärker verankert als bei der Aktivierung von nur einem Bereich.

→ *Geschichten beziehen ein:* Wir müssen eine Geschichte mit simulieren, um sie zu verstehen. Dies bezieht uns stärker ein als es eine reine Sachinformationen ohne emotionalen Gehalt tun würden. Geschichten sind Erzählungen, von denen wir wissen wollen, wie sie weitergehen. Geschichten sind unter anderem deshalb wirksame Bedeutungsträger, weil wir sie aufgrund von Spiegelneuronen spontan miterleben können (siehe Kapitel 7.3). Es besteht deshalb kaum ein Unterschied zwischen erlebten und erzählten Geschichten, denn wir müssen eine Geschichte miterleben und simulieren, um sie zu verstehen.

→ *Geschichten halten das Interesse aufrecht*, weil die Mitarbeiter bei spannend erzählten Geschichten erfahren wollen, wie sie weiter gehen. Von guten Geschichten können wir nicht genug bekommen.

→ *Geschichten formen Gemeinschaften:* Bis heute wird die Geschichte von Firmengründer Bill Hewlett erzählt, der durch sein Unternehmen ging, mit seinen Mitarbeitern sprach und immer eine offene Tür für sie hatte. Carl Zeiss zerstörte Mikroskope, wenn sie nicht seinen Qualitätsansprüchen genügten. Solche Geschichten prägen bis heute das Denken und Handeln der Mitarbeiter in diesen Unternehmen.

→ *Geschichten wirken kulturübergreifend:* Storytelling kann Ihre gesamte internationale interne Kommunikation einbeziehen, denn Geschichten bestehen aus Mustern, die überkulturell erlernt wurde.

→ *Durch Geschichten lernen*: Mitarbeiter können sich noch sehr lange an gute Geschichten erinnern, die sie stark angesprochen haben, zum Beispiel bei einem Firmenevent. Sie verankern sich nachhaltig in ihren Gedächtnissen und können ihnen zu bestimmten Anlässen immer wieder einfallen. Das Lernen von Geschichten wird durch ihre Bildhaftigkeit erleichtert.
→ *Stark verhaltensrelevant*: Geschichten wirken durch die aufgebauten inneren Vorstellungsbilder vom Unternehmen stark verhaltensrelevant. Wie Geschichten die Energien von Menschen freisetzen können, zeigt das Beispiel des amerikanischen Traums, für den Millionen Menschen in die USA gekommen sind, um dort Glück und Erfolg zu finden.

Fazit: Geschichten über das Unternehmen werden wichtiger. Sie können besonders stark wirken – positiv, aber auch negativ. Geschichten können informieren und Erlebnisse mit dem Unternehmen dauerhaft verbinden. Geschichten sollten sorgfältig geplant und organisiert sein.

17.4 Kernelemente von Geschichten

Studien in unterschiedlichen Kulturkreisen zeigen, dass Geschichten zu allen Zeiten und an allen Orten sehr ähnliche Strukturen haben. Es scheint ein Regelwerk, eine universale Grammatik für den Aufbau von Geschichten zu geben. Zunächst einmal bestehen Geschichten grundsätzlich aus Handelnden und einer Handlung, die zu bestimmten Zeiten an bestimmten Orten stattfindet.

17.4.1 Handelnde

Menschen haben für uns eine herausragende Bedeutung, daher stehen sie auch im Mittelpunkt von Geschichten: Wir orientieren uns an ihnen, wie identifizieren uns mit ihnen, sie helfen uns, Probleme zu lösen. Durch soziale Unterstützung können sie unsere Gesundheit stärken. In Ihrem Storytelling erzählen Sie Geschichten über Menschen in Ihrem Unternehmen (Forscher, Mitarbeiter in der Produktion und der Qualitätssicherung, Menschen, die nah am Kunden sind), über Ihre Mitbewerber, aber auch Protagonisten, die Sie darin unterstützen, Ihr Belohnungsversprechen zu erfüllen (zum Beispiel internationale Experten und Partnerfirmen).

Hauptfiguren und Nebenfiguren
Entsprechend ihrer Bedeutung und Funktion können Sie die einzelnen Figuren oder Charaktere einteilen in zentrale Charaktere, in Platzhalter und Nebenfiguren. Zu den zentralen Charakteren gehören der Held, Protagonisten und Antagonisten. Die Hauptfiguren sind das Zentrum der Geschichte: Sie stehen im Blickpunkt, und häufig ist die Geschichte von ihnen oder aus ihrer Sicht erzählt. Geschichtenprofi Gesing schreibt: „Zielgerichtet bewegen sie die Handlung, entwickeln sich mit und in ihr und ziehen die Gefühle der Leser auf sich.

Als Protagonisten erwecken sie Sympathie, Neugier und Interesse, als Antagonisten Antipathie, auch Hass, nicht selten Mitleid und eine eigenartige Form von Faszination."

→ **Mitarbeitende:** Storytelling besteht zunächst einmal aus Erzählungen über Menschen im Unternehmen. Dies kann der Unternehmenschef sein, die Manager, ein Team, Mitarbeiter allgemein oder aus einem Bereich wie Forschung und Entwicklung oder der Produktion, Auszubildende und Ehemalige. Ein Archetyp aus dem Unternehmen sollte der Held sein. Fuchs: „Helden sind eines der Mittel, um Informationen zu ordnen und zu gewichten. Sie geben Geschichten eine Struktur und erlauben gefahrloses Simulieren von Lebensentwürfen." Wichtig für Ihr Storytelling: „Die Helden müssen nicht immer siegen, häufig zeigen sie sogar erst in der Niederlage ihre Größe und damit ihren moralischen Sieg."

→ **Protagonisten** sind Menschen, die das Unternehmen bei seinem Handeln und in seinen Plänen unterstützt. Diese können zum Beispiel Kunden, Experten und die Massenmedien sein. Der Archetyp für den Protagonisten ist der Freund und Helfer. Als besonders stark hat sich die Bedeutung von Empfehlungen gezeigt: „Würden Sie dieses Unternehmen einem anderen empfehlen?", ist eine Superdimension zur Wirkung von Kommunikation.

→ **Antagonisten:** : Antagonisten sind Menschen, die das Unternehmen daran hindern, seine Ziele zu erreichen, zum Beispiel ein Experte, der sich negativ äußert, oder Kritiker. Der Archetyp für den Antagonisten ist der Feind, zum Beispiel der ärgste Konkurrent. Mitunter sind es auch Rivalen innerhalb eines Konzerns wie im Fall von Porsche. manager magazin (6/2005) schrieb: „Sicher, mit dem Namen Porsche verbindet sich zuallererst ein glamouröses Produkt mit unverwechselbarem Design und krachender Motorik. Ein sterbensschönes Vehikel, das einst die Filmlegende James Dean aus der Kurve trug. In Wahrheit sind es jedoch vor allem die Eigentümer, die das Faszinosum begründen. Zwei rivalisierende Familienstämme, die Porsches und die Piechs, halten zwei Unternehmen mit unterschiedlichen Kulturen zusammen: die Porsche AG und die Porsche Holding." Gelingt es einem Unternehmen, die Rivalitäten positiv zu nutzen, kann auch dies Energien freisetzen.

Neben den zentralen Charakteren gibt es die Platzhalter und die Nebenfiguren:

→ **Platzhalter:** Sie sind Stereotype und Teil der Szenerie: Sie treten auf und wieder ab, weil die Geschichte sie braucht, geraten aber selbst nicht ins Blickfeld. Sie bleiben namenlose Funktionsträger: Beschäftigte des eigenen Unternehmens, Mitarbeiter der Wettbewerber. Sobald sie aus ihrer Anonymität heraustreten, einen Namen erhalten und eine Rolle zu spielen beginnen, werden sie zu Nebenfiguren.

→ **Nebenfiguren:** Sie stehen nicht im Zentrum der Geschichte, aber wir können auf sie nicht verzichten. Neben dem Helden und seinem Gegenspieler gibt es demnach noch Rat- und Stichwortgeber, Beichtväter und Hofnarren, Geschäftsfreunde, Gehilfen. Gesing schreibt: „Eine Abgrenzung der Nebenfiguren ist häufig schwer zu treffen. Manche haben nur eine motivische oder atmosphärische Platzhalterfunktion, ohne dass sie für den Verlauf der Handlung von Bedeutung wären, andere machen das Milieu lebendig, und wieder andere treten in den Kreis der Zentralfiguren ein."

Charakter der Handelnden

Zur Charakterisierung der Handelnden benötigen die Mitarbeitenden Schlüsselinformationen, damit sie diese einordnen können. Zur Charakterisierung gehören Alter, soziale Einordnung und Beziehungen der Person zu Dritten.

Zentrales Element ist der Wesenszug der Person, also das, was ihr Denken und Handeln anleitet. Hierfür können Sie die Grundmotive nutzen, die Sie in Kapitel 6.5 kennen gelernt haben. Anhand dieser Grundmotive beschreiben Sie, welche Bedeutung die Motive Sicherheit, Entdeckung und Dominanz für die gesamte Persönlichkeit der Handelnden haben. Hilfreich ist es auch, die Spannungsfelder dieser Motive aufzuzeigen, also den Wunsch des Firmenchefs, das Unternehmen nach vorn zu bringen (Dominanzmotiv), aber auch seine Hemmungen, hierfür viele Arbeitsplätze abzubauen (Sicherheitsmotiv). Der Wesenszug der Person wird durch sein Handeln deutlich. Möglich ist auch, dass das Handeln des Menschen aus seinem Wesenszug entsteht. Handeln und Person stehen in engem Bezug, das eine ist ohne das andere nicht verständlich. Im Lauf des Storytelling entsteht so die Charakterisierung einer Person, die Orientierung ermöglicht und Zuverlässigkeit verdeutlicht.

Für das Verdeutlichen des Wesenszuges der Person können Muster über Handelnde helfen: Die Mitarbeitenden rufen solche Muster von Handelnden und deren Motive blitzschnell unbewusst ab, wenn Sie den Handelnden in Ihren Geschichten begegnen: So gibt es zum Beispiel den Freund, den Berater, den Kumpel, den Partner, den Entdecker, den Erfinder, den Eroberer.

Die Persönlichkeit der Handelnden

Jeder Mensch ist einzigartig. Jeder hat seine Eltern, seine Erziehung, seine Ausbildung, seinen Beruf und seine Privatinteressen, er verfügt über einzigartige Erfahrungen, die auf einzigartige Weise mit Emotionen gekoppelt sind. Kein Mensch gleicht dem anderen. Grundsätzlich ist jeder Mensch durch die individuelle Zusammenstellung seiner Motive gekennzeichnet. Diese Motive werden zum einen kurzfristig in Situationen aktiv. Forscher sprechen hierbei von „State" – die Person handelt aus der Situation heraus, wie im Fall der starken Betroffenheit über ein Unglück in einer Krise. Zum anderen bestimmen Motive die Persönlichkeit eines Menschen über einen längeren Zeitraum („Trait"), zum Beispiel auch den Beruf, den diese Person ergreift und die Sprache, die dieser Mensch spricht. Storytelling in der internen Kommunikation vermittelt in den Erzählungen vor allem jene Eigenschaften von Menschen, die für die Geschichte bedeutend sind und die die Bezugsgruppen brauchen, um die Person sowie ihr Denken und Handeln zu verstehen.

Handlungsebenen der Figuren
Im Storytelling können wir Figuren beziehungsweise Charaktere auf unterschiedlichen Ebenen erleben: im Beruf, in ihren Beziehungen und in ihrem Privatleben. Eine Person kann auf allen diesen Ebenen kongruent handeln, zum Beispiel dann, wenn sie sich sowohl im Berufsleben als auch im Privatleben als verantwortungsbewusst und sozial engagiert zeigt. Sie kann aber auch unterschiedlich handeln, zum Beispiel, wenn die „Home Story" über den Firmenchef dessen private Seite zeigt.

Erscheinungsbild der Figur
Weitere Schlüsselinformationen neben dem Charakter einer Person liefern ihr äußeres Erscheinungsbild sowie ihre Sprache. Zu den Körpermerkmalen zählen Körperbau und Hautfarbe, Merkmale also, die nur sehr bedingt bis gar nicht änderbar sind. Zu den gestaltbaren Merkmalen des Äußeren gehören Kleidung, Frisur, Schmuck. Solche Zeichen kann das Gehirn blitzschnell beurteilen (siehe Kapitel 8).

17.4.2 Handlungen

Die Handlung beantwortet die Frage, worum es geht. Welchen Stoff behandelt die Geschichte, was geschieht mit den Figuren? Hier können Sie Ihr Belohnungsversprechen und die Erfolgsfaktoren wirkungsvoll inszenieren (siehe Kapitel 11.3). Handlungen richten sich daher allesamt nach dem übergeordneten Belohnungsversprechen. Viel zu oft sind Strategien nur Worthülsen, die nie gelebt werden. Geschichten dagegen erzählen von Menschen und derem Handeln, um ein Ziel zu erreichen. Sie machen vor, was die anderen nachmachen können. Eindrücklich beschreibt dies Hermann Becker, Leiter Unternehmenskommunikation von Porsche Austria in einem Vortrag auf dem 1. Storytelling-Kongress in Salzburg 2006: „(Ich) habe im Verlaufe der Jahre gelernt, dass die Seele eines Unternehmens nicht in einem Folder dargestellt werden kann, sondern von Mitarbeitern tagtäglich erfühlt und spürbar werden muss. Wie viele Broschüren und gescheite Sätze wurden schon geschrieben, die dem Mitarbeiter dieses Selbstverständnis des Unternehmens beschreiben sollten. Auch wir waren davor nicht gefeit, auch wir haben Leitbilder erarbeitet, in großer Runde, und da wurden Sätze gedrechselt, die alle Zutaten eines Unternehmens in Broschüren verwurstet hatten und die schon damals kein Normaldenkender mehr verstand. Von diesen Fibeln gibt es vermutlich noch Restbestände, die in Aktenschränken verstauben, aber anwenden und vor allem begreifen tut das keiner mehr. So was muss man leben. Vorleben vor allem."

Mitarbeiter beurteilen andere Menschen besonders stark nach deren Verhalten – was ein Kollege oder der Vorgesetzte versprochen haben, müssen sie einhalten. Das Verhalten muss auch zum sonstigen Erscheinungsbild passen, damit sie diesen Menschen als stimmig erleben. Nicht umsonst ist Vorleben am glaubwürdigsten und hilft anderen, Verhalten zu imitieren. Ein Manager muss seine Werte leben und vorleben. Wie also verhält er sich gegenüber seinen Mitarbeitern: Ist er offen für deren Vorschläge und gesprächsbereit? Geht er auf seine Mitarbeiter ein? Wie verhält er sich gegenüber seinen Kunden? Richtet er sein Verhalten nach ihnen aus? Hält er Qualitätsgrundsätze ein? Verhält er sich ehrlich, solide und transparent? Wie verhält sich der Mensch gegenüber Aktionären und Geldgebern: Kommuniziert er offen und glaubwürdig? Steigert er den Unternehmenswert? Steht er im Dienst seines Unternehmens, seiner Aktionäre und Geldgeber? Wie verhält er sich gegenüber gesellschaftlichen Gruppen: Wie verhält er sich gegenüber kulturellen Interessen, gegenüber Ökoproblemen, dem Fortschritt in Wissenschaft und Technik und dem sozialen Wandel? Geschichten können dies höchst wirkungsvoll erzählen und ihre enorme Wirkung entfalten.

Urform von Geschichten

Die Form von Geschichten ist schon seit jeher die gleiche (vgl. Campbell, 1999). Sie scheint begründet in unserer überlebenswichtigen biologischen Vergangenheit der Nahrungsaufnahme:

▷ Bewusstwerden des Bedürfnisses
▷ Verlassen der Basis
▷ Entdeckung des rechten Ortes
▷ Kampf um die Nahrung
▷ Erfolg
▷ Rückkehr

Aus dieser Urform ist ein Muster entstanden, das wir auch heute noch kennen, es ist tief in uns abgespeichert:

→ Auslöser der Handlung ist ein Mangel, eine Schädigung oder eine Verbotsverletzung: In der internen Kommunikation kann dies das Bedürfnis der Mitarbeitenden nach einem sicheren Arbeitsplatz sein oder Leistungsfähigkeit (Dominanzmotiv). Dies kann aberzum Beispiel auch eine Krise sein.
→ Der Held ist mit der Gegenhandlung beauftragt und zieht los: Das Storytelling in den PR beschreibt, wie das Unternehmen dieses Motiv seiner Bezugsgruppen befriedigen will, zum Beispiel durch die Suche nach neuartigen Medikamenten.
→ Der Held wird auf die Probe gestellt und bekommt als Belohnung zusätzliche Unterstützung, zum Beispiel durch einen Helfer: Die Suche nach Medizinexperten gestaltet sich schwierig, aber dann findet er doch den richtigen Fachmann.
→ Der Held gelangt an den gesuchten Ort und trifft dort auf seinen Gegenspieler: Das Unternehmen entwickelt neue Präparate und bietet sie auf dem weltweiten Pharmamarkt an.
→ Der Gegner wird besiegt und die Mangelsituation behoben: Das Unternehmen erkämpft sich eine gute Wettbewerbsposition.
→ Der Held wird für seine Taten belohnt: Das Medikament ist erfolgreich, heilt Krankheiten und dies belohnen die Aktionäre.

Handlungselement Konflikt

Besonders aktivierend ist die Handlung, wenn sie einen Konflikt zum Thema hat: Der Mensch kämpft gegen Angst und Unsicherheit, gegen Eintönigkeit und Langeweile oder gegen Unterlegenheit und Wut – jene Motive, die Sie in Kapitel 6.5 kennen gelernt haben. Die Lösung dieses Konfliktes besteht aus Alternativen, die der Mensch ergreifen kann. Am Ende der Handlung steht meist das Happy End, also die Lösung. Gesing schreibt: „Ein Konflikt ist eine Kollision polarer Kräfte, eine Auseinandersetzung von Menschen und Normen, auch ein innerer Widerstreit von Motiven, Wünschen und Werten. Ausdruck und Höhepunkt eines Konflikts ist eine äußere wie innere Krise, eine gestörte Ordnung, die auf eine Lösung drängt. Insofern führen Konflikte und Krisen auch zu Wendepunkten im Leben eines Individuums, einer Familie oder einer Gesellschaft."

Konflikte im Unternehmen können sein:

→ **Konflikte mit den Mitarbeitern:** Das Unternehmen hat einen Konflikt, weil der Firmenchef andere Entscheidungen trifft als seine Mitarbeiter wollen.

→ **Konflikte mit der Gesellschaft:** Das Unternehmen muss, um international wettbewerbsfähig zu bleiben, mit Methoden und Techniken arbeiten, die gesellschaftlich stark umstritten sind, wie im Fall des Pharmaunternehmens, das auf Biotechnologie setzen will.

→ **Konflikte mit Wettbewerbern:** Ein Unternehmen nimmt es mit dem Marktführer auf.

→ **Konflikte mit Technik:** Die Technisierung schreitet in allen Lebensbereichen voran. Ein Konflikt wäre, wenn sich ein Unternehmen entscheidet, auf herkömmliche Handwerksmethoden zu setzen statt auf die höchstentwickelte Technik.

→ **Konflikte mit Unfall oder Katastrophe:** Ein Unternehmen durchlebt eine Krise aufgrund eines Unfalls.

→ **Unterschiedliche Normen und Werte** der Bewahrer und Veränderer im Unternehmen.

→ **Generationenkonflikte:** Der neue Firmenchef möchte das Unternehmen strategisch neu ausrichten, weil es nicht mehr den Anforderungen der Märkte gemäß arbeitet.

Konflikte können sich im Erleben und Verhalten abspielen, meist sind sie mit äußeren Konflikten verbunden. Dies kann die Unzufriedenheit mit einer augenblicklichen Situation oder Rolle sein oder die Unvereinbarkeit von Interessen. Die Beseitigung dieses Konflikts setzt Energien frei, die zu Entscheidungen und Handlungen der Hauptperson führen. Gesing hierzu: „Seit der Antike lässt sich ein Großteil der Schriftsteller und Leser von dem Gedanken leiten, dass sich der Mensch in krisenhafter Auseinandersetzung mit sich selbst sowie in konfliktträchtiger Auseinandersetzung mit seinem Mitmenschen und der Gesellschaft entfaltet und gleichzeitig fassbar wird. Vor allem in seinen Niederlagen, in Schmerz und Leid, im Kampf um Selbstbehauptung und im Wettrennen gegen den Tod fasziniert er uns, als Leser und Zuschauer leiden wir verängstigt mit ihm, und am Ende seiner Geschichte wissen wir mehr über uns selbst. In sicherer Distanz bestanden wir Abenteuer, loteten Abgründe menschlicher Boshaftigkeit aus und sahen dem Tod ins Auge, waren aber nie wirklich in Gefahr und fühlen uns womöglich innerlich gestärkt oder emotional „gereinigt" (= Katharsis). Diese Überlegungen sind schon so alt wie Aristoteles, und in ihren Grundzügen gelten sie noch heute."

Der Konflikt als Kernelement einer Geschichte muss Voraussetzungen erfüllen:

→ Die Mitarbeitenden müssen ihn verstehen können.
→ Der Konflikt muss für sie bedeutend sein.
→ Die Lösung des Konfliktes muss für die Mitarbeitenden belohnend sein, in dem Gefahr gebannt und ihre Angst vermieden wird oder deren Wohlbefinden steigt.
→ Die Mitarbeitenden müssen sich in den Konflikt einfühlen können, damit sie am Geschehen teilnehmen können.
→ Die Hauptperson sollte durch ihr Handeln wesentlich dazu beitragen, den Konflikt zu lösen – möglichst unterstützt durch den Beitrag der Mitarbeitenden, damit die Geschichte auch für sie handlungsauslösend ist.

Stefan Fourier schreibt: „Wenn Sie Veränderungen wollen, dann muss der Wandlungsprozess Teil der Erlebniswelt Ihrer Mitarbeiter werden. Dazu brauchen Sie eine Story (...) Etwas, das die Menschen emotional wirklich berührt, was sie seit längerem stört, ängstigt oder umtreibt. Wenn Sie Veränderungen wollen, müssen Sie da ansetzen, wo der Schuh drückt, und dann die Situation aufdecken, verstärken und zuspitzen, damit der nötige Veränderungsdruck entsteht." Aus welchem Konflikt heraus handeln Sie? Dies können zum Beispiel schlechte Qualität sein, Ignoranz anderer Unternehmen gegenüber ihren Kunden, Unsicherheit und Angst, Langeweile und Unterlegenheit.

Konflikte beziehen auch die Mitarbeitenden ein, weil sie wissen wollen, wie der Konflikt endet: Sie fragen sich, was der Held unternehmen wird, um das Problem zu lösen und ob er erfolgreich sein wird. Noch ein Tipp: Klaus Fog und seine Kollegen stellen in ihrem Buch „Storytelling" ein Konfliktbarometer vor. Dieses gibt an, wie stark ausgeprägt der Konflikt ist. Dies ist sinnvoll, weil der Konflikt zwar grundsätzlich aktiviert. Ist er aber zu stark, könnten die Mitarbeitenden ihn ablehnen, weil sie ihn als zu bedrohlich erleben und die Geschichte daher meiden.

Handlungselement: Alternativen

Um dem Konflikt zu entgehen, kann das Unternehmen grundsätzlich unterschiedlich handeln. Die Managementsprache verwendet hierfür den Begriff Strategien. Das Aufzeigen von Alternativen im Storytelling hat den Vorteil, dass den Mitarbeitenden deutlich wird, dass es eine Standardlösung oft nicht gibt, Mitarbeiter diese aber oft von ihren Führungskräften erwarten. Ein Unternehmen führen bedeutet, Risiken einzugehen und aus mehreren Alternativen auszuwählen. Die gewählte Strategie kann sich als richtig oder falsch herausstellen. Im Storytelling können Sie daher erläutern, welche Alternativen Sie haben, aus welchem Grund Sie sich für eine Strategie entschieden haben und ob dies die richtige Entscheidung war – wenn sie dies nicht war, können Sie erläutern, wie sie sich weiter verhalten.

Handlungselement: Plot Point

Der Plot Point ist ein Vorfall oder ein Ereignis, das in die Geschichte eingreift und in eine andere Richtung lenkt. Beispiele hierfür wären das Auftreten eines starken Konkurrenten: „Die unvorhergesehene Wendung ist es, die aus einer Situation oder einer gleichförmigen Folge von Ereignissen eine Geschichte macht. Ihr Impetus reißt uns mit, weil die Wendung unverhofft kommt. Sie bringt die Handlung in Schwung. Sie ist der kreative Kern jeder Geschichte, die die Lösung mit sich bringt", schreibt Faust.

Handlungselement: Wandel

Geschichten sind immer vom Wandel gekennzeichnet – in der Urform vom Wandel des Armen in den Reichen, vom Dummen in den Klugen, vom Schüchternen in den Selbstbewussten. Wandel im Storytelling könnte zum Beispiel vom Jungunternehmen zum Weltunternehmen sein, der Wandel vom Nischenprodukt zum Kultprodukt, vom Außenseiter zum Marktführer. Auch beim Element des Wandels können Sie auf die Grundmotive des Menschen zurückgreifen: Menschen suchen die positive Seite, die negative wollen sie meiden. Der Wandel kann daher von der Unsicherheit zur Sicherheit stattfinden, von Eintönigkeit und Langeweile zu Erregung und von Unterlegenheit zu Überlegenheit und Siegesgefühl.

Märchen und Mythen als Muster für Handlungen

Das unbewusste Verstehen von Handlungen erleichtern Mythen als Urgeschichten, die wir schon früh lernen. Die Grundmuster dieser Urgeschichten bleiben, auch wenn sie immer neu umgesetzt sind. Beispiele für solche Urgeschichten sind der Kampf von David gegen Goliath, also der Kleine gegen den Großen (siehe Greenpeace), die Geschichte vom Retter in der Not (Ed Koch), jene des Siegers (Google), vom Phönix aus der Asche oder der Wandel vom hässlichen Entlein zum schönen Schwan (Dale Carnegie).

Physische und emotionale Handlung

Es gibt physische Handlungen und emotionale Handlungen. Die physischen Handlungen sind jene, die sichtbar sind. Die emotionale Handlung umfasst, wie die Handelnden fühlen, welche Konflikte sie gedanklich durchleben, ihre Zweifel, aber auch die Überzeugung, ihr Problem zu lösen. Beide Komponenten zeigen den dramatischen Dialog der Person:

→ Die Person gerät in Konflikt, zum Beispiel muss sie gegen Angst kämpfen.
→ Die Person interagiert mit anderen (feindlich, freundlich etc.).
→ Die Person agiert mit sich selbst (Angst überwinden).

Sie sollten diese beiden Aspekte in Ihrem Konzept für das Storytelling berücksichtigen, weil beide gleichermaßen interessant für die Mitarbeitenden sein können. Peter Guber, Filmproduzent und Managementberater, schreibt im Harvard Business Manager: „Dies ist die Schwierigkeit für den Geschichtenerzähler in der Wirtschaft: Er muss zum Herzen der Zuhörer vordringen und ihre Emotionen ansprechen, selbst wenn der Verstand mit der Verarbeitung der Informationen beschäftigt ist, die er übermitteln möchte (...) Das heißt also, dass Sie den Verstand Ihrer Zuhörer im Visier haben, dass jedoch die Herzen den Mittelpunkt bilden sollten. Um die Herzen seiner Zuhörer zu erreichen, muss der visionäre Manager auch sein eigenes Herz offenbaren, während er seine Geschichte darlegt."

Abweichen von der Norm
Handlung aktivieren besonders stark, wenn der Handelnde nicht völlig den Erwartungen entspricht. Der Firmenchef kann und sollte daher überraschen, wenn dies überzeugend geschieht. Reagiert er nur vorhersehbar, scheint die Handlung eher flach. Storyteller Gesing schreibt: „Wer überrascht, trägt ambivalente Züge und kann uns bis zum Schluss der Geschichte noch Rätsel aufgeben. Das Bildnis, das wir uns von ihm machen, enthält immer genügend weiße Stellen, die dazu anregen, sie auszumalen."

Dramaturgie im Storytelling
Für das Anordnen von Handlungen ist deren Dramaturgie wichtig. Dramaturgie bedeutet im Theater die Lehre vom Wesen und Aufbau des Bühnenspiels. Um ihre Bedeutung zu beschreiben hier ein Beispiel: Ein Unternehmen will einen neuen Prozess einführen, zum Beispiel Qualitätsmanagement. Meist beginnt die begleitende Kommunikation mit einem Paukenschlag, sie steigert sich und steigert sich. Nach einiger Zeit, zum Beispiel dem offiziellen Projektende, wenn der Prozess in den Arbeitsalltag überführt sein soll, ist die Luft raus und die Spannung stürzt ab. Die Mitarbeiter beginnen sich zu langweilen, weil die Kommunikation keine weiteren neuen und interessanten Reize bietet oder, schlimmer noch, sie nehmen den Prozess nicht mehr ernst, weil sie nichts mehr darüber erfahren. Dies ist nur ein Beispiel dafür, wie wichtig Dramaturgie in der Kommunikation und im Storytelling ist.

Im Theater und in der Oper sorgt die Spannung durch Dramaturgie dafür, dass die Zuschauer aktiviert sind und aufmerksam der Entwicklung des Stückes folgen. Im Storytelling sorgt Dramaturgie dafür, dass die Aktivitäten optimal auf die Aufnahmekapazitäten der Bezugsgruppen abgestimmt sind. Hierzu zerlegen Sie im ersten Schritt Ihre große Botschaft (Core Story) in kleine Einheiten. Dies wird in der

Fachsprache „Storyline-Prinzip" genannt. Durch diese kleinen, verdaulichen Informationshäppchen sorgen Sie dafür, dass die Mitarbeitenden Ihre Botschaften dauerhaft lernen und nachhaltig erinnern. Umgekehrt erscheint den Mitarbeitenden die Zeit viel kürzer und intensiver, wenn Ihre Geschichten in viele Einzelereignisse zerfallen.

Im zweiten Schritt stellen Sie die Einheiten so zusammen, dass eine angemessene Abfolge entsteht von Aufbau, Halten und Ausbau Ihrer Kommunikationsaktivitäten. Wichtig hierbei ist, dass die Kommunikation nie völlig abbricht, sondern stets ein Grundrauschen herrscht, weil die Mitarbeitenden Ihre Botschaften vergessen (siehe ausführlich Kapitel 10). Diese Spannung ist besonders im Intranet wichtig, wo es darum geht, die Besucher durch Interaktion auf der Website zu halten. Spannung kann auch den Reiz eines Mitarbeiter-Events deutlich erhöhen: Wer wird nicht gern überrascht? Wer möchte nicht nach einem spektakulären Ereignis verschnaufen, bevor das nächste kommt?

17.4.3 Bühne und Requisiten

Wichtiges Kernelement des Storytelling ist die Bühne. Zur Bühne gehören auch Requisiten sowie sensorische Einflüsse wie Licht, Wärme, Farben und die Stimmung, wie zum Beispiel Erregung oder Langeweile, die diesen Ort kennzeichnen.

Bühne
Menschen im Unternehmen erleben sich auf einer Bühne: Dies kann das eigene Büro sein, die Kantine, eine Werkshalle, die Börse oder das internationale Parkett. Wir können sie dort persönlich treffen oder in der Mitarbeiterzeitung das Foto davon sehen. Denken Sie an einige Menschen an Ihrem Arbeitsplatz: Sie werden sich an das Umfeld erinnern, in dem Sie diesen Personen begegnen.

Orte können selbst Bedeutungsträger sein, wie der Ort der jährlichen Jubiläumsfeier des Unternehmens. Einen Ort verbinden wir mit allen Eindrücken, die dieser auf unsere Sinne hinterlassen hat, wie im Fall des Betriebsfestes mit seiner Musik, den Gerüchen, dem Gehörten, dem Getasteten und dem Gesehenen.

Bedeutende Orte und Menschen speichern wir zudem in unserem episodischen Gedächtnis ab, in dem wir unsere bildhaften Erfahrungen ablegen (siehe Kapitel 10.2). Genauso könnten uns unsere Vorstellungen vom Firmenchef prägen, wenn wir Fotos von ihm in der Natur oder in einer Nobelkarosse erinnern. Dies können die Verantwortlichen für interne Kommunikation für das Storytelling nutzen (siehe Kapitel 16).

Solche Bühnen wirken mitunter enorm darauf, wie wir die Person speichern und wie wir uns an sie erinnern: Hätten Sie gedacht, dass Sie eine Person in einer angenehmen Atmosphäre positiver erleben und in Erinnerung behalten als in einer unangenehmen? Allein die angenehme Gesprächsatmosphäre führt schon dazu, dass wir den Menschen positiver speichern als wir dies in einer neutralen Situation getan hätten. Dies geschieht, weil unser Gehirn gleichzeitig auftretende Reize gemeinsam und mit den damit verbundenen Gefühlen und Körperzuständen abspeichert. Dies ist wohl einer der Gründe, warum uns im Urlaub Personen sympathisch sind, mit denen wir im Alltag nichts anfangen könnten. Die Assoziation mit positivem Dingen ist eins der einfachsten Sympathieelemente.

Orte sind also selbst Bedeutungsträger, wie der Ort der jährlichen Jubiläumsfeier des Unternehmens. Solche Bühnen wirken mitunter enorm darauf, wie Mitarbeitende das Unternehmen speichern und wie sie sich an dieses erinnern: Hätten Sie gedacht, dass Sie ein Unternehmen positiver in Erinnerung behalten, wenn sie dieses in einer angenehmen Atmosphäre erlebt haben, zum Beispiel bei einem Event? Allein die angenehme Gesprächsatmosphäre führt schon dazu, dass wir Menschen aus einem Unternehmen positiver speichern als wir dies in einer neutralen Situation getan hätten.

Zur Inszenierung des Ortes gehören nicht nur seine Lage, sondern auch Requisiten, also weitere Symbole, wie zum Beispiel Farben, Gerüche, Stoffe und anderes Material, die uns vor allem unbewusste Informationen über die Person liefern sollen. Wo finden Ihre Geschichten statt? In Ihrem Heimatland? In der großen, weiten Welt? An internationalen Börsenplätzen? Ist der Firmenchef hinter seinem aufgeräumten Schreibtisch zu sehen, in der Natur oder in einer Produktionshalle? Hierbei können Sie unterscheiden zwischen der Hauptbühne, auf der der Plot spielt, und der Hinterbühne, auf der Platzhalter und Nebenfiguren agieren (siehe Kapitel 17.4.1). Die Bühne kann ein Büro sein, die Kantine, die Werkshalle, die Börse oder das internationale Parkett.

Menschen in Geschichten können sich an einem angemessenen Ort inszenieren, der ihre Bedeutung unterstreicht. Nicht ohne Grund lassen sich Firmenchefs gern vor ihrem Firmensitz ablichten. Wo liegt ihr Büro: In einem Hochhaus? Dann befindet es sich meist im oberen Stockwerk. Wie groß ist es? Wie viele Fenster hat das Zimmer? Welche Bilder hängen an der Wand? Sitzen sie beschützt hinter einem Schreibtisch und wir auf einem Stuhl weit weniger beschützt vor ihnen? Alle diese Indizien geben Aufschluss darüber, welchen Rang die Führungskraft im Unternehmen einnimmt und wie wir ihr demzufolge begegnen sollten. Wenn Sie mehr über die Inszenierung von Orten erfahren möchten, dann empfehle ich die Bücher von Schulz (2000) und Mikunda (2002).

Requisiten
Requisiten des Ortes können Symbole sein, also Zeichen, die stellvertretend für etwas stehen wie das Firmenlogo. Geschichten stecken voller Symbole, die sich auf die Bühne beziehen: Sie reichen vom Einzelbüro über den Dienstwagen bis hin zur Kunst im Büro. Wenn Sie Geschichten erzählen, sollten die Bezugsgruppen diese Symbole und deren Bedeutung kennen und positiv werten.

17.4.4 Zeit in Geschichten

Geschichten sind zeitlich und inhaltlich geordnete Bedeutungseinheiten: Es folgen einige Aspekte, warum der Zeitfaktor so wichtig ist:

Zeitpunkte des Geschehens

Für Geschichten ist es relevant, wann sie spielen. Dies können Vergangenheit, Gegenwart und Zukunft sein. Geschichten können diese auch miteinander verbinden, zum Beispiel, um zu zeigen, woher das Unternehmen kommt, wo es heute steht und wohin es in Zukunft möchte. Hier einige Beispiele, warum das sehr wichtig für Ihr Unternehmen sein kann:

→ **Vergangenheit:** : Sie prägt die Erfahrungen der Mitarbeiter mit ihrem Unternehmen. Diese Erfahrungen bestehen nicht nur aus dem angesammelten Wissen, sondern auch aus den damit gespeicherten Gefühlen und Körperzuständen. Geschichten können zeigen, woher das Unternehmen kommt, durch welche Personen, Entscheidungen und Ereignisse es zu dem wurde, was es jetzt ist. Die Vergangenheit wird zum wichtigen Bestandteil des aktuellen Selbstverständnisses des Unternehmens. Es ist wichtig, den Mitarbeitern den stetigen Wandel der Vergangenheit positiv zu vermitteln, um so Barrieren für künftige Veränderungen abzubauen.

→ **Gegenwart:** Die meisten Unternehmen haben sich in den vergangenen Jahren so gewandelt, dass den Mitarbeitern oft nicht mehr klar ist, für was das Unternehmen derzeit steht. Zum Aufbau eines klaren Selbstverständnisses ist eine klare Darstellung der Gegenwart unabdinglich: Wo steht das Unternehmen heute? Was leitet sein Denken und Handeln?

→ **Zukunft:** Der Blick in die Zukunft zeigt den Beschäftigten, was sie künftig vom Unternehmen erwarten können. Dies verringert die Gefahr, dass die Mitarbeiter den Sinn des Neuen und dessen Zusammenhang nicht mehr erkennen und sagen: „Jetzt wird alles ganz anders", etwas, das die meisten Mitarbeiter verunsichert und ängstigt. Stattdessen erfahren die Beschäftigten, warum es sich für sie lohnt, sich künftig für die gemeinsame Idee einzusetzen, denn diese ist belohnend. Sie erfahren, was sie selbst beitragen können, um die gemeinsame Idee mit Leben zu erfüllen. Hierbei sollten Sie die unterschiedlichen Erwartungen der Mitarbeitenden berücksichtigen: Die einen Mitarbeitenden wünschen sich, dass sich möglichst wenig ändern soll, andere suchen neue Herausforderungen und wieder andere ein Sprungbrett für die Karriere. Allen gleichermaßen „die Chancen des Wandels zu verdeutlichen", wie es in vielen Kommunikationskonzepten zu lesen ist, ist daher zu undifferenziert, weil es die unterschiedlichen Erwartungen der Mitarbeiter aufgrund der jeweiligen Motive unberücksichtigt lässt.

Ordnung, Dauer und Frequenz

Für das Storytelling spielen drei weitere Zeitaspekte eine wichtige Rolle: zeitliche Ordnung, Dauer und Frequenz des Geschehens:

→ **Ordnung:** In welcher Reihenfolge erzählen Sie das Geschehen? Bei der Rückwendung (Analepse) berichten Sie nachträglich von einem Ereignis in der Geschichte; bei der Vorwegnahme (Prolepse) berichten Sie über ein in der Zukunft stattfindendes Ereignis. Eine Geschichte wird erst dann schlüssig, wenn ihre Bestandteile zeitlich sinnvoll angeordnet sind. Eine andere Reihenfolge könnte eine völlig andere Geschichte ergeben.

→ **Dauer:** Die Erzählzeit beschreibt die Dauer, die Sie benötigen, um Ihre Geschichte zu erzählen. Das kann ein Zeitraum von drei Jahren im Fall Ihrer langfristig geplanten internen Kommunikation sein, es kann aber auch eine Kampagne sein (z.B. Qualitätsmanagement, Innovationsmanagement) oder eine Geschichte in einer Maßnahme wie einem Event. Die erzählte Zeit gibt den Zeitrahmen der Geschichte wieder. Das Verhältnis von beiden ergibt das Erzähltempo der Geschichte.

→ **Frequenz:** Wie oft berichten Sie? Ein Ereignis kann einmal oder mehrmals eintreten, Sie können es einmal erzählen (singuläres Erzählen) oder mehrmals. Mehrmaliges Erzählen wird als repetitives Erzählen bezeichnet, einmal erzählen, wenn es mehrfach geschieht als iteratives Erzählen. Die Frequenz ergibt sich demnach aus der Wiederholungszahl von Ereignissen innerhalb Ihrer Erzählung.

17.5 Beispiele

Hier drei Beispiele, wie Sie Storytelling in Ihrer internen Kommunikation einsetzen können.

17.5.1 Porsche

Porsche ehrt seine Jubilare, wie wohl die meisten anderen Unternehmen auch. Meist besteht diese Ehrung aus endlosen Reden mit einem Rückblick, was damals im Unternehmen und der Welt geschehen ist. Im Vordergrund stehen die Redner und Laudatoren, die Jubilare sitzen brav im Publikum. Porsche entschied sich dafür, die Jubilare in den Mittelpunkt dieser Veranstaltungen zu stellen – der Mitarbeiter sollte Star für diesen Augenblick sein. Die Idee ist, die Geschichte des Mitarbeiters zu erzählen und durch ihn auch die Geschichte des Unternehmens.

Seine Geschichte erzählt der Jubilar in einem Kurzvideo, das auf einer Großleinwand den Jubilaren als echten Moviestar erscheinen lässt. Bei kürzer Gedienten sind das kurze Videoclips, die die Mitarbeiter an ihren Arbeitsplätzen zeigen, die aber auch ihre Hobbies kurzweilig und mit überraschenden Bildern und individuellen Texten durchaus humorvoll beschreiben. Solch ein Videoclip ist dann gleichzeitig Aufruf, auf die Bühne zu kommen, um dort die Ehrungen gemeinsam mit ihren Jahrgangskollegen zu empfangen. Von den Längstgedienten ist ein ausführliches Porträt zu sehen, in denen sie über ihren Werdegang erzählen und damit auch über den des Unternehmens. Hermann Becker, Leiter Unternehmenskommunikation der Porsche Austria, berichtet in seinem Vortrag auf dem 1. Storytelling-Kongress in Salzburg im November 2005: „Jeder, der hier vorkommt, erzählt über das Unternehmen in seiner ganz persönlichen Wahrnehmung. Und diese ist oft ganz anders und sehr viel facettenreicher als das, was irgendwo offiziell geschrieben steht."

In den Videos erzählen alle Mitarbeiter über sich – von den Hilfskräften bis zum Geschäftsführer. Becker: „Wenn Mitarbeiter über ihre Beziehung zum Unternehmen reden, dann springt der Funke über und keiner bleibt teilnahmslos. Dann wird man zur Familie und man spürt, was das Unternehmen Porsche bei den einzelnen Menschen auslöst (...) Da wird geweint vor Rührung und gelacht, da treffen Mitarbeiter in oft ganz einfachen Worten die Seele des Unternehmens. Da begreift jeder im Saal, worauf es ankommt. Ich kann Ihnen die Emotionalität nur ansatzweise schildern. Als Betroffener spürt man das sehr viel mehr und auch verstärkt. Und weil jede Botschaft – die auch von einem Lächeln begleitet ist – sehr viel intensiver ankommt, gibt es auch viel zu lachen. Und jeder, der hier dargestellt ist, ist ein Held und stolz, dabei gewesen zu sein. Wenn diese dann zu ihren Tischen zurückkehren, werden sie als faszinierende Persönlichkeiten, als tolle Burschen und außergewöhnliche Kolleginnen gefeiert, und manch einer gewinnt eine Anerkennung, die er bis dahin noch nie von seinen Kollegen erlebt hat."

Bei der Veranstaltung sind alle Gesellschafter anwesend sowie ausgewählte junge Mitarbeiter, die erleben und begreifen, wie Porsche lebt, woher das Unternehmen kommt und wohin es sich entwickelt. Becker: „Eine Liebeserklärung, die ihre Wirkung bei den Zuhörern aus dem Unternehmen nicht verfehlt. Wenn Sie die Menschen im Herzen erreichen, dann gehen sie für ihre Firma durch Feuer und Flamme."

17.5.2 „My BASF Story"

Zum 140. Geburtstag der BASF am 6. April 2005 konnten Mitarbeiter und Pensionäre weltweit ihre persönlichen Erinnerungen an das Unternehmen in Geschichten niederschreiben. Das Projektteam wählte dann aus den Einsendungen ein breites Spektrum von Geschichten aus, zum Beispiel über die unterschiedlichen Kulturen, Länder und Unternehmen der Firmengruppe.

Am 6. Oktober 2005 hat My BASF Story dank des großen Anklangs bei den BASF-Mitarbeitern und Ehemaligen das Ziel von 140 illustrierten Geschichten für 140 Jahre erreicht. Außerdem sollten weltweit so viele Mitarbeiter wie möglich als Autoren oder Leser mitmachen. Auch dieses Ziel erfüllte sich: Die Geschichten kamen aus insgesamt 72 Standorten der BASF-Gruppe – einschließlich Mexiko, Moskau, Ho Chi Minh City, Dubai, Detroit, Bogota, Göteborg, Malta und Toronto. Um allen Geschichten, die über die angepeilten 140 hinausgingen, einen Platz zu bieten, wurde die Rubrik „Weitere Geschichten aus aller Welt" eingerichtet.

Insgesamt sind so 292 Geschichten in zehn Sprachen zusammen gekommen. Ein Beispiel: „Ich fragte ihn: „Wer ist dieser Lou, der so tüchtig ist, dass er über jedes Projekt Bescheid weiß?" Nun ja, was sich für mich wie Lou anhörte (ein amerikanischer Spitzname für Louis), stand in Wirklichkeit für LU oder Ludwigshafen" (Rudy Lisa, Wyandotte, USA). Weitere Beispiele:

- Worum es geht: Wie kommen die Güter von A nach B?
- Wie es im Hauptlaboratorium der BASF zum Rauchverbot kam.
- Blitz über dem Friedrich-Engelhorn-Hochhaus
- Dialog mit den Bereichen – eine Möglichkeit zum Kennenlernen der BASF-Gruppe
- Auf Entdeckungsreise in Serbien
- Top Hits Suvinil: Talente aus Jaboatão
- Wilde Kaffeerunde fördert Querdenker
- Ein zähes Steak, ein Streik und eine gelernte Lektion
- Von Russland auf Umwegen zur BASF
- 43 Jahre bei BASF – eine Zwischenbilanz
- In der fünften Generation eng verbunden mit BASF in Japan
- Die schicksalsträchtige Werbetafel

Jede der Geschichten spiegelt eine Facette der Unternehmenspersönlichkeit der BASF. Zusammen ergeben sie ein vielfältiges Portrait der BASF. Ein Mitarbeiter schrieb: „Die Aktion, sie geht zu Ende, die Geschichten sprechen Bände, mal vom Leid, doch auch vom Glück. Was ein jeder hat erfahren hier in seinen Arbeitsjahren, ist ein Stein zum Mosaik. Das Ergebnis, man kann sehen, ließ ein großes Bild entstehen, bunt und auch facettenreich. Doch die Menschen der Kulturen, die hier hinterließen Spuren, sind als Anneliner gleich!" (Rudolf Büssecker, Ludwigshafen).

Überrascht von der starken Resonanz der Mitarbeiter an diesem interaktiven Konzept zeigte sich der Leiter der Unternehmenskommunikation der BASF im „Kommunikationsmanager" vom Dezember 2006: „Wir glaubten von Anfang an, dass My BASF Story ein interessantes und emotional ansprechendes Projekt ist, aber diese Begeisterung weit über die Zielgruppen hinaus hat uns überrascht. Mit einer einfachen Maßnahme haben wir über sachliche Kommunikationsziele hinaus die Vision des Unternehmens durch die Stimmen unserer Mitarbeiter fühlbar gemacht."

Wie kam es zu diesem Projekt? Im Jahr 2004 positionierte sich BASF strategisch neu auf dem Markt. Sichtbare Zeichen waren das neue Logo, bunte Farben und das Motto: The Chemical Company als Bekenntnis zur Chemie. Kernbotschaft: „Wir sind ein Unternehmen, das mit seinen Produkten, seinem Knowhow und seinen Mitarbeitern Zukunft gestaltet." Zum 140. Geburtstag, 2005, sollten Projekte diese Botschaft den Bezugsgruppen noch stärker ins Bewusstsein bringen – und dies nicht nur nüchtern und sachlich über die Geschäftstätigkeit, sondern auch stark emotional. Die Geschichten mussten wahr und kurz gefasst sein, Stil und Thema durften frei gewählt werden.

Die entstehende Sammlung von Geschichten sollte sowohl als Material für die Entwicklung und das Selbstverständnis der BASF dienen als auch sie als menschliches und emotionales Unternehmen darstellen. Ziel war es auch, die Mitarbeiter zum Mitmachen zu motivieren und das Interesse über einen längeren Zeitraum zu wecken sowie ein Medium für interne und externe Zielgruppen entstehen zu lassen. Ein weiteres Beispiel: „BASF ist für mich nicht nur eine Chance, sondern die Realisierung des Traumes meines Vaters. Die Möglichkeit, eine andere Sprache zu lernen und die Welt kennen zu lernen, überstieg sogar die Vorstellungskraft meines Vaters. Ich war an Orten, von denen er nur in seinem nächsten Leben träumen kann. Was für ein Glücksgefühl es für meinen Vater ist, seine Tochter das Leben führen zu sehen, das für ihn einst nur ein kleiner Hoffnungsschimmer war" (Thavy Un, Limburgerhof, Deutschland).

Einige Zahlen zum Erfolg der Aktion: Die Webseite http://my-basf-story.basf.com wird heute täglich zwischen 2000 und 4000 Mal von internen und externen Nutzern aufgerufen. Zwischen April und Oktober 2005 wurden die Seiten über eine Million Mal angeklickt, davon rund 70.000 Mal am ersten Tag.

Die Geschichten werden im Unternehmen zu vielen Zwecken verwendet:

→ Die BASF Corporation in den USA hat eine Auswahl der Geschichten auf ihrer Internetseite unter dem Stichwort „Career" veröffentlicht.
→ Bewerber nutzen My BASF Story, um sich einen Eindruck über das Unternehmen zu verschaffen und zitieren sie in ihren Bewerbungsgesprächen.
→ Die Webseite als CD-ROM soll neuen Mitarbeitern den Einstieg ins Unternehmen erleichtern.
→ Die Geschichten werden bei Konferenzen des Managements und in Schulungen eingesetzt.
→ Mitarbeiter aus ähnlichen Arbeitsbereichen nehmen nach dem Lesen der Geschichten miteinander Kontakt auf, um Erfahrungen auszutauschen.
→ 2007 ist das Buch mit den Geschichten erschienen.

Noch immer entdecken die PR-Verantwortlichen, wie sie die Geschichten intern wie extern nutzen können. Jetzt steht „My BASF Story" für Kunden an (Stand: April 2008).

17.5.3 Unternehmenstheater

Unternehmenstheater ist kommerzielles Theater in Unternehmen. Oft wird es zur Unterstützung der Kommunikation im Wandel eingesetzt. Unternehmenstheater bereitet Probleme in szenischer Form auf und führt diese Theaterstück mit professionellen Schauspielern vor der Belegschaft und anderen am Prozess beteiligten Gruppen auf. Managementprofessor Georg Schreyögg (2001) nennt vier Charakteristika:

→ Unternehmenstheater wird von einer Organisation auf ein bestimmtes Anliegen hin in Auftrag gegeben.
→ Die Aufführung erfolgt mit theatralischen Mitteln in einem ästhetischen Raum, der klar zwischen Schauspielern und Zuschauern unterscheidet.
→ Die Aufführung hat den Unternehmensalltag zum Gegenstand.
→ Bei den Zuschauenden handelt es sich um die Belegschaft beziehungsweise um Gruppen aus dieser, wie zum Beispiel Abteilungen.

Im Gegensatz zum künstlerischen Theater, das anhand des künstlerischen Ausdruckes und der Ästhetik beurteilt wird, ist Unternehmenstheater vor allem zweckmäßig und nützlich. Es wird daran gemessen, ob es gelingt, eine beabsichtigte Entwicklung in Gang zu bringen. Themen sind Probleme im Unternehmen, wie zum Beispiel Konflikte in der Kommunikation und unterschiedliche Interessen von Abteilungen. Ursache können mangelnde Kundenorientierung sein, die zu einem Rückgang von Aufträgen geführt hat, oder fehlende Innovationsbereitschaft. Diese Themen werden realitätsnah, aber auch als Komödie, Satire oder Tragödie aufgeführt. Die Betroffenen dieser Probleme und Konflikte sind Zuschauer. Sie können den Konflikt mit etwas Abstand deutlich erkennen, darüber nachdenken und im besten Fall bereit sein, diesen Konflikt zu lösen.

Unternehmenstheater ist besonders gut geeignet, um verkrustete Strukturen und unflexibles Verhalten aufzubrechen und zu verändern. Es kann Wandel im Unternehmen unterstützen, und auch bei langwierigen Konflikten und Widerständen gegen Neues zeigt Unternehmenstheater gute Ergebnisse.

Der Ablauf der Inszenierung besteht aus sechs Schritten: Auftragsstellung, Exploration, Dramatisierung, Inszenierung, Aufführung und Nacharbeitung:

1. **Auftrag:** Unternehmen geben Unternehmenstheater meist im Zuge eines Wandels in Auftrag, damit die vielen damit verbunden Veränderungen mit möglichst wenig Widerstand durchgeführt werden können. Notwendig ist daher das detailgenaue Briefing, das das Ziel der Aufführung und die wichtigsten Herausforderungen enthält. Die Kosten sind abhängig vom Renommee der Theatergruppe und dem Aufwand der Inszenierung.

2. **Exploration:** Der Anbieter des Unternehmenstheaters analysiert das Unternehmen und das anstehende Problem gründlich. Hilfreich ist, wenn hierbei

die Firmenleitung einbezogen ist und das Projekt von ihr getragen wird. Die Diagnose berücksichtigt alle wichtigen Faktoren, wie die darin verwickelten Personen, deren Einstellungen und Verhalten. Bei der Analyse unterstützen Interviews, Dokumentenanalyse und teilnehmende Beobachtungen.

3. **Dramatisierung:** Auf der Basis der Ergebnisse der Analyse entsteht das Theaterstück. Der Plot wird mit dem Auftraggeber abgestimmt.

4. **Vorbereitung und Inszenierung:** Regisseur und Schauspieler werden engagiert, der Aufführungsort ausgewählt, Bühnenbild und Kostüme gestaltet. Auch die Proben und die Generalprobe vor dem Auftraggeber finden in dieser Phase statt.

5. **Aufführung:** Nach Abnahme der Inszenierung wird das Theaterstück vor dem festgelegten Publikum aufgeführt. Die Aufführung findet häufig als Teil von Seminarveranstaltungen statt. Schauplatz können neben einem Theater auch Räume im Unternehmen sein.

6. **Nachbereitung:** Um die Wirkung der Aufführung zu prüfen, kann das Publikum seine Gedanken und Gefühle zum Stück äußern.

Der Psychologe Kurt Lewin unterteilt die Wirkung von Unternehmenstheater in drei Schritte: Unfreezing, Moving und Refreezing. Veränderungen im Denken und Handeln des Publikums sind möglich, wenn in der ersten Phase des Unfreezing das gewohnte Muster von Einstellungen und Verhalten der Beteiligten aufgebrochen wird. Hierzu müssen sich die Zuschauer mit dem Geschehen auf der Bühne identifizieren und eine passive Rolle übernehmen. Dies kann eine emotionale Irritation auslösen und für Neues öffnen. Wichtig dabei ist, dass die Balance zwischen Realitätsnähe und Realitätsferne gefunden wird. Für diese Balance sind drei Voraussetzungen zu erfüllen:

→ **Unfreezing:** Den Zuschauern muss das Problem deutlich sein, was die Akzentuierung von Problemen und Aspekten ohne Übertreiben erreichen kann. Das Problem muss ge-nügend Nähe zum Alltag haben. Zu beachten ist hierbei, dass sich keine sachlichen Fehler in die Darstellungen schleichen, weil sonst die Fachleute im Publikum die Glaubwürdigkeit der Darstellung in Frage stellen. Ein genaues Abbild des Alltags ist aber auch nicht ratsam, damit die Zuschauer genügend Distanz haben und vor Gesichts- und Autoritätsverlust geschützt sind. Ein solches Einbeziehen und gleichzeitiges Distanzhalten können Sie durch kleine Provokationen und Humor erreichen (der aber nicht bloß stellt!).

→ **Moving** ermöglicht das Lernen neuer Denk- und Handlungsmuster durch Beobachten von Alternativen durch die professionellen Schauspieler. Das Beobachten der korrigierten Handlung kann Vorbehalte und Unsicherheiten der Zuschauer ausräumen.

→ Im **Refreezing** soll Gelerntes in das Handlungsmuster der Zuschauer übergehen und alte Verhaltensmuster ersetzen. Damit dies dauerhaft geschieht, wird das Gesehene immer wieder in Erinnerung gerufen, zum Beispiel durch die Mittel und Maßnahmen der internen Kommunikation.

Unternehmen haben gute Erfahrungen mit Unternehmenstheater gemacht. Spezialagenturen bieten das gesamte Spektrum der Leistungen an. Jedoch ist dieses Instrument nur bei 57 Prozent der von Capgemini befragten Unternehmen bekannt, im Gegensatz zu den traditionellen Werkzeugen wie Trainings, Schulungen und Workshops, die über 90 Prozent der Manager in Großunternehmen kennen.

Kapitel 18

Interne Kommunikation zeigt Bilder

18.1 Bedeutung

Die interne Kommunikation ist bisher vor allem an Texten orientiert. Das zentrale Problem der Schriftsprache im Vergleich zum Bild ist heutzutage, dass Menschen von Informationen überlastet und die Medien zunehmend visualisiert sind. Die Mitarbeiter müssen die Texte lesen, ein Aufwand, den sie immer weniger betreiben.

Der Mensch schaut lieber Bilder, als dass er liest. Jeder kennt das Gefühl bei Vorträgen: Folien mit reinen Textwüsten überfordern und langweilen schnell. Gute Bilder aktivieren und interessieren. Nach einem Vortrag erinnern Zuhörer häufig nur die Bilder und die zentralen Schlagworte. Spaß, Angst, Frische, Glück, Zufriedenheit, Stolz lassen sich eindrucksvoller, greifbarer, viel lebendiger, nachhaltiger und durchdringender zeigen als sagen. Ein arabisches Sprichwort sagt: „Ein guter Redner kann seine Zuhörer mit den Ohren sehen lassen." Wie wichtig Bilder sind, zeigt sich daran, dass sich der Mensch in seiner Umwelt stark visuell orientiert: Über 80 Prozent aller Informationen nehmen wir über unsere Augen auf. 60 Prozent der Gehirntätigkeit sind dem Wahrnehmen, Verarbeiten und Speichern von Bildern gewidmet.

(Wahrnehmungs-)bilder in der internen Kommunikation erzeugen Gedächtnisbilder, auch innere Bilder genannt. Solche inneren Bilder bestimmen Denken, Fühlen und Handeln der Mitarbeiter wesentlich. Eine nachhaltige Wirkung von Bildern stellt sich erst dann ein, wenn sie bei den Mitarbeitern dauerhafte innere Bilder erzeugen. Bilder sind erst dann verhaltenswirksam, wenn sie im Gedächtnis verankert sind.

Der gezielte und koordinierte Einsatz von Bildern in der internen Kommunikation soll diffuse Eindrücke vermeiden, die verwirren könnten. Solche diffusen Eindrücke entstehen, wenn ein Unternehmen zu viele unterschiedliche Bilder in Broschüren, im Intranet und anderen Mitteln und Maßnahmen der internen Kommunikation einsetzt. Stattdessen sollten die eingesetzten Bilder die Kernaussage des Unternehmens, also dessen Belohnungsversprechen (siehe Kapitel 0), vermitteln und beständig wiederholen, damit die Mitarbeiter diese Kernaussage speichern und behalten, also lernen.

18.2 Eigenschaften von Bildern

Der Grund für die herausragende Bedeutung von Bildern in der internen Kommunikation ist, dass die Mitarbeiter diese leichter wahrnehmen, leichter verarbeiten und länger speichern als Texte:

→ Bilder aktivieren, sie ziehen den Blick der Mitarbeiter und damit deren Aufmerksamkeit auf sich. Ob im Intranet oder in der Mitarbeiterzeitung: der Blick landet zuerst auf den Bildern.

→ Bilder werden schneller wahrgenommen als Texte. Schon der Bruchteil einer Sekunde reicht aus, damit sich die Mitarbeiter eine grobe Vorstellung von einem Bild machen können, ein Augenzwinkern reicht aus, genau gesagt 200-500 Millisekunden. Bilder gelten deshalb auch als schnelle Schüsse ins Gehirn.

→ Bilder beachten Mitarbeiter vor Texten, dies wird als „Picture Priority Effect" bezeichnet (Bilddominanz). Das Bild zieht also die Aufmerksamkeit, der Text kann sie binden.

→ Bilder werden automatisch verarbeitet, und das mit geringer gedanklicher Beteiligung: Um ein Bild mittlerer Komplexität so aufzunehmen, dass sich die Mitarbeiter später daran erinnern, sind etwa 2 Sekunden erforderlich. In dieser Zeit nehmen sie nur etwa 6 bis 7 Wörter auf.

→ Mitarbeiter erinnern Bilder besser als Texte, denn die höhere Aktivierung des Gehirns stimuliert deren langfristiges Erinnern. Das Gedächtnis für Bilder ist besonders leistungsfähig: In einer Studie sahen die Probanden 2500 Bilder hintereinander, sie erkannten bis zu 90 Prozent richtig wieder, selbst wenn zwischen Darbietung und Wiedererkennen bis zu drei Tagen vergangen waren. Nach einem Vortrag erinnern Zuhörer häufig nur die Bilder und die wichtigsten Schlagworte.

Ob in der Politik, im Sport oder in den Massenmedien – Bilder sind in den vergangenen Jahren immer häufiger geworden, wenn wir zum Beispiel an Zeitungen wie die ZEIT und die Frankfurter Allgemeine Zeitung denken. Aber: Sie sind NICHT wichtiger geworden, denn der Mensch verständigt sich ohnehin sehr stark über Bilder, wie das Beispiel von Wandmalereien zeigt. Kinder können Bilder in den Brei malen, bevor sie sprechen lernen – Experten nennen das „Kinder bildern".

18.3 Bedeutung innerer Bilder

Wie stark innere Bilder wirken ist leicht anhand einiger Beispiele erklärt:

→ **Menschen orientieren sich durch Bilder:** Wir wissen, wie wir morgens zur Arbeit kommen, weil wir das innere Bild vom Weg zur Arbeit gespeichert haben. Und wir wissen, wie wir zur Kantine kommen.

→ **Menschen entscheiden anhand von Bildern:** Wir können anhand unserer inneren Bilder entscheiden, welchen Kollegen wir bei einem schwierigen Problem um Hilfe bitten, weil uns noch sehr lebendig und bildhaft in Erinnerung ist, wie dieser uns schon einmal in einer kniffligen Situation geholfen hat. Daher können sich die Mitarbeiter blitzschnell eine Vorstellung davon machen und entscheiden, ob sie das Unternehmen in seinem Anliegen unterstützen oder nicht, wenn sie innere Bilder vom Unternehmen abrufen können.

→ **Bilder sprechen stark an:** Was uns beim Lesen eines Romans und sogar einer Broschüre fesselt, sind die inneren Bilder von Personen und Situationen, die in uns entstehen. Lässt ein Unternehmen innere Bilder entstehen, kann dies ausgesprochen stark wirken.

→ **Menschen erinnern sich in Bildern:** Wenn wir an sehr bewegende Momente in unserem Arbeitsleben zurück denken, dann entstehen in uns innere Bilder – vom Lachen eines Kollegen, den wir sehr mögen oder von einer erfolgreichen Rede, die wir gehalten haben und auf die wir stolz sind. Genau so können sich die Mitarbeiter an ein Event oder eine Informationsveranstaltung erinnern.

In inneren Bildern und Welten bewegen sich Menschen 30 bis 40 Prozent der Wachzeit, so die Studie von Dr. Eric Klinger, die Mario Pricken in seinem Buch „Visuelle Kreativität" zitiert. Sein Fazit: „Fantasiebilder, Vorstellungsbilder und Tagträume sind so normal und universell, dass sich die meisten Menschen gar nicht darüber bewusst sind, dass sie sich täglich diesem Vergnügen ausgiebig hingeben."

Innere Bilder, so genannte „Imageries", sind übrigens nicht nur sichtbare Reize, sondern auch hörbare, schmeckbare, riechbare und tastbare, wie zum Beispiel das Akustiklogo der Telekom und das Spezialpapier der letzten Sonderausgabe der Mitarbeiterzeitung.

18.4 Bilder von Menschen im Unternehmen

Fotos sind oft das erste, was wir von Menschen im Unternehmen sehen, zum Beispiel als Foto vom Firmenchef in der Mitarbeiterzeitung. Fotos haben für den Absender den Vorteil, dass dieser das Foto inszenieren kann. Wir sind bei seiner Herstellung nicht anwesend und daher kann er die Herstellung kontrollieren und steuern.

Viele Führungskräfte nutzen daher Bilder, damit sich die Mitarbeiter einen Eindruck von ihnen machen: Wenn wir an Hipp-Babynahrung denken, fällt uns immer auch Claus Hipp ein, der uns in der Werbung verspricht, dass seine Produkte aus natürlichen Zutaten bestehen. Richard Branson, Chef des Unternehmens virgin, zeigt immer wieder ungewöhnliche Bilder von sich: Im Heißluftballon, im Judoanzug und sogar im Brautkleid! Journalisten, Kunden und Geschäftspartner lieben diese Auftritte.

Wie wirkungsvoll Menschen als Motiv sind, zeigen andere Studien: Demnach wirkt ein Foto – nach dessen Größe – am stärksten, wenn es einen Menschen abbildet. Menschen ziehen unsere Aufmerksamkeit auf sich, sie erhöhen die Betrachtungszeit. Wir orientieren uns an den gezeigten Handlungen.

Zur Wirkung von Fotos führten Forscher Anfang der 1990er Jahre eine Studie durch, in der sie einer Gruppe von 19 Beurteilern 16 Bewerbungsfotos von Studenten einer

Schauspielschule mit unterschiedlich langer Betrachtungsdauer zeigten. Die Darbietung von 250 Millisekunden genügte, um ein höchst facettenreiches Bild vom Anderen entstehen zu lassen: Die Befragten konnten angeben, ob sie jemanden als autoritär, sympathisch, gefühlsbetont, hinterhältig, intelligent und langweilig einstufen. Die Eindrücke vom Foto ermöglichten den Befragten zu sagen, ob sie die gezeigte Person als Kollegen, Vorgesetzten, Partner oder Bekannten haben möchte.

Fotos wirken stark auf unsere Meinungen und Einstellungen: Wir schließen zwangsläufig von den äußeren Merkmalen der Person auf dem Foto auf dessen komplexen Charakter. Da wir auf dem Foto nur einen begrenzten Ausschnitt der Person sehen können, zählt ein einziger Ausschnitt der Wirklichkeit für die gesamte Person. Der Eindruck, den das Gesicht hinterlässt, bestimmt den weiteren Verlauf unserer Kommunikation entscheidend mit. Erinnern wir uns an die Studie von Bernd Tischer: Die 98 befragten Personalchefs wollten jene Bewerber zu einem Vorstellungsgespräch einladen, die volles Haar hatten.

Wahrnehmungsbilder sind essenziell für die Erinnerung als Gedächtnisbild: Denken wir an einen besonders vertrauten Kollegen, fällt uns dessen Bild ein.

18.5 Wichtige Wirkmechanismen

Die folgenden Dimensionen innerer Bilder sind besonders verhaltenswirksam:

→ **Zugriffsfähigkeit, leichtes Hervorrufen:** Um zu wirken, sollten die Mitarbeiter schnell über das innere Bild verfügen können. Das Bild der letzten Informationsveranstaltung könnte sehr schnell verfügbar sein. Jedoch wird es ihnen oft wesentlich schwerer fallen und es wird länger dauern, sich Bilder von „Change Management" und „Innovation Management" vorzustellen, wenn diese nicht systematisch aufgebaut sind.

→ **Vividness – Lebendigkeit und Klarheit:** Die Vividness innerer Bilder gilt als wichtigste und verhaltenswirksamste Dimension innerer Bilder. Je lebendiger das innere Bild, desto stärker wird es das Verhalten der Mitarbeiter beeinflussen. Die Vividness eines Bildes drückt aus, wie klar und deutlich sich das innere Bild im Gedächtnis der Mitarbeiter darstellt. Lebendige innere Bilder sind besonders geeignet, starke Gefühle zu erzeugen. Klare Bilder haften besonders lang im Gedächtnis, sie lassen sich vergleichsweise schwer ändern. Die Vividness wirkt sich sehr stark auf die Meinungen und sogar auf die Einstellungen der Mitarbeiter aus, so das Ergebnis vieler wissenschaftlicher Studien.

→ **Anziehungskraft, Bewertung, Gefallen (Liking):** Die Lebendigkeit innerer Bilder korreliert stark mit der Anziehungskraft: Je klarer ein positives Bild, als desto anziehender empfinden es die Mitarbeiter. Die Anziehungskraft innerer Bilder kommt in ihrer mehr oder wenigen positiven Bewertung zum Ausdruck.

→ **Aktivierungsstärke:** Die Aktivierungsstärke drückt das Maß an innerer Erregung aus, die das innere Bild auslöst. Folgende Dimensionen bestimmen die Aktivierungsstärke innerer Bilder nachhaltig:

- → Komplexität, Reichhaltigkeit
- → Neuartigkeit, Informationsgehalt
- → Intensität
- → Psychische Nähe, Vertrautheit: Innere Bilder, die den Mitarbeitern nah und vertraut erscheinen, aktivieren sie stärker und sind verhaltenswirksamer als Bilder, die ihnen fremd sind.

Die emotionalen Wirkungen sind die eigentliche Wirkungsdomäne innerer Bilder. Die emotionalen Bilder der Realität werden in der inneren Vorstellungswelt durch innere Bilder direkter und wirksamer repräsentiert als durch sprachliche Vorstellungen.

18.6 Wirkungsvolle Bildgestaltung

Welche Bilder wirken besonders stark? Die Forschung hat folgende Kriterien gefunden:

→ **Attraktivität der Person:** Blickt uns eine attraktive Person direkt in die Augen, dann aktiviert dies unser Belohnungssystem. Umgekehrt hemmt es unser Belohnungssystem, wenn eine attraktive Person an uns vorbei sieht. Diese Wirkung ist unabhängig vom Geschlecht, es spielt also keine Rolle, ob uns ein Mann oder eine Frau auf dem Foto anschaut. Die Natur belohnt uns dafür, dass wir uns attraktive Person auf Fotos ansehen.

→ **Bewegungen und Körperhaltungen:** Als Supersignal wirkt die (leichte) Neigung des Kopfes: Jene Menschen bewerten wir deutlich positiver. Sehr stark wirkt auch, wenn sich jemand mit der Hand ans Kinn fasst. Die Studien hierzu zeigen, dass diese Person zwar etwas unsicherer eingeschätzt wird, aber dafür in vielen anderen Sympathiedimensionen deutlich besser abschneidet. Egal, ob die Person auf dem Bild geradeaus blickt, nach oben oder nach unten, immer wird sie als sympathischer beurteilt, wenn sie die Hand vor die untere Gesichtshälfte hält, sie wirkt dann auf uns zuverlässiger, sympathischer, ehrlicher, vertrauenswürdiger, warmherziger, großzügiger, offener und fröhlicher.

→ **Augen und Mund als Vertrauensanker:** Auf den Fotos von Menschen beachten wir meist die Augen und den Mund als erstes. Der Grund ist, dass wir dorthin blicken, wo wir die größte Informationstiefe erwarten – und beim Menschen sind dies die Augen und der Mund. Aus ihnen schließen wir auf die Stimmung der Person, also zum Beispiel darauf, ob uns die Person freundlich gesonnen ist oder ob sie bedrohlich auf uns wirken könnte. Die Augen als Spiegel unserer Seele.

→ **Lächeln:** Lächelt uns eine Person an, so heben auch unsere Gesichtsmuskeln zu einem Lächeln an.

→ **Perspektive:** In den 80er Jahren haben Wissenschaftler behauptet, dass sowohl die Froschperspektive als auch die Vogelperspektive den Menschen in einem unvorteilhaften Gesicht erscheinen lassen. Mittlerweile ist die Forschung weiter: Übereinstimmend gilt die leichte Untersicht als optimal – so, als ob wir fast unbemerkt zu einer Person aufblicken.

→ **Handlung und Dynamik:** Interessant für uns ist, wenn die Person auf dem Foto eine bedeutende Handlung ausführt. Besonders leicht zu verstehen wäre die Szene für uns dann, wenn wir die Handlung kennen, weil sie einem Schema entspricht, zum Beispiel der Einweihung eines Gebäudes oder dem Zerschneiden eines Bandes. Obwohl wir nur ein Standbild sehen, kann unser Gehirn aufgrund gelernter Muster den kompletten Handlungsablauf zuordnen. Solche gelernten Handlungen werden als Skript bezeichnet. Ist die dargestellte Handlung besonders dynamisch, erhöht dies die Wirkung.

→ **Interaktion:** Wirkungsvoll ist für das soziale Gehirn der Mitarbeiter, wenn sie einen Austausch zwischen Menschen auf dem Foto sehen.

→ **Abweichen von der Norm:** Das Bild fällt stärker auf, wenn die gezeigte Handlung leicht von der Norm abweicht, zum Beispiel weil der Auszubildende statt der Firmenchef das Band durchschneidet. Wie langweilig und wenig aktivierend für uns, wenn wir Führungskräfte sehen, wie sie an ihrem leeren (!) Schreibtisch sitzen und ihre Brille oder einen Goldkuli in der Hand halten. Interessanter wäre es, wenn die Führungskraft gemeinsam mit Auszubildenden zu sehen ist und sogar selbst in der Werkhalle arbeitet, damit die Nähe zu den Mitarbeitern und die Tatkraft der Führungskraft sichtbar wird.

Einige Erkenntnisse zur Gestaltung der Fotos:

→ Als formale Gestaltungsmerkmale, die die Aufmerksamkeit der Mitarbeiter auf sich ziehen, gehört die **Größe des Fotos:** Je größer, desto mehr Aufmerksamkeit zieht es auf sich. Ein großes Bild von einer Person wird kleineren vorgezogen.

→ **Kontraste:** Diese lassen Gegenstände und Personen auf einem Bild besonders gut erkennen. Durch Kontraste bleibt das Dargestellte besser in Erinnerung. Zu den Kontrasten gehören auch Darstellungen von großen mit kleinen Personen, alte und junge sowie kontrastreiche Farben wie die Kombination aus weiß und schwarz.

→ **Detailaufnahmen** werden von Mitarbeitern eher beachtet als Totalaufnahmen.

→ **Farbfotos** ziehen deutlich mehr Aufmerksamkeit auf sich als schwarz-weiße Bilder. Farbige Bilder werden länger betrachtet, besser erinnert und wieder erkannt.

Die Auswahl und Gestaltung von Fotos kann erheblich zur Wirkung von Bildern auf Mitarbeiter beitragen. Leider herrscht in der internen Kommunikation noch immer die Meinung vor, dass Texte im Vordergrund stehen sollten und Bilder eher Beiwerk sind. Stattdessen würde eine Kombination aus beidem Informationen auf zwei unterschiedlichen Wegen zum Gehirn der Mitarbeiter schicken. Diese Informationen werden in zwei unterschiedlichen Systemen verarbeitet, die aber untereinander stark vernetzt sind.

Wichtiger Hinweis: Oft werden Grafiken und Diagramme zu den Bildern in der internen Kommunikation gezählt. Jedoch zeigen wissenschaftliche Untersuchungen, dass abstrakte Abbildungen im Sprachsystem verarbeitet werden. Grund: Das Sprachsystem ist dafür zuständig, die symbolische Bedeutung von abstrakten Informationen zu entschlüsseln. Abstrakte Illustrationen sind daher streng genommen NICHT zu den Bildern zu rechnen.

18.7 Doppelkodierung von Bild und Text

Nach einer Theorie des Psychologen Allen Paivio werden Bilder und Sprache in eigenständigen Codes gespeichert. Danach gibt es einen bildhaften (visuellen) Gedächtniscode sowie einen sprachlichen (abstraktbegrifflichen) Gedächtniscode.

Einfache, konkrete Bilder und Wörter wie „Sonnenuntergang" oder „Strand" legen Menschen doppelt im Gedächtnis ab Dies wird als duale Codierung bezeichnet: Die Bilder kann der Mitarbeiter mit Wörtern benennen, die Wörter kann er mit visuellen Merkmalen verbinden. Dagegen kann man abstrakte Begriffe wie „Deckungsbeitrag" und „Rentabilität" nur im Sprachsystem speichern, da diese schwer zu visualisieren sind. Ein Beispiel: Der Begriff Innovation sollte mit Menschen verbunden sein, mit deren Handeln und den (positiven) Folgen dieses Handelns.

Inhalte, die Mitarbeiter im dualen Code ablegen, können sie besser und schneller erinnern, als Inhalte, die nur in einem System vorhanden sind. Einige Zahlen: In einem klassischen Experiment wurde die kurzfristige (fünf Minuten nach der Darbietung) und die langfristige (eine Woche nach der Darbietung) Gedächtnisleistung für Bilder sowie für konkrete und abstrakte Wörter gemessen. Die Ergebnisse sprechen eine klare Sprache:

	Bilder	Konkrete Wörter	Abstrakte Wörter
Kurzfristig	38%	17%	11%
Langfristig	18%	8%	4%

Abb. 28 | Erinnerungsleistung von Bildern und Texten

Mitarbeiter können Bilder schneller benennen als Wörter visualisieren Somit prägen sich diese besser ein. Konkrete Wörter prägen wir uns besser ein als abstrakte Worte.

18.8 Einsatz in der internen Kommunikation

Lernen wir, innere Bilder mit Informationen zu verbinden, nennen die Forscher dies Elaboration. Solche inneren Bilder lernen die Mitarbeiter besonders gut, zum Beispiel wenn es darum geht, neue Verhaltensmuster zu erlernen, weil sie bei anderen gesehen wurden, weil sie bei anderen gesehen haben.

Wo lassen sich Wahrnehmungsbilder in der internen Kommunikation einsetzen, die Mitarbeiter dann als Gedächtnisbilder speichern? Hier einige Anregungen:

→ **Langfristig:** Bilder können Sie in der langfristigen internen Kommunikation einsetzen, also in jeder systematisch geplanten, die kontinuierlich über mehrere Jahre verläuft (siehe Kapitel 12).

→ **Kampagnen:** Bilder lassen sich themengebunden hervorragend für Kampagnen einsetzen, zum Beispiel, um den Wandel des Unternehmens zu unterstützen oder spezielle Geschäftsprozesse wie das Qualitätsmanagement.

→ **Mittel** und **Maßnahmen:** Bilder lassen sich selbstverständlich wirkungsvoll in den Mitteln und Maßnahmen der internen Kommunikation einsetzen (siehe Kapitel 15), zum Beispiel in Präsentationen.

Bilder können Sie überall in der Kommunikation einsetzen, zum Beispiel in der Mitarbeiterzeitung, im Intranet oder in der persönlichen Kommunikation wie einer Informationsveranstaltung für Mitarbeitende.

Mit Bildern können Sie auch schwierige Themen anschaulicher machen, zum Beispiel durch die Abbildung der Unternehmensstrategie in einem Bild, wie es das „Root Learning" zeigt.

Wichtig für die Gestaltung von Fotos ist, dass die Mitarbeitenden das Belohnungsversprechen kennen, das Sie abgeben: Wie also werden sich die Mitarbeitenden fühlen, wenn sie neue Prozesse unterstützen? Diese Form der Kommunikation ist stark gehirngerecht (siehe Kapitel 6).

Kapitel 19

Interne Kommunikation achtet auf die Anforderungen im Wandel

Wandel ist Thema in allen Unternehmen. Als Konsequenz wird auch von den Mitarbeiten erwartet, dass sie ihr Denken und Handeln schnell und tief greifend umstellen (siehe Kapitel 1.1). Doch diese Erwartungen sind meist zu hoch und nicht von heute auf morgen zu erreichen: Wer wüsste nicht, wie schwer es ist, sich selbst die kleinsten Marotten und Angewohnheiten abzugewöhnen? Wer kennt nicht die vielen Kampagnen der Bundeszentrale für Gesundheitliche Aufklärung, in denen es darum geht, sich das Rauchen abzugewöhnen und mehr Sport zu treiben? Doch trotz Investitionen von vielen Millionen Euro und jahrelanger Laufzeit zeigen diese Kampagnen erst vergleichsweise geringe Auswirkungen. Wer würde angesichts dieser Erfahrungen davon ausgehen, dass Mitarbeiter durch einige Infoveranstaltungen, Mails und Berichten im Intranet tief greifend ihr Verhalten ändern würden? Die Praxis geht hier von aus!

Dieses Buch kann es nicht leisten, zu zeigen, wie sich Menschen ändern können. Wer sehr gute Bücher hierüber lesen möchte, den verweise ich auf diejenigen von Maja Storch über den Selbstregulations- und Selbstkontrollmodus (z.B. „Ich-Gewicht", „Rauchpause"). In diesem Buch kann es nur um die Rolle der internen Kommunikation bei solchen Prozessen gehen.

Wichtig für die interne Kommunikation ist folgendes: So notwendig der Wandel der Unternehmen einerseits ist: Aus Sicht der Mitarbeiter ist dieser jedoch auch mit zahlreichen gravierenden Herausforderungen verbunden. Und diese sind für die Mitarbeiter sehr unterschiedlich – zum Beispiel für Forscher, Marketer, Juristen, Controller oder Produktionsmitarbeiter. Jeder von ihnen braucht und wünscht sich ein lebendiges Vorstellungsbild, wofür ihr eigenes Unternehmen steht und wie es künftig erfolgreich sein will. Durch den Wandel geht Sicherheit verloren. Wichtig für die interne Kommunikation ist daher, zu sagen, was bleibt und damit Halt und Orientierung gibt, und was sich ändert.

Dies kann die interne Kommunikation nicht als Projekt leisten, sondern es wird eine systematische und dauerhafte Aufgabe, dass Mitarbeiter über den Wandel reden. Hirnforscher Christian Elger drückt dies so aus: „Es reicht also nicht, nur kurzfristig, die Aufmerksamkeit auf bestimmte neue Ideen zu lenken, um einen Wandel herbeizuführen, sondern man muss auch die Geduld mitbringen, diese Ideen immer wieder und über einen längeren Zeitraum zu vertiefen". Diesen Lernprozess beschreibt Kapitel 10 ausführlich.

14 Prozent der Dax- und Top-250-Unternehmen in Deutschland stellen gescheiterte Veränderungsprozesse aufgrund mangelhafter Kommunikation der Manager fest. Fast die Hälfte der Befragten geben zu, dass sie nicht strategisch an Veränderungen herangehen, so die Studie der Universität Hohenheim. Ohne Mitarbeiter kein Wandel, lässt es sich auf den Punkt bringen. Niko Mohr hat sich 2002 in seiner Doktorarbeit über die Bedeutung von Kommunikation im organisatorischen Wandel viele Studien zu diesem Thema angesehen. Alle kommen zum Ergebnis, dass Kommunikation mit den Mitarbeitern eine zentrale

Rolle im Wandel spielt und wirksamstes Mittel gegen das Scheitern von Veränderungen ist. Strategiepapst Henry Mintzberg schreibt: „Schlanke Organisationen setzen auf die Kompetenz und Wachsamkeit aller Mitarbeiter, die strategische Chancen und Bedrohungen im täglichen Handlungsvollzug erkennen und bearbeiten müssen." Und Doppler schreibt: „Es gibt keine erfolgreiche Veränderung in der Unternehmung, es sei denn, begleitet durch eine offene und lebendige Kommunikationspolitik." Doch wie muss Kommunikation sein, damit sie den Wandel unterstützt? Hierzu jetzt einige wichtige Hinweise.

19.1 Herausforderungen für die interne Kommunikation

Veränderungen in Unternehmen stellen besonders hohe Anforderungen an die interne Kommunikation, denn die Veränderungen können tief greifende Auswirkungen für alle Beteiligten haben. Die erste Frage lautet, warum sich Mitarbeiter oft sehr schwer tun mit Veränderungen? Werfen wir hierzu einen Blick in unser Gehirn:

Veränderungen kosten das Gehirn massiv Energie

Das oberste Prinzip im Gehirn lautet, möglichst wenig Energie zu verbrauchen (siehe Kapitel 3). Grob gesagt prüft unser Unbewusstes bei neuen Informationen bestehende Routinen und Schubladen, inwiefern wir unser Verhalten wie bisher fortsetzen können. Außerdem prüft es, ob sich unser Bewusstsein und unser Verstand zuschalten müssen („Konflikt-Monitoring"). Schaltet sich das Bewusstsein und der Verstand zu, werden wir kritisch: „Das bringt doch sowieso nichts!", „Das ist doch alter Wein in neuen Schläuchen!" sind typische Aussagen. Am Ende entscheidet der Autopilot. Er trifft 95 Prozent unserer Entscheidungen. Kommunikation mit Beschäftigten läuft meist über den Piloten: Informieren, mit Argumenten überzeugen. Aber: Nur wenn der Autopilot überzeugt ist, kann nachhaltige Veränderung entstehen. Die Kommunikation mit dem Autopiloten kann sehr gut über Bilder, Events und das Storytelling erfolgen, wie es in diesem Buch beschrieben ist.

Wandel kann Angst und Stress bedeuten

Eingehende Informationen verarbeitet der Mitarbeiter durch zwei Systeme: 1. Der direkte, niedere Weg führt direkt in das limbische System und dort zur Amygdala, unser Angstsystem. 2. Der hohe Weg führt über die gedankliche Verarbeitung und dann ebenfalls ins limbische System (siehe Kapitel 6.2). Hört er von „Arbeitsplatzabbau" und „tief greifenden Veränderungen", können diese Begriffe direkt das limbische System ansprechen und Angstreaktionen auslösen. Diese Verarbeitung läuft automatisch ab, sehr schnell und ohne gedankliche Verarbeitung. Sie brauchen sich nur vorzustellen, was passiert, wenn ein Lastwagen auf Sie zufährt: Sie haben keine Zeit, die Situation ausführlich zu analysieren, Stärken und Schwächen gründlich abzuwägen und Handlungsoptionen zu entwickeln. Stattdessen sollten Sie spontan und schnell auf die Seite springen, da sonst Ihr Überleben in Frage steht. Die ausgelösten Reaktionen bewegen sich zwischen den Polen aktive Konfrontation mit der Gefahr oder der Flucht:

▷ Flucht: „Die besten gehen als Erstes", Krankmachen
▷ Angriff: Aggressionen, Mobbing
▷ Tot stellen: Innere Kündigung, Dienst nach Vorschrift

Falls diese Reaktionen nicht möglich sind, kann eine „Schutzhemmung" erfolgen, zum Beispiel durch Selbstangriff (Depressionen) oder Ignoranz/Abstumpfung.

Konsequenz für die interne Kommunikation ist, dass sie zunächst auf diese starken Gefühle der Mitarbeiter eingeht, zum Beispiel dadurch, dass der Vorgesetzte zeigt, dass er sich deren Gefühlen bewusst ist. Dann könnte er seine Fürsorge und sein Verantwortungsbewusstsein in den Vordergrund stellen, um die Mitarbeiter zumindest etwas zu beruhigen. Stellen Sie sich zum Vergleich eine Freundin vor, von der Sie wissen, dass sie Flugangst hat: Würden Sie ihr Informationen über die Häufigkeit von Abstürzen geben oder ihr erst einmal einen Kaffee anbieten, damit sie sich beruhigen kann?

Verbinden wir mit dem Wandel das Gefühl der Angst, wollen wir weitere negative Gefühle vermeiden und versuchen, ihm möglichst aus dem Weg zu gehen. Damit nicht genug: Angesichts der erlebten Angst fällt es den Mitarbeitern schwer, Aufgaben kreativ zu lösen. Der Grund ist, dass sich in Gefahren alles darauf konzentriert, den Quellen der Angst zu entkommen – das Denken ist dann stark eingeengt, kreatives und freies Denken sind stark behindert, da das Gehirn sich möglichst an die simpelsten, irgendwie funktionierenden Schemata hält. Erst nachdem die Angstreaktion der Mitarbeiter zumindest etwas reduziert ist, kann der Verstand die Informationen über den Wandel besser verarbeiten. Die Führungskraft sollte auch dann die Belohnung durch den Wandel aufzeigen (siehe Kapitel 6.5). Da sich dies stark innerhalb der Belegschaft unterscheidet, sollte der Schwerpunkt auf die persönliche Kommunikation durch die Führungskräfte gelegt werden.

Fazit: Die Aufgabe der Kommunikation im Wandel ist es also, die Bedeutung des Wandels und die persönliche Belohnung durch diesen für den Mitarbeiter klar und deutlich zu vermitteln.

Informationen werden unterschiedlich emotional bewertet
Sehr oft geht es in der internen Kommunikation um einseitige Kommunikation. Der Geschäftsführer informiert über den Wandel und fügt hinzu: „Wandel ist gut". Diesem Vorgehen liegt die Annahme zugrunde, der Mitarbeiter werde die Informationen des Firmenchefs verstehen und die Argumente schlicht übernehmen. Dagegen weist die moderne Hirnforschung darauf hin, dass die Aufnahme, Verarbeitung, Bewertung und Speicherung von Informationen ein subjektiver, höchst dynamischer und komplexer Prozess ist. Was bedeutet dies aus Sicht der Mitarbeiter? Diese prüfen auf Grundlage ihrer bisherigen Erfahrungen (z.B. mit dem Unternehmen, mit Wandel,

mit der Führungskraft) sowie anhand von Erwartungen, welche Konsequenzen der Wandel für sie hat (siehe Kapitel 6.4): „Werde ich auch morgen noch meine Arbeit gut erledigen können?", „Wird mein Arbeitsplatz sicher bleiben?". Das Ergebnis dieser subjektiven, stark emotionalen Bewertung aus Sicht der betroffenen Mitarbeitern lautet dann oft: „Wandel ist bedrohlich!". Zum Beispiel stimmten nur 16 Prozent der Mitarbeitern in der Studie von Thomson/Hecker (2000) der folgende Aussage voll und ganz zu: „Ich glaube an die Vision meines Unternehmens für die Zukunft".

Fazit für die interne Kommunikation
Wichtig für die interne Kommunikation wäre daher, die Prozesse der Aufnahme von Informationen, das Deuten, Interpretieren und Bewerten durch die Betroffenen zu berücksichtigen, um durch Informationen, Argumente und auch Gefühle (z.B. Beruhigung) die Beschäftigten für den Wandel zu gewinnen. Schauen wir uns hierzu die Prozesse der Entscheidungsfindung an:

1. Das Gehirn bestimmt die Sachverhalte und vergleicht die damit gegebenen Kategorien miteinander: Was bedeutet der Wandel; Was geschieht, wenn es keinen Wandel gibt?
2. Das Ergebnis ist die Wahl zwischen Alternativen.
3. Wahl ist die Grundlage für Entscheidung.
4. Entscheidung ist Grundlage der Handlung.
5. Handlung kann im nächsten Zyklus neue mentale Kategorie erzeugen.

Welche Aufgaben lassen sich hieraus für die interne Kommunikation ableiten, wenn diese die Beteiligten für den Wandel gewinnen will? Erstens, die Beteiligten brauchen ein lebendiges Vorstellungsbild davon, warum es den Wandel gibt und welche Bedeutung dieser für sie hat im Vergleich zur Fortsetzung des bisherigen Vorgehens. Zweitens sollte die interne Kommunikation unterschiedliche Kategorien aus dem jetzigen Zustand und dem künftigen Vorgehen bilden, damit die internen Bezugsgruppen schneller und gezielter entscheiden können: Warum ist die Veränderung belohnender als die Stagnation?

> **Wichtige Fragen für die Kommunikation im Wandel**
> → Wie sind die Mitarbeitenden grundsätzlich zum Wandel eingestellt? Was bedeutet dieser für sie?
> → Welche Barrieren existieren, die eine Umsetzung verhindern könnten?
> → Wie haben Mitarbeitende bisher Veränderungen im Unternehmen erlebt? Lassen sich gute Erfahrungen nutzen? Wie gehen Sie mit schlechten Erfahrungen um?
> → Welches Bild vom Unternehmen haben die Mitarbeitenden im Kopf und wo können Sie an der Entwicklung dieses Vorstellungsbildes anknüpfen?
> → Welche ungeschriebenen Regeln gibt es in einem Unternehmen, die durch eine Neuausrichtung betroffen sind?

Abb. 29 | Wichtige Fragen für die Kommunikation im Wandel

Besonders wichtig ist, den Mitarbeitern zu zeigen, was sie vom Wandel erwarten können: Wie werden sie sich fühlen? Warum werden sie sich besser fühlen als heute? Werner Fuchs schreibt in seinem Buch: „Von einem vertrauten Ufer springen wir lieber in einen Fluss, wenn wir auf der anderen Seite etwas sehen, das Vertrauen ausstrahlt, uns irgendwie bekannt scheint und die Angst nimmt. Nicht irgendein Heim, sondern ein Daheim."

19.2 Storytelling im Wandel

Die interne Kommunikation sollte den Mitarbeitern ein lebendiges Vorstellungsbild von ihrem Unternehmen im Wandel ermöglichen: Woher kommen wir? Wo stehen wir heute? Wohin geht die Reise? Die Mitarbeiter wissen dann, wofür das Unternehmen steht, was sie von ihm erwarten können und was nicht. Sie können diese Vorstellungen bewerten und entscheiden, ob sie den Wandel unterstützen, weil sie ihn selbst wollen, oder nicht. Das Vorstellungsbild führt also dazu, dass sich die Mitarbeiter positiver gegenüber dem Wandel verhalten als ohne dieses Vorstellungsbild. Storytelling kann hervorragend dazu beitragen, dieses lebendige Vorstellungsbild zu entwickeln.

Veränderungen im Unternehmen sind dann am besten zu verstehen, wenn die Mitarbeiter wissen, woher das Unternehmen kommt, wo es steht und wohin es sich entwickeln will. Die bisher übliche Kommunikation von Entscheidungen wird ersetzt durch die Kommunikation von Prozessen (Prozesskommunikation statt Ergebniskommunikation).

Zu den Kernelementen des Storytellings gehören Konflikt, Alternative und Lösung. Welche Form könnte besser geeignet sein, die Entwicklung eines Unternehmens und die dafür notwendigen Veränderungen aufzuzeigen, als Storytelling? Stephen Denning hat in seinen Büchern ausführlich beschrieben, wie er Geschichten über den Wandel im Unternehmen anhand seiner Technik der „Springboard Story" begleitet. In seiner Variante des Storytellings verwendet er Geschichten als Sprungbrett, um den Wandel in Gang zu setzen und zielorientiert zu führen. Die Zuhörer machen einen „mentalen Sprung", wenn sie Geschichten hören, und daraufhin „springen" sie in eine ähnliche Situation.

Ein Beispiel soll verdeutlichen, welchen Vorteil die Anwendung von durch Storytelling im Wandel hat: Ein deutsches Telekommunikationsunternehmen agiert in einem sehr hart umkämpften und sehr dynamischen Markt. Die Unternehmensleitung muss Entscheidungen treffen, die sich als richtig oder als falsch erweisen können. Dies ist Grundprinzip unternehmerischen Handelns. Das Risiko besteht also, dass eine Entscheidung auch falsch gewesen sein kann, zum Beispiel weil die Grundannahmen nicht zutreffen oder sich der Wettbewerb zwischenzeitlich ändert. Jedoch kann dies bei den Beschäftigten so ankommen, dass die Unternehmensleitung nicht weiß, was sie will. Wird dagegen das Handeln des Unternehmens als Geschichte erzählt, kann dies die Zusammenhänge verdeutlichen und erklären, warum das Unternehmen Entscheidungen zurücknehmen oder ändern muss (siehe hierzu ausführlich mein Buch über Storytelling).

Die Geschichte, die die interne Kommunikation erzählt, hat Akteure, es gibt eine Bühne, auf der etwas geschieht (Heimatland, Welt, Börse etc.). Was Geschichten für die interne Kommunikation besonders interessant macht: Sie handeln vom Wandel und es gibt immer einen Konflikt: Der Starke kämpft für den Schwachen, der Reiche kämpft für den Armen. Konflikte im Umfeld von Wandel im Unternehmen sind zum Beispiel: Der Kunde möchte gerne, aber das Unternehmen kann das Gewünschte noch nicht bieten. Er will wenig zahlen, aber das Unternehmen ist noch zu teuer. Das Unternehmen muss sich verändern, aber es ist noch zu starr. Denken wir an den amerikanischen Traum, wonach viele Menschen einer Geschichte folgen, die sie antreibt. Genauso ist es mit der Geschichte des Unternehmens: Das Unternehmen kann eine gute Geschichte erzählen, von der die Mitarbeiter Teil sein wollen.

19.3 Bilder im Wandel

Die interne Kommunikation über Veränderungen des Unternehmens ist bisher vor allem an Texten und Sprache orientiert. Das zentrale Problem der Schriftsprache im Vergleich zum Bild ist heutzutage, dass die Menschen von Informationen überlastet und die Medien zunehmend visualisiert sind. Die Mitarbeiter müssen die Texte lesen, ein Aufwand, den immer weniger Menschen betreiben. Gleichzeitig werden die Medien immer visueller.

Veränderungsprozesse in Unternehmen lösen für die beteiligten Mitarbeiter häufig schlechte Gefühle aus. Diese Prozesse, die mit einem hohen wahrgenommenen persönlichen Risiko einhergehen, werden mit abstrakten, emotional kaum ansprechenden Begriffen wie „Change" benannt. Über dies sind abstrakte Folien zu sehen, die es erschweren, sich ein klares Bild zu machen und eigene Erwartungen abzuleiten. Stattdessen sollte in der internen Kommunikation positive Bilder von möglichen Zukunftsszenarien zu sehen sein. Diese vermitteln den Mitarbeitern einen klaren Eindruck davon, wie das Unternehmen nach dem Wandel aussieht. Visuelle Begleitung würde also den Wandel in Unternehmen enorm befördern. Schon in der Analyse können die Mitarbeiter durch Bilder darstellen, wie sie ihr Unternehmen sehen, zum Beispiel durch ein Moodboard zum Thema Wandel und Veränderung. Wenn die Mitarbeiter sehen können, welche positiven Konsequenzen der Wandel für sie hätte, hat das eine enorme Kraft für das Gehirn. Eine der herausragenden Leistungen von Bildern ist, dass sie nicht aufwendig vom Verstand verarbeitet werden müssen, sondern direkt in unser Gefühlssystem einmünden und dort beruhigen oder beunruhigen können. Deshalb sind gerade Bilder so wirkungsvoll.

Bilder wirken direkt, ohne Umwege; dagegen sind Texte optisch verschlüsselte Sprache, und Sprache ist ursprünglich ein Hör- und kein Seherlebnis. Dies ist einer der Gründe für die Wirkung von Bildern: Sie sprechen direkt die visuellen Zentren unseres Hirns an und müssen nicht zuvor entschlüsselt werden. In Zeiten der Informationsüberlastung kommt dies noch stärker zum Tragen: Bilder verarbeiten wir schneller als Texte, wir beachten sie beim schnellen Lesen deutlich stärker als eine Textinformation.

In einer Situation, die für die Mitarbeiter mit starken Gefühlen einher geht und die große Bedeutung für sie hat, erreicht Bildkommunikation mehr Menschen und spricht sie emotional stärker an als Geschriebenes, denn dies muss mit vergleichsweise viel Energie vom Verstand verarbeitet werden. Persönliche Kommunikation wirkt auch deshalb so stark, weil wir ein Bild von dem Menschen haben, der uns gegenüber steht. Der Einsatz von Bildern gehört deshalb zu den größten ungenutzten Potenzialen in der internen Kommunikation: Sie können auf einem höchst leistungsfähigen und wirkungsvollen Weg über das Unternehmen, seine Leistungen und sein Belohnungsversprechen informieren, sie können Emotionen vermitteln und hierdurch wiederum bei den Bezugsgruppen Emotionen auslösen. Das Ergebnis stark bildhafter Geschichten sind innere Bilder, die in den Köpfen Ihrer internen Bezugsgruppen spontan entstehen, wenn sie an das Unternehmen denken.

Kapitel 20

Interne Kommunikation achtet Kulturen weltweit

Internationale interne Kommunikation hat die Aufgabe, bei allen Mitarbeitern der Zentrale und der Länder ein lebendiges Vorstellungsbild vom Unternehmen und dessen Leistungen aufzubauen und systematisch zu entwickeln.

Mittelständische Unternehmen, die sich international ausrichten, haben oft mit enormen internen Problemen zu kämpfen. Diese Probleme beziehen sich zum einen auf die Mitarbeiter im Stammland; zum anderen auf die Mitarbeiter in den Landesgesellschaften.

20.1 Probleme mit Mitarbeitern im Heimatland

Probleme mit den Mitarbeitern im Heimatland entstehen dadurch, dass sich meist über viele Jahre oder gar Jahrzehnte das Selbstverständnis als deutsches Unternehmen gefestigt hat, das jetzt um die internationale Perspektive erweitert werden muss. Das Problem: Es reicht nicht aus, zu sagen, das Unternehmen sei künftig auch international tätig. Die Internationalisierung kann die Mitarbeiter tief verängstigen, weil diese mit Unbekanntem zu tun hat. Die Mitarbeiter brauchen daher ein lebendiges Vorstellungsbild davon, wohin das Unternehmen steuert und was dies für sie bedeutet. In einem (räumlich) überschaubaren Unternehmen ist ihnen dies noch gelungen, aber welche Bedeutung sie im internationalen Unternehmen haben, wissen sie nicht. Die interne Kommunikation hat daher die Aufgabe, den Mitarbeitern zu vermitteln, woher das Unternehmen kommt, wo es derzeit steht und wohin es sich entwickelt. Dies sollte ihnen ein gutes Gefühl bereiten.

Sicher: Es gibt Mitarbeiter und vor allem Manager, die die Internationalisierung als Chance begreifen, Neues kennen zu lernen (Motiv Erregung) oder Karriere zu machen (Motiv Dominanz und Autonomie). Doch der Großteil der Belegschaft wird sich nicht tief greifend beruflich ändern wollen, sondern sucht stattdessen nach Sicherheit im Bewährten! Ich empfehle daher: Vermitteln Sie Ihren Mitarbeitern zuerst, was bleibt, was ihnen Halt und Orientierung gibt und gewinnen Sie diese dann für die Veränderungen durch die Internationalisierung.

20.2 Probleme mit Mitarbeitern im gesamten Unternehmen

Zu den größten Problemen der internen Kommunikation im internationalen Unternehmen gehört, aus den Mitarbeitern unterschiedlicher Länder und Kulturen eine Gemeinschaft zu bilden. Hierbei darf die nationale Identität nicht verloren gehen, weil diese Stolz macht und Identifizierung ermöglicht.

Das häufigste Problem in der internationalen internen Kommunikation ist, dass sich die Landesgesellschaften von der Muttergesellschaft bevormundet fühlen. Folge ist, dass deren Vertreter zwar immer den Vorschlägen der Muttergesellschaft zustimmen. Jedoch fahren sie in ihr Engagement zurück und tun das, was sie selbst wollen – und dies steht oft im Gegensatz zu den Plänen der Muttergesellschaft. Aufgabe der internen internationalen Kommunikation ist daher, den Landesgesellschaften zu vermitteln, dass diese einen wichtigen Beitrag in ihrem jeweiligen Land beziehungsweise ihrer Region leisten, dass sie aber Teil eines Unternehmen sind. Sie sollte die Notwendigkeiten, aber auch den Nutzen verdeutlichen, den die internationale Kommunikation bringt – auch für die Landesgesellschaften. Die internationale interne Kommunikation schafft Gemeinschaften. Sie können das vergleichen mit einem Haus, in dem die Mietparteien ihre Wohnung nach ihren Bedürfnissen einrichten können – sie hängen ihre Tapeten auf, legen die Teppiche, die ihnen gefallen und stellen die Lieblingsmöbel auf.

Die wichtigsten Fragen lauten:

→ Fühlen sie sich als Teil der Hausgemeinschaft?
→ Gibt es ein gemeinsames Selbstverständnis über die Hausgemeinschaft?
→ Unterstützen sich die Mietparteien gegenseitig?
→ Gibt es eine Hausordnung, der sich alle Mieter verpflichtet fühlen?
→ Wer stellt sicher, dass alle Mieter diese Hausordnung einhalten?

An diesem Bild wird deutlich, dass jeder Mieter nach seinen Bedürfnissen leben kann, solange es die anderen nicht beeinträchtigt. Stellt ein Mieter sein Radio zu laut, und wirkt sich dies auf einen anderen Mieter aus, sollte es Absprachen geben, wie in diesen Fällen zu verfahren ist. Grob gesagt könnte dies auch für die internationale Kommunikation zutreffen: Jedes Land kann seine Kommunikation entsprechend den Bedürfnissen der Kultur und des Marktes gestalten Sobald sich jedoch die Kommunikation auf ein anderes Land oder die Zentrale auswirkt, müssen Absprachen greifen.

Fazit: Die interne Kommunikation hat zum einen die Aufgabe, die lokale Identität zu stärken, zum anderen aber auch zu verdeutlichen, dass die Landesgesellschaft Teil des gesamten Unternehmens ist. Auch erfordert es also eine Mischstrategie aus Standardisierung (gesamtes Unternehmen) und Differenzierung (klares Bild von der Landesgesellschaft und deren Entwicklung).

Die eingesetzten internen Medien sind hierbei hauptsächlich das Intranet und die Mitarbeiterzeitschrift.

20.3 Internationale Mitarbeiterzeitung

Die internationale Mitarbeiterzeitung hat die Aufgabe, die Mitarbeiter international über die Aktivitäten des Unternehmens zu informieren. Sie hat zum Ziel, dass die Mitarbeiter ein Wir-Gefühl entwickeln und feststellen, dass sie Teil des Gesamtunternehmens sind. Die internationale Mitarbeiterzeitung ergänzt oft die nationalen Mitarbeiterzeitungen, die zum Ziel haben, über die Landesgesellschaft und die Arbeitsplätze der Mitarbeiter zu berichten. Mitarbeiterzeitungen wird in der Praxis von Unternehmen sehr unterschiedlich gehandhabt: Es gibt eigenständige internationale

Ausgaben, mitunter ein Mantel, der die lokalen Mitarbeiterzeitungen umhüllt. Die internationale Ausgabe kann der lokalen Ausgabe als Einleger beigeheftet sein. Oft werden die Artikel mit internationaler Bedeutung zwischen den Ländern ausgetauscht und übersetzt in den lokalen Ausgaben berücksichtigt.

Die Inhalte der internationalen Mitarbeiterzeitung (Texte, Bilder) liefern möglichst die Kommunikationsverantwortlichen aus den Ländern zu. Die internationale Mitarbeiterzeitung kann zum Beispiel folgende Inhalte haben:

▷ Unternehmensstrategie und deren Umsetzung,
▷ internationale Projekte,
▷ wichtige lokale Projekte,
▷ Berichte über Mitarbeiter in den Ländern an deren Arbeitsplatz,
▷ Beispiele für die Umsetzung des Belohnungsversprechens in allen Ländern,
▷ Beispiele für die internationale Zusammenarbeit im Unternehmen und den Nutzen daraus.

20.4 Intranet

Das internationale Intranet ist elektronische Kommunikations- und Arbeitsplattform, auf der Daten in Text, Bild und Ton auf elektronischem Wege (digitalisiert) übertragen werden. Und das schnellstmöglich und unabhängig von Ort, Zeit und Hierarchie. Das Intranet hat interaktive Elemente wie Diskussionsforen und Videokonferenzen, die den zeitgleichen Austausch ermöglichen, die also auch die Beziehungsebene beeinflussen ist das Intranet mittlerweile das wichtigste Instrument der internen Kommunikation von Großunternehmen.

Die Möglichkeiten für die internationale Kommunikation lassen sich mit drei Oberbegriffen beschreiben: Information, Kommunikation, Transaktion:

→ **Information**, wie zum Beispiel Statusberichte über internationale Projekt oder wichtige lokale Projekte mit internationaler Bedeutung, Produktinformationen, Projektpläne, Branchen- und Marktinformationen, CD-Manuals, aktuelle Kommunikation (Werbespots, Anzeigen etc). Mitarbeiter weltweit können Verbesserungen am Schwarzen Brett im Online-Forum vorschlagen. Die gelben Seiten bieten Kontaktdaten.

→ **Kommunikation:** Das Internet ermöglicht den Mitarbeitern aktiven, zeitgleichen und hierarchieunabhängigen Austausch, zum Beispiel über Themen und Projekte. Dieser Austausch kann genauso geplant und gesteuert werden wie in den bekannten Einrichtungen des Internets: den Diskussionsforen und Newsgroups. Das Intranet kann dem Austausch von Erfahrungen dienen (Stichwort: Wissensmanagement). Wissensgemeinschaften zu Themen und Projekten können gebildet werden. IBM hat 2004 im „World Jam" weltweit über seine Unternehmenswerte diskutiert. Interessant auch hier die Kulturunterschiede: In Videokonferenzen melden sich die US-Amerikaner schnell zu Wort, die japanischen Kollegen warten erst einmal ab und melden sich oft kurz vor Schluss.

→ **Transaktion:** Die entwickeltste Form ist die Transaktion, zum Beispiel von Arbeitspapieren online (Workflow-Management). Hierbei können Studiendokumentationen, Bestellungen, Anträge, Kostenrechnungen verschickt, Ressourcen geplant und ausgetauscht werden. Dies gibt Unternehmen die Chance, internationale Verträge abzuschließen mit Dienstleistern (Hotelketten etc.) und günstige Konditionen auszuhandeln. In der internationalen internen Kommunikation können Sie die Transaktion für den Austausch von Presseinformationen und Textentwürfe ebenso nutzen sowie für die Abstimmung von Broschüren.

- → Wissen aufdecken: „Gelbe Seiten"
- → Wissen erwerben: Corporate Universities
- → Wissen speichern: Datenbanken
- → Wissen verteilen: Wissensmärkte
- → Wissen nutzen: Interaktive Projektgruppen

Abb. 30 | Nutzung des Intranet für das Wissensmanagement

In den vergangenen Jahren ist Software wichtig geworden, die den internationalen Austausch fördert und ermöglicht, dass Nutzer leicht eigene Beiträge online stellen können, ohne über viel Erfahrung in der Programmierung von Webseiten verfügen zu müssen. Blogs sind Beiträge, die schnell online stehen und von anderen leicht kommentiert werden können. Hierdurch können sie den Fortgang von Projekten unterstützen, indem sie deren Entwicklung dokumentieren und ermöglichen, dass sich die Beteiligten über Probleme austauschen. Bei IBM nutzen viele Projektgruppen solche Collaboration Blogs.

Wikis funktionieren wie Online-Redaktions- oder Web-Content-Management-Systeme, mit denen von den Nutzern eine Ansammlung von frei erweiterbaren und miteinander verlinkten Webseiten erstellt werden können. Unternehmen setzen sie zum Beispiel als firmenweite Glossare für häufig verwendete Begriffe ein. Sie dienen der Erstellung von Dokumentationen, als Wissensdatenbank, Diskussionsforum oder Handbuch. Unternehmen können sie im Projektmanagement einsetzen und in der internen Kommunikation zwischen Mitarbeitern der Unternehmen – vor allem für die Planung, Durchführung und Nachbereitung von Meetings, zur Ideensammlung und Dokumentations- und Präsentationserstellung.

Andere Programme signalisieren, sobald ein Nutzer online ist, um den Kontakt aufnehmen und sich austauschen zu können (Awareness Software, Instant Messaging). Häufig verbreitet in mittelständischen Unternehmen ist mittlerweile auch das kostenlose Computerprogramm Skype, das Telefonieren über das Internet ermöglicht. Skype beinhaltet ein Adressbuch sowie die Möglichkeit, Nachrichten zeitgleich oder zeitversetzt zu senden. Konferenzschaltungen mit bis zu 10 Personen und Videokonferenzen (1:1) sind ebenso möglich.

Erweitern Sie Ihr Intranet auf externe Agenturen oder Vertriebspartner, können Sie als Extranet Informationen, Vertriebstools, Serviceinformationen und Marketingtools bereitstellen (Präsentationen, Texte, Bilder, CD-Manuals etc.).

Viele weitere Beispiele zeigen, wie Unternehmen versuchen, eine Klammer über alle Landesaktivitäten zu schlagen. Hier einige Beispiele:

→ **Strategiekommunikation:** Ein Unternehmensbereich von Siemens entwickelte ein Lernprogramm für das Intranet, um den Mitarbeitern die Strategie des Unternehmens näher zu bringen. Es gab auch ein Quiz mit 5 Fragen und 3 Antwortmöglichkeiten sowie ein Spiel, bei dem die Spieler alle Produkte des Unternehmens kennen lernten und ausprobieren mussten, wie diese Produkte im Zusammenspiel funktionieren. Booz, Allen & Hamilton bieten Strategieinfos per Intranetradio. Bei IBM können die Mitarbeiter Videos der Vorstände abrufen, und sich aktuelle Entscheidungen und die Geschäftsentwicklung erklären lassen.

→ **Mitarbeiteraktionen:** „Bemalen Sie einen Stein und schicken Sie Ihn zu Otto nach Deutschland". Dieser ungewöhnliche Aufruf ging bei rund 55.000 Mitarbeitern von Otto ein. Otto forderte seine Mitarbeiter auf, Steine entsprechend des Unternehmensmottos zu bemalen. Ergebnis waren viele kleine Kunstwerke, die sogar in einem kleinen Katalog dokumentiert sind. Mit der Aktion wollte der weltgrößte Versandhändler seine Unternehmenswerte erlebbar machen und erreichen, dass die Konzerneinheiten sich stärker vernetzen.

→ **Newsletter:** SAP bietet den „Early-Bird" zur aktuellen Information der Empfänger.

→ **Audiovisuelle Medien:** Unternehmenslied in mehreren Sprachen (Corporate Song), wie dies beispielsweise auf www.Henkel.de finden. Mittels Corporate Podcasts können Sie Mitarbeiter über Neuigkeiten Ihres Unternehmens auf dem Laufenden halten.

→ **Gemeinsame Feiertage:** Henkel feiert international den Friendship Day gemäß seinem Unternehmensmotto: „A brand like a friend"

→ **Akademien (Corporate University):** Mitarbeiter weltweit erwerben Informationen über die Unternehmensstrategie und die Umsetzung des Belohnungsversprechens. In Deutschland wurde die erste Corporate University von Daimler pünktlich zur Fusion mit dem amerikanischen Automobilkonzern Chrysler im August 1998 gegründet, Bertelsmann folgte einen Monat später, und auch die Lufthansa hat eine firmeneigene Universität. Es geht auch eine Nummer kleiner: Bieten auch Sie in Zusammenarbeit mit Ihrer Weiterbildung Schulungen über Ihr Unternehmen, dessen Strategie und die Umsetzung des Belohnungsversprechens in einem eigenen Bereich im Intranet ein.

Kapitel 21

Der Erfolg der internen Kommunikation wird systematisch kontrolliert

21.1 Bedeutung

Es ist erstaunlich: Führungskräfte verbringen rund 60 Prozent ihrer Zeit mit mündlicher Kommunikation; 70 bis 80 Prozent ihrer Arbeitszeit sitzen sie in Sitzungen. Jedoch vergibt immerhin etwa die Hälfte der Mitarbeiter der internen Kommunikation die Schulnote 3 und schlechter – Die Mitarbeiter ertrinken in Informationen und dürsten nach Wissen! Die Erklärung liegt darin, dass nicht entscheidend ist, WIEVIEL Informationen gegeben werden, sondern dass die RICHTIGEN Informationen gegeben werden. So ist es zu erklären, dass ein Unternehmen seine Mitarbeiter mit Informationen zuwirft, aber die für die Mitarbeiter wichtigen Informationen fehlen.

Ein Großteil dieser Schwemme wäre zu vermeiden, denn sie ist hausgemacht: Verteiler für Gedrucktes wachsen, werden aber nicht geprüft. Botschaften gehen breit gestreut durch den Betrieb, ohne spezielle Informationswünsche zu befriedigen, elektronische Speicher sind verstopft mit Material, das keiner je liest. Was ist mit den zahllosen Workshops und Informationsdiensten, die ohne Rücksicht auf Adressaten ins Leben gerufen werden? Das Deutsche Institut für Betriebswirtschaft stellt fest: „Weit über 1000 Mitarbeiterzeitschriften mit einer jährlichen Gesamtauflage von etwa 15 Mio. Exemplaren erscheinen in Deutschland (...) Aber nur wenige der Betriebszeitungen sind ihr Geld wert. Der Großteil der Mitarbeiterzeitschriften in Deutschland erfüllt keinerlei unternehmensstrategische Kommunikationsziele. Die Chance als Führungsinstrument und als zentrales Organ der innerbetrieblichen Information wird systematisch vertan. Stattdessen landen realitätsferne, „Hochglanz-Jubelbroschüren", der Geschäftsführung und, „Schülerzeitungen", der Mitarbeiter täglich tonnenweise ungelesen im Papierkorb."

Das ging vielleicht früher (schon nicht gut), aber heute kann sich das kein Unternehmen mehr leisten. Kommunikation hat im Unternehmen einen völlig neuen, zentralen Stellenwert bekommen. Sie ist ins Zentrum der Unternehmensführung gerückt und damit Grundlage des wirtschaftlichen Erfolges geworden. Die Firmen überleben, die ihre Kommunikation ebenso systematisch planen und organisieren wie betriebswirtschaftliche Entscheidungen und die sich um die Bewertung der Kommunikation kümmern.

Die Frage ist, welche Methoden und Instrumente es gibt, um den Erfolg der internen Kommunikation zu bewerten? Warum sollten Sie überhaupt den Erfolg messen, denn immerhin sind Sie selbst Mitarbeiter, Sie treffen auf andere und hören deren Meinung und Sie erhalten Leserbriefe von Mitarbeitern.

→ Die Meinungen aus dem Betriebsalltag sind unsystematisch und zufällig. Sie werden von Fall zu Fall und spontan vorgebracht;
→ Nur bestimmte Mitarbeitergruppen neigen dazu, ihre Meinung zu äußern – darunter die besonders unzufrieden oder die besonders aktiven, engagierten.

Daraus lassen sich kaum Rückschlüsse auf die Gesamtbelegschaft ziehen – die Einstellungen sind nicht repräsentativ.

→ Da nur Teilprobleme zur Sprache kommen, lässt sich nicht feststellen, welche anderen Faktoren für bestimmte Einstellungen ausschlaggebend sind.

In eine Befragung sollten daher möglichst alle Mitarbeiter einbezogen werden. Ist dies zu teuer oder zu aufwändig, können Vertreter aus Führungsmannschaft und den Interessenvertretungen sowie Vertreter der Angestellten, Arbeiter und Auszubildenden befragt werden. Die Anzahl der Befragten hängt von der Zeit, vom Geld, von den Wünschen an Genauigkeit, aber auch von der Situation des Unternehmens ab. Entscheidend für eine Befragung ist häufig, dass die Anonymität der Befragten gewährleistet werden muss. Hiervon kann sowohl die Zahl der Antworten abhängen als auch deren Qualität. Sichern Sie Anonymität zu! Häufig führen externe Berater diese Befragungen durch, um die Anonymität zu gewährleisten.

Noch ein Hinweis vorab: Die aufgezeigten Studien müssen nicht teuer sein und können sogar selbst durchgeführt werden. Zumindest sollte aber ein Fachkundiger (zum Beispiel ein Meinungsforscher) beratend hinzugezogen werden.

21.2 Fragebogen

Wird überhaupt ein Instrument zur Wirkungskontrolle der internen Kommunikation eingesetzt, so ist dies meistens die Leserumfrage per Standard-Fragebogen: Etwa 10 Prozent der Firmen führt eine durch.

Eine Leserumfrage lässt die Leser einer Mitarbeiterzeitung oder Mitarbeiterzeitschrift die Zufriedenheit mit ihrem Medium bewerten. Sie soll Auskunft über Akzeptanz und Nutzung der Mitarbeiterzeitung geben. Hierzu wird in der Regel ein Fragebogen – manchmal auch schon per Computer – eingesetzt, den die Befragten ausfüllen, indem sie die ihnen zutreffend erscheinenden Antworten ankreuzen.

Solche Umfragen mit vorgefertigten Fragebögen sind vergleichsweise einfach durchzuführen. Es gibt kaum Interpretationsspielraum bei den Antworten und die Ergebnisse sind untereinander und mit einer späteren Befragung vergleichbar.

Allerdings ermitteln schriftliche, standardisierte Fragebögen kaum neues Wissen: Es wird genau auf das geantwortet, was gefragt wird. Aspekte, die nicht im Fragebogen stehen, werden nicht erfasst. Auch besteht die Gefahr, dass Fragen schon eine Antwort beinhalten („Meinen Sie nicht auch, dass....?"). Bei der Erstellung des Fragebogens sollte daher ein Experte (zum Beispiel ein Meinungsforscher) hinzugezogen werden.

1. **Welche Quellen benutzen Sie häufig, selten oder nie, um Informationen über das Unternehmen zu erhalten? (Aus der nachfolgenden Liste bitte alle für Sie zutreffenden Informationsquellen ankreuzen)**

☐ Mitarbeiterzeitung
☐ Eildienst
☐ Schwarzes Brett
☐ Informationsveranstaltungen
☐ Abteilungs- und Gruppenbesprechungen
☐ Geschäftsbericht
☐ Personal- und Sozialbericht
☐ Betriebsrat
☐ Vorgesetzte
☐ Kollegen
☐ Flugblätter
☐ Gerüchte
☐ Zeitungen, Zeitschriften
☐ Radio, Fernsehen
☐ Gewerkschaften
☐ Berufsverbände
☐ Nachbarn, Freunde, Bekannte
☐ Sonstiges (bitte angeben):

2. **Bitte nennen Sie die fünf für Sie persönlich wichtigsten Informationsquellen über das Unternehmen:**

1. _____
2. _____
3. _____
4. _____
5. _____

3. **Fühlen Sie sich durch die vom Unternehmen herausgegebenen Medien und die betriebsinternen Veranstaltungen über die für Sie wesentlichen Dinge im Unternehmen informiert?**

fühle mich sehr gut informiert ⟶ gar nicht informiert

☐ 1   ☐ 2   ☐ 3   ☐ 4   ☐ 5

4. **Wie oft lesen Sie die Mitarbeiterzeitung?**

☐ Alle 10 Ausgaben im Jahr
☐ Mehr als die Hälfte der Ausgaben im Jahr
☐ Weniger als die Hälfte der Ausgaben
☐ Ich lese die Mitarbeiterzeitung nie

5. Wenn Sie die Mitarbeiterzeitung lesen, wie gründlich lesen Sie sie?
☐ Lese alle Beiträge
☐ Lese einige Beiträge
☐ Blättere nur durch

6. Wenn Sie die Mitarbeiterzeitung nicht lesen, warum nicht?

7. Welche der nachfolgend genannten Eigenschaften treffen Ihrer Meinung nach insgesamt auf die Mitarbeiterzeitung zu?

	trifft gar nicht zu	trifft nicht zu	trifft teilweise zu	trifft zu	trifft voll zu
	1	2	3	4	5
ansprechend					
informativ					
aktuell					
objektiv					
glaubhaft					
langweilig					
unterhaltsam					
verständlich					
einseitig					
überflüssig					
lebendig					
kritisch					
umfassend					

8. Wie beurteilen Sie den Umfang der Mitarbeiterzeitung?

☐ Zu viele Seiten
☐ Gerade richtig
☐ Zu wenig Seiten

9. Wie oft sollte die Mitarbeiterzeitung erscheinen?

☐ Öfter
☐ Wie bisher
☐ Nicht so oft

10. Sie finden nachfolgend eine Liste von Themen, über die regelmäßig berichtet wird. Bitte kreuzen Sie bei jedem Thema an, ob Sie es im allgemeinen regelmäßig, manchmal oder gar nicht lesen.

	regelmäßig	manchmal	gar nicht
Unternehmenspolitik (z.B. Wirtschaftliche Situation, Betriebsversammlungen)	☐	☐	☐
Standorte	☐	☐	☐
Aus der Unternehmenswelt	☐	☐	☐
Produkte und Projekte	☐	☐	☐
Betriebsleben (z.B. BKK, Rechtstipps)	☐	☐	☐
Reportagen (z.B. Abteilungsportraits)	☐	☐	☐
Im Gespräch (Interviews)	☐	☐	☐
Sport	☐	☐	☐
Personalien (z.B. Jubilare)	☐	☐	☐
Horoskop	☐	☐	☐
Kleinanzeigen	☐	☐	☐
Stellen	☐	☐	☐
Leserforum (Leserbriefe, Glossen)	☐	☐	☐
Beilagen	☐	☐	☐

11. Wenn die Zeitung gestrafft werden müßte, auf welche der Themen könnten Sie verzichten? (Mehrere Antworten möglich)

	Könnte verzichten	könnte **nicht** verzichten
Unternehmenspolitik (z.B. Wirtschaftliche Situation, Betriebsversammlungen)	☐	☐
Standortmagazin	☐	☐
Aus der Unternehmenswelt	☐	☐
Produkte und Projekte	☐	☐
Betriebsleben (z.B. BKK, Betriebsarzt)	☐	☐
Reportagen (z.B. Abteilungsportraits)	☐	☐
Im Gespräch (Interviews)	☐	☐
Sport	☐	☐
Personalien (z.B. Jubilare)	☐	☐
Horoskop	☐	☐
Kleinanzeigen	☐	☐
Stellen	☐	☐
Leserforum (Leserbriefe, Glossen)	☐	☐
Beilagen	☐	☐

12. Über welche Themenbereiche sollte Ihrer Meinung nach häufiger berichtet werden?

1. _____
2. _____
3. _____

13. Geben Sie an, ob Sie folgenden Aussagen zustimmen oder nicht:

a) Zur Mitarbeiterzeitung greife ich in der Regel, sobald ich Sie erhalte.
  ☐ stimmt
  ☐ stimmt nicht

b) Auf die Mitarbeiterzeitung würde ich nur ungern verzichten.
  ☐ stimmt
  ☐ stimmt nicht

14. Es gibt verschiedene Gründe, die Mitarbeiterzeitung zu lesen. Welche treffen für Sie persönlich zu?

	trifft gar nicht zu	trifft nicht zu	trifft teilweise zu	trifft zu	trifft voll zu
	1	2	3	4	5
...um über Unternehmenspolitik informiert zu sein					
...um mitreden zu können					
...um mich zu entspannen					
...um über das Unternehmen gut informiert zu sein					
...weil sie mir das Gefühl vermitteln, dazuzugehören					
...um mein fachliches Wissen zu erweitern					

15. Auf welchem Weg erhalten Sie die Mitarbeiterzeitung?

☐ Zusammen mit der Lohn-/Gehaltsabrechnung
☐ Durch Auslage
☐ Mit der Post
☐ Gar nicht

16. Geben Sie Ihr Exemplar weiter?

☐ Ja, gebe weiter an (Mehrere Antworten möglich)
   ☐ Familienangehörige
   ☐ Kollegen
   ☐ Sonstige
☐ Nein, gebe nicht weiter

17. Wie viele Personen lesen insgesamt Ihr Exemplar?

☐ Keine
☐ Eine Person
☐ Zwei Personen
☐ Drei Personen
☐ Vier Personen
☐ Mehr als vier Personen

18. Mit wem sprechen Sie über die Themen in der Mitarbeiterzeitung?
(Mehrere Antworten möglich)

☐ Mit Kollegen, Vorgesetzten
☐ Mit Familienangehörigen
☐ Mit Freunden, Bekannten
☐ Mit niemandem
☐ Lese die Zeitung nicht

19. Welche der folgenden Eigenschaften treffen speziell auf die optische Aufmachung (Gestaltung) der Mitarbeiterzeitung zu?

	trifft gar nicht zu	trifft nicht zu	trifft teilweise zu	trifft zu	trifft voll zu
	1	2	3	4	5
ansprechend					
langweilig					
übersichtlich					
steif					
abwechslungsreich					
lebendig					
unübersichtlich					

20. In welcher Form sollte die Mitarbeiterzeitung Ihrer Meinung nach erscheinen, wie bisher oder in einer anderen Form?

Wie bisher bitte weiter mit Frage 22.
In einer anderen Form bitte weiter mit Frage 21 a.

21 a. Wenn die Mitarbeiterzeitung in einer anderen Form erscheinen sollte, dann: (Mehrere Antworten möglich)

☐ mehr Illustrationen (Fotos, Zeichnungen, Grafiken)
☐ weniger Illustrationen (Fotos, Zeichnungen, Grafiken)
☐ mehr Text
☐ weniger Text
☐ kürzere Artikel
☐ längere Artikel
☐ als Zeitung (wie z.B. die Frankfurter Rundschau, Süddeutsche Zeitung)
☐ als Magazin (wie z.B. Stern, Bunte)

21 b. Wie könnte man Ihrer Meinung nach die Mitarbeiterzeitung verbessern?

22. Statistische Angaben zur Person:

Geschlecht
☐ weiblich
☐ männlich

Alter
☐ bis 20 Jahre
☐ 21 - 30
☐ 31 - 40
☐ 41 - 50
☐ 51 - 60
☐ über 60

Welchen höchsten Schulabschluss haben Sie?
☐ Hauptschule ohne Lehre
☐ Hauptschule mit Lehre
☐ Mittelschule/Realschule
☐ Abitur
☐ Fachhochschul-/Hochschulabschluß

Wie lange sind Sie im Unternehmen beschäftigt?
☐ Weniger als 1 Jahr
☐ 1 - 5 Jahre
☐ 6 - 10 Jahre
☐ 11 - 15 Jahre
☐ 16 - 20 Jahre
☐ Länger als 20 Jahre
☐ Ehemaliger Mitarbeiter
☐ Bin nicht beschäftigt

Sie sind im Unternehmen beschäftigt als:
☐ Gewerblicher Mitarbeiter
☐ Angestellter
    ☐ tariflich
    ☐ außertariflich
☐ Leitender Angestellter
☐ Außendienstmitarbeiter
☐ Auszubildender
☐ Ehemaliger Mitarbeiter
☐ Sonstige (bitte nennen):

In welchem Bereich sind Sie beschäftigt?

Abb. 31 | Fragebogen für die Leserbefragung zur Mitarbeiterzeitung

21.3 Leitfadeninterviews

Häufig hat es in einem Unternehmen noch keine Befragung gegeben und die Verantwortlichen wissen nicht, welche Einstellung die Mitarbeiter zum Unternehmen, ihrem Arbeitsplatz und der internen Kommunikation haben. In diesem Fall eignet sich ein Vorgehen, bei dem die Mitarbeiter weniger vorgegebene Fragen beantworten als selbst über diese Bereiche zu reden. Dies kann in Interviews geschehen, in denen der Frager keine konkreten Fragen stellt, sondern Themen anspricht, auf die der Befragten frei antworten soll. Die Befragten sollen also möglichst frei reden und alles ansprechen, was ihnen zu diesem Thema einfällt.

Auf diese Inhalte kommt es im Interview an und nicht darauf, ob die Ergebnisse repräsentativ sind oder nicht, das bedeutet verallgemeinerbar für die gesamte Belegschaft. Das Interview hat den Vorteil, dass der Befragte frei von der Leber weg erzählen kann, was ihm zum Unternehmen einfällt. Auf die Frage nach der Zukunft des Unternehmens kann er munter sprudeln, wogegen der schriftliche Fragebogen bestimmte, vorher formulierte Fragen in Zahlen erfassen will. Also: Maßgeblich ist hierbei, dass etwas gesagt wird und nicht wie häufig etwas gesagt wird.

Damit die Ergebnisse später vergleichbar sind und leichter ausgewertet werden können, wird häufig ein Themenleitfaden erstellt, der nach und nach abgefragt wird, sobald der Befragte nichts mehr erzählt oder einen Aspekt ausgelassen hat.

Interviews ermitteln Wissen über ein wenig bekanntes Thema. Die Befragten können alles äußern, was ihnen zu dem Thema einfällt. Die Gefahr ist geringer, dass wichtige Aspekte eines Themas nicht zur Sprache kommen. Allerdings stellen Interviews hohe Anforderungen an den Frager und seine Fähigkeiten; der Interviewer kann starken Einfluss auf die Qualität der Ergebnisse haben. Die Befragung dauert relativ lange (manchmal eine Stunde und länger). Die Auswertung ist vergleichsweise aufwendig.

Sie sollten sich vor einer Befragung erst einmal Gedanken machen, was Sie mit der Umfrage bezwecken. Stellen Sie sich mindestens folgende zwei Fragen:

Wie lautet Ihr Ziel?

1. „Ich will erst einmal wissen, welche Dimensionen zum Thema interne Kommunikation überhaupt eine Rolle spielen." (Leitfadeninterviews)

2. „Ich weiß, was wichtig ist und will wissen, wie viele Mitarbeiter bestimmten Aussagen zustimmen." (standardisierter Fragebogen)

Wie gut sind die Kenntnisse?
1. „Ich weiß noch sehr wenig über die Einstellung meiner Mitarbeiter zum Unternehmen, zu ihrem Arbeitsplatz und der internen Kommunikation und will erst einmal herausfinden, was dabei überhaupt eine Rolle für die Beteiligten spielt." (persönliche Interviews)
2. „Ich weiß schon durch frühere Umfragen viel darüber, wie die Mitarbeiter zum Unternehmen, ihrem Arbeitsplatz und der internen Kommunikation stehen. Jetzt will ich die Ergebnisse erneut prüfen und die Zahlen vergleichen." (schriftlicher Fragebogen)

Fragen in einem Interview
Haben Sie sich für Interviews entschieden, sollten Sie Themen festlegen, die Sie ansprechen wollen. Dieser Fragebogen ist Ihre Unterlage während des Interviews, der Mitarbeiter kann sich voll auf das Erzählen konzentrieren. Hier ein Vorschlag für einen Interviewfragebogen:

Einstiegsphase
- Hinweis auf die Anonymität der Befragten
- Name
- Interner oder externer Mitarbeiter?
- Seit wann arbeiten Sie für ....?
- In welcher Funktion/Abteilung/Bereich arbeiten Sie?
- Art der Beschäftigung?

Informationsangebot bei der Einstellung
- Welches Informationsmaterial stellte Ihnen die Firma zu Beginn ihrer Tätigkeit zur Verfügung?

Angaben zum Informationsbedarf
- Welche unternehmensspezifischen Themen interessieren Sie?

Angaben zur Deckung des Informationsbedarfes
- Welche Mitarbeitermedien nutzen Sie, um sich über die Themen, die Sie interessieren, zu informieren?
- Gibt es ein „generelles" Medium, das Sie bevorzugen, oder hängt das vom jeweiligen Thema ab?
- Welche Darbietungsform der Mitarbeitermedien bevorzugen Sie? Warum?
- Genügt Ihrer Meinung nach die interne Information den Ansprüchen der Aktualität?
- In welchen Bereichen?
- Welche Mitarbeitermedien halten Sie für verbesserungswürdig?

Computer für Mitarbeiterinformation
- Wieviele Stunden arbeiten Sie täglich am Computer?
- Könnten Sie sich vorstellen, bestimmte interne Informationen über den Computer abzurufen?
- Wenn ja, welche?

Information von unten nach oben
- Wie findet sie statt?
- Wie wird sie bewertet?

Abb. 32 | Fragebogen für ein Interview

Bevor die eigentlichen Themen abgefragt werden, wird die persönliche Arbeitssituation des Befragten untersucht. Dazu dienen die Fragen nach der Länge der Betriebszugehörigkeit und der Funktion, in der der Befragte tätig ist.

Die Frage nach dem Informationsangebot bei der Einstellung des Befragten gibt ein etwas klareres Bild über die Entwicklung der Internen Informationen über eine bestimmte Zeitdauer hinweg. Sie dient ebenfalls zum Aufwärmen, um den Befragten an das Thema heran zu führen, aber nicht zu überfordern.

Fragen 3 und 4 zielen darauf ab, inwiefern die Mitarbeiter ihr Informationsbedürfnis gegenwärtig decken können und wie dies optimiert werden kann. Frage 3 untersucht dazu das persönliche Informationsinteresse.

Nach den Informationsbedürfnissen werden die einzelnen Medien zur Befriedigung dieser Bedürfnisse abgefragt: Die beiden Fragen nach den internen Medien skizzieren den aktuellen Zustand der Nutzung. Daran schließt sich die Frage nach dem gewünschten Zustand und der Aktualität der Informationen an: Sind die Befragten mit der Aktualität der Mitarbeitermedien zufrieden? Eine allgemeine Frage, was an den internen Medien verbesserungswürdig ist (falls sie nicht im Rahmen der vorherigen Fragen beantwortet wurde) schließt den Bereich der Mediennutzung und der Medienbewertung ab. Zur Mediennutzung können Sie fragen, was die Mitarbeiter von der Idee halten, den Computer als Mittel der Internen Information zu nutzen. Dieser ist mitunter immer noch nicht Teil des Repertoires der internen Kommunikation und damit dem Befragten gegebenenfalls bei den vorherigen Fragen nicht eingefallen. Die Frage soll die Bereitschaft für eine neue Form der Mitarbeitermedien sondieren.

Die Fragen 3, 4 und 5 gaben Aufschluss über Wünsche und Prioritäten zur Informationsübermittlung. Dies setzt voraus, dass der Mitarbeiter zwar gut informiert sein möchte, sich aber trotzdem in erster Linie als passiver Aufnehmender von Informationen versteht. Ergänzend dazu untersucht Frage 6 den Wunsch von Mitarbeitern, aktiv an der internen (Ein-Wege-) Information beziehungsweise an einer Zwei-Wege-Kommunikation teilzunehmen.

21.4 Mitarbeiterbefragung

Eine umfassende Umfrage über viele Themen rund um das Unternehmen ist die Mitarbeiterbefragung. Sie untersucht Betriebsklima, Führungsverhalten, Arbeitsbedingungen, Arbeitszufriedenheit, die innerbetriebliche Zusammenarbeit und die interne Kommunikation. Meist wird sie durch die Personalabteilung durchgeführt

Mitarbeiterbefragungen sind in den USA schon lange ein bewährtes Instrument der Unternehmensführung. Seit Mitte der 70er Jahre werden sie auch zunehmend in deutschen Unternehmen eingesetzt. Viele Beratungsunternehmen und Institute bieten Durchführung und Unterstützung von Mitarbeiterbefragungen an.

Am häufigsten wird zur Mitarbeiterbefragung ein standardisierter Fragebogen eingesetzt. Die Handhabung ist klar: Die Befragten antworten durch Ankreuzen der ihnen zutreffend erscheinenden Antworten.

Beispiel für einen Fragebogen zur Mitarbeiterbefragung
- Welches Ansehen hat Ihrer Meinung nach die HEBA in der Öffentlichkeit?
- Welches Ansehen hat Ihrer Meinung nach die HEBA bei der Belegschaft?
- Wenn Sie heute noch einmal zu entscheiden hätten, würden Sie dann wieder zur HEBA gehen?
- Was wäre bei dieser Entscheidung besonders wichtig?
- Gibt es etwas, das die Firma an den äußeren Bedingungen an Ihrem Arbeitsplatz verbessern sollte?
- Wie gefällt Ihnen Ihre Arbeit?
- Können Sie bei Ihrer Arbeit Ihr Wissen und Können einsetzen?
- Können Sie eigene Anregungen oder Verbesserungsvorschläge zu Ihrer Arbeit einbringen?
- Wie zufrieden sind Sie mit der Umsetzung Ihrer Anregungen oder Verbesserungsvorschläge?
- Haben Sie Erfolgserlebnisse durch Ihre Arbeit?
- Wie sind Sie selbst eingearbeitet worden, als Sie Ihren jetzigen Arbeitsplatz übernommen haben?
- Wenn Sie Ihre Leistungsfähigkeit betrachten, möchten Sie dann anspruchsvollere Aufgaben übernehmen?
- Wenn Sie Ihre Arbeitsbelastung betrachten, möchten Sie dann mehr oder weniger arbeiten?
- Welche Auswirkungen hat der technische Wandel in den letzten (ca. 5) Jahren auf Ihre Arbeit gehabt?
- Stört Sie etwas bei der Arbeit?
- Und was gefällt Ihnen besonders bei Ihrer Arbeit?
- Wie beurteilen Sie Ihre Bezüge (Entgelt, Gratifikation/ Erfolgsbeteiligung) im Vergleich zu dem, was man über die Entgelte usw. bei anderen Firmen hört oder vermutet?

- Wie zufrieden sind Sie, wenn Sie Ihr Entgelt mit dem vermuteten Entgelt Ihrer unmittelbaren Kolleginnen und Kollegen vergleichen?
- Finden Sie, dass Ihre Arbeit leistungsgerecht bezahlt wird?
- Sind Sie mit den Sozial- und Nebenleistungen zufrieden, die neben dem Entgelt von der Firma gewährt werden?
- Welche Sozial- und Nebenleistungen sind für Sie besonders wichtig?
- Versteht Ihr unmittelbarer Vorgesetzter genügend von Ihrem eigenen Aufgabengebiet?
- Wie sorgt Ihr unmittelbarer Vorgesetzter für die Zusammenarbeit in seinem Verantwortungsbereich?
- Wie arbeitet Ihr unmittelbarer Vorgesetzter mit Ihnen zusammen?
- Informiert Ihr unmittelbarer Vorgesetzter Sie über Dinge, die Ihren Verantwortungsbereich betreffen, angemessen?
- Bespricht Ihr unmittelbarer Vorgesetzter Ihre Aufgaben / Ziele ausreichend mit Ihnen?
- Beachtet Ihr unmittelbarer Vorgesetzter Ihre Meinung bei wichtigen Entscheidungen?
- Wenn Sie von Ihrem unmittelbaren Vorgesetzten für Ihre Arbeit eine Entscheidung benötigen, erhalten Sie diese Entscheidung rechtzeitig und ausreichend?
- Hilft Ihnen Ihr unmittelbarer Vorgesetzter, wenn es einmal Schwierigkeiten bei Ihrer Arbeit gibt?
- Setzt Ihr unmittelbarer Vorgesetzter sich im Rahmen seiner Möglichkeiten für Sie ein, wenn Sie mit einem persönlichen Anliegen zu ihm kommen?
- Erkennt Ihr unmittelbarer Vorgesetzter Ihre Leistungen an?
- Wie kritisiert Ihr unmittelbarer Vorgesetzter, wenn einmal ein Fehler passiert?
- Fördert das Führungsverhalten Ihres unmittelbaren Vorgesetzten Ihre Einsatzbereitschaft?
- Fühlen Sie sich von Ihrem unmittelbaren Vorgesetzten gerecht beurteilt?
- Wie beurteilen Sie das Führungsverhalten des Vorgesetzten Ihres unmittelbaren Vorgesetzten?
- Fühlen Sie sich bei Ihren Aufgaben ausreichend „von oben" (von Ihren Vorgesetzten und der Unternehmensleitung) unterstützt?
- In welcher Hinsicht wünschen Sie sich von Ihren Vorgesetzten und der Unternehmensleitung mehr Unterstützung bei Ihren Aufgaben?
- Wie beurteilen Sie das Betriebsklima bei der HEBA insgesamt?
- Wie beurteilen Sie das Betriebsklima in der unmittelbaren Umgebung, in der Sie arbeiten?
- Wie sind im Großen und Ganzen Aufgaben und Kompetenzen Ihrer Einheit mit denen anderer Einheiten abgestimmt?
- Wie arbeiten die Kolleginnen und Kollegen Ihrer Einheit mit Ihnen zusammen?
- Wie beurteilen Sie die Zusammenarbeit zwischen Ihnen und den Kolleginnen und Kollegen aus anderen Einheiten?
- Fühlen Sie sich über die wesentlichen Dinge bei der HEBA rechtzeitig informiert?
- Fühlen Sie sich über die wesentlichen Dinge bei der HEBA ausreichend informiert?

- Worüber möchten Sie mehr wissen?
- Wissen Sie, welchem geschäftlichen Zweck Ihre Arbeit dient und welche Bedeutung Ihre Arbeit für die Erreichung der Unternehmensziele hat?
- Um sich über Ereignisse und Themen bei der HEBA zu informieren, gibt es verschiedene Möglichkeiten. Welche Informationsquellen sind für Sie die wichtigsten?
- Fühlen Sie sich ausreichend über die Weiterbildungsmöglichkeiten bei der HEBA informiert?
- Welche Weiterbildungsthemen sind für Ihre Aufgabenerledigung wichtig?
- Sind Sie mit den Möglichkeiten für Ihr berufliches Fortkommen zufrieden?
- Hindert Sie etwas an Ihrer beruflichen Entwicklung?
- Werden in Ihrer Einheit Frauen und Männer gleich behandelt?
- Falls Sie meinen, dass Frauen und Männer nicht gleich behandelt werden: Wodurch wird gegen den Gleichbehandlungsgrundsatz verstoßen?
- Sind Sie daran interessiert, Ihre derzeitige Tätigkeit in Teilzeit auszuüben?
- Glauben Sie, dass eine Teilzeittätigkeit berufliche Nachteile mit sich bringt?
- Halten Sie es für machbar, dass Ihr unmittelbarer Vorgesetzter seine Funktion mit einer anderen Person teilt und beide diese Funktion gemeinsam in Teilzeit ausführen?
- Glauben Sie, dass die Arbeitszeit in Ihrer Einheit flexibler gestaltet werden kann?
- Sind Sie persönlich an einem flexibleren Arbeitseinsatz auch außerhalb Ihrer gewohnten Arbeitszeit interessiert?
- Haben Sie Wünsche für die Regelung der Arbeitszeit?
- Wenn Sie einmal die Zukunftsaussichten des Gesamtunternehmens und die allgemeine wirtschaftliche Entwicklung beurteilen: Für wie sicher halten Sie dann Ihren Arbeitsplatz bei der HEBA?
- Die HEBA hat sich in den vergangenen drei Jahren erheblich gewandelt, um auch langfristig erfolgreich im Wettbewerb bestehen zu können. Hat sich diese Wandlung aus Ihrer persönlichen Sicht für die HEBA eher positiv oder eher negativ ausgewirkt?
- Die HEBA hat in den vergangenen drei Jahren durch Rationalisierung die Belegschaft erheblich reduziert. Haben Sie den Eindruck, dass die HEBA den Personalabbau sozialverträglich gestaltet hat?

Bitte geben Sie zu den folgenden Meinungen an, inwieweit Sie diesen zustimmen können.
- ☐ In unserer Einheit wird auf die Zusammenarbeit zwischen den Mitarbeitern mehr Wert gelegt als auf die Konkurrenz untereinander.
- ☐ In unserer Einheit setzt man viel Vertrauen in die Mitarbeiter.
- ☐ In unserer Einheit bemühen wir uns um Gemeinsinn und ein „Wir-Gefühl".
- ☐ In unserer Einheit traut sich niemand, etwas Neues vorzuschlagen und auszuprobieren.
- ☐ Bei der HEBA hat sich in den letzten 5 Jahren nichts zum Besseren verändert.
- ☐ Ich habe den Eindruck, dass bei der HEBA von den Mitarbeitern mehr Opfer gefordert werden, als aus wirtschaftlichen Gründen nötig ist.

☐ Die Führungskräfte bei der HEBA wissen über die Stimmung bei den Mitarbeitern und deren Meinungen recht gut Bescheid.
☐ In unserer Einheit herrschen Druck und Kontrolle vor.
☐ Wenn es in unserer Einheit Probleme gibt, dann wird sehr offen und konstruktiv darüber gesprochen.
☐ Ich habe den Eindruck, dass der Stil, wie Führungskräfte und Mitarbeiter miteinander umgehen, sich positiv verändert hat.
☐ Die Unternehmensführung nimmt bei ihren Entscheidungen keine Rücksicht auf die Interessen der Mitarbeiter.
☐ Die Stimmung in der Belegschaft wird inzwischen schon wieder deutlich besser.
☐ Wenn ich an andere Unternehmen unserer Branche denke, dann bin ich froh, bei der HEBA zu arbeiten.
Gibt es noch etwas, was Sie gerne ansprechen möchten?

Abb. 33 | Fragebogen für eine standardisierte Mitarbeiterbefragung

21.5 Implizite Wirkungsmessung

Kapitel 6.1 hat gezeigt, wie wichtig implizite Prozesse in der internen Kommunikation sind: Den Großteil der Informationen verarbeiten die Mitarbeiter unbewusst. Wichtig für die Erfolgskontrolle und somit der Wirkung ist daher, auch die impliziten Bedeutungen und Bewertungen der Mitarbeiter zu erfassen.

Hier kommen daher herkömmliche Befragungen an ihre Grenzen, die nur Bewusstes erfassen können. In der Psychologie, neuerdings aber auch in der Marktforschung, sind Methoden und Instrumente zu finden, die die gedankliche Verarbeitung umlaufen. Hierfür gibt es zwei Ansätze: die Psychologie und die Kulturwissenschaften:

→ *Kulturwissenschaften:* Kulturanalysen legen die kulturellen Bedeutungen von Unternehmen, Produkten, Geschichten und Menschen offen. Kulturwissenschaftliche Verfahren machen die implizite Bedeutung aller Signale sichtbar, die das Unternehmen einsetzt – von der Sprache bis hin zur Typografie.
→ *Psychologie:* Tiefenpsychologische Verfahren legen die impliziten Bedeutungen und Belohnungen als Basis für die Quantifizierung offen.

Kapitel 11.2 hat bereits die Tiefenpsychologie beschrieben. Ein anderes Verfahren, um die gedankliche Kontrolle zu umgehen, ist der Implizite Assoziationstest, kurz IAT. In diesem Test müssen Auskunftspersonen Fragen beantworten, von denen sie nicht wissen, zu welchem Ergebnis sie führen. Sie kombinieren Aussagen, die erst als Ergebnis die gewünschte Auskunft über die tatsächlichen Einstellungen offenbaren. Sie können selbst einen solchen Test im Internet durchführen (https://implicit.harvard.edu/implicit/germany/) und zum Beispiel prüfen, wie Sie tatsächlich zu Themen wie Kooperation und den Umgang mit ihrem Wissen stehen.

Weitere Möglichkeiten, implizite Prozesse zu berücksichtigen, sind zum Beispiel Assoziationstests und Projektionstests: Im Assoziationstest wird die Auskunftsperson durch Reize angeregt, spontan mit Assoziationen, Zuordnungen und Meinungsäußerungen zu reagieren:

→ Im **Wortassoziationstest** soll der Mitarbeiter auf einen Begriff spontan reagieren: „Was fällt Ihnen spontan ein, wenn ich Ihnen folgende Begriffe nenne: ..." Hier könnten Sie jetzt Begriffe oder Projektnamen nennen.

→ Im **Satzergänzungstest** wird der Mitarbeiter gebeten, einen Satz zu vervollständigen, zum Beispiel: „Wenn es unser Unternehmen nicht gäbe, ...", „Bei uns habe ich immer das Gefühl, ..." oder „Leute, die unserem Unternehmen arbeiten...".

Projektionsverfahren

In Projektionsverfahren sollen die Mitarbeiter ihre eigenen Meinungen und Ansichten auf Dinge übertragen, weil sie die eigenen Ansichten nicht nennen können, wollen oder dürfen. Ein Beispiel sind Fragen wie: „Welches Tier wäre das Unternehmen?". Sie sollten anschließend erkunden, welche Bedeutung dieses Tier in dieser Kultur hat.

Weitere Beispiele:

→ **Bildererzähltest:** Bilder stellen Personen in bestimmten Situationen dar, die mit dem Unternehmen verbunden sind. Die Mitarbeiter sollen diese Bilder mit sinnvollen Texten versehen. Die Deutung der Bildergeschichten gibt einen Einblick in das Gefühlsleben, die Konflikte und Probleme der Person. Beispiel: „Denken Sie sich eine Geschichte zu folgendem Bild aus..."

→ **Zuordnungstests:** Die Auskunftsperson soll dem Unternehmen und seinen Produkten Bilder von Personentypen zuordnen, die dort arbeiten oder die die Produkte nutzen. Beispiel: „Welche dieser hier gezeigten Personen könnte Kunde unseres Unternehmens sein?"

→ **Ballontest:** Den Mitarbeitern werden karikaturähnliche Strichzeichnungen von sich unterhaltenden Personen vorgelegt. Nur ein Teil des Dialogs ist vorgegeben – meist eine Aussage oder Behauptung einer Figur über das Unternehmen. Der Befragte soll die leere Sprechblase beziehungsweise die fehlenden Teile des Dialogs ausfüllen („Ich würde gern bei XY arbeiten, denn..."). Die Annahme ist, dass der Befragte seine eigene Meinung oder Vorurteile in gezeigte Situation überträgt.

Assoziations- und Projektionsverfahren sind dazu geeignet, einen Teil der emotionalen und unbewussten Wirkungen zu erfassen. Sie sollten diese Verfahren aber zum einen durch andere Verfahren ergänzen; zum anderen sollten Sie die Durchführung in die Hände erfahrener Profis legen.

Fazit: Sie könnten zuerst die impliziten Prozesse, Bedeutungen und Belohnungen entschlüsseln, die mit Ihrem Unternehmen verbunden ist; danach könnten Sie diese Erkenntnisse mit impliziten Messverfahren quantifizieren, also in Zahlen erfassen. Sicher: Dies kann teuer werden, doch wird sich diese Investition auszahlen, denn sie verringern die Gefahr, dass Sie an Ihren Mitarbeitern vorbei kommunizieren.

21.6 Das Beispiel der HEBA AG

Das Beispiel des fiktiven Unternehmens HEBA soll zeigen, wie ein Unternehmen seine interne Kommunikation bewerten und welche Konsequenzen es aus den Ergebnissen ziehen kann.

Die HEBA vollzieht einen in seiner Firmengeschichte einzigartigen Wandel. Auslöser sind gravierende Veränderungen im Marktumfeld, wie zum Beispiel steigende gesetzlichen Auflagen sowie rasant steigende Kosten für Forschung und Entwicklung bei sinkenden jährlichen Wachstumsraten des Marktes.
Vor dem Hintergrund dieser Veränderungen prüft der Vorstand der HEBA, wie das Unternehmen auch künftig wirtschaftlich erfolgreich tätig sein kann. Ergebnis: Von seinen ursprünglich fünf Arbeitsbereichen bietet allein einer gute Zukunftsaussichten. Der Vorstand entscheidet, sich auf dieses Geschäft zu konzentrieren.

Nach dem Abschluss der Konzentration verkündet der Vorstand die aktualisierte Unternehmensstrategie: die Konzentration auf drei Strategische Geschäftseinheiten. Das Geschäft soll weiter internationalisiert, Forschung und Entwicklung sollen ausgebaut werden und die Rentabilität des Unternehmens soll deutlich steigen.

In dieser Phase des Umbruchs hat das Unternehmen begonnen, seine interne und externe Unternehmenskommunikation systematisch zu analysieren und zu bewerten. Für die interne Kommunikation sollte vor allem beantwortet werden,

- → ob es einen Bedarf an Information und Kommunikation im Unternehmen gibt,
- → wie dieser Bedarf nach den Wünschen und Erwartungen der Mitarbeiter gedeckt werden kann (Inhalte und Medien),
- → ob sich hierbei unterschiedliche Bezugsgruppen ausmachen lassen, die sich hinsichtlich ihrer Wünsche und Erwartungen an den Kommunikationsprozess unterscheiden lassen,
- → wie die bisherige Kommunikation eingeschätzt wird,
- → welche Rolle die Funktion interne Kommunikation bei der Gestaltung und Entwicklung von Kommunikationsprozessen einnimmt.

Die Antworten auf diese Fragen soll zum einen allgemein Grundlage sein, interne Kommunikationsprozesse zu optimieren; zum anderen sollen die empirisch erhobenen Daten das Formulieren von Zielen im Rahmen einer 5-Jahres-Konzernkommunikationsstrategie ermöglichen.

Zur Datenerhebung wurden drei größere empirische Studien durchgeführt, die im Folgenden vorgestellt und deren Aussagefähigkeit diskutiert wird. Danach erfolgt eine zusammenfassende Darstellung zentraler Ergebnisse und den Konsequenzen aus den Studien, weil sich erst im Zusammenhang ein umfangreiches und differenziertes Bild der Kommunikationsprozesse im Unternehmen ergibt. Abschließend werden noch einige Beispiele der zahlreichen Einzeltests zu Maßnahmen vorgestellt.

Die Darstellungen konzentrieren sich beispielhaft auf Ergebnisse, die für das Verständnis des Themas interessant sind. Einzelergebnisse können beim Autor angefordert werden.

Leseranalyse

Als erste Studie fand eine Umfrage zur Mitarbeiterzeitung „HEBAblätter" statt – die letzte lag fast zehn Jahre zurück. Der für die Untersuchung konzipierte Fragebogen umfasste 31 Einzelfragen zu den Bereichen Mediennutzung und Informationsverhalten, die Einstellung zur Mitarbeiterzeitung, Verbesserungsvorschläge sowie sozialstatistische Angaben der Befragten.

Der Fragebögen wurden gemeinsam mit einem freigestempelten Rückumschlag der Mitarbeiterzeitung beigelegt und mit der Entgeltabrechnung verteilt. Sie erreichen damit jeden der rund 6.500 Mitarbeiter direkt und unaufgefordert am Arbeitsplatz. Darüber hinaus wurden sie an Pensionäre verteilt, die ebenfalls an der Befragung teilnehmen konnten, sowie an einige ausgewählte externe Interessenten (befreundete Firmen, Berufsverband etc.).

Der Rücklauf betrug 896 ausgefüllte Fragebögen, dies entspricht 6,8 Prozent der Grundgesamtheit (Mitarbeiter, Rentner, Tochtergesellschaften, Externe). Von den 896 Einsendern waren 559 Mitarbeiter, das entsprach zum Erhebungszeitpunkt 5,7 Prozent der Belegschaft (9728).

Das Ergebnis der Analyse sozialstatistischer Merkmale zeigt, dass sich unter den Personen, die den Fragebogen beantwortet haben, ein besonders hoher Angestelltenteil, überwiegend am Standort ansässige, überdurchschnittlich viele länger als 10 Jahre beschäftigte und besonders gut ausgebildete Mitarbeiter befinden. Im Rücklauf waren die Auszubildenden und Gewerblichen stark unterrepräsentiert.

Einschätzung der Aussagefähigkeit der Studie

Die Leseranalyse ermittelte Daten auf meist vorgegebene (standardisierte) Fragen. Das Ergebnis ermöglichte Häufigkeitsverteilungen über Nutzung und Einschätzung der Mitarbeiterzeitung im Kontext von Quellen zur Informationen und Kommunikation für Mitarbeiter.

Folgende Einschränkungen in der Aussagefähigkeit der Studien sind aus heutiger Sicht festzustellen:

- → Die Aussagen stammen nur von einem Bruchteil der Gesamtbelegschaft und sind nicht ohne Weiteres auf alle Mitarbeiter übertragbar.
- → Der Befragtenkreis war auch dadurch begrenzt, dass nur Leser an der Befragung teilnahmen. Die ursprüngliche Absicht, durch einen Informationsstand im Foyer des Verwaltungsgebäudes auch Nichtleser zu einer Teilnahme zu bewegen, erfüllte sich nicht.
- → Vorgegebene Fragen bargen die Gefahr, dass Daten erhoben wurden, die im Rahmen der internen Kommunikation aus Mitarbeitersicht nicht relevant für die Einschätzung der Qualität des Kommunikationsprozesses sind; andererseits konnten wichtige Dimensionen aus Sicht der Mitarbeiter unberücksichtigt bleiben.
- → Die Leseranalyse untersuchte zwar die Mitarbeiterzeitung im Kontext der Medien der internen Kommunikation; jedoch waren keine Aussagen über Hintergründe, Ursachen und Motive für das Antwortverhalten möglich. Zum Beispiel konnte die Frage nicht beantwortet werden, warum ein Medium die wichtigste Informationsquelle für eine Mitarbeitergruppe ist, welche Quellen als Alternativen in Frage kommen und warum.
- → Die Leseranalyse berücksichtigte nur den Informationsfluss von oben nach unten – nicht umgekehrt. Gemessen wurde also nur die Einschätzung der Qualität der Unterrichtung der Mitarbeiter und die Vermittlung von Informationen, nicht aber eine Einschätzung über den Kommunikationsfluss der Mitarbeiter an die Geschäftsleitung.
- → Der Fragebogen fragte zwar ab, wie wichtig Vorgesetzte als Informationsquelle sind und wie häufig diese Quelle genutzt wird. Dem Bereich der Führungsaufgabe Kommunikation wurde jedoch viel zu wenig Bedeutung beigemessen, wie sich in den Ergebnissen der zweiten Studie zeigen sollte.

Mitarbeiterbefragung

Zwei Jahre nach der Leseranalyse entschied der Vorstand, eine umfangreiche Mitarbeiterbefragung durchzuführen. Hintergrund war eine Diskussion zwischen Vorstand und Interessenvertretungen der Mitarbeiter (Betriebsrat, Sprecherausschuss) über das Betriebsklima. Zur Organisation und Durchführung wurde eine Projektorganisation (Lenkungsausschuss, Projektteam) unter der Leitung des Personalwesens eingerichtet und ein externer Berater unterstützend hinzugezogen.

Der gemeinsam entwickelte Fragebogen enthielt 67 Fragen zu Betriebsklima, Führungsverhalten, Arbeitsbedingungen, Arbeitszufriedenheit, innerbetriebliche Zusammenarbeit und Kommunikation, Service- und Kundenorientierung, Images etc. Die Verteilung erfolgte mit den Entgeltabrechnungen an jeden Arbeitsplatz.

Von knapp 10.000 befragten Mitarbeitern gingen über 7.300 Fragebogen zur Auswertung beim externen Berater ein – der Rücklauf betrug also 73 Prozent.

Einschätzung der Aussagefähigkeit der Studie
Die Ergebnisse der Mitarbeiterbefragung bestätigten und ergänzten die Leseranalyse:
→ Die Mitarbeiterbefragung erreichte die gesamte Belegschaft. Es konnten repräsentative Daten gewonnen werden, die aussagefähig für die gesamte Belegschaft waren.
→ Es zeigte sich, dass in den Bereichen mit gleichen Fragen die Ergebnisse der Mitarbeiterbefragung mit denen der Leseranalyse nahezu übereinstimmten (zum Beispiel Nutzung der Medien, subjektive Einschätzung über die eigene Informiertheit). Gravierende Abweichungen gab es nicht.
→ Information und Kommunikation im Unternehmen wurden breit thematisiert und in den Zusammenhang mit Führungsverhalten, Betriebsklima, Arbeitsbedingungen etc. gestellt.
→ In die Mitarbeiterbefragung wurde zusätzlich zum Informationsfluss von oben nach unten auch der Informationsfluss von unten nach oben untersucht.
→ Jedoch gab es auch hier Fragen, die durch die Anlage der Studie offen bleiben mussten.
→ Wie die Leseranalyse ermittelte auch die Mitarbeiterbefragung vorwiegend Häufigkeitsverteilungen mittels geschlossener Fragen, ohne Aufschluss über die Ursachen der Häufigkeitsverteilung zu geben.
→ Die Befragung ermöglichte keine Aussagen über Zusammenhänge, zum Beispiel die Bedeutung von Kommunikation im Kontext des gesamten Arbeitsalltags der Mitarbeiter.
→ Auch hier bestand die Gefahr, dass durch meist vorgegebene Fragen relevante Dimensionen vernachlässigt werden.

Wie ernst zu nehmen dieser Einwand ist, zeigte die Resonanz auf die offenen Fragen (ohne Antwortvorgaben): Die Mitarbeiter drückten Einschätzungen, Wünsche und Erwartungen in 400.000 Wörtern und rund 520 Seiten Text aus. Offensichtlich bestand ein großes Bedürfnis, sich außerhalb der vorgegebenen Fragen zu den angesprochenen Themen zu äußern.

Als Konsequenz entschied sich die Unternehmenskommunikation für eine weitere Studie mit einem qualitativen, offenen Ansatz. Diese Befragung sollte noch stärker den subjektiven Bezugsrahmen der Befragten und damit Ursachen und Motivationen für ein Nutzungsverhalten und Änderungswünsche zur Kommunikation ermitteln. Hierzu einige Erläuterungen:

Leitfadengestützte Interviews
Das Ziel qualitativer Forschung liegt im Erkennen, Beschreiben und Verstehen psychologischer und soziologischer Zusammenhänge, nicht aber in deren quantitativer Messung. Sie zielt auf eine möglichst vollständige Erfassung und Interpretation problemrelevanter Themen ab, um Einblick in die verschiedenen Problemdimensionen aus Sicht der Untersuchungsperson zu erlangen. Hierzu bedient sie sich solcher Methoden, die dem individuellen und subjektiven Ausdruck der Befragten einen möglichst großen Spielraum gewähren.

Die auf diese Weise erhobenen Informationen weisen meist nicht die Beschaffenheit auf, die Voraussetzung für eine statistische Auswertung wären – dies ist auch nicht beabsichtigt. Vielmehr sollen die Daten das Typische eines Falles erkennen lassen. Auswahlkriterium ist also nicht generell eine bestimmte Zahl zu untersuchender Fälle (und die damit verknüpfte Methodik), sondern der für die vorliegende Frage aufgrund vorwiegend inhaltlicher Überlegungen relevante Fall. Damit sind repräsentative Ergebnisse und die damit verbundene Zufallsauswahl zwar nicht grundsätzlich ausgeschlossen, sie stellen jedoch keine notwendige Bedingung für die Stichproben-Auswahl dar. Der Anspruch einer ganzheitlichen und problemorientierten Erfassung von Informationen steht also über dem Anspruch einer repräsentativen Untersuchung und dem damit verbundenen einengenden und standardisierten Vorgehen.

Für ein solches Vorgehen wurden insgesamt 30 Mitarbeiter durch eine geschichtete Zufallsstichprobe ausgewählt – jeweils 10 gewerbliche Mitarbeiter, 10 Tarifangestellte und 10 Leitende Angestellte. Aufgrund eines technischen Problems verringerte sich die Zahl der ausgewerteten Interviews auf 28 (9 Gewerbliche, 9 Leitende Angestellte und 10 Tarifliche).
Das Leitfadengespräch untersuchte folgende Dimensionen:

▷ Bedarf der Mitarbeiter an Information
▷ Deckung des Informationsbedarfes
▷ Aktualität der Information
▷ Interesse an Computer zur Mitarbeiterinformation
▷ Präferenz für bestimmte Informationsmedien und dessen Ursache
▷ Bewertung des Informationsflusses von unten nach oben

Da es sich bei dieser Erhebungsmethode um ein offenes Gespräch handelte, hing es vom Interviewten ab, welchen Verlauf das Gespräch nahm.

Einschätzung der Aussagefähigkeit der Studie
Das offene Vorgehen in den Interviews ermöglicht ergänzend zu den beiden zuvor durchgeführten Studien auch Aussagen über den subjektiven Bezugsrahmen der Befragten und damit über Ursachen und Motivationen für ein Nutzungsverhalten oder Änderungswünsche (Entgeltgruppe, Arbeitssituation, subjektive Erwartungen etc.). Dies zeigte wichtige Untersuchungsbereiche auf, deren Häufigkeitsverteilungen in einer späteren Untersuchung analysiert werden können.

Zusammenfassender Überblick
Hier ein Überblick über die Instrumente und einige Kriterien der Aussagefähigkeit:

	Leseranalyse	Mitarbeiterbefragung	Leitfadengestützte Interviews
Ziel	Bekannte Dimensionen prozentual bestimmen	Bekannte Dimensionen prozentual bestimmen	Dimensionen aufzeigen und beschreiben
Voraussetzung	Hypothesen testend	Hypothesen testend	Subjektiven Relevanzbereich erkennen
Wissensstand	Hoch	Hoch	Niedrig
Stichprobe	Groß	Groß	Klein
Fragetechnik	Strukturiert	Strukturiert	Offen
Anforderungen an den Interviewer	Niedrig	Niedrig	Hoch
Interviewereinfluss	Nicht möglich	Nicht möglich	Groß
Beeinflussung durch Dritte (Kollegen, Vorgesetzter etc.)	Möglich	Möglich	Kaum möglich
Auswertungsaufwand	Niedrig	Niedrig	Hoch
Repräsentativität	Nein, obwohl angestrebt	Ja	Nein (nicht angestrebt)
Einbeziehung relevanter Bezugsgruppen	Nur Leser	Ja	Ja (Quoten)
Medien der internen Kommunikation im Kontext anderer Quellen	Ja	Ja	Ja
Rücklauf/ Ausfälle	Schwer zu steuern	Schwer zu steuern	Gut zu steuern

Abb. 34 | Instrumente und deren Aussagekraft

Ergebnisse der Studien
Die Ergebnisse der Studien zeigen, dass es Wünsche und Erwartungen an die Kommunikation gibt, die sich durch die gesamte Belegschaft ziehen. Darüber hinaus lassen sich Bezugsgruppen im Unternehmen ausmachen, die sich im Hinblick auf die Gestaltung des Kommunikationsprozesses (zum Beispiel Informationsbedarf und Mediennutzung, Einschätzung der Medien) unterscheiden.
Hier einige Beispiele:

Alle Mitarbeiter
→ Generell haben alle Mitarbeitergruppen einen Bedarf an Information und Kommunikation. Die Zufriedenheit mit der bisherigen Information und Kommunikation wird als eher befriedigend eingeschätzt. Alle Befragtengruppen erwarten aktuellere Information, die prozessorientiert und nicht ergebnisorientiert vermittelt wird. Die Mitarbeiter möchten stärker in Veränderungsprozesse einbezogen werden und sie glauben, dass die Führungskräfte zu wenig über die Stimmung der Mitarbeiter wissen.
→ Mit dem gegenwärtigen Zustand der Themenbesetzung und Ausführlichkeit der Information zeigen sich knapp 10 Prozent der Mitarbeiter zufrieden, über 90 Prozent wünschen sich Veränderungen: Sie wollen zum einen mehr Informationen über den eigenen Arbeitsplatz (zum Beispiel die Implikationen von Veränderungen durch die aktualisierte Unternehmensstrategie), zum anderen wollen sie mehr über das Unternehmen, seinen Aufbau und seine Entwicklung wissen.
→ In der Einschätzung der Mitarbeiter rangiert der Vorgesetzte als Informationsquelle ganz oben. Je besser der Vorgesetzte seine Führungsaufgabe wahrnimmt, desto höher ist insgesamt die Zufriedenheit der Mitarbeiter mit der betrieblichen Information und Kommunikation. Andererseits gilt: Je weniger der Vorgesetzte diese Aufgabe aus Sicht der Mitarbeiter erfüllt, desto stärker sinkt die Zufriedenheit und desto stärker greifen die Mitarbeiter auf alternative Informationsquellen zurück – hierzu gehören die Angebote der Funktion „Interne Kommunikation".
→ Bei der Deckung des Informationsbedarfs spielen auch Gespräche mit Kollegen, Freunden und Bekannten eine große Rolle, vor allem bei den Führungskräften. Dies birgt die Gefahr von Gerüchten und Fehlinformationen, dem die Unternehmenskommunikation durch eine aktuelle, ausführliche und glaubwürdige Kommunikationspolitik gegensteuern kann.
→ Im Allgemeinen wünschen sich die Mitarbeiter schriftliches Informationsmaterial zu den sie interessierenden Themen sowie das Angebot eines anschließenden persönlichen Gesprächs, um Unklarheiten oder Fragen zu klären oder Optionen zu diskutieren (Gespräch mit Vorgesetztem, Podiumsdiskussion, Informationsveranstaltung, Abteilungsmeeting). Hiervon wollen sie aber nicht unbedingt Gebrauch machen – es reicht das Angebot aus. Der Wunsch nach einem „Dialog", wie derzeit ständig von Theoretikern und Praktikern gefordert, ist hier nicht von vornherein vorhanden, sondern vom Thema und der eigenen Betroffenheit etc. abhängig.
→ Die Mitarbeiter wollen nicht selbst aktiv werden, sondern Kommunikation soll initiiert und gesteuert werden. Das aktive Gestalten von Kommunikation wird

also mit Zustimmung der Mitarbeiter den Führungskräften und der Kommunikationsfunktion überlassen.
→ Beispiele für Ergebnisse zu einzelnen Medien: Die Leser der Mitarbeiterzeitung fordern mehr „Kontroversität" bei Themen und vermissen in der bisherigen Gestaltung meinungsäußernde und meinungsbildende journalistische Stilformen wie Kommentare oder Glossen. Die befragten Mitarbeiter wollen mehr „Mitarbeiternähe" und „Dialog mit dem Mitarbeiter" sowie ein „Forum". Der Computer als Informationsmedium stößt auf Interesse, wenn ein breiter Zugang für alle Mitarbeiter gewährleistet ist.

Mitarbeitergruppen
→ Die Einschätzung über die Zufriedenheit mit Information und Kommunikation – gemeint sind rechtzeitige und ausreichende Information sowie der Informationsfluss von unten nach oben – differiert in den Bezugsgruppen: Die Unzufriedenheit ist in den niedrigen Tarif-Entgeltgruppen am größten, bei den Führungskräften am geringsten, während sie in den oberen Tarifgruppen im Mittelfeld liegen.
→ *Führungskräfte und Leitende Angestellte*: Die Medien der internen Kommunikation reichen wegen fehlender Aktualität häufig nicht aus. Die Leitenden Angestellten wünschen sich mehr Gedankenaustausch mit dem Vorstand in informellen Gesprächskreisen, da ihrer Erfahrung nach dort „wirklich Substanzielles" zur Sprache kommt. Dies weist erneut auf die begrenzten Gestaltungsmöglichkeiten der Funktion Unternehmenskommunikation hin, indem vor allem Wünsche an die Kommunikation mit den Vorgesetzten geäußert werden.
→ *Außendienst*: Die Vorgesetzten spielen auch beim Außendienst eine wichtige Rolle. Durch sie fühlen sich die Mitarbeiter zu 80 Prozent immer oder meistens informiert.
→ *Mitarbeiter in der Forschung*: Die Befragten beurteilen die Kommunikation in diesem Bereich recht positiv. Die Forschung hat arbeitsbedingt ein enges Geflecht an Diskussions- und Austauschmöglichkeiten innerhalb, aber auch zwischen Forschungsabteilungen. Sie sind meist sehr gut mit äußeren Informationsmedien verknüpft (Kongresse, Datenbanken, Fachzeitschriften, Pressespiegel).
→ *Tarifangestellte* neigen eher zu formalen Informationsquellen der Unternehmenskommunikation. Hier scheint also das größte Wirkungspotenzial für die Funktion zu liegen. Die Bewertung der Information und Kommunikation bewegt sich zwischen den Urteilen der Führungskräfte und der Gewerblichen. Generell besteht Interesse am Computer als Informationsmedium, wenn Schulung und breiter Zugang gewährleistet ist.
→ *Gewerbliche*: Die unteren Entgeltgruppen sind am wenigsten zufrieden mit der Information und Kommunikation. Sie zeigen vergleichsweise die höchste Unzufriedenheit mit dem Vorgesetzen als Informationsquelle und weisen ihm die geringste Bedeutung zu. Stattdessen nutzen die gewerblichen Mitarbeiter am häufigsten die schriftlichen Medien der Unternehmenskommunikation; diese werden aber eher kritisch eingeschätzt. Anders ausgedrückt: Die intensivsten Leser der Mitarbeiterzeitung stehen ihnen am kritischsten gegenüber. Aktuelle Informa-

tionen durch Firmenleitung (der Eil-Informationsdienst „Schon gehört?") werden durchweg positiv beurteilt. Innerhalb der gewerblichen Mitarbeiter fühlen sich die Mitarbeiter im *Schichtdienst* und in der Zentrale weniger rechtzeitig und umfassend informiert als ihre Kollegen. Generell äußern die gewerblichen Mitarbeiter Angst vor der „Zwei-Klassen-Gesellschaft" der Information durch fehlenden Zugang zum Computer.

Konsequenzen
Welche wesentlichen Konsequenzen haben sich aus diesen Ergebnissen für die Entwicklung der internen Kommunikation ergeben?

→ Die Belegschaft besteht aus Mitarbeitergruppen, die sich im Hinblick auf die Einschätzung der Kommunikation sowie Wünsche und Erwartungen an deren Gestaltung unterscheiden. Die Mitarbeiter wollen dabei nicht selbst aktiv werden, sondern die Kommunikation soll gestaltet, also initiiert und gesteuert werden.
→ Hier muss allerdings differenziert werden: Die Gestaltung von Kommunikation ist vor *allem* eine Aufgabe der Führungskräfte. Sie sollen – und nur sie können – über arbeitsplatzbezogene Inhalte informieren, zum Beispiel über die Auswirkungen der Firmenstrategie. Als eigenständige Aufgabe kann die Kommunikationsfunktion die Gestaltung von Kommunikation über unternehmensweite beziehungsweise unternehmensrelevante Themen für Führungskräfte und Mitarbeiter übernehmen. Die Vertreter der Internen Kommunikation sollten zudem aufgrund ihrer Qualifikation die Führungskräfte bei der Wahrnehmung ihrer Kommunikationsaufgaben strategisch beraten und operativ Instrumente zur Verfügung stellen.
→ Ziele wie die „Verbesserung des Betriebsklimas" oder die „Steigerung von Motivation und Leistung" sind keine eigenständigen Kommunikationsaufgaben: Diese Ziele müssen im Zusammenhang mit Führungsverhalten, Entgeltpolitik, Weiterbildung und anderen Faktoren gesehen werden, auf welche die Kommunikationsabteilung selbst nur begrenzt oder gar keinen Einfluss hat. Selbst Ziele wie „Bewusstsein von Führungskräften für die Bedeutung von Kommunikation wecken beziehungsweise sensibilisieren" können nur als Oberziele formuliert werden, weil sie nur im Zusammenspiel mehrerer Funktionen erreicht werden können (Personalabteilung, Weiterbildungs-, und Kommunikationsabteilung). Hierzu müssen mögliche Schnittstellen geklärt und mit den Bereichen abgestimmt werden.
→ Eigenständige Kommunikationsaufgaben sind die Gestaltung von Bekanntheit, das Vermitteln von Informationen und das Steuern von Meinungen. Auch hier muss sorgfältig geprüft und systematisch geplant werden, welchen Beitrag die Führungskräfte und welchen Beitrag die Funktion „Interne Kommunikation" zur Zielerreichung beitragen.

Weitere Beispiele:

→ Für die Gestaltung der Kommunikation arbeitet die Funktion „Interne Kommunikation" daran, Informationen *aktueller* anzubieten. Dies geschieht vor allem durch den Einsatz von elektronischen Medien wie Intranet und Internet, die in den letzten beiden Jahren konzernweit aufgebaut wurden. Jedoch wird beim Einsatz von elektronischen Medien sehr behutsam vorgegangen, da die Mehrheit der Belegschaft aus gewerblichen Mitarbeitern besteht, die derzeit (noch) keinen Zugang zu elektronischen Medien haben.

→ Die Bezugsgruppen werden *ausführlicher* und *stärker prozessorientiert* statt ergebnisorientiert informiert. Hierzu müssen organisatorische (z.B. Führungskräfte) und technische (z.B. Intranet) Ressourcen geschaffen werden.

→ Die Medien der internen Kommunikation werden zunehmend differenziert eingesetzt. Das bedeutet, dass nicht alle Inhalte auf die gleiche Weise präsentiert werden. Vielmehr wird es künftig zum Beispiel so sein, dass aktuelle Informationen in einem Eildienst bekannt gemacht und ausführlicher im Intranet dargestellt werden. Die Mitarbeiterzeitung bietet dabei die Hintergründe.

Die Ergebnisse wirken sich auch auf die Gestaltung einzelner Maßnahmen aus: Zum Beispiel stellt die Mitarbeiterzeitung stärker die Mitarbeiter in den Mittelpunkt der Berichterstattung, zum Beispiel in Abteilungsporträts und Berichten über Freizeitaktivitäten. Die Redaktion berücksichtigt stärker meinungsäußernde Formen (z.B. Streitgespräche). Die grundsätzlich positive Einstellung zum Computer als Informations- und Kommunikationsmedium wurde dazu genutzt, das firmeninterne Intranet deutlich auszubauen.

Hier, wie auch im Rahmen anderer Maßnahmen, werden kontinuierlich Studien für eine formative und summative Evaluation als Pre-Tests, In-Betweens-Tests und Posttests zur Bewertung einzelner Medien durchgeführt. Zwei Beispiele:

→ *Intranet:* Vor dem Start des Intranets wurde eine Kurzumfrage durchgeführt. Ergebnis: Die Befragten befürworteten ein Intranet und nannten viele Inhalte, die sie sich wünschten. Mittlerweile finden qualitative Interviews mit unterschiedlichen Nutzergruppen statt, die kontinuierliche Rückmeldemöglichkeiten im Intranet ergänzen.

→ *Magazin zur Unternehmensstrategie:* Ein Pretest sollte herausfinden, ob es einen Bedarf an einer schriftlichen Informationsbroschüre zur aktualisierten Strategie gibt, und wenn ja, welche Wünsche und Erwartungen die Mitarbeiter daran stellen. Hintergrund war die Diskussion, ob ein kurzes Faltblatt mit zentralen Kommunikationsinhalten eher geeignet sei als ein ausführliches Magazin. Das Ergebnis einer Kurzumfrage in unterschiedlichen Mitarbeitergruppen: Bis auf eine Ausnahme wünschten sich alle 15 Befragten ein ausführliches „Magazin" mit anschaulichen Beispielen. Die ein Jahr später durchgeführte Mitarbeiterbefragung fragte auch nach einem Urteil über das Magazin. Ergebnis: Etwa ein Drittel hatte die Broschüre nicht gelesen oder bewertete sie negativ. Zwei Drittel der Belegschaft äußerte sich positiv bis sehr positiv (7 Prozent) über dieses Medium. Obwohl keine quantifizierten Zielvorgaben bestanden, was oben bereits als Schwäche in der strategischen Planung festgestellt wurde, galt die Maßnahme als erfolgreich. Nach 6 Monaten erschien das zweite „Strategie-Magazin" mit Informationen über den aktuellen Stand der Strategieumsetzung.

Fazit und Ausblick

Die Analyse und Bewertung von Kommunikationsprozessen hat begonnen, sich zum Standard in der Unternehmenskommunikation zu entwickeln. Die gewonnenen empirischen Daten sind in den letzten Jahren vielfältig verwendet worden:

→ Sie haben über die Fortsetzung oder Einstellung einer Maßnahme entschieden.
→ Sie konnten die Durchführung praktisch verbessern wie im Fall der Mitarbeiterzeitung.
→ Sie bewirken das Hinzufügen oder Aufgeben spezifischer Teile beziehungsweise Techniken. So wird zu wichtigen Themen generell schriftliches Informationsmaterial zur Verfügung gestellt und mit einem Gesprächsangebot gekoppelt.
→ Die Ergebnisse fließen in die Entwicklung neuer Instrumente ein wie im Fall des Intranets.
→ Sie haben zu einer Neuverteilung der Ressourcen unter konkurrierenden PR-Aktionen geführt wie im Fall der Entscheidung zugunsten eines Strategie-Magazins anstatt eines Faltblattes.
→ Die gewonnenen empirischen Daten ermöglichen das Formulieren quantifizierbarer Ziele als Voraussetzung für eine anschließende Bewertung.
→ Und: Die Daten fließen in die Beratung von Führungskräften bei deren Kommunikationsaufgabe ein.

Noch einige Anmerkungen zu den oben aufgeführten Gründen gegen empirische Forschung: Die erwähnten Studien werden in der Regel von externen Dienstleistern (Institute, Berater, Studenten) durchgeführt, der Auftraggeber ist zuständig für Konzeption, Koordination und Kommunikation im Unternehmen. Diese Arbeitsteilung sorgt dafür, dass Ressourcen (Zeit, Geld, Know-how) möglichst gezielt organisiert und eingesetzt werden. Die Ergebnisse der Studien haben eindeutig gezeigt, dass es sinnvoll ist, diese Ressourcen für Evaluation aufzuwenden.

Die Evaluation wird soweit möglich als fester Bestandteil in die Projektetats eingeplant. Steht kein Geld (zum Beispiel keine Kostenstelle) zur Verfügung, wird versucht, eine Evaluation mit Bordmitteln durchzuführen nach dem Motto: So sorgfältig wie möglich, so aufwendig wie nötig.

In jedem Fall hat die Erfolgskontrolle dazu beigetragen, Fehlentscheidungen zu verringern. Ressourcen können in die tatsächlichen Kommunikationsprobleme mit Bezugsgruppen investiert werden. Sie haben darüber hinaus im vorliegenden Beispiel eine zuverlässige Basis für die Entwicklung innerbetrieblicher Kommunikationsprozesse geschaffen.

Kapitel 22

Interne Kommunikation hält Gesetze ein

Gastbeitrag von Norbert Deutschmann

Zur internen Kommunikation ist ein Unternehmen rechtlich verpflichtet. Unternehmensleitungen und Führungskräfte kommen dieser Verpflichtung häufig nicht ausreichend genug nach. Leider wissen sie über ihre Verpflichtungen zu wenig Bescheid. Verstöße gegen die Pflichten können als Ornungswidrigkeit gehandet werden. Unkenntnis darüber wirkt sich zumindest rufschädigend aus. Einige der nachfolgend dargestellten Pflichten zur Kommunikation mögen für viele Unternehmensleitungen beziehungsweise Führungskräfte selbstverständlich sein. Um ein Gesamtbild darzustellen, sind diese Anforderungen ebenfalls dargestellt.

Tipps aus der Praxis sollen den Umgang mit den Verpflichtungen zur Kommunikation erleichtern und ihre Wirksamkeit erhöhen.

Rechtliche Verpflichtungen zur internen Kommunikation
Eine Verpflichtung zur internen Kommunikation in der Privatwirtschaft besteht gegenüber einzelnen Arbeitnehmern beziehungsweise allen Arbeitnehmern und dem Betriebsrat bei verschiedenen Anlässen.

Diese Pflicht ist umfassend im Betriebsverfassungsgesetz geregelt. Weitere Regelungen sind im Arbeitsschutzgesetz zu finden. Für den Öffentlichen Dienst und Tendenzbetriebe beziehungsweise Religionsgemeinschaften gelten andere Bestimmungen.

Bei welchen Anlässen besteht die Verpflichtung zur internen Kommunikation?

Kommunikation mit den Arbeitnehmern
→ Unterrichtung über Aufgabe, Verantwortung, Art der Tätigkeit, Einordnung in den Arbeitsablauf (§ 81 Abs. 1 Betriebsverfassungsgesetz)
→ Unterrichtung über Unfall- und Gesundheitsgefahren und deren Abwendung vor Beginn der Beschäftigung (§ 81 Abs. 1 Betriebsverfassungsgesetz sowie § 12 Arbeitsschutzgesetz)
→ Rechtzeitige Unterrichtung über Veränderungen im Arbeitsbereich (§ 81 Abs. 2 Betriebsverfassungsgesetz)
→ Betriebe ohne Betriebsrat: Arbeitnehmer sind zu allen Maßnahmen zu hören, die Auswirkungen auf Sicherheit und Gesundheit haben können (§ 81 Abs. 3 Betriebsverfassungsgesetz)
→ Unterrichtung über vorgesehene Maßnahmen und Auswirkungen auf den Arbeitsplatz, die Arbeitsumgebung sowie Inhalt und Art der Tätigkeit (§ 81 Abs. 4 Betriebsverfassungsgesetz)
→ Erörterung über Anpassung der beruflichen Kenntnisse und Fähigkeiten sofern sie in Folge von Veränderungen nicht mehr ausreichen (§ 81 Abs. 4 Betriebsverfassungsgesetz)
→ Anhörung in betrieblichen Angelegenheiten, die die einzelne Person betreffen (§ 82 Abs. 1 Betriebsverfassungsgesetz)
→ Befassen mit Vorschlägen für die Gestaltung des Arbeitsplatzes und des Arbeitsablaufs (§ 82 Abs. 1 Betriebsverfassungsgesetz sowie § 17 Abs. 1 Arbeitsschutzgesetz)

- → Erläuterung der Berechnung und Zusammensetzung des Arbeitsentgeltes auf Wunsch (§ 82 Abs. 2 Betriebsverfassungsgesetz)
- → Erörterung der Leistungsbeurteilung und Möglichkeit der beruflichen Entwicklung im Betrieb auf Wunsch (§ 82 Abs. 2 Betriebsverfassungsgesetz)
- → Befassen mit Beschwerden des Arbeitnehmers, sofern er sich vom Arbeitgeber oder Arbeitnehmern ungerecht behandelt oder sonst beeinträchtigt fühlt und Bescheid geben darüber (§ 84 Betriebsverfassungsgesetz sowie § 17 Abs.2 Arbeitsschutzgesetz)
- → Unterrichtung über die wirtschaftliche Lage und Entwicklung des Unternehmens pro Kalendervierteljahr, schriftlich bei über 1000 Arbeitnehmern, mündlich bei mehr als 20 Arbeitnehmern; auch bei noch kleineren Betrieben besteht quasi eine Nebenpflicht des Arbeitgebers zur Unterrichtung im angemessenen Umfang (§ 110 Betriebsverfassungsgesetz)
- → Jährlicher Bericht in einer Betriebsversammlung über das Personal- und Sozialwesen, die wirtschaftliche Lage und Entwicklung des Betriebs sowie über den betrieblichen Umweltschutz; setzt einen Betriebsrat voraus (§ 43 Abs. 2 Betriebsverfassungsgesetz)

Diese Verpflichtungen zur Kommunikation bestehen auch in betriebsratslosen und nicht betriebsratsfähigen Betrieben. Die Kommunikation findet während der Arbeitszeit statt und nicht in den Ruhepausen, die durch freie Verfügung und den Erholungszweck gekennzeichnet sind. Der AG beziehungsweise die Unternehmensleitung muss die Unterrichtung nicht selbst vornehmen, sondern kann diese Aufgabe je nach Organisation des Betriebs an zuständigen Personen, wie zum Beispiel Meister oder Abteilungsleiter delegieren. Bei Erörterungen, Anhörungen oder Beschwerden ist der Arbeitnehmer berechtigt, ein Mitglied des Betriebsrates hinzuzuziehen.

Kommunikation mit dem Betriebsrat
- → Der Arbeitgeber hat ohne Aufforderung alle Informationen zu geben, die der Betriebsrat zur Erfüllung seiner allgemeinen Aufgaben braucht. Zu diesen Aufgaben gehören im Wesentlichen die Überwachung der zu Gunsten der Arbeinehmer geltenden Gesetze und sonstige Regelungen, die Durchsetzung der Gleichstellung von Mann und Frau, die Vereinbarkeit von Familie und Beruf, die Eingliederung Schwerbehinderter und sonstiger schutzbedürftiger Personen, die Beschäftigung älterer Arbeitnehmer, die Integration ausländischer Arbeitnehmer zu fördern und generell die Beschäftigung im Betrieb zu fördern und zu sichern sowie Maßnahmen des Arbeitsschutzes und des betrieblichen Umweltschutzes zu fördern (§ 80 Abs.1 u. 2 Betriebsverfassungsgesetz).
- → Der Arbeitgeber hat über die Planung von Neu-, Um- und Erweiterungsbauten, technischen Anlagen, Arbeitsverfahren und -abläufen oder der Arbeitsplätze rechtzeitig unter Vorlage der erforderlichen Unterlagen zu unterrichten. Rechtzeitig bedeutet, dass noch Einfluss auf die Planung genommen werden kann (§ 90 Betriebsverfassungsgesetz).

→ Der Arbeitgeber hat über die Personalplanung, insbesondere über den Personalbedarf sowie sich daraus ergebende Maßnahmen, rechtzeitig und umfassend zu unterrichten (§ 92 Betriebsverfassungsgesetz).

→ Die Unternehmensleitung hat bei in der Regel mehr als 100 beschäftigten Arbeitnehmern rechtzeitig und umfassend über die wirtschaftlichen Angelegenheiten des Unternehmens unter Vorlage der erforderlichen Unterlagen zu informieren (§ 106 Betriebsverfassungsgesetz).

→ Die Unternehmensleitung hat bei in der Regel mehr als 20 beschäftigten Arbeitnehmern über geplante Betriebsänderungen, die wesentliche Nachteile für die Belegschaft oder erhebliche Teile davon zur Folge haben können, rechtzeitig und umfassend zu unterrichten (§ 111 Betriebsverfassungsgesetz).

Literaturhinweise

Um genauer einschätzen zu können, bei welchen Anlässen und in welchem Umfang die Verpflichtungen zur Kommunikation bestehen, sind die Kommentare zum Betriebsverfassungsgesetz hilfreich. Je nach Anspruch und Erfordernissen kann zwischen einem Basiskommentar und Standardkommentaren gewählt werden. Mehr Nähe zu den Arbeitnehmern haben die Kommentare aus dem Bund-Verlag.

▷ Basiskommentar Betriebsverfassungsgesetz / Klebe, Ratayczak, Heilmann et al./ Bund-Verlag / Preis 32 €
▷ Betriebsverfassungsgesetz – Kommentar für die Praxis / Däubler, Kittner, Klebe / Bund-Verlag / Preis 98 €
▷ Betriebsverfassungsgesetz – Handkommentar / Fitting, Kaiser, Heither et al. Verlag Franz Vahlen / Preis 72 €

Tipps aus der Praxis der internen Kommunikation

Die gesetzlichen Verpflichtungen der Unternehmensleitung und der Führungskräfte zur internen Kommunikation, ergänzt durch die Rechtsprechung, sind allgemein gehalten und müssen für die Anwendung im Betrieb oder Unternehmen konkretisiert werden. Diese Anwendung wird von den jeweiligen betrieblichen Bedingungen und den handelnden Menschen bestimmt. Dennoch gibt es Erfahrungen aus betrieblicher Praxis, die bei der Handhabung der internen Kommunikation helfen können.

Tipps für Kommunikation mit Arbeitnehmern

→ Bei Kommunikation mit größeren Mitarbeitergruppen und mehreren Teams sollten Multiplikatoren installiert werden, die von den Mitarbeitern bestimmt werden. Diese Personen sorgen für den Austausch der Botschaften von und an die Mitarbeiter. Multiplikatoren können gewerkschaftliche Vertrauensleute oder betriebliche Vertrauensleute sein. Wenn ein Betriebsrat vorhanden ist, sollte dies zum Beispiel. durch eine Vereinbarung mit ihm abgestimmt werden.

→ Wenn über eine Infokaskade – über mehrere Ebenen – informiert wird, sollte ab und zu überprüft werden, ob die Infokaskaden funktionieren und nicht zu viel gefiltert wird. Ein Rundgang vor Ort und einige Gespräche mit Mitarbeitern wird schnell darüber Aufschluss geben.

→ Bei brisanten Themen sollte man sich nicht darauf verlassen, dass Botschaften originalgetreu weitergegeben werden. Hier hilf nur der O-Ton, den man selber in Mitarbeiterversammlungen transportieren kann.

→ Sich regelmäßig an der Basis sehen lassen und im Gespräch dafür interessieren, „was der Mitarbeiter denkt", stärkt die Akzeptanz der Führungskraft. Hierbei kommt es mehr auf die Nachhaltigkeit als die Häufigkeit an. Ansagen wie „meine Tür steht immer für Sie offen" werden von Mitarbeitern nicht als ernsthaft eingeschätzt. Sie sind auch wegen häufiger Abwesenheit der Vorgesetzten durch Besprechungen und Dienstreisen nicht realistisch.

→ Im Wandel, in dem sich wichtige Bedingungen für den Mitarbeiter ändern, ist die Transparenz im Prozess wichtig: Wann was passiert und wenn Entscheidungen fallen muss klar sein, auch wenn die Inhalte von Entscheidungen noch vertraulich beziehungsweise nicht bestimmt sind. Wer auf Transparenz des Prozesses bei den Mitarbeitern verzichtet, riskiert das Wachsen von Gerüchten, das Schüren unnötiger Ängste bei Mitarbeitern und Reibungsverluste, weil im Mittelpunkt der Tagesarbeit die Gespräche über den „Flurfunk" und nicht die eigentliche Arbeit stehen.

→ Führungskräfte, vor allem neue, sollten sich beim Ankündigen ihrer Vorhaben zur besseren Kommunikation nicht übernehmen. Es sind viele schon als Kommunikations-Tiger gestartet und als Bettvorleger gelandet. Nur versprechen, was man mit Sicherheit schaffen kann! Ausbauen kann man die Kommunikation immer.

→ Bei Informationsveranstaltungen müssen sich Präsentationen an den Adressaten orientieren. Foliensätze, die für Entscheidungen im Management gefertigt wurden, eignen sich nicht 1 zu 1 bei Mitarbeiterversammlungen. Vorwissen, Sprache und Training der Mitarbeiter sind zu berücksichtigen. So erreichen Botschaften und Informationen der Führungskräfte auch die Mitarbeiter.

→ Mitarbeiterbefragungen sind ein gutes Mittel, um den Pulsschlag der Mitarbeiter zu kennen. Die Bereitschaft der Mitarbeiter, sich daran ernsthaft zu beteiligen, hängt von der Glaubwürdigkeit des Vorhabens ab. Es gilt für die Führung, nicht zu viel zu versprechen, sich vom „Gegenwind aus dem Mitarbeiterkreis" nicht abschrecken zu lassen und Verbesserungswünsche der Mitarbeiter anschließend spürbar zu realisieren. Der Betriebsrat sollte beim Konzept und der Umsetzung unbedingt beteiligt werden Damit wird auch die Teilnahmebereitschaft gefördert.

Tipps für die Kommunikation mit dem Betriebsrat

→ Zur Vermeidung einer unnötigen Datenflut ist es sinnvoll, mit dem Betriebsrat abzusprechen, über welche Sachverhalte der Betriebsrat zum Erfüllen seiner allgemeinen Aufgaben regelmäßig informiert werden möchte. Diese Absprachen sollten jährlich angepasst werden.

→ Frühzeitige, vertrauliche Informationen über Absichten bei Veränderungen geben dem Betriebsrat eine Orientierung. Damit kann der Betriebsrat beim Aufkommen wilder Gerüchte in der Belegschaft beruhigend entgegensteuern.

→ Der Aufbau einer Vertrauensebene, zum Beispiel durch vertrauliche Gespräche unter vier Augen, spart Kräfte für das Wesentliche und kann in Krisensituationen Sicherheit für Lösungen geben, die nur bei einer Vertrauensbasis möglich sind.

→ Als neue Führungskraft sollten man Kontakt zum Betriebsrat herstellen und ein Interesse an einem Meinungsaustausch adressieren. So werden Barrieren vermieden, die die künftige Zusammenarbeit bei Projekten behindern.

→ Wer die Rolle der Betriebsräte und die Person ernst nimmt, bekommt einen Verhandlungspartner, der auch die Akzeptanz bei Mitarbeitern für gemeinsam getroffene Kompromisse schaffen kann. Betriebsräte haben meist mehr Dienstjahre und damit mehr Erfahrungen im Arbeitsalltag und haben eine Antenne für „Taschenspielertricks".

→ Bei Mitarbeiterbefragungen gilt es nicht nur aus formalen Gründen, den Betriebsrat intensiv einzubinden. Dies gilt sowohl für die Gestaltung der Befragung als auch für die Werbung bei den Mitarbeitern sowie die Umsetzung. Wenn Mitarbeiterbefragungen mehr als eine Eintagsfliege sein sollen – nur so machen sie eigentlich Sinn – braucht man den Betriebsrat als Unterstützer.

Kapitel 23

Interne Kommunikation in der Praxis

Gastbeitrag von Manuela Stier, Stier Communications AG, Zürich

Mitarbeiter werden zu Mitunternehmern

Von außen betrachtet geniesst die integrierte Unternehmenskommunikation einen hohen Stellenwert in vielen Unternehmungen. Geht man dem auf den Grund, sieht man, dass es oft nur Lippenbekenntnisse sind und große Luftblasen, die nicht wirklich viel bewegen. Was genau sind nun die wesentlichen Funktionen und Vorteile einer strategisch geplanten Unternehmenskommunikation im Unternehmen?

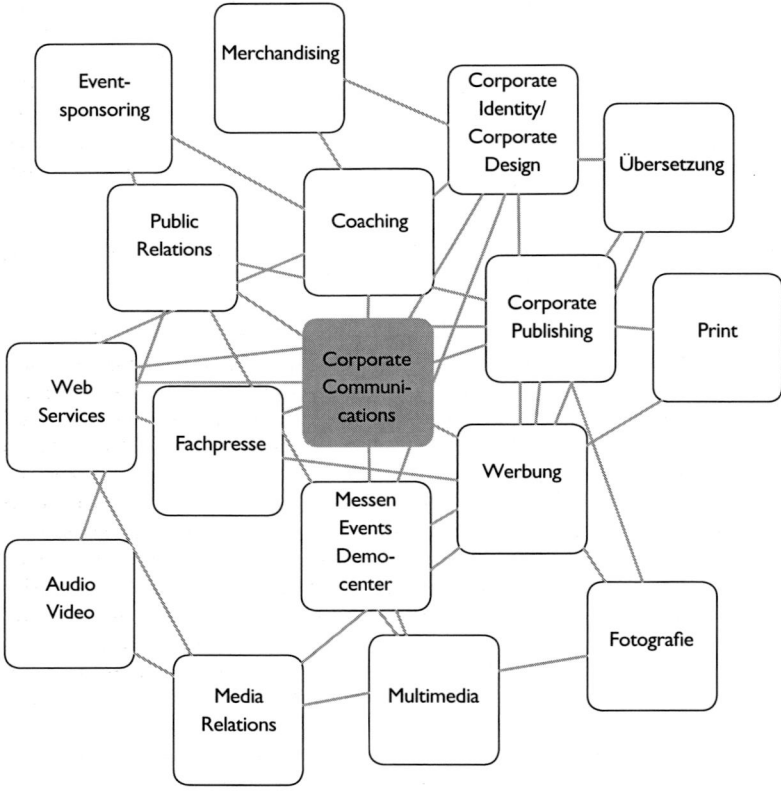

Abb. 35 | Integrierte Unternehmenskommunikation heißt, zu wissen, wer was wo und wann kommuniziert. Doch die Komplexität wird durch unzählige Kommunikationsmedien immer undurchsichtiger.

Wie sieht dies in der Praxis aus?

In dem hier beschriebenen Unternehmen wird die Bedeutung von interner Kommunikation als Bestandteil der integrierten Unternehmenskommunikation auf oberster Unternehmensleitung als hoch eingestuft. Entsprechend umfangreich sind die Kommunikationsaktivitäten, die auf Stufe der Einheit Corporate Communications gebündelt sind.

Die zentrale Aufgabe der Abteilung Corporate Communications, im Organigramm direkt dem CEO unterstellt, ist es, der Unternehmung ein Gesicht zu geben und rund um den Globus für alle Bezugsgruppen – Mitarbeitende, Kunden, Lieferanten – gleichermaßen erlebbar zu machen. Daraus ergibt sich für die Corporate Communications eine Doppelfunktion: Zum einen sind sie als das „Gewissen" des Unternehmens dafür zuständig, dass der visuelle Auftritt wie zum Beispiel das Logo den definierten Vorgaben entspricht. Anderseits sind sie Dienstleister, die den einzelnen Bereichen (z.B. Personalabteilung, Verkaufsabteilung, Marketingabteilung, Management usw.) und Ländergesellschaften eine Vielzahl an Möglichkeiten anbieten, wie sie in ihrem Verantwortungsgebiet am Markt auftreten können. Weitere wichtige Aufgaben sind die Generierung von Plattformen mit Mitarbeitenden und Kunden zu generieren und die Herstellung einer guten Präsenz, insbesondere den Fachmedien sicherzustellen. Aufgrund dieser klaren Vorgaben werden dann länderspezifische, der Kultur entsprechende Unterlagen und Schulungen generiert.

Als Corporate Communications-Abteilung muss man die Einhaltung von Vorschriften mahnen und gewinnt dadurch nicht immer Freunde.

Wer mit der Corporate Communications-Abteilung Kontakt hat, erlebt diese meist in der Rolle als Dienstleister. Sie stellen den einzelnen Bereichen und Ländergesellschaften das Kommunikations-Know-how zur Verfügung und versuchen zu helfen. Gerade dadurch ist die Akzeptanz in den vergangen Jahren stetig gewachsen ist. Und was die andere Rolle betrifft: Das Logo ist der formale Ausdruck für all das, wofür das Unternehmen steht. Und im Corporate Design wird festgehalten, wie sich das Unternehmen nach aussen und innen präsentieren. Es ist für das Unternehmen enorm wichtig, dass sein gesamter Auftritt stimmig ist und dass es so wahrgenommen wird, wie es wahrgenommen werden möchte. Wenn beispielsweise ein Kunde das Unternehmen am Sitz einer Ländergesellschaft oder am Hauptsitz oder an einer Messe besucht, sollte ihm stets ein einheitliches Bild vermittelt werden. Und wenn er von einem Mitarbeiter eine schriftliche Einladung zu einer Veranstaltung oder eine Broschüre bekommt, wenn er die Website besucht oder das Kundenmagazin aufschlägt, dann sollte ihm ebenfalls ein stimmiges und einheitliches Bild dargeboten werden.

Bei mehr als zwanzig Ländergesellschaften ist es nicht immer einfach, einen einheitlichen Unternehmensauftritt zu gestalten. Dies bedeutet, dass die Corporate Communications-Abteilung auf die Zusammenarbeit mit den Tochterfirmen angewiesen ist.

Es ist somit wichtig, dass eine sehr gute Zusammenarbeit mit den einzelnen Länder-Gesellschaften gepflegt wird. Was die Aufgabenverteilung betrifft: Die Corporate Communications-Abteilung setzt die Leitplanken, wenn es um das Erscheinungsbild geht. Es wird klar definiert, innerhalb welcher Grenzen sich konkrete Umsetzungen zu bewegen haben. Welche Kommunikationsmassnahmen vor Ort umgesetzt werden, entscheiden jeweils die einzelnen Gesellschaften. Natürlich kommt es in der Praxis immer wieder vor, dass dort Lösungen erarbeitet werden, die zwar dem lokalen Geschmacksempfinden entsprechen, aber mit dem Auftritt nur schwer vereinbar sind. In diesen Fällen muss man bisweilen auch klipp und klar sagen, dass bestimmte Dinge nicht umgesetzt werden dürfen. Grundsätzlich muss die CC jedoch versuchen zu überzeugen und insbesondere mit konkreten Alternativen unterstützen. Oftmals gelingt es dann auch, bei den erarbeiteten Lösungen lokale Elemente zu integrieren, und beinahe immer sind die Leute vor Ort froh um die Unterstützung. Sagen Sie den Verantwortlichen in den Ländern stets, dass sie fragen sollen, dass sie ihre Lösungen dem Corporate Communications-Abteilung rechtzeitig zeigen sollen, damit diese beurteilen können, ob es geht, beziehungsweise was anders gemacht werden muss. Auch deshalb wurde in den einzelnen Ländergesellschaften eine Korrespondentin oder ein Korrespondent bestimmt.

Was bewirken Korrespondenten in den Ländergesellschaften?
Dies wurde von den „großen" Medien abgekupfert. In jeder Gesellschaft gibt es einen Mitarbeitenden, der oder die die Corporate Communications-Abteilung neben ihrer eigentlichen Tätigkeit unterstützt. Das ist quasi der firmeninterne Auslandskorrespondent. Meist handelt es sich dabei um jemanden aus der Personalabteilung oder aus dem Backoffice. Über diesen Kanal können kommunikationsrelevante Dinge in die jeweilige Gesellschaft gegeben werden und vor allem wird dieser Kanal genutzt, um lokale Infos zu erhalten.

Für die Mitarbeitenden können auf diese Weise Kurzmitteilungen, Statements für Umfragen, Neueintritte, Jubiläen und so weiter erstellt werden. Die Korrespondenten sprechen die Sprache vor Ort, sie kennen die jeweilige Kultur und sind nah an den anderen Mitarbeitenden und an den Kunden in ihrem Land. Diese lokale Verankerung ist von unschätzbarem Wert, gerade um einen einheitlichen Auftritt zu garantieren und die Unternehmenswerte für jeden spürbar werden zu lassen.

Und wie weckt, beziehungsweise pflegt man ein durchgängiges Wir-Gefühl bei Mitarbeitenden, die aus unterschiedlichsten Kulturkreisen stammen?
Seien Sie sich bewusst, dass jeder der Mitarbeitenden sich in seiner mehr oder weniger kleinen Welt, die ihn direkt umgibt, befindet. Das kann in eine Abteilung sein, ein Bereich oder eine Ländergesellschaft. Dieser unmittelbare Erlebnisbereich kann durch die Corporate Communications-Abteilung nur begrenzt beeinflusst werden, zum Beispiel indem diese dafür sorgt, dass ein Democenter oder die Arbeitskleidung der Techniker in jedem Land gleich aussieht. Wichtiger sind jedoch die Bezugspunkte, die die Corporate Communications-Abteilung den Mitarbeitenden gibt und die außerhalb des Kreises liegen, in dem sie sich bewegen. Diese Bezugspunkte, die über gemeinsame Plattformen wie ein Mitarbeitermagazin oder das Intranet gesetzt werden, müssen allerdings verständlich sein. Würden beispielsweise die Unternehmenswerte einfach nur in einem Flyer kurz aufgezählt, blieben diese wohl recht abstrakt.

Deshalb wird mit dem Mitarbeitermagazin versucht, jeweils einen der Werte aufzugreifen und näher zu beleuchten. Zum Beispiel indem wir Mitarbeitende befragt werden, was sie beispielsweise unter Innovation verstehen. Was allerdings nicht vergessen werden darf: Das Wir-Gefühl wird maßgeblich durch das Verhalten der unmittelbaren Vorgesetzten, also durch die Qualität der Führungskommunikation beeinflusst. Hier ist der Einfluss natürlich begrenzt. Was jedoch nicht bedeutet, die Verantwortung in die Linie zu deligieren, also an die Vorgesetzten abzuschieben. Denn die CC kann sich beim Thema Führungskommunikation nicht einfach zurücklehnen. Und es ist auch falsch, Unternehmenskommunikation und Führungskommunikation kategorisch zu trennen. Wichtig ist vielmehr, dass man sich gegenseitig unterstützt.

Ein konkretes Beispiel:
Wenn der Chef einer neuen Ländergesellschaft seinen Mitarbeitenden den „Unternehmensspirit" näher bringen möchte, kann ihm die Corporate Communications-Abteilung verschiedene Tools geben, zum Beispiel ein Video, das an einer der letzten Messen aufgenommen wurde.

Ein anderes Beispiel:
Wenn die Geschäftsleitung am Hauptstandort die Mitarbeitenden direkt über den Geschäftsgang informieren möchte, dann ist es die Corporate Communications-Abteilung, die ein so genanntes Mitarbeiterfrühstück logistisch organisieren kann. Anderseits können die Vorgesetzten in der Linie die Corporate Communications-Abteilung ebenfalls unterstützen.

Auch hier ein Beispiel:
Wenn für die Durchführung einer Anwenderreportage bei einem der Kunden Support vom zuständigen Verkäufer der Niederlassung vor Ort benötigt wird und der Vorgesetzte das Vorhaben explizit unterstützt, dann erleichtert dies die Arbeit der Corporate Communications-Abteilung.

Nach den wirtschaftlich fetten Jahren, müssen derzeit gerade auch Maschinenbauer den Gürtel enger schnallen. Welche Bedeutung fällt in solchen Zeiten der internen Kommunikation zu?

Ganz generell gesprochen: eine sehr große. In anspruchsvollen Zeiten, wie sie derzeit erlebt werden, ist die Unsicherheit in der Belegschaft natürlich sehr groß.

Wie geht's weiter?
Ist mein Job sicher?
Wenn ja, wie lange?

Das sind die Fragen, die sich der einzelne Mitarbeitende stellt. Wenn ein Unternehmen da seine Kommunikationsaktivitäten zurückschraubt, verstärkt es diese Unsicherheit. Wenn der Mensch keine Informationen hat, beginnt er zu spekulieren. Anderseits, wenn ein Unternehmen offen und zeitnah informiert, wird Unsicherheit reduziert. Dies gilt im übertragenen Sinne auch für die Kommunikation gegenüber den Bezugsgruppen, die sich außerhalb des Unternehmens befinden, in erster Linie für Kunden und Lieferanten. Für die Gruppenleitung muss die interne Kommunikation von strategischer Bedeutung sein.

Warum sparen Unternehmen in der Krise zuerst bei der Mitarbeiterkommunikation?

Jede und jeder im Unternehmen soll erleben, wofür dies steht; ein Mitarbeitermagazin macht die Marke erlebbar, verleiht ihr ein Gesicht. Doch wenn wir die derzeitige Wirtschaftssituation betrachten, wurden in den vergangenen Monaten bei den Regierungen einiger Länder die Neigung zu protektionistischen Maßnahmen erlebt. Sie wollen ihre Märkte abschotten, was die Krise allerdings verschärfen würde – das ist belegbar. Nicht Jeder-gegen-Jeden ist in einer solchen Situation gefragt, sondern gemeinsames, koordiniertes Handeln. Dies lässt sich auch auf das Unternehmen übertragen: Je stärker es gelingt, gemeinsam und koordiniert zu handeln, desto kraftvoller ist das Unternehmen und desto besser kommt es durch diese anspruchsvolle Phase. Das Mitarbeitermagazin ist ein wichtiges Tool, um die einzelnen Geschäftsbereiche zu einem Großen und Ganzen zu verbinden und um das Wirken des einzelnen Mitarbeitenden in einen Gesamtzusammenhang zu stellen. Nicht zuletzt deshalb ist aus dieser Sicht das Mitarbeitermagazin als solches unverzichtbar. Wie es inhaltlich ausgestaltet wird, ist eine andere Frage. Da sollte man stets bestrebt sein, das Magazin weiter zu verbessern.

Sinneswandel in der Unternehmensführung

Es ist noch nicht so lange her, dass die Kommunikation als „Nebengeschäft" des Verkaufes angesehen wurde und Werbemaßnahmen als Insellösungen konzipiert. Durch einen Sinneswandel und dem Wille, zu kommunizieren, wird die Kommunikation heute als zentrales Führungsmittel angesehen und nach einer festgelegten Strategie ständig den aktuellen Gegebenheiten (Bsp. Veränderung des Nutzerverhaltens durch das Web 2.0) angepasst. Um dies zu erreichen, ist es unumgänglich, ein zentrales Kompetenzzentrum aufzubauen, das auf der obersten Stufe (möglichst Mitglied der Geschäftsleitung) angesiedelt und mit firmenübergreifendem Weisungsrecht und Globalbudget versehen ist. Durch die vielfältigen Kommunikationskanäle braucht es nebst Generalisten auch Spezialisten für die Integration der einzelnen Teilbereiche der Kommunikation.

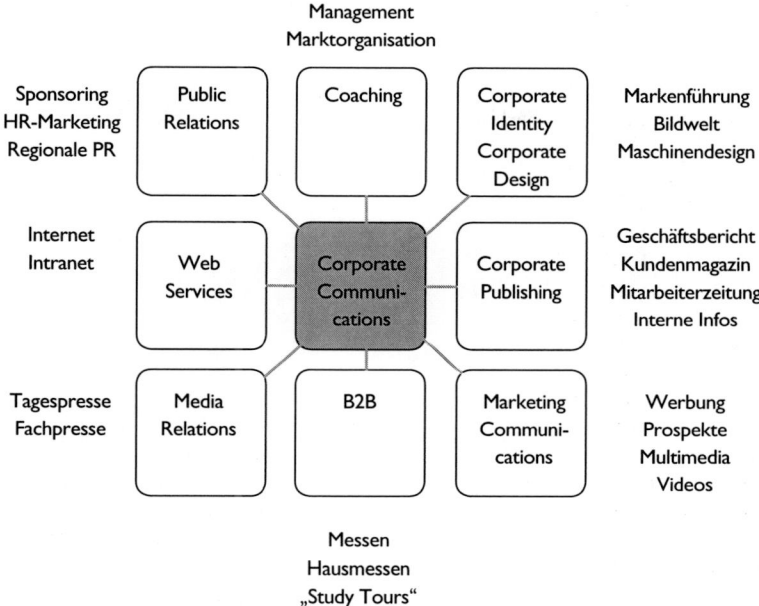

Abb. 36 | Integrierte Unternehmenskommunikation – Klare Strukturen vereinfachen die Transparenz in der Kommunikation.

Manuela Stier ist seit 1995 Inhaberin der Stier Communications AG (www.stier.ch). Als Verlegerin und Chefredakteurin des Wirtschaftsmagazins (www.wirtschaftsmagazin.ch) engagiert sie sich aktiv für die Verankerung des Unternehmertums durch Unternehmen, Wissenschaft und Schulen in der breiten Öffentlichkeit. Manuela Stier ist Mitinitiatorin der Initiative Lebenskonzept Unternehmertum (www.unternehmertumaktiv.com).

Anhang

Erfolgsfaktoren, Studien, Literatur, Register

A. Erfolgsfaktoren für gelungene interne Kommunikation

- Interne Kommunikation gibt Orientierung: Was ist stabil? Was ändert sich?
- Sie erklärt aktiv, statt passiv zu verteidigen.
- Sie stellt Verständnis zwischen den Kommunikationspartnern sicher. Dabei hat das persönliche Gespräch herausragende Bedeutung.
- Interne Kommunikation hält die Mitarbeiter auf dem Laufenden (Prozesskommunikation statt Ergebniskommunikation).
- Sie bezieht die Kommunikationspartner in die Gestaltung der Kommunikation in Form und Inhalt ein.
- Sie ist stimmig, also widerspruchsfrei.
- Sie erfolgt systematische und dauerhaft. Der Kommunikationsprozess wird aufmerksam verfolgt und flexibel angepasst.
- Sie stärkt die Kommunikationskultur: Kommunikation ist ein Wert!
- Die Geschäftsleitung gibt ein klares Bekenntnis zur internen Kommunikation ab. Sie ist selbst Vorbild.
- Kommunikation ist Sache Aller im Unternehmen, also der Führungskräfte, der Mitarbeiter sowie der Interessenvertretungen. Ein Kommunikationsfachmann bringt Wissen und Erfahrung in den Kommunikationsprozess ein.
- Grundsätzlich gilt, dass die eigenen Mitarbeiter und deren Interessenvertreter wichtige Informationen über das Unternehmen immer vor den externen Bezugsgruppen erhalten.
- Verbindliche Richtlinien und Führungsgrundsätze für Kommunikation sind formuliert, an die sich alle halten müssen und die einklagbar sind.
- Kommunikationsziele sind Bestandteil des Mitarbeitergesprächs, auch jene der Führungskräfte.
- Mitarbeiterkommunikation ist auf die Anforderungen der Situation sowie die Wünsche und Bedürfnisse der Beteiligten zugeschnitten. Das schließt Standardrezepte aus.
- Kommunikation ist so früh wie möglich Thema von Gremien, Prozessen und Entscheidungen. Wo möglich und sinnvoll, sind Kommunikationskonzepte Bestandteil jeder Vorstandsvorlage. Jedes Ressort, jedes Gremium hat einen Kommunikationsverantwortlichen, der zuständig ist, ob und was und wie etwas kommuniziert wird.
- Unangenehme Themen werden früh angesprochen. Fühlen sich die Verantwortlichen dem nicht gewachsen, schalten sie einen externen Berater beziehungsweise Trainer ein.
- Sämtliche Errungenschaften werden zum Standard, nur so werden sie zur Selbstverständlichkeit und damit Teil der Unternehmenskultur.

B. Studien

BBDO Consulting: Interne Markenbildung. Düsseldorf 2005.

Capgemini Consulting: Change Management-Studie 2008. Business Transformation – Veränderungen erfolgreich gestalten. Internet: http://www.de.capgemini.com/m/de/tl/Change_Management-Studie_2008.pdf

Gallup Organization: Engagement Index 2004 (im Internet: www.gallup.de)

C. Literatur

Ambady, N./Rosenthal, R.: Half a Minute: Predicting Teacher Evaluations From Thin Slices of Nonverbal Behavior and Physical Attractiveness. Journal of Personality and Social Psychology, 64, 1993, pp 431-441.

Bargh, J.A./Chen, M./Burrows, L.: Direct effects of trait construct and stereotype activation on action. In: Journal of Personality and Social Psychology, 71, 1996, 2, pp 230-244.

Bauer, J.: Warum ich fühle, was du fühlst. Intuitive Kommunikation und das Geheimnis der Spiegelneuronen. 4. Auflage. Hamburg 2005.

Bazil, V./Piwinger, M.: Der Ton macht die Musik – Über die Funktion der Stimme in der Kommunikation. In: Bentele, G./Piwinger, M./Schönborn, G. (Hrsg.): Kommunikationsmanagement. Neuwied/Kriftel 2001 ff. (Losebl.). Art. Nr. 128. München 2005.

Berne, E.: Spiele der Erwachsenen, Psychologie der menschlichen Beziehungen. 11. Auflage. Hamburg 2002.

Berne, E.: Was sagen Sie, nachdem Sie Guten Tag gesagt haben? 19. Auflage. Frankfurt/Main 2004.

Bischof, N.: Das Rätsel Ödipus. Die biologischen Wurzeln des Urkonfliktes von Intimität und Autonomie. München 1995.

Bolt, N.: Haare. Köln 2001.

Calvert, G. A./Campbell, R./Brammer, M. J.: Evidence from functional magnetic resonance imaging of crossmodal binding in the human heteromodal cortex. Current Biology, 10, 2000, pp 649-657.

Campbell, J.: Der Heros in tausend Gestalten. Frankfurt 1999.

Conniff, R.: Was für ein Affentheater. Wie tierische Verhaltensweisen unseren Büroalltag bestimmen. Frankfurt 2006.

Damasio, A.: Descartes' Irrtum. Fühlen, Denken und das menschliche Gehirn. Berlin 2004.

Damasio, A.: Ich fühle, also bin ich. Die Entschlüsselung des Bewusstseins. 4. Auflage. München 2003.

Denning, S.: The Leader's guide to storytelling. Mastering the art and discipline of business narrative. San Francisco 2005.

Denning, S.: The Secret Language of Leadership. How leaders inspire action through narrative. San Francisco 2007.

Dimberg, U./Petterson, M.: Facial reactions to happy and angry facial expressions: evidence for right hemispheric dominance. Psychophysiology 37, 2000, pp. 693-696

Dimberg, U./Thunberg, M./Elmehed, K.: Unconscious facial reactions to emotional facial expressions. Psychological Science 11, 2000, pp. 86-89.

Dimberg, U./Thunberg, M./Grunedal, S.: Facial reactions to emotional stimuli: automatically controlled emotional responses. Cognition and Emotion 16, 2002, pp. 449-471.

Dion, K./Berscheid, E./Walster, E.: What Is Beautiful Is Good. Journal of Personality and Social Psychology, 24.3, 1972, pp 285-290.

Doppler, K. und Lautenburg, C.: Change Management. Frankfurt/New York 1994.

Dörfel, L. (Hrsg.): Instrumente und Techniken der internen Kommunikation: Trends, Nutzen und Wirklichkeit. Berlin 2008.

Edelman, G.M./Tononi, G./Kuhlmann-Krieg, U.: Gehirn und Geist. Wie aus Materie Bewusstsein entsteht. München 2002.

Eisenberger, N.I./Lieberman, M.D./Williams, K.D. : Does Rejection Hurt? An fMRI Study of Social Exclusion. In: Science, Bd. 302, 2003, pp 290-292.

Ekman, P.: Gefühle lesen. Wie Sie Emotionen erkennen und richtig interpretieren. Heidelberg 2007.

Elger, C.: Neuroleadership. Erkenntnisse der Hirnforschung für die Führung von Mitarbeitern. München 2009.

Faust, T.: Storytelling. Mit Geschichten Abstraktes zum Leben erwecken. In: Bentele, G./Piwinger, M./Schönborn, G. (Hrsg.): Kommunikationsmanagement. Loseblattsammlung. 28. Aktualisierungslieferung. Köln 2006.

Felser, G./ Kaupp, P.: Bin ich so wie du mich siehst? Die Psychologie der Partnerwahrnehmung. München 1999.

Flume, P./Hirschfeld, K./Hoffmann, C.: Unternehmenstheater in der Praxis. Wiesbaden 2001.

Fog, K./Budtz, C./Yakaboylu, B.: Storytelling. Branding in Practice. Berlin 2004.

Fog, K.: Storytelling, Berlin 2004.

Fourier, S.: Drei Oscars für den Chef. Drehbuch für erfolgreiche Führungskräfte. Berlin 2006.

Frenzel, K./Müller, M./Sottong, H.: Storytelling. Hanser 2004.

Frey, S.: Die Macht des Bildes. Der Einfluss der non-verbalen Kommunikation auf Kultur und Politik. 2. Auflage. Bern u.a. 2005.

Fuchs, W.: Storytelling: Wie hirngerechte Marketing-Geschichten aussehen. In: Häusel, Hans-Georg (Hrsg.) (2007): Neuromarketing. Erkenntnisse der Hirnforschung für Markenführung, Werbung und Verkauf. Planegg/München 2007, S. 125-140.

Fuchs, W.T.: Die Macht guter Geschichten. Mit Erkenntnissen der Hirnforschung schwierige Patientengespräche führen. Vortrag am 18. Mai 2006 in Aarberg

Fuchs, W.T.: Tausend und eine Macht. Marketing und moderne Hirnforschung. Zürich 2005.

Führmann, U./Schmidbauer, K.: Wie kommt System in die interne Kommunikation? Ein Wegweiser für die Praxis. Berlin 2008.

Galbraith. J.K.: Anatomie der Macht. München 1987.

Geißlinger, H./Raab, S.: Strategische Inszenierung. Story Dealing für Marketing und Management. Heidelberg 2007.

Gesing, F.: Kreativ schreiben. Handwerk und Techniken des Erzählens. Köln 2004.

Gigerenzer, G.: Bauchentscheidungen. Die Intelligenz des Unbewussten und die Macht der Intuition. Münchn 2007.

Guber, P.: Die Macht von Geschichten. In: Harvard Business manager. Ausgabe März 2008, S. 93-107.

Hamermesh, D.S./Biddle, J.E.: Beauty and the Labor Market, in: The American Economic Review 84, 1994, pp. 1174-1194.

Hassebrauck, M./Küpper, B.: Warum wir aufeinander fliegen. Die Gesetze der Partnerwahl. Reinbek 2002.

Häusel, H.-G. (Hrsg.): Neuromarketing. Erkenntnisse der Hirnforschung für Markenführung, Werbung und Verkauf. Planegg/München 2007.

Häusel, H.-G.: Brain Script. Warum Kunden kaufen. Planegg/München 2004.

Hebb, D.O.: The Organisation of Behaviour. New York 1949.

Herbst, D.: Charisma ist keine Lampe – Wie Kollegen, Mitarbeiter, Vorgesetzte auf uns wirken und warum. Wiesbaden 2008.

Herbst, D.: Corporate Identity. 3. Auflage. Berlin 2006.

Herbst, D.: Internationale Werbung und PR. Berlin 2008.

Herbst, D.: Praxishandbuch Unternehmenskommunikation. Berlin 2003.

Herbst, D.: Storytelling. Konstanz 2008.

Hutchison, W.D./Davis, K.D./Lozano, A.M./Tasker, R.R./Dostrovsky, J.O.: Pain-related neurons in the human cingulated cortex. Nature Neuroscience 2, 2001, pp. 403-405.

Hüther, G.: Biologie der Angst. Wie aus Stress Gefühle werden. Göttingen 1997.

Iacoboni, M.: Woher wir wissen, was andere denken und fühlen. Die neue Wissenschaft der Spiegelneuronen. München 2008.

Kampe, K. et al.: Reward value of attractiveness and gaze. In: Nature. Band 413. p 589.

Karmasin, H.: Produkte als Botschaften. Konsumenten, Marken und Produktstrategien. Landsberg 2007.

Kast, B.: Die Liebe und wie sich Leidenschaft erklärt. Frankfurt 2006.

Klöfer, F. (Hrsg.): Erfolgreich durch interne Kommunikation. Mitarbeiter besser informieren, motivieren, aktivieren. Neuwied/Kriftel 2001.

Knieper, T./Müller, Marion G. (Hrsg.): Authentizität und Inszenierung von Bilderwelten. Köln 2003.

LeDoux, J. E.: Das Netz der Gefühle. Wie Emotionen entstehen. München 2001.

Lewin K.: Field Theory in Social Science. New York 1951.

Libet, B.: Mind Time. Wie das Gehirn Bewusstsein produziert. Frankfurt/Main 2007.

Mikunda, C.: Der verbotene Ort oder die inszenierte Verführung. Unwiderstehliches Marketing durch strategische Dramaturgie. Düsseldorf 1996.

Mikunda, C.: Marketing spüren. Willkommen am Dritten Ort. Frankfurt/Wien 2002.

Mobius, M./Rosenblat, T.S.: Why beauty matters. American Economic Review, 2006, vol. 96, issue 1, pp. 222-235.

Mohr, N.: Kommunikation und organisatorischer Wandel. Wiesbaden 2002.

Neuberger, O./Kompa, A.: Wir, die Firma. Der Kult um die Unternehmenskultur. Weinheim/Basel 1987.

North, K.: Wissensorientierte Unternehmensführung. Wertschöpfung durch Wissen. Wiesbaden 1998.

Paivio, A.: Imagery and Verbal Processes. New York u.a. 1971.

Paivio, A.: Perceptual comparisons through the mind's eye. Memory and Cognition, 3, 1075, pp. 635-647

Piwinger, M./Rosumek, L.: Attraktivität als kommunikativer Werttreiber. Auch Kommunikation braucht Sex-Appeal. In: Piwinger, M. (Hrsg.): Kommunikationsmanagement. Loseblattsammlung. März 2006.

Pöppel, E.: Zum Entscheiden geboren. Hirnforschung für Manager. München 2008.

Pricken, M.: Visuelle Kreativität. Kreativitätstechniken für neue Bilderwelten in Werbung, 3D-Animation & Computer-Games. Mainz 2003.

Renz, U.: Schönheit. Eine Wissenschaft für sich. Berlin 2006.

Rizzolati, G./Sinigaglia, C.: Empathie und Spiegelneurone. Die biologische Basis des Mitgefühls. Frankfurt/Main 2008.

Roth, G.: Das Gehirn und seine Wirklichkeit. Kognitive Neurobiologie und ihre philosophischen Konsequenzen. Frankfurt 1996.

Roth, G.: Fühlen, Denken, Handeln. Wie das Gehirn unser Verhalten steuert. Frankfurt 2001.

Roth, G.: Persönlichkeit, Entscheidung und Verhalten. Warum es so schwierig ist, sich und andere zu ändern. 4. Auflage. Stuttgart 2008.

Roth, G.: Warum ist Einsicht schwer zu vermitteln und schwer zu befolgen? Neue Erkenntnisse aus der Hirnforschung und den Kognitionswissenschaften, Vortrag im Niedersächsischen Landtag am 25.01.2000 (im Internet: http://pweb.de.uu.net/pr-marzluf.hb/rothvor.html)

Schacter, D.: Aussetzer. Wie wir vergessen und uns erinnern. Bergisch-Gladbach 2005.

Schacter, D.: Wir sind Erinnerung. Gedächtnis und Persönlichkeit. Reinbek 2001.

Scheier, C./Held, D.: Was Marken erfolgreich macht. Neuropsychologie in der Markenführung. Planegg/München 2007.

Scheier, C./Held, D.: Wie Werbung wirkt. Planegg/München 2006.

Schick, S.: Interne Unternehmenskommunikation. 4. Auflage. Stuttgart 2010.

Schmeh, K.: David gegen Goliath. Frankfurt/Main 2004.

Schreyögg, G./Dabitz, R.: Unternehmenstheater. Wiesbaden 1999.

Schreyögg, G./Koch, J.: Knowledge Management and Narratives. Berlin 2005.

Schulz von Thun, F.: Miteinander reden 1-3. Hamburg 2008.

Schulz, D.: Lokal als Bühne. Die Dramaturgie des Genusses. Düsseldorf 2000.

Schwarz, F.: Muster im Kopf. Warum wir denken, was wir denken. Hamburg 2006.

Scott-Morgan, P, Arthur D. Little.: Die heimlichen Spielregeln. Die Macht der ungeschriebenen Gesetze im Unternehmen. Frankfurt/New York 1994.

Simon, F.B.: Gemeinsam sind wir blöd?! Die Intelligenz von Unternehmen, Managern und Märkten. Heidelberg 2004.

Simoudis, G.: Storytising – Über die Kraft narrativer Markenkommunikation. In: Gaiser, B./Linxweiler, R./Brucker, V. (Hrsg.) (2005): Praxisorientierte Markenführung, neue Strategien, innovative Instrumente und aktuelle Fallstudien. Wiesbaden. 2005, S. 529-543.

Simoudis, G.: Storytising. Geschichten als Instrument erfolgreicher Markenführung. Groß-Umstadt 2004.

Singer, T./Seymour, B./O'Doherty, J./Kaube, H./Dolan, R.J./Frith, C.D.: Empathy for pain involves the affective but the sensory components of pain. Science 202, 2004, pp. 1157-1162.

Spitzer, M.: Lernen. Gehirnforschung und die Schule des Lebens. Heidelberg 2002.

Sprenger, R.: Das Prinzip Selbstverantwortung. 12. Auflage. Frankfurt/New York 2007.

Sprenger, R.: Mythos Motivation, Frankfurt/New York 2002.

Storch, M.: Das Geheimnis kluger Entscheidungen. München 2005.

Storch, M.: Embodiment. Die Wechselwirkung von Körper und Psyche verstehen und nutzen. Bern 2006.

Storch, M.: Mein Ich-Gewicht: Wie das Unbewusste hilft, das richtige Gewicht zu finden. München 2009.

Storch, M.: Rauchpause. Wie das Unbewusste dabei hilft, das Rauchen zu vergessen. Bern 2009.

Storch, M.: Selbstmanagement ressourcenorientiert. 3. korrigierte Auflage. Bern 2005.

Wilson, T.: Gestatten, mein Name ist Ich. Das adaptive Unbewusste – eine psychologische Entdeckungsgreise. München 2007.

Zaltman, G.: How Customers Think: Essential Insights into the Mind of the Market. Harvard 2003.

Zerfaß, A./Sandhu, S.: Interaktive Kommunikation, Social Web und Open Innovation: Herausforderungen und Wirkungen im Unternehmenskontext. In: Zerfaß, A., Welker, M., Schmidt, J. (Hrsg.): Kommunikation, Partizipation und Wirkungen im Social Web. Band 2, Köln 2008.

D. Register

A

Akzeptanz 22, 173, 180, 185, 200, 263, 295 f., 300
Aufmerksamkeit 19, 26, 34 f., 48, 72 f., 107, 116, 141, 183 f., 206, 216, 239 f., 243 f., 248
Auftraggeber 235, 290
Autonomie 86-90, 139, 256

B

Bedürfnis 63, 86, 88 f., 95, 97, 222, 283
Betriebsrat 36, 56 f., 63, 146, 179, 185, 264, 282, 292-296
Bezugsgruppe 30, 36, 47 f., 54, 77, 84, 90, 152 f., 159, 170, 174, 176, 179, 183, 190, 193, 214, 216, 220, 222, 226, 233, 251, 254, 280, 285 f., 288, 290, 300, 303
Bindung 26, 37, 77, 86, 88, 91, 94, 208
Blog 176, 188, 202, 204 f., 206, 259
Budget, Globalbudget 27, 161, 186, 303
Budgetplanung 159, 160
Business TV 176, 188

C

CEO 206, 300
Community/ Communities of Practice 204, 209
Corporate Communications 300 ff.
Corporate Identity 19, 50, 138, 147, 148, 299, 304

D

Dialog 34 f., 182, 217, 226, 232, 279, 286
Dialogorientierte Kommunikation 158, 199
Dominanz 89 f., 126, 220, 256

E

E-Mails 139, 202
Emotionen 75-82, 84, 90, 120, 138, 140, 212, 216, 220, 226, 254
Erfolgskontrolle 74, 162, 278
Evaluation 289 f.

F

Feedback 119, 153
Flurfunk 293
Führung 20, 58, 183, 186, 295
Führungsaufgabe 57, 148, 164, 286
Führungskraft 22, 38, 56 f., 59, 70, 87, 90, 97-100, 131, 167, 177, 228, 243, 250, 251, 295 f.
Führungskräftekommunikation 157

G

Gallup 25 f.
Gedächtnis 40, 45, 72, 76, 80, 91, 125, 135, 137 ff., 143, 185, 212 ff., 227, 238 f., 241, 244
Gehirn 49, 54, 66-71, 73, 75 f., 79 ff., 83, 85 f., 94ff., 102, 104, 106, 110 f., 116, 118 f., 122, 127, 130 f., 134-142, 212 f., 221, 228, 239, 243 f., 249 ff., 253
Gerücht, Gerüchteküche 52, 57, 63, 149, 206, 264, 286, 295
Geschäftsführung 22, 57, 59, 151, 166 f., 262
Geschäftsleitung 25, 41, 59, 66, 88, 146 ff., 156, 164, 166, 168, 174, 179 f., 185, 189, 282, 302 f.
Geschäftsprozess 187, 191, 196, 245
Glaubwürdigkeit 24, 99, 103, 173, 185, 217, 235, 295

H

Handlungen 23, 46, 54, 68, 71 f., 75, 80, 97, 103 f., 106, 214, 217, 221, 224 f.
Hierarchie 19, 60, 88, 158, 190, 258

I

Identifikation 26, 59, 96
Infokaskade 294
Innovation 50, 88, 95, 99, 241, 244, 302
Integrierte (Unternehmens-)Kommunikation 174, 299, 304
Interessen 13, 22, 51, 90 f., 207, 209, 222, 234, 277
Intranet 36, 42, 46 f., 104, 134 f., 157, 165, 168, 170, 176, 178, 184-188, 190-200, 202, 204-207, 209, 227, 238 f., 245, 248, 257-260, 288 f., 301, 304

K

Kampagne 162, 230, 245, 248
Kapazität 67, 70, 168, 188, 194, 198, 213, 226
Know-how 233, 290, 300
Kommunikationsaufgabe 288
Kommunikationserfolg 34, 165
Kommunikationsform 193, 199
Kommunikationsfunktion 165, 288
Kommunikationskanäle 169, 188, 303
Kommunikationskonzept 31, 90, 156, 165, 229

Kommunikationskultur 148, 149, 150, 165
Kommunikationsmanager 59, 232
Kommunikationsmaßnahmen 56, 161, 169, 300
Kommunikationsmedien 299
Kommunikationsmix 191
Kommunikationsprozess 280 f., 285, 289 f.
Kommunikationswege 58, 160
Kommunikationsziele 24, 161, 167, 232, 262
Kompetenz 23 f., 148, 153, 166, 170, 177, 197, 204, 249, 276, 303
Komplexität 212, 239, 242
Konzeption 56, 158, 186, 290
Kooperation 18, 62, 192, 196 f., 278
Kosten 19, 23, 26, 38, 60, 67, 69, 82, 160 f., 190, 192, 195, 197 f., 234, 279
Krise 27, 73, 110, 173 f., 189, 195, 206, 215, 220, 222 f., 296, 303
Kultur 22, 72, 121, 123, 128, 146, 148 f., 151 f., 170, 199, 202, 257, 279, 300 f.
Kulturentwicklung 200

L
Leitbild 104, 165, 174, 221
Leitende Angestellte 179, 206, 271, 283, 287
Lernen 14, 22, ff., 29, 45, 47 f., 58 f., 66, 69, 72, 74, 76, 85, 90, 94, 97, 102, 105, 119, 128, 134, ff., 140-143, 156, 160, 165, 177, 205, 213, 215, 217 f., 225, 227, 232 f., 235, 238 f., 245, 256
Loyalität 173

M
Mitarbeiterbefragung 98, 159, 274 f., 277, 282, 289, 295 f.
Mitarbeiter-TV 188 f., 193
Mitarbeiterzeitung 29, 36 f., 40, 42, 46, 59, 63, 104, 134 f., 157, 161, 168 f., 176, 180, 184-187, 191, 227, 239 f., 257 f., 263-266, 268-271, 280 f., 286 ff., 304
Motiv, Motive 78, 86, 222, 240, 256
Motivation 20 f., 26, 52 f., 57, 61, 75, 86 ff., 90 f., 139, 149, 173, 181, 209, 214, 220, 223, 229, 281, 283, 284

N
Netzwerk 75, 104, 120, 130, 135-139, 140 f., 154, 164, 168, 202, 205, 208 f., 212 f., 216
Newsletter 176, 193, 202, 260

P
Personalabteilung 146, 156 f., 167, 177, 274, 288, 300 f.
Persönliche Kommunikation 14, 73, 176, 245, 250, 254
Plattform 170, 190 f., 194, 197 f., 202, 205, 300, f.
Podcast 189, 202, 206 f.
Professionalisierung 30

Prozesskommunikation 29, 216, 252

Q
Qualifikation 62, 79, 126, 166, 288
Qualität 18, 40, 51, 59, 72, 98, 167, 195, 204, 213, 224, 263, 272, 281 f., 302

R
Redaktionsteam 168, 170
Reichweite 40, 160
Rollen 30, 165 f., 172

S
Schnittstelle 157, 167, 189, 288
Selbstverständnis 19, 59, 70, 146 ff., 152, 229, 233, 256 f.
Sicherheit 28, 37, 51, 76 f., 86 ff., 90, 95, 104, 110, 139, 156, 181, 214, 220, 225, 248, 256, 292, 295
Social Bookmark 202, 207 f.
Social Media 15, 30, 56, 158, 169, 202 f.
Social Tagging 202, 207
Soziale Netzwerke 202, 208 f.
Storytelling 15, 30, 74, 212 ff., 216-222, 224 ff., 229, 230, 227, 249, 252 f.
Strategie 45, 49, 99, 118, 159 f., 189, 221, 225, 245, 257 f., 260, 280, 286, 289, 303

T
Teams 59, 104, 164, 170, 195, 197, 294
Transparenz 197, 295, 304

U
Unsicherheit 30, 52, 85, 87, 90, 95, 223 ff., 235, 302, 303
Unternehmensführung 107, 277, 303
Unternehmensleitung 14, 22, 73, 147, 174, 185, 199, 252, 276, 292 ff., 299
Unternehmenswert 222, 259 f., 301
Unternehmensziel 13, 20, 25, 29, 41, 56, 97, 146, 156, 159 f., 166, 276
Umstrukturierung 19, 25, 41, 197

V
Verantwortlichkeiten 21, 56, 165 f., 191
Veränderungsprozess 151, 248, 253, 285
Vernetzung 49, 192, 202, 205
Verständnis 21, 29, 35, 48, 58, 91, 96, 174, 280
Vertrauen 30 f., 37 f., 88, 114, 119, 165, 168, 173, 200, 215, 242, 277
Vision 98, 207, 212 f., 232, 251
Vorstand 36, 56, 59, 167, 169, 176, 180, 185, 280, 282, 287
Vorstandsvorsitzender 128, 166, 191

W

Wahrnehmung 34 f., 54, 66, 106, 115 f., 118, 130 f., 231, 288
Wahrnehmungsbilder 241, 245
Web 2.0 206, 303
Weblog 202, 204 ff.
Weiterbildung 23, 27, 157, 165, 167, 177, 184, 196, 260, 276, 288
Werte 77, 87 ff., 146, 148 f., 181, 199, 222 f., 302
Wertschöpfung, Wertschöpfungskette 27, 29, 199
Wettbewerbsvorteil 193
Wiki 176, 188, 202 ff., 259
Wir-Gefühl 182, 257, 277, 301 f.
Wirkungskontrolle 263
Wissensmanagement 157, 202, 205, 259

Z

Zielerreichung 53, 161, 288
Zielgruppe 36, 232

Ihr Weg zum Internen Kommunikationsmanager

Intensivkurs Interne Kommunikation

drei einzeln buchbare Module mit Abschlussprüfung

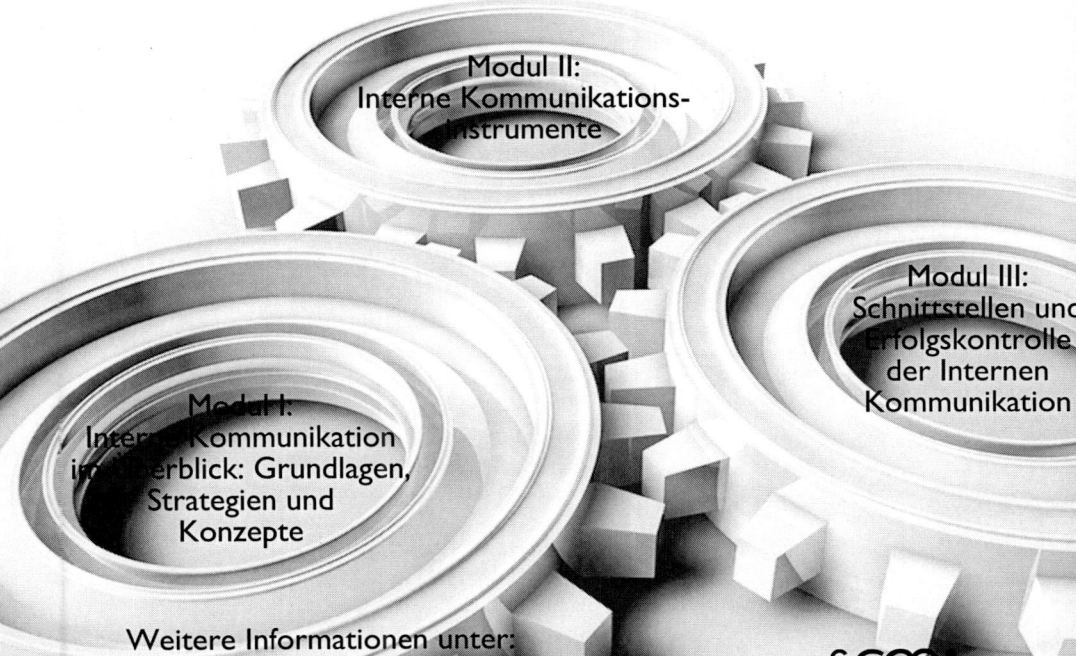

Modul II: Interne Kommunikationsinstrumente

Modul III: Schnittstellen und Erfolgskontrolle der Internen Kommunikation

Modul I: Interne Kommunikation im Überblick: Grundlagen, Strategien und Konzepte

Weitere Informationen unter:
www.interne-kommunikation.net

scm
school for communication and management

Interne Kommunikation: Die Kraft entsteht im Maschinenraum

Dass der Dialog zwischen dem Management und den Mitarbeitern das „Wir"-Gefühl stärkt und sich positiv auf die Motivation auswirkt, ist offenkundig. Doch die Umsetzung dieser Ziele ist anspruchsvoll. Die Autoren dieses Sammelbands beleuchten die gegenwärtigen Entwicklungen der Internen Kommunikation aus unterschiedlichen Blickwinkeln und geben Aufschluss über erfolgreiche Mitarbeiterkommunikation.
scm | Seiten: 332 | erschienen: 2007 |
ISBN: 978-3-940543-00-4 | Preis: 26.90 Euro

Instrumente und Techniken der Internen Kommunikation: Trends, Nutzen und Wirklichkeit

Im 2. Band der scm zur Internen Kommunikation widmen sich 25 Autoren dem Nutzen einzelner Instrumente und Techniken sowie den Trends in deren Einsatz. Anhand konkreter Beispiele werden klassische und Online-Instrumente vorgestellt, die sich in der täglichen Arbeit bewährt haben. Dieser Bereich wird ergänzt mit dem Aspekt der Wertschöpfung von interner Kommunikation für das Unternehmen.
scm | Seiten: 336 | erschienen: 2008 |
ISBN: 978-3-940543-04-2 | Preis: 29.90 Euro

Führungskommunikation. Dialoge: Kommunikation im Wandel – Wandel in der Kommunikation

Führungskommunikation soll authentisch sein, nicht ungeschliffen, ungefiltert oder unbedacht. Professionell verhalten können sich Authentizität und Respekt in der Führungskommunikation ergänzen. Das müssen sie auch, denn die Anforderungen sind groß: Demografische Entwicklungen, Distance Leadership, große Veränderungsvorhaben etc.. Fach- und Praxisexperten weisen hierfür neue Wege durch den Strom der Kommunikation.
scm | Seiten: 209 | erschienen: 2009 |
ISBN: 978-3-940543-05-9 | Preis: 39.90 Euro

Trendmonitor Interne Kommunikation 2010 – Potentiale und Entwicklungen des Berufsstands

Wie sieht der aktuelle „state of the art" in Sachen Interne Kommunikation aus? Welche Funktion füllen interne Kommunikatoren im eigenen Unternehmen aus, welche Ziele und Aufgaben haben sie? Fragen, auf die Kommunikationsverantwortliche unterschiedlich großer Unternehmen und Organisationen im Rahmen der Studie der scm in Kooperation mit der DPRG und dem prmagazin geantwortet haben.
scm | Seiten: 60 | erscheint: 15.02.2011 |
ISBN: 978-3-940543-10-3 | Preis: 95.00 Euro